EUL VERLAG

Verwertung von Unternehmensimmobilien

Verbriefung originärer Zahlungsströme aus Immobilien versus Immobilien-Aktiengesellschaft

Inauguraldissertation
zur Erlangung des Grades eines Doktors
der Wirtschaftswissenschaft (Dr. rer. pol.)

vorgelegt der Wirtschaftswissenschaftlichen Fakultät
der Heinrich-Heine-Universität Düsseldorf

im Sommersemester 2010

von

Dipl.-Kff. Kerstin Krüsmann

Erstgutachter: Univ.-Prof. Dr. Raimund Schirmeister

Zweitgutachter: Univ.-Prof. Dr. Christoph J. Börner

Ort und Tag der Disputation: Düsseldorf, den 8. Juli 2010

D 61

Dr. Kerstin Krüsmann

Verwertung von Unternehmensimmobilien

Verbriefung originärer Zahlungsströme aus Immobilien versus Immobilien-Aktiengesellschaft

Mit einem Geleitwort von Univ.-Prof. Dr. Raimund Schirmeister,
Heinrich-Heine-Universität Düsseldorf

EUL VERLAG

Bibliografische Information der Deutschen Nationalbibliothek

Die Deutsche Nationalbibliothek verzeichnet diese Publikation in der Deutschen Nationalbibliografie; detaillierte bibliografische Daten sind im Internet über <http://dnb.d-nb.de> abrufbar.

Dissertation, Heinrich-Heine-Universität Düsseldorf, 2010

D 61

ISBN 978-3-89936-962-5
1. Auflage September 2010

JOSEF EUL VERLAG GmbH
Brandsberg 6
53797 Lohmar
Tel.: 0 22 05 / 90 10 6-6
Fax: 0 22 05 / 90 10 6-88
E-Mail: info@eul-verlag.de
http://www.eul-verlag.de

Bei der Herstellung unserer Bücher möchten wir die Umwelt schonen. Dieses Buch ist daher auf säurefreiem, 100% chlorfrei gebleichtem, alterungsbeständigem Papier nach DIN 6738 gedruckt.

Geleitwort

Das Eigentum an Immobilien ist bei (großen) Unternehmungen eine gewichtige Vermögensposition, die allerdings durch gewisse Besonderheiten charakterisiert ist: Die langfristige, situativ ggf. nur schwer aufzulösende Kapitalbindung bietet einerseits eine hohes Maß an Sicherheit, weil die Verfügungsrechte über die Immobilien weitreichende leistungs- wie finanzwirtschaftliche Dispositionen erlauben. Andererseits sind auch an diese Aktiva die Maßstäbe einer ausreichenden Kapitalverzinsung zu stellen, mithin rentablere Nutzungsalternativen in Erwägung zu ziehen, ohne dass deswegen die betriebliche Leistungserstellung negativ tangiert zu sein braucht. Als bekannte Ausgestaltung kann hier das Sale-and-Lease-Back-Verfahren angeführt werden, das natürlich an ein zufällig vorhandenes, wechselseitig sich deckendes Geschäftsinteresse des Verkäufers und der Leasing-Gesellschaft geknüpft ist. Solche beziehungsbasierten Geschäfte durch *Kapitalmarkttransaktionen* zu erweitern, liegt vor allem deswegen nahe, weil dadurch nicht nur das Alternativenfeld (etwa um institutionelle Investoren) vergrößert wird, sondern die (höhere) Liquidität der Finanzmärkte und deren Transformationsleistungen für den Immobilienbestand ausgenutzt werden können. Hier setzt die vorliegende Monographie von Frau *Dr. Kerstin Krüsmann* an, indem sie zunächst den Immobilienbestand (großer) Unternehmungen verwertungsorientiert strukturiert und anschließend die beiden wichtigsten Kapitalmarktvarianten der *Immobilien-AG* und der *Verbriefung* vertiefend analysiert. Diese aus betriebswirtschaftlicher Sicht sehr spezifische Thematik einer – nur schwer revidierbaren – Desinvestitionspolitik, die in einen stark steuerlich und juristisch geprägten Rahmen eingebettet ist, schließt insoweit eine Lücke in der wissenschaftlichen Literatur, die auch von der einschlägigen Praxis mit Interesse aufgenommen werden dürfte.

Düsseldorf, im August 2010 Prof. Dr. Raimund Schirmeister

Vorwort

Die vorliegende Arbeit entstand während meiner Tätigkeit als wissenschaftliche Mitarbeiterin am Lehrstuhl für Betriebswirtschaftslehre, insbesondere Finanzierung und Investition von Herrn Univ.-Prof. Dr. Raimund Schirmeister an der Wirtschaftswissenschaftlichen Fakultät der Heinrich-Heine-Universität Düsseldorf.

Mein besonderer Dank gilt meinem Doktorvater, Herrn Univ.-Prof. Dr. Raimund Schirmeister, der diese Arbeit ermöglicht und durch Diskussionen, konstruktive Kritik und wertvolle Anregungen gefördert hat. Herrn Univ.-Prof. Dr. Christoph J. Börner danke ich herzlich für die bereitwillige Übernahme und zügige Erstellung des Zweitgutachtens. Für die Übernahme des Prüfungsvorsitzes im Rahmen der Disputation gilt mein Dank Frau Univ.-Prof. Dr. Ulrike Neyer.

Bei meinen Lehrstuhlkollegen möchte ich mich für die angenehme Arbeitsatmosphäre und die fachliche und persönliche Begleitung in den letzten Jahren bedanken. Zu besonderem Dank bin ich meinem Kollegen Herrn Dr. Daniel Reimsbach für die ermutigenden, konstruktiven und auch amüsanten Gespräche verpflichtet. Daneben gilt mein Dank Frau Marina Seibert als guter Seele des Lehrstuhls für die besonders harmonische Zusammenarbeit.

Zudem möchte ich mich bei den Professoren und Doktoranden bedanken, die mit mir an dem Doktorandenseminar zum Thema „Effizienz komplexer Finanzstrukturen“ an der Wirtschaftswissenschaftlichen Fakultät der Heinrich-Heine-Universtität teilgenommen haben. Als Referentin innerhalb dieser Veranstaltung habe ich zahlreiche Anregungen erhalten, die zum Gelingen der Dissertation beigetragen haben.

Meiner Familie danke ich für ihre Geduld sowie die Entlastung in vielen Lebensbereichen. Insbesondere meine Eltern, Anneliese und Klaus Krüsmann, haben mich auf meinem bisherigen Lebensweg in jeder erdenklichen Art und Weise gefördert und mir den erforderlichen Rückhalt gegeben. Dafür möchte ich mich bei Ihnen von Herzen bedanken.

Krefeld, im August 2010 Kerstin Krüsmann

Inhaltsverzeichnis

Abbildungsverzeichnis

Verzeichnis der Abbildungen im Anhang

Tabellenverzeichnis

Verzeichnis der Tabellen im Anhang

Symbolverzeichnis

Kürzel	**Bezeichnung**
A_t	Ausgabe
B	Beta-Faktor
C_0	Kapitalwert
E_t	Einnahme
EK^{MW}	Marktwert des Eigenkapitals
eR	ewige Rente
FK^{MW}	Marktwert des Fremdkapitals
i	Zinsfuß (dezimal)
m	Anzahl der Zinsperioden pro Jahr
n	Ende des Betrachtungszeitraumes
$NJM_t^{nach\ Steuern}$	konforme Netto-Jahresmieteinnahme nach Steuern
r_f	risikoloser Zinsfuß
r_M	Marktzinsfuß
r^{EK}	Eigenkapitalkostensatz
r^{FK}	Fremdkapitalkostensatz
r^{WACC}	gewichteter Kapitalkostensatz
s	Steuersatz (dezimal)
t	Betrachtungszeitpunkt
Y_{NJM}	jahreskonforme Ersatzmieteinnahme
Y_{NM}	unterjährige Mieteinnahme

Abkürzungsverzeichnis

Kürzel	Bezeichnung
A	Anhang
Abb.	Abbildung
Abs.	Absatz
ABS	Asset Backed Securitisation
ABSs	Asset Backed Securities
AG	Aktiengesellschaft
AktG	Aktiengesetz
AO	Abgabenordnung
Art.	Artikel
Aufl.	Auflage
BaFin	Bundesanstalt für Finanzdienstleistungsaufsicht
BauGB	Baugesetzbuch
BGB	Bürgerliches Gesetzbuch
BGH	Bundesgerichtshof
Bio.	Billion
bp	Basispunkte
BRD	Bundesrepublik Deutschland
Bst.	Buchstabe
bzw.	beziehungsweise
ca.	circa
CAPM	Capital Asset Princing Model
Co.	Compagnie
CREM	Corporate Real Estate Management
CREX	Corporate Real Estate Exchange
DAX	Deutscher Aktienindex
DCF	Discounted Cashflow

d.h.	das heißt
DIMAX	Deutscher Immobilienaktien Index
DIP	Deutsche Immobilienpartner
DSCR	Debt Service Coverage Ratio
DVFA	Deutsche Vereinigung für Finanzanalyse und Asset Management
EBIT	Earnings before Interest and Taxes
EK	Eigenkapital
EStG	Einkommensteuergesetz
et al.	et alii
etc.	et cetera
e.V.	eingetragener Verein
f.	folgende
ff.	fortfolgende
FK	Fremdkapital
GewStG	Gewerbesteuergesetz
GewStDV	Gewerbesteuerdurchführungsverordnung
ggf.	gegebenenfalls
GK	Gesamtkapital
GmbH	Gesellschaft mit beschränkter Haftung
GrEStG	Grunderwerbsteuergesetz
Hrsg.	Herausgeber
Hs.	Halbsatz
IAS	International Accounting Standards
IFRS	International Financial Reporting Standards
Immob.	Immobilien
Inc.	Incorporated
InsO	Insolvenzordnung
IPO	Initial Public Offering

i. S. v.	im Sinne von
Jg.	Jahrgang
KG	Kommanditgesellschaft
KGaA	Kommanditgesellschaft auf Aktien
KWG	Gesetz über das Kreditwesen
m	Meter
MaK	Mindestanforderungen an das Kreditwesen
Managem.	Management
MBS	Mortgage Backed Securitisation
MBSs	Mortgage Backed Securities
MDAX	Mid-Cap-Deutscher Aktienindex
Mio.	Millionen
Mrd.	Milliarden
Nr.	Nummer
OHG	Offene Handelsgesellschaft
OLG	Oberlandesgericht
o. Jg	ohne Jahrgang
o. V.	ohne Verfasser
p. a.	pro anno
qm	Quadratmeter
PREM	Public Real Estate Management
RECF	Real Estate Corporate Finance
REIT	Real Estate Investment Trust
REITG	Real Estate Investment Trust Gesetz
RES	Real Estate Securitisation
RESs	Real Estate Securities
S.	Seite
S.A.	Société Anonyme
SDAX	Small-Cap-Deutscher Aktienindex

SE	Societas Europaea
Sp.	Spalte
SPV	Special Purpose Vehicel
Tab.	Tabelle
TSI	True Sale International
u. a.	unter anderem
UmwG	Umwandlungsgesetz
USA	United States of America
vgl.	vergleiche
WACC	Weighted Average Cost of Capital
WEG	Gesetz über das Wohnungseigentum und das Dauerwohnrecht
WertV	Verordnung über Grundsätze für die Ermittlung der Verkehrswerte von Grundstücken
WpHG	Wertpapierhandelsgesetz
WGG	Wohnungsgemeinnützigkeitsgesetz
z.B.	zum Beispiel
ZVG	Gesetz über Zwangsversteigerung und die Zwangsverwaltung

I. Anliegen der Untersuchung

A. *Wirkung der Verwertung von Immobilien auf den Unternehmenswert*

Deutsche Unternehmen, deren Geschäftszweck *nicht* im Immobilienbereich liegt, verfügen dennoch traditionell über ein hohes Liegenschaftsvermögen.[1] Der mit der Globalisierung zunehmende Wettbewerb und der technologische Fortschritt führen bei diesen Gesellschaften zu neuen Geschäftsmodellen. Letztere schlagen sich unter anderem in Flächenreduktionen und Standortverlagerungen nieder.[2] Die Bereitstellung von Immobilien durch Eigentum wird dabei immer häufiger in Frage gestellt.[3] Die Entscheidung, einen Teil des Grundbesitzes zu veräußern, ist jedoch aufgrund ihrer schwierigen Korrekturfähigkeit sorgfältig abzuwägen.[4]

Die Finanzierung der Liegenschaften erfolgt in Deutschland überwiegend über Kreditinstitute und nicht über den Kapitalmarkt wie in den USA und Großbri-

---

1 In den verschiedenen Wissenschaftsdisziplinen wird der Begriff der Immobilie unterschiedlich verwendet. Zu der Analyse des Immobilienbegriffs in Hinblick auf die juristische, physische oder ökonomische Natur der Immobilie vgl. Bone-Winkel/Schulte/Focke (2008), S. 7-15; Falk (2004), S. 436 f.; Pfnür (2004b), S. 5-8; Wernecke (2004), S. 19 f.; Schulte et al. (2000), S. 15-18; Hens (1999), S. 73-75; Schäfers (1997), S. 13-16; Bone-Winkel (1994), S. 20-26. Im Rahmen dieser Arbeit schließt der Begriff der Immobilie sowohl das Grundstück als auch das auf diesem stehende Gebäude ein; vgl. Hens (1999), S. 74. Die Begriffe Immobilie, Immobilienvermögen, Liegenschaft, Grund und Boden, Grundvermögen, Grundbesitz, Realvermögen, Realbesitz und Grundstück werden im Rahmen dieser Untersuchung synonym verwendet. Im amerikanischen Sprachgebrauch wird für den Begriff der Immobilie real estate und im englischen property genutzt.

2 Vgl. Gier (2006), S. 237; Arend (2001), S. 260; Katte et al. (2001), S. 1; Pierschke (2000), S. 283; Gibson/Lizieri (1999), S. 201; Glagola (1999), S. 42; Manning/Rodriguez/Ghosh (1999), S. 327.

3 Vgl. Hanson (1998), S. 30.

4 Vgl. Gier (2006), S. 2 sowie Schulte/Schäfers (2004), S. 45. In den vergangenen Jahren hat sich eine steigende Anzahl von Unternehmen zu diesem Schritt entschlossen; vgl. Fernández Reumann/Krieger/Friedrichs (2004), S. 414; Pfnür (2004a), S. 24; Fernández Reumann (2003), S. 346; Sullivan (2001), S. 248. Zur Einschätzung geplanter Transaktionsvolumina vgl. Leykam (2004), S. 1 sowie Leykam (2000), S. 4.

tannien.[5] Institutionelle Anleger investieren mithin bislang in keinem nennenswerten Umfang in deutsche Unternehmensimmobilien. Der Gesetzgeber hat diese Problematik erkannt und darauf mit dem Gesetz über Immobilien-Aktiengesellschaften mit börsennotierten Anteilen[6] im Jahr 2007 reagiert. Dieses soll die Mobilisierung von Unternehmensimmobilien und die Professionalisierung der deutschen Immobilienbranche fördern.[7]

Unternehmen, deren Tätigkeitsschwerpunkt nicht im Immobiliengeschäft liegt, werden als *Nicht-Immobilienunternehmen* bezeichnet. Liegenschaftstätigkeiten stellen für diese Gesellschaften somit keinen originären Unternehmenszweck dar. Die für Nicht-Immobilienunternehmen erforderlichen Flächenreduktionen beeinflussen den Shareholder Value. Die bislang vernachlässigte Finanzierung von Unternehmensliegenschaften über den Kapitalmarkt sowie die erforderlichen Liegenschaftsanpassungen motivierten zu folgendem Leitgedanken der Untersuchung:

Die Verwertung von Unternehmensimmobilien über die Institutionen der Immobilien-Aktiengesellschaft (Immobilien-AG) und der Verbriefung der aus dem Grundbesitz resultierenden originären Zahlungsströme (Real Estate Securitisation)[8] *kann eine Steigerung des Shareholder Values bewirken.*

---

[5] Vgl. Gondring/Feldhoff (2003), S. 4. Die traditionelle Finanzierung in Form eines erst- oder nachrangig grundpfandrechtlich gesicherten Darlehens zeichnet sich in Deutschland nach wie vor als häufigste Finanzierungsmethode für Immobilien aus; vgl. Iblher et al. (2008), S. 534. Es ist zu erwarten, dass künftig auch in Deutschland verstärkt eine Finanzierung über den Kapitalmarkt erfolgt; vgl. hierzu die Ausführungen bei Gondring/Feldhoff (2003), S. 4.

[6] Das Gesetz wird auch als Real Estate Investment Trust Gesetz (REITG) bezeichnet.

[7] Vgl. Bundesregierung (2007), S. 14.

[8] Im Rahmen dieses Finanzkonstrukts werden Zahlungsströme aus Immobilien, beispielsweise aus gegenwärtigen oder künftigen Mietverträgen, verbrieft. Die Verbriefung der originären Zahlungsströme aus Liegenschaften wird in dieser Untersuchung als Immobilienverbriefung oder Real Estate Securitisation bezeichnet.

Die Immobilien-AG und die Real Estate Securitisation erweitern als *Immobilienintermediäre* die Verwertungsmöglichkeiten für Unternehmensimmobilien auf dem Immobilienmarkt, indem diese Institutionen ihre Transformationsleistungen auch über den liquideren Kapitalmarkt erbringen. Eine Liegenschaftsverwertung über die Immobilien-AG oder die Real Estate Securitisation trägt jedoch in unterschiedlichem Ausmaß zur Steigerung des Shareholder Values bei, weil beide Verwertungsvarianten *unterschiedliche Zahlungsströme* für das Unternehmen generieren. Zur Analyse der Vorteilhaftigkeit der verschiedenen Handlungsalternativen sind die aus der jeweiligen Variante zu unterschiedlichen Zeitpunkten resultierenden Zahlungsströme mit Hilfe eines Bewertungsmodells auf den Entscheidungszeitpunkt umzurechnen, welches es erlaubt, die Wirkung auf den Shareholder Value messbar zu machen.

Die Grundbesitzverwertung kann sowohl unter Aufgabe als auch unter Beibehaltung der Eigentümerstellung erfolgen. Sofern das Eigentum vollständig aufgegeben wird und auf einen neuen Eigentümer übergeht, liegt eine *Veräußerung*[9] vor. Dieser engen Begriffsabgrenzung wird in der vorliegenden Untersuchung nicht gefolgt. Vielmehr wird eine *weite* Definition der *Verwertung* unterstellt, die es erlaubt, neben der Liquidierung von Immobilien durch Desinvestition zudem Handlungsalternativen zu prüfen, bei denen die Gesellschaft Eigentümerin der Liegenschaften bleibt.

Die Institution der Immobilien-AG ermöglicht aufgrund der Typenvielfalt ihrer Geschäftsmodelle die Verwertung aller Grundbesitzgattungen. Der Zahlungs-

9 Die Begriffe Desinvestition, Monetarisierung und Veräußerung werden synonym verwendet. Der Terminus Desinvestition wird verschiedenartig abgegrenzt. Für eine Zusammenstellung unterschiedlicher Begriffsdefinitionen im deutschsprachigen Raum vgl. Bartsch (2005), S. 25 f. Unter einer Desinvestition wird in dieser Untersuchung das Gegenteil einer Investition – folglich die Beendigung oder Liquidation einer Investition – verstanden; vgl. Löffler (2001), S. 5; Weiher (1996), S. 9; Mensching (1986), S. 2. Durch die Desinvestition werden finanzielle Mittel, die in Immobilien gebunden sind, freigesetzt; vgl. Corsten/Gössinger (2008), S. 160; Gier (2006), S. 6; Schäfers/Gier (2005), S. 235; Hens (1999), S. 210.

strom, den ein Unternehmen aus der Verwertung über die Immobilien-AG erwirtschaftet, ändert sich in Abhängigkeit von der Nutzungsrestriktion, die für ein Objekt besteht.

Um den Zahlungsstrom und damit die Vorteilhaftigkeit auch für die Verwertung über die Real Estate Securitisation zu bestimmen, werden im Rahmen dieser Ausarbeitung die Transaktionsstruktur der Real Estate Securitisation sowie die daraus resultierenden Zahlungen grundlegend konzipiert. Eine umfassende Analyse der Verbriefung originärer Zahlungsströmen aus Immobilien ist im wissenschaftlichen Forschungsbereich bislang nicht erfolgt.

B. Einordnung in den wissenschaftlichen Bezugsrahmen

Die Forschungskonzeption der *Immobilienökonomie*, die sich mit allen wirtschaftlichen Aspekten von Liegenschaften befasst,[10] bildet den theoretischen Bezugsrahmen für die Analyse der Verwertung von Unternehmensimmobilien durch Nicht-Immobilienunternehmen über die Immobilien-AG und die Real Estate Securitisation. Eine ganzheitliche Analyse des Realvermögens kann nur gelingen, wenn die Aspekte und Blickwinkel verschiedener Forschungsdisziplinen berücksichtigt werden.[11] Daher ist die Immobilienökonomie ein *interdisziplinärer Ansatz*, der auf der Betriebswirtschaftslehre gründet, jedoch weitere wissenschaftliche Disziplinen einbezieht.[12]

---

[10] Vgl. Bone-Winkel/Schulte/Focke (2008), S. 5; Schulte (2008), S. VII; Schulte/Schäfers (2008), S. 57; Sotelo (2006b), S. 42; Wernecke (2004), S. 7; Schulte (2001), S. 889; Brauer (1999), S. 5; Buse (1999), S. 5 f.

[11] Vgl. Bone-Winkel/Schulte/Focke (2008), S. 5.

[12] Vgl. Bone-Winkel/Schulte/Focke (2008), S. 5 sowie Schulte (2001), S. 892 f. Das Forschungsprogramm der Immobilienökonomie unterscheidet in seinem Wissenschaftskonzept zwischen interdisziplinären, institutionellen, typologischen und Management-Aspekten; vgl. Schulte/Schäfers (2008), S. 58. Zu einer vertiefenden Darstellung der vier Forschungsrichtungen vgl. Pfnür (2004b), S. 60 f.

Die Rechtswissenschaft findet durch die Analyse der juristischen Gestaltung der Vertragsbeziehungen zwischen den Akteuren der Immobilientransaktionen ihren Niederschlag in der Untersuchung. Aufgrund der Besonderheiten des Immobilienmarktes ist zudem eine volkswirtschaftliche Perspektive[13] zu berücksichtigen. Abbildung 1 verdeutlicht, welche weiteren Aspekte aus dem Forschungsprogramm der Immobilienökonomie in die Analyse der Verwertung von Grundbesitz durch Nicht-Immobilienunternehmen einfließen.

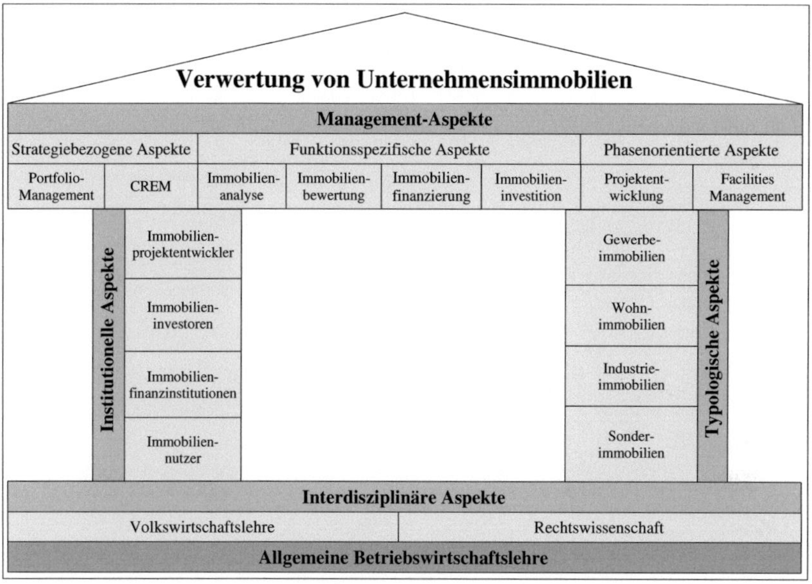

Abbildung 1: Untersuchungsrelevante Aspekte aus dem Forschungsprogramm der Immobilienökonomie [14]

Um eine ganzheitliche Untersuchung der Immobilienverwertung zu gewährleisten, sind alle Liegenschaftsarten der Nicht-Immobilienunternehmen in den

---

[13] Zudem sind hier Inflationsrate, Zinsniveau, Steuersätze und Wechselkurse von Bedeutung; vgl. Schulte/Schäfers (2008), S. 59.

[14] In Anlehnung an Schulte/Schäfers (2008), S. 58.

Überlegungen zu berücksichtigen. Eine institutionelle Perspektive fließt insbesondere durch die Analyseobjekte der Immobilien-Aktiengesellschaft und der Real Estate Securitisation, über die die Verwertung erfolgt, in die Ausarbeitung ein. Neben funktionsspezifischen Managementaspekten der Immobilienanalyse, -bewertung, -finanzierung und -investition und dem phasenorientierten Aspekt der Projektentwicklung wird im Rahmen der Arbeit ein strategischer Blickwinkel durch das Corporate Real Estate Management einbezogen.

Die angestrebte unternehmerische Entscheidung über die Immobilienverwertung kann aufgrund des interdisziplinären Ansatzes nicht durch Anwendung einer einzelnen Theorie abgeleitet werden.[15] Demgemäß ist diese Analyse durch einen *Methodenpluralismus* gekennzeichnet. Dieser erlaubt es, durch verschiedene Ansätze Erkenntnisse für die Entscheidung über die Verwertung von Liegenschaften durch Nicht-Immobilienunternehmen zu gewinnen.[16]

Für eine wissenschaftlich basierte Entscheidung sind sowohl das Verhalten als auch die Situation des Unternehmens zu berücksichtigen.[17] Mithin basiert die Ausarbeitung sowohl auf dem entscheidungstheoretischen[18] als auch auf dem

---

15 Exemplarisch für einen Überblick über die verschiedenen theoretischen Ansätze der Betriebswirtschaftslehre vgl. Schanz (2004), S. 96 ff.; Albach (1993), S. 15 f.; Raffée (1993), S. 29 ff.

16 Vgl. Chmielewicz (1994), S. 39 f. Zu der hier verfolgten Auffassung des theoretischen Pluralismus vgl. Schanz (1973), S. 133 ff. sowie Fleischmann (1966), S. 26 f.

17 Vgl. Heinen (1991), S. 12 sowie Ulrich/Hill (1979), S. 173 f. und Heinen (1969), S. 210. Es werden dabei alle mit der Entscheidung verbundenen Aktivitäten wie Alternativensuche, -auswahl, -umsetzung und -kontrolle einbezogen; vgl. Heinen (1991), S. 12. Dafür wird die Entscheidungssituation abgegrenzt und analysiert, wobei sowohl die Eigenschaften der individuellen Entscheidungsträger als auch der Organisation kollektiver Entscheidungen berücksichtigt werden; vgl. Heinen (1971), S. 430.

18 Der entscheidungsorientierte Ansatz befasst sich mit den Prozessen der Willensbildung und -durchsetzung in Unternehmen, die den ausführenden Tätigkeiten vorgelagert sind; vgl. Heinen (1991), S. 12 sowie Heinen (1971), S. 430. Im Mittelpunkt des entscheidungsorientierten Ansatzes stehen Wahlhandlungen mit alternativen Handlungsoptionen; vgl. Hens (1999), S. 4 f. Ziel der entscheidungsorientierten Betriebswirtschaft ist, durch bestimmte Verhaltensnormen Entscheidungen zur Erreichung der verfolgten Ziele zu bewirken; vgl. Heinen (1971), S. 430. Für eine detailliertere Darstellung des entscheidungstheoretischen Ansatzes vgl. Schanz (2004), S. 114 ff. sowie Heinen (1969), S. 207 ff.

situativen Ansatz.[19] Die Analyse der Vorteilhaftigkeit der Grundbesitzverwertung über die Institutionen der Immobilien-AG und/oder der Real Estate Securitisation wird durch eine deduktive[20] Argumentation abgeleitet und investitionsrechnerisch durch eine Modellanalyse gestützt. Diese soll eine in der Unternehmenspraxis anwendbare Lösung für das Verwertungsproblem bieten, indem sie den grundsätzlichen Einfluss verschiedener Handlungsoptionen auf den Shareholder Value erklärt.[21]

C. Gang der Untersuchung

Zur Analyse der gewählten Problemstellung besteht die Arbeit aus zwei Hauptteilen. Zunächst erfolgt die Abgrenzung der untersuchungsrelevanten Liegenschaften der Nicht-Immobilienunternehmen. Um die Bedeutung der Themenstellung zu belegen, ist die absolute Höhe des Immobilienvermögens für die im Rahmen der Untersuchung betrachteten Nicht-Immobilienunternehmen zu ermitteln. Neben dem Liegenschaftsvermögen der deutschen Gesellschaften insgesamt sowie dessen Veränderung in den vergangenen Jahren wird der Grundbe-

---

19 Grundlegend zum situativen Ansatz in der Betriebswirtschaftslehre vgl. Macharzina/Wolf (2008), S. 73 ff.; Kieser/Walgenbach (2007), S. 43 ff.; Kieser (2006), S. 215 ff.; Raffée (1993), S. 37; Segler (1981), S. 227 ff.; Staehle (1976), S. 33 ff. Dabei wird die Relativität betriebswirtschaftlicher Aussagen akzentuiert, so dass eine differenzierte Analyse der Problemstellung und deren Einflussgrößen erfolgen muss; vgl. Raffée (1993) S. 37; Kieser/Segeler (1981), S. 181 f.; Segler (1981) S. 237 ff.

20 Zum Begriff der Deduktion vgl. auch Popper (2005), S. 6 ff.; Raffée (1993), S. 16; Eichhorn (1979), S. 81; Ulrich/Hill (1979), S. 181. Mit Hilfe der Methodik der Deduktion werden Aussagen aus Grundaussagen mit Hilfe logisch-wahrer Aussagen abgeleitet; vgl. Schweizer (2004), S. 73.

21 Damit folgt diese Ausarbeitung auch einem anwendungsorientierten, praktisch-normativen Ansatz. Dieser erlaubt es, Aussagen über das Entscheidungsverhalten von Wirtschaftssubjekten abzuleiten und ausgewählte Handlungs- und Gestaltungsalternativen zu prüfen, um die angestrebten Unternehmensziele bestmöglich zu erreichen; vgl. Behrens (1993), Sp. 4771; Ulrich/Hill (1979), S. 179 und S. 182; Heinen (1969), S. 209. Zur Abgrenzung von angewandter bzw. anwendungsorientierter Forschung und Grundlagenforschung vgl. Schweizer (2004), S. 69 sowie zur Forschungsmethodik im Rahmen der Betriebswirtschaftslehre im Allgemeinen Schirmeister (2006a), S. 128 f.

sitz der Unternehmen des Deutschen Aktienindexes (DAX) bestimmt. Dies dient dazu, die Ursachen für die Entstehung des Realvermögens offenzulegen. Hieraus können unternehmensinterne Motive abgeleitet werden, die den Verzicht auf eine Veräußerung begründen. Dazu zählen insbesondere die Besteuerung der stillen Reserven und der Kontrollverlust über die Liegenschaften. Eine Gesellschaft kann diese Aspekte bei der Entscheidung über eine Immobilienverwertung explizit durch Wahl einer bestimmten Verwertungsmethodik berücksichtigen.

Die zu treffenden liegenschaftsbezogenen Entscheidungen sind an der Maximierung des Unternehmenswertes auszurichten. Um dieses Oberziel zu verfolgen, ist zum einen aufzuzeigen, durch welche institutionelle und aufbauorganisatorische Ausgestaltung ein aktives, erfolgs- und wertschöpfungsorientiertes Liegenschaftsmanagement in Nicht-Immobilienunternehmen erfolgen kann. Zum anderen muss der Einfluss des Realvermögens auf den Unternehmenswert operationalisiert werden. Hierfür wird überprüft, inwiefern die in die Unternehmensbewertung eingehenden Parameter durch die Liegenschaften beeinflusst werden. Um eine Erhöhung des Shareholder Values durch eine Immobilienverwertung zu belegen, werden deren Wirkungen auf die für die Ermittlung des Unternehmenswertes erforderlichen Komponenten erfasst. Explizit wird hierbei das Steigerungspotenzial des Unternehmenswertes durch Erhöhung der Cashflows aufgrund der Ressourcenkonzentration auf das Kerngeschäft sowie der Reduktion von Immobilienbereitstellungskosten begründet. Ein geringerer Kapitalkostensatz durch eine Verbesserung der finanzwirtschaftlichen Rahmenbedingungen und eine Risikosenkung bei der Immobilienbereitstellung steigern ebenfalls den Shareholder Value. Zu begründen ist zudem, dass Nicht-Immobilienunternehmen Informationen über ihren Grundbesitz und die Aktivitäten im Immobilienbereich im Rahmen der Kapitalmarktkommunikation publizieren sollten, damit der fundamental gerechtfertigte Wert der Gesellschaft von den Kapitalgebern wahrgenommen wird.

Die Gesellschaften müssen bei der Verwertung ihres Immobilienbestandes berücksichtigen, dass der Grundbesitz zum Teil weiterhin im Leistungserstellungsprozess genutzt wird, mithin betriebnotwendig ist. Es ist daher für die verschiedenen Verwertungsvarianten zu prüfen, ob die Einschränkung der Unternehmenstätigkeit durch eine entsprechende Sicherung der Verfügungsrechte über den Grundbesitz verhindert werden kann. Neben der Betriebsnotwendigkeit ist bei der Immobilienverwertung die Drittverwendungsfähigkeit von Bedeutung. Für nicht drittverwendungsfähige Immobilien existiert häufig nur ein kleiner Käuferkreis. Um weitere Interessenten anzusprechen, kann die Revitalisierung des Grundbesitzes im Rahmen einer Verwertung erwogen werden.

Der Immobilienmarkt im Allgemeinen, insbesondere aber im Speziellen für Liegenschaften von Nicht-Immobilienunternehmen, zeichnet sich durch Unvollkommenheit aus, da er aus verschiedenen Teilmärkten besteht. Um die Liquidität und die Handelsvolumina auf dem Immobilienmarkt zu erhöhen, können intermediäre Institutionen in die Transaktionsprozesse eingebunden werden. *Immobilienintermediäre* erweitern die Verwertungsmöglichkeiten für Unternehmensimmobilien auf dem Immobilienmarkt, indem sie für die Erbringung ihrer Transformationsfunktionen auch auf den liquideren Kapitalmarkt zurückgreifen.

Die Immobilien-AG und die Real Estate Securitisation sind die Immobilieninstitutionen, die Immobilien- und Kapitalmarkt miteinander verbinden. Um die komplexen Wirkungen der Verwertungsvarianten, insbesondere auch in Abhängigkeit von verschiedenen Grundbesitztypen, auf den Unternehmenswert zu veranschaulichen, wird die Vorteilhaftigkeitsanalyse exemplarisch anhand einer fiktiven Modellimmobilie investitionsrechnerisch nachvollzogen. Aus den Ergebnissen der Modellrechnungen lassen sich verallgemeinerungsfähige Aussagen über die Verwertung von Realvermögen durch Nicht-Immobilienunternehmen ableiten. *Methodisch* dem Shareholder Value-Ansatz folgend, dient dabei der *Kapitalwert* als finanzwirtschaftliches Entscheidungskriterium für eine Bewertung der Handlungsalternativen.

Die *Immobilien-AG* ist eine Aktiengesellschaft, deren Unternehmenstätigkeit auf das Immobiliengeschäft ausgerichtet ist. Als Immobilienintermediär erweitert sie die Verwertungsmöglichkeiten für Unternehmensliegenschaften, weil sie umfangreiche Transformationsleistungen – insbesondere zwischen Immobilien- und Kapitalmarkt – erbringt. Aufgrund der vielfältigen Ausgestaltungsmöglichkeiten des Geschäftsmodells einer Immobilien-AG und der damit verbundenen potenziellen Spezialisierung der Gesellschaft ist diese Institution für die Verwertung aller Objektarten geeignet. In der Sonderform eines Real Estate Investment Trusts kann die Immobilien-AG zudem Steuervorteile vereinnahmen.

Die *Real Estate Securitisation* ist ein *innovatives* Instrument für die Verwertung von Unternehmensimmobilien. Um die Struktur der Real Estate Securitisation-Transaktion offenzulegen, setzt die vorliegende Untersuchung an der Weiterentwicklung der traditionellen Asset Backed Securitisation-Struktur an. Die Ausarbeitung analysiert insbesondere die Spezifika, die aus der Verbriefung originärer Immobilienzahlungsströme resultieren. Neben der Transaktions- und Zahlungsstromstruktur sind juristische und steuerliche Rahmenbedingungen zu bestimmen und daraus resultierende Probleme zu lösen. Darauf aufbauend wird analysiert, für welche Immobiliengattungen dieses Verwertungsinstrument geeignet ist.

Für die Prüfung der Vorteilhaftigkeit ist die Gestaltung der zur Refinanzierung der Transaktion am Kapitalmarkt eingesetzten Anleihe grundlegend. Dazu werden die durch die Schuldverschreibung verursachten Zahlungsströme bestimmt. Die Attraktivität der Schuldverschreibung für Investoren wird durch verschiedene Parameter beeinflusst. Durch deren Variation wird untersucht, wie sich die Veränderungen auf die Durchführbarkeit der Transaktion auswirken. Für betriebsnotwendige Liegenschaften wird zudem eine Struktur entwickelt, die dem

Nicht-Immobilienunternehmen die Verfügungsrechte an diesen Immobilien dauerhaft sichert und die Ausschöpfung von Steuervorteilen ermöglicht.

Abschließend wird die Eignung der Immobilien-AG und der Real Estate Securitisation als Ergänzung traditioneller Verwertungsalternativen für Immobilien von Nicht-Immobilienunternehmen zusammenfassend beurteilt.

II. Potenzial der Verwertung von Unternehmensimmobilien

A. *Bedeutung von Immobilien für Nicht-Immobilienunternehmen*

1. Liegenschaften immobilienfremder Geschäftsbereiche als Untersuchungsgegenstand

Der Begriff der *Unternehmensimmobilie* kann unterschiedlich abgegrenzt werden. Die Eigenschaft des Eigentums an einem Objekt charakterisiert eine *enge Definition*. Dabei ist unerheblich, ob die Liegenschaft derzeit durch eine Gesellschaft im Leistungserstellungsprozess genutzt wird oder nicht.[22] Die *weite Definition* des Begriffs der Unternehmensimmobilie bezieht hingegen sowohl Realvermögen ein, das im Eigentum des Unternehmens steht, als auch Grundbesitz, an dem die Gesellschaft ein Verfügungsrecht besitzt. Diese Terminologie umfasst demnach alle Immobilien, die sich im Besitz einer Gesellschaft befinden, unabhängig davon ob sie gemietet, gekauft, geleast, gepachtet oder auf eine andere Art bereitgestellt werden.[23] Die charakterisierende Eigenschaft eines Eigentumsrechts wird hierbei durch das eines Nutzungsrechts substituiert.[24]

Da Unternehmen nur über im Eigentum befindliche Immobilien rechtmäßig und uneingeschränkt verfügen können, sind lediglich Unternehmensimmobilien nach der engen Definition die Objekte, für die diese Verwertungsanalyse durchgeführt wird. Dabei ist zu berücksichtigen, dass veräußertes und nicht mehr im Eigentum der Gesellschaft stehendes Grundvermögen möglicherweise weiterhin betrieblich genutzt wird, beispielsweise auf Basis eines Mietervertrages. In diesem Fall geht die Desinvestition nicht zwingend mit einer Verringerung der Liegenschaftskapazitäten, sondern vielmehr mit einer Beschränkung der Verfü-

22 Vgl. zu dieser Argumentation auch Gier (2006), S. 17.

23 Zu dieser Abgrenzung vgl. Gier (2006), S. 15 f. sowie Pfnür (2002), S. 10.

24 Vgl. Pfnür (2004b), S. 7 sowie Grübler (2002), S. 699.

gungsrechte einher.[25] Mithin kann Realvermögen, das vor der Verwertungsentscheidung der engen Definition unterliegt, nach Verwertung unter die weite Begriffsabgrenzung fallen.

Zur weiteren Festlegung der untersuchten Liegenschaften ist der Tätigkeitsschwerpunkt der betrachteten Gesellschaften relevant. Nach der Ausrichtung ihres Kerngeschäftes[26] können diese in Immobilienunternehmen und Nicht-Immobilienunternehmen klassifiziert werden.[27] Der Zweck von *Immobilienunternehmen* umfasst das Immobiliengeschäft.[28] Ihr Leistungsspektrum beinhaltet unter anderem die Projektentwicklung, Vermittlung, Vermietung, Verwaltung, Finanzierung, den Erwerb und Verkauf von Liegenschaften sowie die Erbringung immobilienbezogener Dienstleistungen, die an institutionelle oder private Abnehmer gerichtet sein können.[29] Immobilienunternehmen richten folglich ihre Tätigkeit primär auf die Erbringung *extern gerichteter* immobilienwirtschaftlicher Leistungen aus.[30]

Nicht-Immobilienunternehmen werden hingegen negativ abgegrenzt, indem sie ein Kerngeschäft verfolgen, dass keinen Immobilienbezug aufweist.[31] Entsprechend erbringen sie keine externen immobilienwirtschaftlichen Leistungen im

---

25 Vgl. Gier (2006), S. 6. Zur Thematik der Verfügungsrechte vgl. auch Kapitel II. C. 1. a).

26 Als Kerngeschäft werden die Geschäftsfelder eines Unternehmens bezeichnet, die maßgeblich zu dessen Erfolg beitragen.

27 Vgl. Bone-Winkel/Schulte/Focke (2008), S. 13 sowie Schäfers/Gier (2005), S. 231. Im englischen Sprachgebrauch werden Immobilienunternehmen auch als Property-Companies und Nicht-Immobilienunternehmen als Non-Property-Companies bezeichnet; vgl. Bone-Winkel/Schulte/Focke (2008), S. 13 sowie Schulte/Holzmann (2008), S. 182.

28 Vgl. Bone-Winkel/Schulte/Focke (2008), S. 13; Schulte/Holzmann (2008), S. 182; Schäfers/Gier (2005), S. 231; Helmer (2002), S. 737.

29 Zu einem ersten Ansatz zur Abgrenzung von Immobilienunternehmen vgl. Bone-Winkel (1994), S. 25 f. und dessen Erweiterungen durch Bone-Winkel/Schulte/Focke (2008), S. 13; Pilz (2007), S. 15; Kermer (2006), S. 36 ff.

30 Vgl. Schäfers (1997), S. 16 f.

31 Vgl. Bone-Winkel/Schulte/Focke (2008), S. 13; Schulte/Holzmann (2008), S. 182; Schäfers/Gier (2005), S. 231; Helmer (2002), S. 737.

Rahmen eines strategischen Geschäftsfeldes.[32] Ihre Immobilientätigkeit zählt auch dann nicht zum originären Unternehmenszweck, wenn die Gesellschaft über einen hohen Immobilienbestand verfügt.[33] Liegenschaftsbezogene Leistungen sind in diesen Unternehmen nach *innen gerichtete Sekundärleistungen*, die – als notwendiger Bestandteil im Rahmen des Leistungsprozesses – erst mittelbar aus den primären Unternehmensaufgaben abgeleitet werden.[34] Für Nicht-Immobilienunternehmen stellt der Grundbesitz als Betriebsmittel eine notwendige Voraussetzung für den Leistungserstellungsprozess dar, so dass er im Sinne der betriebswirtschaftlichen Produktionstheorie einen Kostenfaktor verkörpert.[35] Im Rahmen dieser Arbeit wird ausschließlich die Immobilienverwertung durch Nicht-Immobilienunternehmen analysiert.

Die Klassifizierung als Immobilien- oder Nicht-Immobilienunternehmen kann mitunter Schwierigkeiten bereiten, wenn ein Unternehmen mit einigen Geschäftsfeldern im Immobilienbereich und mit anderen im Nicht-Immobiliensektor tätig ist. Eine adäquate Herangehensweise zur Klassifizierung von Gesellschaften ist, die Bedeutung ihrer immobilienspezifischen Geschäftsfelder in Relation zu den gesamten Geschäftsbereichen zu beurteilen. Überwiegt der Schwerpunkt der Geschäftstätigkeit der Immobilienbereiche, ist das Unterneh-

---

32 Strategische Geschäftsfelder sind in diesem Zusammenhang als „Unternehmen in Unternehmen" zu verstehen, die über eigene Ressourcen und Kompetenzen verfügen, spezifische Chancen und Risiken aufweisen, homogen und deutlich voneinander abgegrenzt sind; vgl. Bone-Winkel (2005), S. 513 sowie Pelzl (1999), S. 348.

33 Vgl. Hens (1999), S. 81.

34 Vgl. Bone-Winkel/Schulte/Focke (2008), S. 13; Falk (2004), S. 630; Lampe/Lechtenböhmer (1998), S. 598; Schäfers (1997), S. 17. Sekundäre Aufgaben entstehen aufgrund der Hervorbringung der Unternehmensleistung und resultieren somit aus den primären Aufgaben; vgl. Kosiol (1962), S. 58. Daher haben Liegenschaften in Nicht-Immobilienunternehmen den Stellenwert von Betriebsmitteln, die keine oder nur eine geringe Markt- oder Wettbewerbswirkung erzielen; vgl. Schulte/Schäfers (1998), S. 31.

35 Vgl. Bone-Winkel/Schulte/Focke (2008), S. 11 sowie Falk (2004), S. 630. Als Potenzialfaktor ist die Immobilie ein Gut, dass der Produktion anderer Güter dient, wobei es im Rahmen der Leistungserstellung nicht verbraucht, sondern gebraucht wird; vgl. Corsten (2007), S. 4 f. sowie Schäfers (1997), S. 15 und Heinen (1983), S. 247.

men als Immobilienunternehmen zu klassifizieren.[36] Stehen jedoch immobilienfremde Geschäftsbereiche im Vordergrund der Leistungserbringung, ist die Gesellschaft als Nicht-Immobilienunternehmen einzuordnen.[37] Auch wenn hierdurch eine sachgerechte Abgrenzung erfolgt, ist in der Praxis der Übergang zwischen diesen beiden Unternehmenstypen fließend, mithin keine strikte Abgrenzungsregel bestimmbar. In den in dieser Untersuchung gewählten Analyserahmen werden ausschließlich Liegenschaften einbezogen, die Teil eines immobilienfremden Geschäftsbereiches sind.[38]

Eine weitere Abgrenzungsproblematik ergibt sich, falls die Immobilienverantwortung in Konzernen von rechtlich selbständigen Tochtergesellschaften übernommen wird. In diesem Fall ist die Klassifizierung als Immobilienunternehmen bzw. Nicht-Immobilienunternehmen schwierig. Genauer zu analysieren ist hierbei der Fall, dass ein Konzern, dessen Kerngeschäft nicht in der Immobilienbranche angesiedelt ist, seinen Grundbesitz in ein Tochterunternehmen einbringt und von diesem verwalten lässt.[39] Letzteres ist einzeln betrachtet als Immobilienunternehmen zu klassifizieren, da es immobilienspezifische Leistungen an externe Abnehmer erbringt. Unter Berücksichtigung der wirtschaftlichen Einheit

---

[36] Zu Immobilienunternehmen zählen damit auch ehemalige Nicht-Immobilienunternehmen, die früher ein immobilienfremdes Kerngeschäft verfolgt haben, heute aber ausschließlich oder überwiegend in der Immobilienbranche tätig sind; vgl. Holzmann (2005), S. 178 sowie Falk (2004), S. 438 und Schulte/Walbröhl (2002), S. 664.

[37] Zu der gegensätzlichen Auffassung, dass bereits die Existenz eines immobilienspezifischen Geschäftsfeldes den Typus eines Immobilienunternehmens begründet, vgl. Hens (1999), S. 81.

[38] Das Abgrenzungsproblem, dass ein Teil dieses Grundbesitzes von einem Immobilienbereich zur externen Leistungserstellung genutzt wird, ein anderer im Rahmen des Nicht-Immobilienbereichs, wird hierbei vernachlässigt.

[39] Das Tochterunternehmen hält und bewirtschaftet Grundstücke, kauft und verkauft Immobilien und führt Projektentwicklungen durch. Im Rahmen der Tochtergesellschaft ist ein effizienteres Management der Unternehmensimmobilien als in einer Liegenschaftsabteilung möglich, da dort regelmäßig ein eigenständiges Rechnungswesen Risiken, Nutzung und Kosten des Grundbesitzes erfasst und steuert; vgl. Pfnür/Hedden (2002), S. 45. Mit einem Anteil von 53 % sind Personengesellschaften die meist gewählte Rechtsform für die Objektgesellschaften, gefolgt von der GmbH mit 32 % und der AG mit 5 %; vgl. Pfnür/Hedden (2002), S. 47 sowie Schulte/Walbröhl (2002), S. 665.

des Konzerns erbringt die Tochtergesellschaft hingegen konzernintern gerichtete Grundbesitzleistungen. Die Immobilientochter ist in diesem Fall als verselbständigte Liegenschaftsabteilung des Konzerns zu verstehen,[40] die das Grundvermögen nicht marktgerichtet, sondern für die zusammengeschlossenen Gesellschaften bereitstellt. Für diese auch im Folgenden gewählte Konzernperspektive wird nach wie vor ein immobilienfremdes Kerngeschäft unterstellt. Konzernimmobilien werden daher auch in die Untersuchung einbezogen. Der Begriff der Nicht-Immobilienunternehmen[41] schließt mithin auch Nicht-Immobilienkonzerne ein. Abbildung 2 verdeutlicht die Abgrenzung des Untersuchungsgegenstands dieser Arbeit.

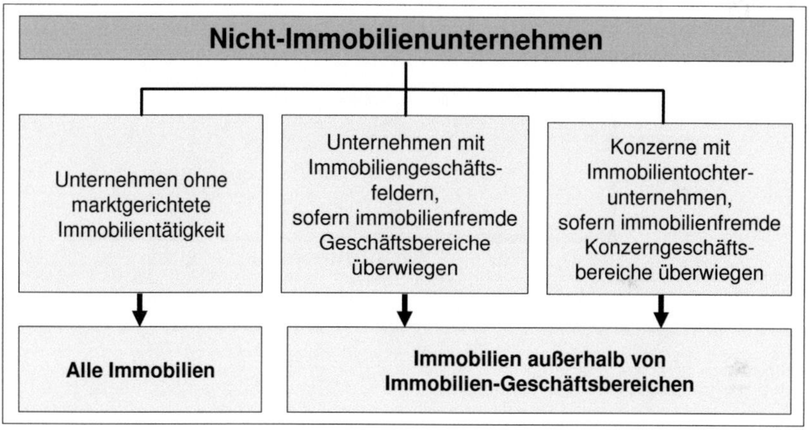

Abbildung 2: Untersuchungsrelevante Immobilien der Nicht-Immobilienunternehmen

---

40 Vgl. hierzu das Beispiel von Bone-Winkel/Schulte/Focke (2008), S. 13 des Siemens-Konzerns und der Gründung des Tochterunternehmens Siemens Real Estate GmbH & Co. KG, das seine Leistungen überwiegend für andere Konzernunternehmen erbringt. Das Tochterunternehmen firmiert heute unter Siemens Real Estate GmbH & Co. OHG.

41 Die Begriffe Unternehmen, Gesellschaft und Nicht-Immobilienunternehmen werden im Folgenden synonym verwendet. Dabei wird insbesondere dann der Begriff des Nicht-Immobilienunternehmens herangezogen, wenn der immobilienfremde Charakter dieser Gesellschaft für die Argumentation von Bedeutung ist.

2. Bestimmung der Höhe des Immobilienvermögens

a) Immobilienbestand deutscher Unternehmen

Der Einfluss des Grundbesitzes bzw. dessen Verwertung auf den Shareholder Value ist umso gewichtiger, je höher das Immobilienvermögen deutscher Unternehmen ist. Daneben stellt der Anteil des genutzten Realvermögens, das sich im Eigentum eines Unternehmens befindet, einen Indikator für den potenziellen Einfluss auf den Unternehmenswert dar.[42]

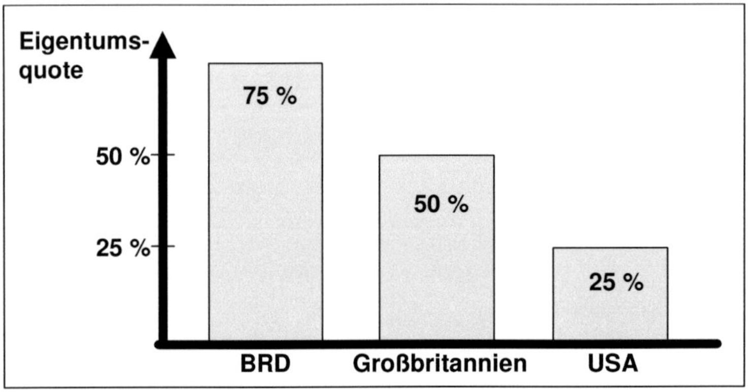

Abbildung 3: Eigentumsquote der von Unternehmen genutzten Immobilien[43]

Die Eigentumsquote[44] der von deutschen Gesellschaften genutzten Immobilien

[42] Bone-Winkel/Müller sowie Pilz führen an, dass sich ein großer Teil der deutschen Liegenschaften im Eigentum deutscher Nicht-Immobilienunternehmen befindet; vgl. Bone-Winkel/Müller (2008), S. 32 sowie Pilz (2007), S. 55.

[43] Die Eigentumsquote in Großbritannien wird auf 50 % und in den USA auf 25 % geschätzt; vgl. Beck/Droste/Zoller (2004), S. 194 sowie M. M. & Warburg CO (2006), S. 11 und Koch (2007), S. 23. Solms beziffert die Eigentumsquote im internationalen Umfeld auf 30 % bis 40 %, vgl. Solms (2007), S. 15. Pilz schätzt den Anteil an Unternehmensimmobilien in den USA, die im Eigentum der Gesellschaften stehen, auf 30 %; vgl. Pilz (2007), S. 56.

[44] Die Eigentumsquote bezeichnet den Anteil der genutzten Immobilien, die im Eigentum eines Nicht-Immobilienunternehmens stehen, an dem gesamten durch die Gesellschaft genutzten Grundbesitz.

wird auf bis zu 75 % beziffert[45] und ist damit deutlich höher als im internationalen Umfeld, wie Abb. 3 verdeutlicht.

Eine Möglichkeit, die Höhe des Immobilienvermögens deutscher Unternehmen zu plausibilisieren, besteht in der Verwendung des Datenmaterials der Deutschen Bundesbank. Die hochgerechneten Angaben aus Jahresabschlüssen deutscher Unternehmen weisen für das Jahr 2007 ein Immobilienvermögen zu Buchwerten in Höhe von 193,4 Mrd. Euro auf.[46] Unter der Prämisse, dass sich der Verkehrswert[47] der Immobilien auf das Zweieinhalbfache ihres Buchwertes beläuft,[48] ergibt sich ein Marktwert in Höhe von 483,5 Mrd. Euro. Beide Werte liegen im Vergleich mit den vorliegenden Schätzungen des Immobilienvermögens auf 0,5 Bio. Euro bis 2 Bio. Euro an der unteren Grenze, so dass dieser Auswertung alleine keine Aussagekraft beigemessen werden kann.

---

[45] Zur Angabe von 60 % vgl. Solms (2007), S. 15. Zur Angabe von 70 % vgl. Pilz (2007), S. 56 sowie Pfnür/Armonat (2004), S. 4 und Hildwein (2001), S. 4. Zur Angabe von 73 % vgl. M. M. Warburg & CO KGaA (2006), S. 11 sowie Beck/Droste/Zoller (2004), S. 194. Zur Angabe von 75 % vgl. Knoch (2007), S. 23, der die Schätzung der Südleasing GmbH zugrunde legt. In der Studie von Pfnür/Hedden wird eine Eigentumsquote von 71 % für betrieblich genutzte Büroimmobilien, 67 % für Lagerimmobilien, 86 % für Produktionsimmobilien, 84 % für Immobilien aus dem Bereich Entwicklung und 51 % für Liegenschaften aus dem Bereich des Handels ermittelt; vgl. Pfnür/Hedden (2002), S. 44.

[46] Vgl. Deutsche Bundesbank (2009a). Grundlage der Hochrechnung ist der Jahresabschlussdatenpool der Deutschen Bundesbank. In diesem werden die der Bundesbank und anderen Instituten der Kredit- und Versicherungswirtschaft vorliegenden Jahresabschlüsse nichtfinanzieller Unternehmen im Rahmen einer freiwilligen Vereinbarung in anonymisierter Form zusammengeführt und statistisch ausgewertet; vgl. Deutsche Bundesbank (2009a).

[47] Die Begriffe Verkehrswert, Marktwert und Zeitwert werden synonym verwendet.

[48] Die Verkehrswerte sind grundsätzlich höher als die Buchwerte, weil letztere ermittelt werden, indem die historischen Anschaffungs- oder Herstellungskosten um die Abschreibungen vermindert werden. Zu berücksichtigen ist dabei, dass nur Gebäude und keine Grundstücke abgeschrieben werden. Zudem erlangen insbesondere Liegenschaften während ihrer Lebensdauer oft eine Wertsteigerung, wie Schulte/Schäfers für ausgewählte Gewerbeimmobilien belegen. Beispielsweise wird der Verkehrswert der Immobilien der Deutsche Bank AG 1998 fast auf das Vierfache ihres Buchwertes geschätzt; vgl. Schäfers/Gier (2008), S. 854 sowie Schulte/Schäfers (2004), S. 43 und Schulte/Schäfers (1998), S. 42. Häufig werden die Verkehrswerte von Liegenschaften auf das zwei- bis dreifache der Buchwerte geschätzt; vgl. Schulte/Schäfers (2004), S. 47 sowie Porten (2001), S. 2 und Bulwien (1998), S. 47.

Plausibilisiert werden kann diese Hochrechnung durch Hinzuziehung von Verhältniszahlen aus Jahresabschlüssen deutscher Unternehmen, die das der Bundesbank vorliegende Datenmaterial unmittelbar widerspiegeln und nicht auf hochgerechneten Daten basieren, wie Tabelle 1 verdeutlicht.[49]

Größenklasse der Unternehmen nach Umsatz (in Mio. Euro)	Anzahl der verwerteten Jahresabschlüsse der Bundesbank (1)	Kumulierte Bilanzsumme der verwerteten Jahresabschlüsse (in Mrd. Euro) (2)	Anteil der Grundstücke und Gebäude an der kumulierten Bilanzsumme in % (3)	Kumulierter Buchwert der Grundstücke und Gebäude (in Mrd. Euro) (4)
< 2	16.596	8,95	12,9	1,15
2-10	18.929	50,23	11,5	5,78
10-50	14.106	172,31	10,5	18,09
> 50	6.195	1.513,78	6,0	90,83
Summe	**55.826**	**1.745,27**		**115,85**

Tabelle 1: Kumulierter Buchwert von Grundstücken und Gebäuden auf Basis nicht hochgerechneter Daten der Deutschen Bundesbank 2006[50]

Durch Multiplikation des Anteils der Grundstücke und Gebäude an der Bilanzsumme (Spalte 3) mit der kumulierten Bilanzsumme der verwerteten Jahresabschlüsse (Spalte 2) kann der Buchwert der Grundstücke und Gebäude (Spalte 4) für jede Umsatzgrößenklasse ermittelt werden.[51] Das Immobilienvermögen der 55.826 berücksichtigten Unternehmen kann demnach zu Buchwerten auf 115,85

[49] Auch die Ermittlung der nicht hochgerechneten Verhältniszahlen basiert auf den Jahresabschlüssen nichtfinanzieller Unternehmen aus dem Jahresabschlussdatenpool der Bundesbank. Im Jahr 2006 bestand der Datenpool aus ca. 120.000 Abschlüssen von in Deutschland ansässigen Unternehmen außerhalb des Kredit- und Versicherungsgewerbes. Nur etwa die Hälfte der Abschlüsse war für die Ermittlung der Verhältniszahlen geeignet, weil nicht alle erforderlichen Angaben vorhanden oder hinreichend differenziert waren; vgl. Deutsche Bundesbank (2009b), S. 5 f.

[50] Zum Datenmaterial der Tab. 1 (Spalte 1 bis 3) vgl. Deutsche Bundesbank (2009b), S. 20.

[51] Beispiel für die Größenklasse über 50 Mio. Euro Umsatz: 1.513,78 Mrd. Euro · 0,06 = 90,83 Mrd. Euro.

Mrd. Euro in 2006 beziffert werden. Bei entsprechender Hochrechnung ergibt sich ein Verkehrswert von 289,63 Mrd. Euro.[52]

Der Buchwert der Grundstücke und Gebäude von 115,85 Mrd. Euro spiegelt jedoch nur den Immobilienbestand von 55.826 Unternehmen wider. Wird diese Auswertung mit der Hochrechnung der Daten aus dem Jahresabschlussdatenpool verglichen, die einen Buchwert von 193,4 Mrd. Euro bzw. einen Verkehrswert von 483,5 Mrd. Euro für alle Gesellschaften beschreibt, ist der hochgerechnete Buchwert relativ gering. Das kann belegt werden, indem zusätzlich das Realvermögen der deutschen Unternehmen berücksichtigt wird, deren Abschlüsse *nicht* in die Ermittlung der Verhältniszahlen einbezogen wurden, wie Tabelle 2 verdeutlicht.

Größenklasse der Unternehmen nach Umsatz in Mio. Euro	Anzahl der deutschen Unternehmen (1)	Anzahl der verwerteten Jahres-abschlüsse der Bundesbank (2)	Anteil der verwerteten Jahres-abschlüsse an den gesamten deutschen Unternehmen in % (3)	Anteil der nicht berück-sichtigten Jahres-abschlüsse an den gesamten deutschen Unternehmen in % (4)	Kumulierte Bilanzsumme der nicht verwerteten Jahres-abschlüsse (in Mrd. Euro) (5)	Anteil der Grundstücke und Gebäude an der kumulierten Bilanzsumme in % (6)	Nicht berück-sichtigtes Immobilien-volumen (in Mrd. Euro) (7)
< 2	3.264.020	16.596	0,51	99,49	1.745,95	12,9	225,23
2-10	123.039	18.929	15,38	84,62	276,36	11,5	31,78
10-50	30.850	14.106	45,72	54,28	204,57	10,5	21,48
> 50	8.703	6.195	71,18	28,82	612,91	6,0	36,77
Summe	3.426.612	55.826					315,26

Tabelle 2: Kumulierter Buchwert des nicht einbezogenen Immobilienvermögens in 2006[53]

Die Anzahl der für die Ermittlung der Verhältniszahlen nicht einbezogenen Abschlüsse wird bestimmt, indem die Anzahl der verwerteten Abschlüsse (Spalte 2) von der Anzahl der insgesamt in Deutschland existierenden Unternehmen

---

52 Hierbei wird wiederum unterstellt, dass sich der Verkehrswert auf das Zweieinhalbfache des Buchwertes beläuft. Berechnung: 115,85 Mrd. Euro · 2,5 = 289,63 Mrd. Euro.

53 Zur Datenherkunft vgl. Deutsche Bundesbank (2009b), S. 20 sowie Statistisches Bundesamt (2007), S. 485.

(Spalte 1) subtrahiert wird. Es wird hierdurch deutlich, dass in jeder Umsatzgrößenklasse ein bedeutender Anteil deutscher Gesellschaften (Spalte 4) nicht bei der Ermittlung der Verhältniszahlen berücksichtigt wurde. Die kumulierte Bilanzsumme der nicht einbezogenen Unternehmen (Spalte 5) kann ermittelt werden, indem die der berücksichtigten Unternehmen auf die der nicht einbezogenen für jede Umsatzgrößenklasse umgerechnet wird.[54] Erfolgt die Multiplikation der kumulierten Bilanzsumme der unberücksichtigten Unternehmen (Spalte 5) mit dem ermittelten Anteil der Grundstücke und Gebäude an der Bilanzsumme (Spalte 6), wie er für die Unternehmen aus dem Jahresabschlussdatenpool ermittelt wurde,[55] errechnet sich ein kumuliertes Liegenschaftsvermögen der nicht einbezogenen Gesellschaften in Höhe von 315,26 Mrd. Euro (Spalte 7).[56] Die Summe des durch die Bundesbank berücksichtigten und des unberücksichtigten Grundbesitzes ergibt insgesamt ein deutsches Unternehmensimmobilienvermögen zu Buchwerten in Höhe von 431,11 Mrd. Euro bzw. einen Verkehrswert von 1.077,78 Mrd. Euro.[57]

Daraus kann gefolgert werden, dass die Hochrechnung der Buchwerte von 193,4 Mrd. Euro zu niedrig ist. Der Buchwert von 431,11 Mrd. Euro bzw. der Ver-

---

54 Beispielsweise ergibt sich für die Umsatzgrößenklasse von mehr als 50 Mrd. Euro die kumulierte Bilanzsumme der nicht verwerteten Jahresabschlüsse in Höhe von 612,91 Mrd. Euro, indem die kumulierte Bilanzsumme der verwerteten Jahresabschlüsse in Höhe von 1.513,78 Mrd. Euro (vgl. Tabelle 1, Spalte 2) durch den Anteil der verwerteten Abschlüsse von 71,18 % dividiert und anschließend mit dem Anteil der nicht verwerteten Abschlüsse von 28,82 % multipliziert wird.

55 Vgl. Deutsche Bundesbank (2009b), S. 20.

56 Beispielsweise für die Größenklasse über 50 Mio. Euro Umsatz: 612,91 Mrd. Euro nicht berücksichtigte kumulierte Bilanzsumme multipliziert mit einem Anteil der Liegenschaften an der Bilanzsumme von 6,0 % ergibt ein nicht berücksichtigtes Immobilienvermögen in Höhe von 36,77 Mrd. Euro zu Buchwerten.

57 115,85 Mrd. Euro + 315,26 Mrd. Euro = 431,11 Mrd. Euro. Unter der Annahme, dass der Verkehrswert das Zweieinhalbfache des Buchwertes beträgt, ergibt sich dieser mit 1.077,78 Mrd. Euro.

kehrswert von 1.077,78 Mrd. Euro erscheinen in Hinblick auf die publizierten Schätzungen für das Realvermögen von 0,5 bis 2 Bio. Euro plausibel.[58]

b) Immobilienbestand der DAX-Unternehmen

Für die Unternehmen des Deutschen Aktienindexes (DAX) kann aufgrund ihrer Größe vermutet werden, dass sie über einen umfangreichen Liegenschaftsbestand verfügen.[59] Ihre Jahresabschlüsse sind mit hoher Wahrscheinlichkeit in das Datenmaterial der Deutschen Bundesbank eingegangen, so dass ihr Grundbesitz in den bisherigen Auswertungen erfasst ist. Die Schätzung des gesamten deutschen Immobilienvermögens kann daher in einem weiteren Schritt durch die Analyse des Realvermögens der DAX-Gesellschaften reflektiert werden. Diese weisen insgesamt in ihren Konzernbilanzen[60] des Geschäftsjahres 2007 Liegenschaften mit einem Buchwert[61] von 84,55 Mrd. Euro[62] aus, wie Tabelle 3 verdeutlicht.

---

58 Die auf den Daten der Bundesbank basierenden Kalkulationen enthalten keine Liegenschaften der finanziellen Unternehmen, so dass die hier ermittelten Werte noch entsprechend erhöht werden müssen.

59 Die Bedeutung des Immobilienvermögens dieser Gesellschaftsgruppe kann damit begründet werden, dass im DAX die dreißig, in Bezug auf Orderbuchumsatz und Marktkapitalisierung, größten deutschen Unternehmen des Prime Standards erfasst sind.

60 Nach der am 11. September 2002 im Amtsblatt der Europäischen Gemeinschaft veröffentlichten IFRS-Verordnung sind kapitalmarktorientierte Unternehmen in Deutschland, mithin auch die DAX-Unternehmen, seit 2005 verpflichtet, ihren Konzernabschluss nach den International Financial Reporting Standards (IFRS) zu erstellen; vgl. Europäisches Parlament (2002), S. 2 f. Die Unternehmen Fresenius Medical Care AG & Co. KGaA, Infineon Technologies AG und SAP AG nutzten 2007 noch die Möglichkeit, ihren Konzernabschluss nach den Vorschriften der US-GAAP aufzustellen; vgl. Europäisches Parlament (2002), S. 3 sowie Fresenius Medical Care AG & Co. KGaA (2008), S. 54; Infineon Technologies AG (2008), S. 60; SAP AG (2008), S. 74.

61 Der Buchwert ist nach IAS 16.6 der Betrag, mit dem ein Vermögenswert nach Abzug aller kumulierten Abschreibungen und Wertminderungen erfasst wird.

62 Bei der Ermittlung dieses Wertes wurden die Bilanzpositionen „Grundstücke und Bauten“ bzw. „Grundstücke, grundstücksgleiche Rechte und Bauten“ aus dem Sachanlagevermögen bzw. den sonstigen Aktiva einbezogen.

Unternehmen	Bilanzsumme (in Mrd. Euro) (1)	Immobilienvermögen (Buchwert in Mrd. Euro) (2)	Immobilienvermögen (Historische Anschaffungs- und Herstellungskosten in Mrd. Euro) (3)	Anteil Immobilienvermögen (Buchwert an Bilanzsumme in %) (4)
Deutsche Telekom AG	120,664	9,329	15,831	7,73
Volkswagen AG	145,357	6,879	14,424	4,73
Metro AG	33,872	9,854	13,877	29,09
E.ON AG	137,294	8,560	12,978	6,23
Daimler AG	135,094	5,653	12,668	4,18
Siemens AG	91,555	4,465	8,639	4,88
RWE AG	83,631	3,283	7,516	3,93
Deutsche Post AG	235,466	4,685	7,268	1,99
BASF SE	46,802	2,999	7,212	6,41
Bayer AG	51,378	3,422	6,999	6,66
BMW AG	88,997	3,945	6,566	4,43
ThyssenKrupp AG	38,074	2,566	5,126	6,74
Allianz SE	1.061,149	3,708	4,847	0,35
Münchener Rück AG	214,253	2,238	2,959	1,04
Continental AG	27,738	1,633	2,428	5,89
Linde AG	24,955	1,309	2,282	5,25
TUI AG	16,304	1,357	1,949	8,32
Deutsche Lufthansa AG	22,320	1,073	1,831	4,81
Merck KGaA	14,922	1,108	1,755	7,43
Henkel AG & Co. KGaA	13,048	0,762	1,624	5,84
MAN AG	16,161	0,850	1,611	5,26
Deutsche Bank AG	2.020,349	0,981	1,542	0,05
Infineon Technologies AG	10,679	0,689	1,456	6,45
Commerzbank AG	616,474	0,799	1,218	0,13
SAP AG	10,366	0,797	1,108	7,69
Deutsche Postbank AG	202,991	0,768	1,079	0,38
Fresenius Medical Care AG & Co. KGaA	9,640	0,466	0,945	4,83
adidas AG	8,325	0,338	0,430	4,06
Hypo Real Estate Holding AG	400,174	0,032	0,034	0,01
Deutsche Börse AG	79,658	0,000	0,000	0,00
Gesamt		**84,548**	**148,202**	

Tabelle 3: Immobilienvermögen der DAX-Unternehmen 2007[63]

[63] Eigene Recherche auf Basis der Konzerngeschäftsberichte 2007; Stand der DAX-Zusammensetzung 21. Juli 2008; Reihenfolge nach Höhe der historischen Anschaffungs- und Herstellungskosten. Die erforderliche Umrechnung von Dollar in Euro erfolgt für die Daten der Fresenius Medical Care AG & Co. KGaA zu dem am 31. Dezember 2007 gültigen Wechselkurs von 1,47 Dollar/Euro. Zur Bestimmung des Wechselkurses vgl. Bundesverband Deutscher Banken (2009).

Hervorzuheben ist, dass alle DAX-Unternehmen[64] das Bewertungswahlrecht[65] zwischen Neubewertungsmodell (revaluation model) und Anschaffungskostenmodell (cost model) zu Gunsten letzterer Variante ausgeübt haben.[66] Der Verkehrswert[67] dieser Immobilien beläuft sich auf 211,37 Mrd. Euro.[68] Bei der Ana-

---

64 Vgl. adidas AG (2008), S. 159; Allianz SE (2008), S. 139 und 150; BASF SE (2008), S. 148; Bayer AG (2008), S. 111; BMW AG (2008), S. 85; Commerzbank AG (2008), S. 157; Continental AG (2008), S. 127; Daimler AG (2008), S. 191; Deutsche Bank AG (2008), S. 108; Deutsche Börse AG (2008), S. 120; Deutsche Lufthansa AG (2008), S. 125; Deutsche Post AG (2008), S. 115; Deutsche Postbank AG (2008), S. 115; Deutsche Telekom AG (2008), S. 122; E.ON AG (2008), S. 135; Fresenius Medical Care AG & Co. KGaA (2008), S. 51; Henkel AG & Co. KGaA (2008), S. 151; Hypo Real Estate Holding AG (2008), S. 115; Infineon Techologies AG (2008), S. 125; Linde AG (2008), S. 109; MAN AG (2008), S. 151; Merck KGaA (2008), S. 96; Metro AG (2008), S. 116; Münchener Rück AG (2008), S. 186; RWE AG (2008), S. 148; SAP AG (2008), S. 140; Siemens AG (2008), S. 235; ThyssenKrupp AG (2008), S. 140; TUI AG (2008), S. 160; Volkswagen AG (2008), S. 135.

65 Immobilien sind als Sachanlagen bei ihrem erstmaligen Bilanzansatz mit ihren Anschaffungs- oder Herstellungskosten anzusetzen; vgl. IAS 16.15. Bei der Folgebewertung müssen sich die Unternehmen entweder für das Anschaffungskostenmodell (vgl. IAS 16.30) oder für das Neubewertungsmodell (vgl. IAS 16.31) entscheiden. Nach dem Anschaffungskostenmodell wird die Immobilie zu Anschaffungskosten abzüglich der kumulierten Abschreibungen und Wertminderung angesetzt; vgl. IAS 16.30. Eine Sachanlage, deren beizulegender Zeitwert verlässlich bestimmt werden kann, darf alternativ mit einem Neubewertungsbetrag angesetzt werden, der seinem beizulegenden Zeitwert am Tage der Neubewertung abzüglich nachfolgender kumulierter planmäßiger Abschreibungen und Wertminderungsaufwendungen entspricht; vgl. IAS 16.31. Bei Grundstücken und Gebäuden wird der beizulegende Zeitwert zumeist nach den auf dem Markt basierenden Daten ermittelt, wobei regelmäßig Berechnungen von Gutachtern genutzt werden; vgl. IAS 16.32. Sofern keine marktbasierten Nachweise für den beizulegenden Zeitwert bestehen, muss das Unternehmen diesen Wert unter Anwendung des Ertragswertverfahrens oder der abgeschriebenen Wiederbeschaffungswertmethode schätzen; vgl. IAS 16.33. Im Rahmen der Neubewertung von Gebäuden werden die kumulierten Abschreibungen am Tag der Neubewertung meist gegen den Bruttobuchwert der Immobilien eliminiert und der Nettobetrag dem Neubewertungsbetrag des Vermögenswertes angepasst; vgl. IAS 16.35.

66 Zudem wird in der Literatur die Auffassung vertreten, dass der Grundbesitz regelmäßig zu fortgeschriebenen Anschaffungs- und Herstellungskosten bilanziert wird; vgl. Solms (2007), S. 15; Wulfken/Lang (2003), S. 9; Gale/Case (1989), S. 26.

67 Der Verkehrswert entspricht somit dem beizulegenden Wert (IAS 16.6). Letzterer ist „… der Betrag, zu dem ein Vermögenswert zwischen sachverständigen und vertragswilligen und voneinander unabhängigen Geschäftspartnern getauscht werden könnte."

68 Hierbei wird wiederum unterstellt, dass sich die Verkehrswerte auf das Zweieinhalbfache der Buchwerte belaufen. Die Bewertung zu historischen Anschaffungs- und Herstellungskosten erzielt einen Wert von 148,20 Mrd. Euro wie Tabelle 3 verdeutlicht.

lyse des Grundbesitzes der DAX-Unternehmen ist zudem die darin enthaltene Kapitalbindung in Relation zum gesamten Unternehmensvermögen von Interesse.[69] Dies wird durch den Anteil des Immobilienvermögens an der Bilanzsumme (Spalte 4) in der Tabelle 3 verdeutlicht. Eine hohe Kapitalbindung im Grundbesitz kann auf die besondere (unterstützende) Bedeutung der Liegenschaften für den Leistungserstellungsprozess eines Nicht-Immobilienunternehmens hinweisen. Zugleich ist jedoch zu hinterfragen, ob die Kapitalbindung im Grundbesitz überhaupt notwendig ist. Sofern diese nicht erforderlich ist, sollten die bislang in Immobilien gebundenen finanziellen Mittel in das zumeist rentablere Kerngeschäft investiert werden.[70]

Bei den im DAX berücksichtigten Versicherungsunternehmen wurden nicht die als Finanzanlage gehaltenen, fremdgenutzten Immobilien in die Berechnung einbezogen, sondern lediglich der *eigengenutzte* Grundbesitz. Obwohl diese Gesellschaften als Nicht-Immobilienunternehmen klassifiziert werden, erfordert ihr Geschäftsmodell umfangreiche Investitionen in immobile Kapitalanlagen. Diese stehen jedoch nicht für eine Verwertung zur Verfügung und sind damit nicht dem Immobilienvermögen zuzurechnen, für das die Vorteilhaftigkeit einer Verwertung geprüft wird.[71]

Einige DAX-Unternehmen weisen in ihrer Bilanz zudem *zur Veräußerung gehaltene Immobilien* aus. Grundbesitz ist derart zu klassifizieren, wenn erwartet wird, dass der zugehörige Buchwert überwiegend durch eine Veräußerung und nicht durch fortgesetzte Nutzung realisiert wird.[72] Zur Veräußerung gehaltene

---

69 Vgl. Nelson/Potter/Wilde (1999), S. 31 und Johnson/Keasler (1993), S. 460 f.

70 Zu den Ausführungen zur Rentabilität des Kerngeschäftes vgl. Kapitel II. B. 2. a).

71 Bei der Allianz SE beträgt der fremdgenutzte Grundbesitz, der als Finanzanlage klassifiziert ist, zu Buchwerten 7,76 Mrd. Euro; vgl. Allianz SE (2008), S. 185. Ebenso sind bei der Münchener Rück AG Grundstücke und Bauten mit einem Buchwert von 3,75 Mrd. Euro als Kapitalanlage erfasst; vgl. Münchener Rück AG (2008), S. 158.

72 Vgl. IFRS 5.6 sowie adidas AG (2008), S. 159; Allianz SE (2008), S. 270; Daimler AG (2008), S. 167; Deutsche Post AG (2008), S. 134; Metro AG (2008), S. 116.

Vermögensgegenstände sind in der Bilanz zum niedrigeren Wert aus Buchwert und beizulegendem Zeitwert abzüglich Veräußerungskosten anzusetzen.[73] Insgesamt beläuft sich die Summe dieser Werte auf 3,59 Mrd. Euro.[74]

Zudem halten mehrere DAX-Gesellschaften Grundbesitz mit einem Gesamtbuchwert von 1,49 Mrd. Euro[75] *als Finanzinvestition*. Diese Immobilien dienen der Erzielung von Mieteinnahmen und/oder langfristigen Vermögenszuwächsen und werden weder für die gewöhnliche Geschäftstätigkeit noch für Verwaltungszwecke eingesetzt.[76] Während als Finanzinvestition gehaltene Immobilien bei Zugang mit ihren Anschaffungs- oder Herstellungskosten unter Einbezug der Transaktionskosten zu bewerten sind,[77] besteht bei der Folgebewertung ein Wahlrecht zwischen dem Modell des beizulegenden Zeitwertes (fair value model)[78] und dem Anschaffungskostenmodell[79]. Die als Finanzinvestition gehalte-

---

73 Vgl. IFRS 5.1.a und IFRS 5.15 sowie insbesondere adidas AG (2008), S. 159; Allianz SE (2008), S. 274; Daimler AG (2008), S. 145; Deutsche Post AG (2008), S. 135; Deutsche Telekom AG (2008), S. 122; Metro AG (2008), S. 116. Sollte der beizulegende Zeitwert abzüglich Veräußerungskosten zu einem späteren Zeitpunkt steigen, erfolgt eine entsprechende Wertaufholung. Diese ist jedoch auf die zuvor für die jeweiligen Vermögenswerte erfassten Wertminderungen begrenzt; vgl. IFRS 5.21. Dabei darf ein Vermögensgegenstand, solange er als zur Veräußerung gehalten klassifiziert wird, nicht planmäßig abgeschrieben werden; vgl. IFRS 5.25.

74 Eine Übersicht über die betreffenden Unternehmen und ihre zur Veräußerung gehaltenen Immobilienbestände bietet Tabelle A-1.

75 Vgl. hierzu Tabelle A-2.

76 Vgl. hierzu die Ausführungen in IAS 40.5 und 40.16 sowie im speziellen Commerzbank AG (2008), S. 158; Deutsche Lufthansa AG (2008), S. 126; Deutsche Post AG (2008), S. 134; Deutsche Postbank AG (2008), S. 115; Hypo Real Estate Holding AG (2008), S. 114 f.; MAN AG (2008), S. 152; Metro AG (2008), S. 123; RWE AG (2008), S. 149; ThyssenKrupp AG (2008), S. 141; TUI AG (2008), S. 161; Volkswagen AG (2008), S. 194.

77 Vgl. IAS 40.20.

78 Vgl. IAS 40.33-40.55.

79 Vgl. IAS 40.56. Die Folgebewertung nach dem Anschaffungskostenmodell richtet sich nach den Vorschriften des IAS 16. Dies bedeutet, dass die Immobilien zu ihren Anschaffungskosten abzüglich der kumulierten Abschreibungen und Wertminderungen angesetzt werden; vgl. IAS 16.30.

nen Liegenschaften werden von den DAX-Unternehmen überwiegend zu fortgeführten Anschaffungs- oder Herstellungskosten bewertet.[80]

Wird das untersuchungsrelevante Immobilienvermögen der DAX-Unternehmen zusammengefasst, ergibt sich unter Berücksichtigung der zur Veräußerung und als Finanzinvestition gehaltenen Liegenschaften ein Buchwert in Höhe von 89,63 Mrd. Euro[81] bzw. ein Verkehrswert von 224,08 Mrd. Euro.[82] Dies verdeutlicht, dass das hochgerechnete Immobilienvermögen deutscher Gesellschaften auf Basis der Daten der Deutschen Bundesbank in Höhe von 193,4 Mrd. Euro dazu tendenziell zu gering ist. Denn diese Relation würde bedeuten, dass die DAX-Unternehmen über 46,34 %[83] des Realvermögens der deutschen Unternehmen verfügen. Im Vergleich zu dem im vorangegangenen Kapitel ermittelten Immobilienvermögen deutscher Unternehmen auf Basis der Verhältniszahlen der Deutschen Bundesbank in Höhe von 431,11 Mrd. Euro erscheint ein Grundbesitz der DAX-Gesellschaften, der 20,79 %[84] des gesamten deutschen Vermögens an Unternehmensimmobilien umfasst, realistischer.

---

80 Vgl. Deutsche Post AG (2008), S. 134; Deutsche Postbank AG (2008), S. 115; MAN AG (2008), S. 152; Metro AG (2008), S. 123 f.; RWE AG (2008), S. 149; ThyssenKrupp AG (2008), S. 140; TUI AG (2008), S. 161; Volkswagen AG (2008), S. 192. Lediglich die Commerzbank AG und die Hypo Real Estate Holding AG weichen hiervon ab, so dass die Folgebewertung der als Finanzinvestitionen gehaltenen Immobilien zum Fair Value erfolgt; vgl. Commerzbank AG (2008), S. 158 sowie Hypo Real Estate AG (2008), S. 114. Der Fair Value beruht bei der Commerzbank beispielsweise auf jährlich aktualisierten Bewertungen von internen Sachverständigen sowie auf den bei der aktuellen Marktlage erzielbaren Marktpreisen; vgl. Commerzbank (2008), S. 158.

81 Das Ergebnis von 89,63 Mrd. Euro ergibt sich als Summe aus den Buchwerten der Bilanzpositionen der „Grundstücke und Gebäude“ in Höhe von 84,55 Mrd. Euro (vgl. Tabelle 3), der zur Veräußerung gehaltenen Immobilien in Höhe von 3,59 Mrd. Euro und der als Finanzinvestition gehaltenen Liegenschaften in Höhe von 1,49 Mrd. Euro. Die Finanzanlagen der Versicherungen bleiben hierbei unberücksichtigt.

82 Dies wurde wiederum unter der Annahme ermittelt, dass sich der Verkehrswert auf das Zweieinhalbfache des Buchwertes beläuft.

83 Berechnung: 89,63 Mrd. Euro : 193,4 Mrd. Euro · 100 = 46,34 %.

84 Berechnung: 89,63 Mrd. Euro : 431,11 Mrd. Euro · 100 = 20,79 %.

Die Bedeutung des gesamten Immobilienbestands der DAX-Unternehmen ist offensichtlich, wenn dieser mit dem Realvermögen deutscher institutioneller Immobilieninvestoren[85] verglichen wird. Dieses wird auf 285 Mrd. Euro geschätzt.[86] Würden folglich diese Immobilienanleger ihr Kapital vollständig in das Realvermögen der dreißig DAX-Unternehmen investieren, wären nahezu 78,6 % ihres Anlagevolumens platziert.[87] Zudem wird der Grundbesitz einer DAX-Gesellschaft, der zu Buchwerten durchschnittlich 2,99 Mrd. Euro,[88] zu Verkehrswerten 7,47 Mrd. Euro[89] beträgt, lediglich durch Liegenschaftsvolumina der größten deutschen Immobilien-Aktiengesellschaften und Immobilienfonds erreicht oder überschritten.[90] Die GAGFAH S.A. verfügt als deutsche börsennotierte Gesellschaft mit der höchsten Marktkapitalisierung aller Immobilienunternehmen gemäß ihrem Geschäftsbericht 2008 über als Finanzinvestition gehaltene Immobilien mit einem Zeitwert in Höhe von 9,77 Mrd. Euro.[91]

---

85 Hierzu zählen unter anderem offene und geschlossene Immobilienfonds, Versicherungen sowie Pensionskassen.

86 Bezugsbasis der Schätzung ist das Jahr 2003. Den Schätzungen für Versicherungen und offene Immobilienfonds wurden Verkehrswerte, für geschlossene Immobilienfonds das Fondsvolumen und für Immobilien-Aktiengesellschaften die Marktkapitalisierung zugrunde gelegt; vgl. Bulwien (2005), S. 51. 1998 wurde dieser Wert lediglich mit 176 Mrd. Euro beziffert; vgl. Bulwien (1998), S. 47.

87 Hierbei werden die Marktwerte der DAX-Immobilien und das Anlagevolumen zugrunde gelegt. Berechnung: 224,08 Mrd. Euro (Immobilienverkehrswert der DAX-Unternehmen) : 285 Mrd. Euro (Anlagevolumen der institutionellen Immobilieninvestoren) · 100 = 78,6 %.

88 89,63 Mrd. Euro : 30 = 2,99 Mrd. Euro je DAX-Unternehmen.

89 224,08 Mrd. Euro : 30 = 7,47 Mrd. Euro je DAX-Unternehmen.

90 Besonders hervorzuheben sind die hohen Immobilienbestände der Metro AG, der Deutsche Telekom AG, der Volkswagen AG, der Daimler AG, der Deutsche Post AG und der Siemens AG. Der Immobilienfonds Immoselect weist im Vergleich dazu ein Immobilienvermögen zu Verkehrswerten in Höhe von 1,93 Mrd. Euro auf; vgl. AXA Investment Managers Deutschland GmbH (2007), S. 3. Der Immobilienfonds Deka-ImmobilienGlobal verfügt über ein Immobilienvermögen von 1,16 Mrd. Euro; vgl. Deka Immobilien Investment GmbH (2007), S. 6.

91 Vgl. GAGFAH S.A. (2009), S. 36, 58, 80. Die IVG Immobilien AG verfügt als Gesellschaft mit der zweithöchsten Marktkapitalisierung über ein Immobilienvermögen von 5,17 Mrd. Euro; vgl. IVG Immobilien AG (2009), S. 60, 74, 92. Die Marktkapitalisierung bezieht sich auf den Stand vom 30.12.2009; vgl. Deutsche Börse AG (2009).

Auch wenn eine exakte Ermittlung des Liegenschaftsvermögens deutscher Unternehmen nicht möglich ist, wird mit dem errechneten Verkehrswert in Höhe von 1.077,78 Mrd. Euro eine akzeptable Schätzung ermittelt. Ein Wert des Immobilienvermögens von 1 bis 1,5 Bio. Euro ist als sachgerecht zu beurteilen. Hieraus wird deutlich, dass im Grundbesitz deutscher Nicht-Immobilienunternehmen ein hohes Kapital gebunden ist.

3. Determinanten der Entwicklung des Immobilienvermögens

a) Nachweis von Desinvestitionsbestrebungen

Die bisherigen Ausführungen und Datenanalysen haben verdeutlicht, dass sich ein hohes Immobilienvermögen im Eigentum deutscher Unternehmen – insbesondere bei den im DAX erfassten – befindet. In den letzten Jahren hat sich der Grundbesitz der Gesellschaften jedoch leicht reduziert. Durch den Vergleich mit Auswertungen der DAX-Konzernabschlussdaten aus vorherigen Jahren ergibt sich, dass die historischen Anschaffungskosten von 2005 bis 2007 um 11,3 %,[92] von 2002 bis 2007 um 18,7 %[93] gesunken sind. Dies verdeutlicht, dass die Gesellschaften seit 2002 ihr Desinvestitionspotenzial genutzt haben.

Die hochgerechneten Daten der Deutschen Bundesbank vermitteln über den Betrachtungszeitraum von 1997 bis 2007 den Trend, dass der Anteil der Grundstücke und Gebäude zu Buchwerten an der Bilanzsumme von 1997 bis 2007 von 10,91 % auf 8,14 % gesunken ist, wie Tabelle 4 belegt.

---

92 Nach M. M. Warburg & CO KGaA betrug das Immobilienvermögen der DAX-Unternehmen 2005, mutmaßlich zu historischen Anschaffungs- und Herstellungskosten, gemäß den Konzernabschlüssen 2005 etwa 167 Mrd. Euro; vgl. M. M. Warburg & CO KGaA (2006), S. 11. Berechnung für 2005: [1 – (148,20 Mrd. Euro : 167 Mrd. Euro)] · 100 = 11,3 %.

93 Auf Basis der Konzernberichte aus 2002 ergibt sich ein Immobilienbuchwert in Höhe von 113,4 Mrd. Euro und ein Wert zu historischen Anschaffungs- und Herstellungskosten von 182,2 Mrd. Euro; vgl. Bone-Winkel/Müller (2008), S. 32. Berechnung für 2002: [1 – (148,20 Mrd. Euro : 182,2 Mrd. Euro)] · 100 = 18,7 %.

Jahr	Bilanzsumme (in Mrd. Euro) (1)	Grundstücke und Gebäude (in Mrd. Euro) (2)	Grundstücke und Gebäude in % der Bilanzsumme (3)
1997	1.699,20	185,30	10,91
1998	1.760,70	192,30	10,92
1999	1.874,40	194,80	10,39
2000	1.951,70	196,20	10,05
2001	1.977,50	200,20	10,12
2002	2.023,90	198,90	9,83
2003	2.032,00	198,00	9,74
2004	2.031,40	191,30	9,42
2005	2.103,10	189,70	9,02
2006	2.206,80	188,20	8,53
2007	2.376,10	193,40	8,14

Tabelle 4: Hochgerechnetes Immobilienvermögen deutscher Unternehmen[94]

Dabei ist die Bilanzsumme in dem betreffenden Zeitraum von 1.699,20 Mrd. Euro um 39,8 % auf 2.376,10 Euro gestiegen, das Liegenschaftsvermögen hingegen nur um 4,4 % von 185,30 Mrd. Euro auf 193,40 Mrd. Euro. Daraus ist ableitbar, dass sich die Immobilienaktiva – trotz einer absolut deutlich gestiegenen Bilanzsumme – nur geringfügig erhöht haben.

Wird für die DAX-Unternehmen der Immobilienanteil in Prozent der Bilanzsumme für das Jahr 2007 mit dem Durchschnittswert für alle deutschen (nichtfinanziellen) Gesellschaften in Höhe von 8,14 %[95] verglichen, ist erkennbar, dass der Anteil des Realvermögens an der Bilanzsumme bei den DAX-Unternehmen überwiegend geringer ist als der auf Basis aller Gesellschaften ermittelte durch-

---

[94] Zu den Daten der Spalten 1 und 2 vgl. Deutsche Bundesbank (2009a). Spalte 3 wurde durch eigene Berechnung ermittelt, z. B. für 2005: 189,7 Mrd. Euro : 2.103,1 Mrd. Euro · 100 = 9,02 %

[95] Vgl. in Tabelle 4 Spalte 3 für das Jahr 2007. Basis sind hierbei die hochgerechneten Daten der Bundesbank.

schnittliche Anteil.[96] Dies lässt vermuten, dass DAX-Unternehmen um eine Begrenzung der Kapitalbindung in Immobilien bemüht sind.

Dieser Tatbestand wird auch im Allgemeinen für große, umsatzstarke Unternehmen nachgewiesen. Denn bei diesen ist der Anteil der Grundstücke und Gebäude an der Bilanzsumme geringer als bei kleinen, umsatzschwächeren Gesellschaften, wie Tabelle 5 (Spalten 1 und 2) belegt.

Größenklasse der Unternehmen nach Umsatz (in Mio. Euro)	Grundstücke und Gebäude in % der Bilanzsumme (Stand 2003) (1)	Grundstücke und Gebäude in % der Bilanzsumme (Stand 2006) (2)	Veränderung in % (3)
< 2	14,80	12,90	-12,84
2-10	12,70	11,50	-9,45
10-50	11,80	10,50	-11,02
> 50	6,90	6,00	-13,04

Tabelle 5: Vergleich der Anteile der Immobilien an der Bilanzsumme[97]

Zugleich ist für Gesellschaften jeder Umsatzklasse ein Rückgang des Anteils des Realvermögens an der Bilanzsumme zu verzeichnen, der mit einer Verringerung von 13,04 % bei Unternehmen mit mehr als 50 Mio. Euro Jahresumsatz und von 12,84 % bei Gesellschaften mit einem Umsatz von weniger als 2 Mio. besonders hoch ausfällt.

Deutlich wird durch die Verminderung der in der Bilanz der DAX-Unternehmen ausgewiesenen historischen Anschaffungskosten des Grundbesitzes, dass diese Gesellschaften in den letzten Jahren eine Reduktion ihres Immobilienvermögens vorgenommen haben. Zudem wird die Vorreiterrolle der großen Unternehmen

---

[96] Lediglich die Metro AG und die TUI AG weisen mit 29,09 % bzw. 8,32 % einen höheren Immobilienbuchwert in Prozent der Bilanzsumme auf.

[97] Vgl. für die Daten aus dem Jahr 2006 Deutsche Bundesbank (2009a) und für die Daten aus dem Jahr 2003 Deutsche Bundesbank (2007), S. 20.

im Hinblick auf eine Grundbesitzdesinvestition belegt. Denn sowohl die DAX-Gesellschaften wie auch große Unternehmen im Allgemeinen weisen ein Verhältnis von Immobilienbuchwert zur Bilanzsumme auf, das geringer als die durchschnittliche, für alle Unternehmen ermittelte Relation ist.

Da mehrere DAX-Gesellschaften Immobilien mit einem Gesamtbuchwert von 3,59 Mrd. Euro zur Veräußerung halten,[98] ist ein sich fortsetzender Desinvestitionstrend zu vermuten.[99] Für das als Finanzinvestition gehaltene Grundvermögen von 1,49 Mrd. Euro[100] ist anzunehmen, dass dieses nicht betriebsnotwendig ist, da es nicht für die gewöhnliche Geschäftstätigkeit eingesetzt wird und somit grundsätzlich für eine Veräußerung zur Verfügung steht.

Zudem ist den Geschäftsberichten zu entnehmen, dass die DAX-Unternehmen auf alternative Finanzierungsstrukturen wie Leasing oder Kapitalmarktfinanzierungen zurückgreifen und veräußerte Liegenschaften zum Teil zurückmieten.[101] Im Immobilienvermögen dieser Gesellschaften in Höhe von 84,55 Mrd. Euro ist

---

98 Vgl. Tabelle A-1.

99 Beispielsweise handelt es sich bei den zur Veräußerung gehaltenen Immobilien der Deutsche Telekom AG in Höhe von 0,462 Mrd. Euro um nicht betriebsnotwendige Grundstücke und Gebäude, die voraussichtlich innerhalb der nächsten zwölf Monate verkauft werden sollen; vgl. Deutsche Telekom AG (2008), S. 145 f.

100 Vgl. Tabelle A-2.

101 Bemerkenswert ist, dass die Deutsche Börse AG im Berichtsjahr 2007 alle Immobilien, die der Konzern selbst nutzt, veräußert und nach dem Verkauf im Rahmen einer Sale-and-Leaseback-Transaktion gemietet hat, wobei die Leasingvereinbarungen den Voraussetzungen des Operate Leasing entsprechen; vgl. Deutsche Börse AG (2008), S. 151. Bei den zur Veräußerung gehaltenen Immobilienwerten in Höhe von 0,9 Mrd. Euro der Daimler AG handelt es sich um Grundstücke und Gebäude am Potsdamer Platz in Berlin, die für 1,4 Mrd. Euro im Geschäftsjahr 2008 verkauft werden, wobei der Konzern 50 % der Büroflächen über eine unkündbare Grundmietzeit zurückmietet; vgl. Daimler (2008), S. 166 f. Diese Grundmietzeit läuft bis zum 31. Dezember 2012. Die Mietdauer kann durch eine Option im Anschluss zweimal um jeweils fünf Jahre verlängert werden; vgl. Daimler (2008), S. 167. Der zur Veräußerung gehaltene Immobilienbestand der Allianz SE in Höhe von 1,95 Mrd. Euro verkörpert überwiegend eigengenutzten Grundbesitz, der voraussichtlich mittels einer Sale-and-Leaseback-Transaktion veräußert wird; vgl. Allianz SE (2008), S. 192.

Grundbesitz mit einem Wert von 1,87 Mrd. Euro[102] ausgewiesen, der Gegenstand eines Finanzierungsleasings ist.[103]

b) Fehlende unternehmensinterne Desinvestitionsanreize als Ursache

Um im Weiteren Verwertungspotenzial und -bereitschaft der Unternehmen einschätzen zu können, ist zum einen von Interesse, wie das Immobilienvermögen entstanden ist, und zum anderen, warum es gegenwärtig – trotz der belegten Desinvestitionstendenzen – noch in diesem Ausmaß existiert.

Große Liegenschaftsbestände befinden sich im Eigentum deutscher Industrieunternehmen, die im vergangenen Jahrhundert gegründet wurden.[104] Da der Immobilienmarkt früher noch nicht die erforderliche Marktreife[105] hatte, um Unternehmen ein Miet- oder Kaufangebot geeigneter Immobilien zu eröffnen, waren die deutschen Unternehmen darauf angewiesen, den benötigten Grundbesitz

---

[102] Besonders ist hierbei die Deutsche Telekom AG mit einem Immobilienwert von 1,21 Mrd. Euro hervorzuheben.

[103] Vgl. dazu Tabelle A-3. Wenn der Leasingnehmer die wesentlichen Chancen und Risiken trägt und ihm damit das wirtschaftliche Eigentum an den Leasingobjekten zugerechnet wird, liegt ein Finanzierungsleasing (Finance Leasing) vor und das Leasingobjekt wird in der Bilanz des Leasingnehmers bilanziert; vgl. Deutsche Telekom AG (2008), S. 121 f.; Volkswagen AG (2008), S. 192. Das Leasingobjekt wird mit dem beizulegenden Zeitwert oder dem geringeren Barwert der künftigen Mindestleasingzahlungen bewertet und über die Nutzungsdauer oder die Vertragslaufzeit erfolgswirksam abgeschrieben. Der Leasingnehmer muss zugleich eine Leasingverbindlichkeit ansetzen, deren Höhe dem Buchwert des Leasingobjektes entspricht; vgl. Deutsche Telekom AG (2008), S. 122. In den Folgeperioden mindern die an den Leasinggeber zu zahlenden Leasingraten in Höhe des Tilgungsanteils die Leasingverbindlichkeit. Der Zinsanteil der Zahlungen wird ergebniswirksam in der Gewinn- und Verlustrechnung erfasst; vgl. Deutsche Telekom AG (2008), S. 174. Operate Leasing, bei dem das Leasingobjekt in der Bilanz des Leasinggebers bilanziert wird, liegt hingegen vor, wenn letzterer die wesentlichen Risiken trägt. Der Leasingnehmer erfasst hierbei die Leasingraten während des Leasingverhältnisses erfolgswirksam; vgl. Deutsche Telekom AG (2008), S. 121; Volkswagen (2008), S. 192.

[104] Insbesondere verfügen viele Unternehmen aus der Bergbau-, Brauerei- und Textilindustrie, die mittlerweile ihren ursprünglichen Geschäftszweck nicht mehr verfolgen, noch über ein umfangreiches Immobilienvermögen; vgl. Schreier (2002), S. 8.

[105] Es gab zu dieser Zeit noch keine institutionellen Immobilieninvestoren wie Fonds oder Pensionskassen; vgl. Müller (2003), S. 503.

selbst zu entwickeln und im Eigentum zu halten.[106] Zu den erstellten Gebäuden zählten neben spezifischen Industrieimmobilien und Verwaltungsliegenschaften auch Wohnungen für die Belegschaft,[107] da die günstige Bereitstellung von Werkswohnungen für Gesellschaften einen Wettbewerbsvorteil bei der Gewinnung qualifizierter Mitarbeiter darstellte.[108] Häufig entstanden aus den Werkswohnungsbeständen der Industrieunternehmen und -konzerne[109] Wohnungsunternehmen.[110] Da sich die Wirtschaftsstrukturen früher langsamer verändert ha-

---

106 Vgl. Müller (2003), S. 503 sowie Krumm (2001), S. 278. Für den Bau und die Verwaltung der Unternehmensimmobilien wurden erste Liegenschaftsabteilungen gegründet; vgl. Gier (2006), S. 122 sowie Krumm (2001), S. 278.

107 Vgl. Müller (2003), S. 503.

108 Vgl. Hermes/Feigl (2005), S. 212. Ein Werkswohnungsbedarf wird heute nicht mehr gesehen; vgl. Lammerskitten (2007), S. 79.

109 Eine derartige Gestaltung kann anhand des ThyssenKrupp-Konzerns verdeutlicht werden, der grundsätzlich als Nicht-Immobilienkonzern zu klassifizieren ist und über ein umfangreiches, heterogenes Immobilienportfolio von Fabrikanlagen, Kraftwerken, Lagerhallen, Logistikzentren, Verwaltungsgebäuden, früher auch über Wohnanlagen, verfügt. Innerhalb des Konzerns wurde bereits 1994 die Thyssen Immobilien GmbH ausgegründet, die die Immobilienaktivitäten des Konzerns zentral wahrnahm. Die Liegenschaften blieben hingegen überwiegend im Eigentum der jeweiligen Konzernbereiche. Lediglich nicht betriebsnotwendiger Grundbesitz, wie beispielsweise Wohnimmobilien, wurden auf die neue Gesellschaft übertragen; vgl. Lampe/Lechtenböhmer (1998), S. 589-598 und Meyer (1998), S. 267-276. 2005 wurden 48.000 Wohneinheiten des Konzerns an MorganStanley/Corpus veräußert, welche die Immobilien 2006 an das börsennotierte Immobilienunternehmen Foncière des Régions weiterveräußerte. Heute firmiert das Immobilienunternehmen des Konzerns unter ThyssenKrupp Immobilien Management GmbH; vgl. Beck (2006), S. 662 f. Zu den industrieverbundenen Wohnungsunternehmen zählte auch die Viterra AG (vormals VEBA Wohnen und VEBA Immobilien), die den ehemaligen Wohnungsbestand der VEBA AG (heute E.ON AG) umfasst. Die Viterra AG wurde 2005 an die Terra Firma-Tochter Deutsche Annington verkauft.

110 Allgemein werden freie erwerbswirtschaftliche (industrieverbundene) und ehemals gemeinnützige Wohnungsunternehmen unterschieden; vgl. Hermes/Feigl (2005), S. 211 f. sowie Heuer/Nordalm (2001), 29 f. Gemeinnützige Wohnungsunternehmen wurden mit der Aufhebung des Wohnungsgemeinnützigkeitsgesetzes (WGG) zum 01.01.1990 aufgegeben; vgl. Heuer/Nordalm (2001), S. 29 f.; Buse (1999), S. 27. Neben der Bestandshaltung, also der Vermietung, zählen An- und Verkauf von Wohnungen zum Geschäftsgebaren von Wohnungsunternehmen; vgl. Geyer (2008), S. 129 sowie Hermes/Feigl (2005), S. 215. Welche Strategien Wohnungsunternehmen verfolgen, hängt maßgeblich von deren Eigentümer ab. Wohnungsunternehmen der öffentlichen Hand zeichnen sich primär als Bestandshalter aus; vgl. Hermes/Feigl (2005), S. 214 f. Schulte/Holzmann unterscheiden Wohnungsunternehmen lediglich danach, ob sie sich in öffentlicher oder privater Trägerschaft befinden; vgl. Schulte/Holzmann (2008), S. 183.

ben und das Unternehmenswachstum primär organisch stattfand, war eine Liegenschaftsbereitstellung durch Eigentum für die Unternehmenseigner sinnvoll.[111]

Die in Deutschland existierenden umfangreichen, zum Teil nicht mehr betrieblich genutzten Liegenschaften resultieren aus Unternehmensakquisitionen und -fusionen.[112] Zudem verfügen einige Gesellschaften aufgrund der Privatisierung ehemaliger Staatsbetriebe über einen beachtlichen Immobilienbesitz.[113] Der Verzicht auf eine umfassende Veräußerung dieses Realvermögens ist darauf zurückzuführen, dass die Gesellschaften hierzu aus diversen Gründen keinen Anreiz erhalten.

Durch die bilanzielle Bewertung der Liegenschaften zu fortgeschriebenen Anschaffungskosten, die regelmäßig deutlich geringer sind als der Marktwert des Grundbesitzes, werden stille Reserven gebildet. Diese können bei schwierigem Kapitalmarktzugang oder in ertragsschwachen Zeiten realisiert werden,[114] um beispielsweise Verluste aus Kerngeschäften auszugleichen.[115] Die stillen Reserven dienen dem Unternehmen mithin als Sicherheitspolster. Zudem wird der Veräußerungsanreiz reduziert, weil der bei der Auflösung der stillen Reserven

---

[111] Vgl. Gier (2006), S. 122 f.

[112] Vgl. Mackay/Kessler-Park (2005), S. 8 sowie Becker (1999), S. 158 und Bloch (1999), S. 14 f.

[113] Vgl. Laposa/Charlton (2001), S. 35 f. Privatisierung bezeichnet die Verlagerung von staatlicher Tätigkeit in die Privatwirtschaft; vgl. Falk (2004), S. 657. Beispielsweise basiert das Immobilienvermögen der Deutsche Telekom AG auf dem Grundbesitz des ehemaligen Staatsunternehmens Post. Staatsunternehmen standen damals nahezu unbegrenzte Mittel für die Liegenschaften zur Verfügung. Durch die Privatisierung stieg jedoch der Kostendruck für die Unternehmen, da deren Monopolstellung entfiel; vgl. vertiefend hierzu Fernández Reumann/Krieger/Friedrichs (2004), S. 419.

[114] Vgl. Solms (2007), S. 15; Gier (2006), S. 124; Liow (2004), S. 120; Müller (2003), S. 504; Werres (2001), S. 128 f.; Liow/Ooi (2000), S. 242.

[115] Vgl. Buse (1999), S. 66.

entstehende Veräußerungsgewinn die Bemessungsgrundlage für die Einkommenssteuer erhöht.[116]

Weist der Grundbesitz hingegen stille Lasten auf, wird er nicht veräußert, um Buchverluste zu vermeiden.[117] Dabei wird jedoch häufig vernachlässigt, dass nicht genutzte Objekte Kosten verursachen, denen keine Erlöse gegenüberstehen.[118] Zudem behindert die Auffassung der Unternehmensführung, dass nur über das Eigentum an Immobilien die vollständige Kontrolle über diese gewahrt werden kann, die Veräußerung von Realvermögen.[119]

Da der zukünftige Liegenschaftsbedarf nicht mit Sicherheit ermittelbar ist und eine Geschäftsexpansion an bevorzugten Unternehmensstandorten bei Bedarf jederzeit möglich sein soll, werden Reserveflächen gehalten.[120] Weil der Grundbesitz als materielles Anlagevermögen zudem einen hohen Wert für das Unternehmen – insbesondere auch als grundpfandrechtliche Sicherheit bei der Fremd-

---

[116] Vgl. Pilz (2007), S. 56; Fröhling/Ragotzky (2006), S. 484; Schulte/Gier (2005), S. 11; Müller (2003), 504. Bei einem Verkauf der Immobilien an eine Personengesellschaft, an der das Unternehmen beteiligt ist, kann die Steuerzahlung reduziert oder vermieden werden. Ebenso besteht die Möglichkeit über die Bildung von Rücklagen gemäß § 6b EStG oder über die Anschaffung von Ersatzwirtschaftsgütern die stillen Reserven zu heben, ohne eine Steuerzahlung auszulösen; vgl. Wulfken/Lang (2003), S. 8. Zu § 6b EStG vgl. auch Beck/Droste/Zoller (2004), S. 194. Vgl. hierzu auch die Ausführungen in Kapitel III. A. 2. a).

[117] Vgl. Fröhling/Ragotzky (2006), S. 484; Pfnür/Armonat (2003), S. 318; Leykam (2000), S. 4; Nourse (1994), S. 437. Vgl. dazu die Studie von Pfnür/Armonat (2004), S. 39 f.

[118] Vgl. White (1998), S. 71 sowie Flegel (1992), S. 55.

[119] Vgl. Schulte/Gier (2005), S. 10 sowie Deeble (2000), S. 147 und Hanson (1998) S. 34.

[120] Schulte/Gier belegen dies durch eine Befragung der DAX- und MDAX Unternehmen; vgl. Schulte/Gier (2005), S. 11. Beispielsweise verfolgte die Hoechst AG vor ihrer Fusion mit der Rhone-Poulenc S.A. zur Aventis-Gruppe die Geschäftspolitik, einen hohen Bestand an unbebauten Grundstücken als Werkserweiterungs- und Expansionsflächen für den Wohnungsbau zu akquirieren; vgl. Kühni/Christmann (2004), S. 270. Um über eine potenzielle Erweiterungsfläche zu verfügen, hat Siemens früher häufig eine drei- bis viermal größere Grundstücksfläche erworben als zum Kaufzeitpunkt erforderlich; vgl. Interview mit Jochen Scharpe, ehemaliger Managing Director der Siemens Real Estate GmbH, zitiert bei Porten (2001), S. 2.

finanzierung – trägt,[121] kann dessen Veräußerung von Kapitalgebern als negatives Signal in Hinblick auf eine verschlechterte finanzielle Situation gedeutet werden.[122] Diesen Imageverlust befürchten deutsche Unternehmen.[123] Aufgrund dieser Haltung der Gesellschaften ist zu vermuten, dass der Grundbesitz auch aus weiteren emotionalen Motiven im Unternehmenseigentum verbleibt.[124] Mögliche Gründe für das hohe Liegenschaftsvermögen können folglich sein, dass die Objekte die Unternehmenskultur repräsentieren[125] oder den Managern als Statussymbole dienen.[126] Aus rein finanzieller Sicht ist hingegen zu bedenken, dass die Kapitalbindung im Grundbesitz von Nicht-Immobilienunternehmen von den Anteilseignern ebenso als ineffizienter Kapitaleinsatz gewertet werden kann.

Ein weiterer Grund für zurückhaltende Desinvestitionsbestrebungen ist, dass für Mitarbeiter, die diesbezügliche Entscheidungen treffen oder für die Unternehmensführung vorbereiten, keine Veräußerungsanreize bestehen. Dies kann zum einen darin begründet sein, dass auf Mitarbeiterebene in diesem Geschäftsbereich keine Zielvorgaben bestehen.[127] Zum anderen können durch eine Analyse des Grundvermögens für die Verwertung Unzulänglichkeiten im Liegenschafts-

---

[121] Vgl. Evans/French/Rotarty (2001), S. 214 f. Grundpfandrechte sind im Rahmen der Kreditabsicherung den Realsicherheiten zuzuordnen; vgl. Börner/Schlösser (2009a), S. 252 f.

[122] Vgl. Liow (2004), S. 120 sowie Liow/Ooi (2000), S. 242. Umgekehrt wird die Investition in Immobilien als Signal für eine positive Unternehmensentwicklung aufgefasst; vgl. Liow (2004), S. 120 sowie Liow/Ooi (2000), S. 242.

[123] Dies belegt die empirische Studie von PFNÜR/ARMONAT (2004); vgl. Pfnür/Armonat (2004), S. 16 und S. 39. Die Grundgesamtheit für die Erhebung bestand aus Großunternehmen mit mehr als 8.000 Mitarbeitern mit einem hohen Immobilienbestand; vgl. Pfnür/ Armonat (2004), S. 21 f.

[124] Vgl. Pfnür/Armonat (2004), S. 39.

[125] Laposa/Charlton führen diese Begründung für einen Verzicht auf die Immobiliendesinvestition an; vgl. Laposa/Charlton (2001), S. 35 und S. 45. Brown fasst hierzu die Ansichten verschiedener Autoren zur Bedeutung von Immobilien, insbesondere in Bezug auf den Zusammenhang zwischen Design und Unternehmensstrategie, zusammen; vgl. Brown (2001), S. 81 f.

[126] Vgl. Werres (2001), S. 128.

[127] Vgl. Fernández Reumann/Krieger/Friedrichs (2004), S. 417.

management aus der Vergangenheit bekannt werden,[128] wodurch die Reputation der Entscheidungsträger beeinträchtigt werden würde. Da mit der Verringerung des Liegenschaftsbestandes konsequenterweise Personal in Immobilien verwaltenden Einheiten reduziert werden kann, wird dieser Fachbereich Veräußerungen sorgfältig abwägen, um Stellenkürzungen zu vermeiden.[129] Außerdem können Desinvestitionsbestrebungen restriktiv auf das Betriebsklima und die Motivation der Mitarbeiter wirken. Die Aufgabe von Immobilienstandorten und der Stellenabbau beeinflussen zudem die wirtschaftlichen Beziehungen zum Unternehmensumfeld.[130]

B. Unternehmenswertmaximierung als Motiv der Verwertung

1. Beeinflussung des Shareholder Values durch Immobilien

a) Integration des Corporate Real Estate Managements in das Shareholder Value Management

Die Entscheidungen im Rahmen des Immobilienmanagements im Allgemeinen wie auch die über Verwertungen im Speziellen müssen der obersten Zielsetzung einer Gesellschaft dienen. Maßgebliche Zielgrößen privatwirtschaftlicher Unternehmen sind nach dem Shareholder Value-Ansatz[131] die langfristige Maximie-

---

[128] Vgl. Kahn (1999), S. 370.

[129] Vgl. Fernández Reumann/Krieger/Friedrichs (2004), S. 417. Auch besteht die Möglichkeit, dass Tochtergesellschaften, die beabsichtigen ihre Immobilien zu behalten, in Konflikte mit dem Mutterunternehmen geraten; vgl. Werres (2001), S. 133.

[130] Vgl. Pfnür/Armonat (2004), S. 16.

[131] Der Begriff des Shareholder Values geht auf die grundlegende Arbeit von Rappaport zurück; vgl. Rappaport (1986). Der Shareholder Value-Ansatz wurde weiterhin maßgeblich von Copeland/Koller/Murrin, Stewart und Lewis geprägt; vgl. Lewis (1995) sowie Stewart (1991) und Copeland/Koller/Murrin (1990). Zu grundlegenden Publikationen in deutscher Sprache vgl. Bühner/Weinberger (1991), S. 187 ff. und Bühner (1990). Die Ausrichtung dieser Unternehmenssteuerung ist als Zielsetzung in Theorie und Praxis auf breite Akzeptanz gestoßen.

rung der Vermögensposition der Anteilseigner[132] bzw. die Erwirtschaftung einer angemessenen Verzinsung des eingesetzten Kapitals.[133] Unternehmen müssen ihre Entscheidungen an diesen Ansprüchen der Eigenkapitalgeber ausrichten.[134] Werden deren Erwartungen nicht erfüllt, nimmt die Investitionsbereitschaft der Anleger ab.[135] Der Shareholder Value muss folglich durch das Management beeinflusst werden, indem Entscheidungen hinsichtlich ihres Potenzials zur Steigerung des Unternehmenswertes geprüft werden.[136] Damit bietet der Shareholder Value-Ansatz ein quantitatives Konzept zur Beurteilung von Unternehmensentscheidungen und -strategien und dient zugleich als Erfolgsmaßstab unternehmerischen Handelns.[137]

Die Shareholder Value-Orientierung führt dazu, dass Gesellschaften den Beitrag ihrer Geschäftsbereiche in Hinblick auf die Maximierung des Eigenkapitalwertes überprüfen,[138] wobei auf Basis detaillierter Planung und Steuerung alle Unternehmensprozesse und -bereiche einbezogen werden.[139] Zur Analyse werden die verschiedenen Unternehmenseinheiten voneinander abgegrenzt.[140] Immobilien werden dabei in Nicht-Immobilienunternehmen oft vernachlässigt, obwohl gerade sie eine hohe Kapitalbindung und deutliche Differenzierung vom Kern-

---

[132] Maximierung der Vermögensposition der Anteilseigner und Maximierung des Unternehmenswertes werden fortan synonym verwendet.

[133] Vgl. Armonat/Brockhusen/Pfnür (2003), S. 279; Müller (2003), S. 504; Jürgensonn/Schäfers (1998), S. 819; Bühner/Weinberger (1991), S. 200. Für die Überlassung des Kapitals erwarten die Anteilseigner eine Rendite, die die Verzinsung vergleichbarerer Investitionsalternativen übersteigt; vgl. Buse (1999), S. 53.

[134] Vgl. Falk (2004), S. 762 sowie Bühner/Weinberger (1991), S. 188 und Rappaport (1986), S. 11 f.

[135] Vgl. Bühner/Weinberger (1991), S. 188 sowie Rappaport (1986), S. 57. Unternehmen werden regelmäßig nach der Rendite, die sie für ihre Anteilseigner erzielen, beurteilt; vgl. Straßheimer (1998), S. 866.

[136] Vgl. Bergmann (1996), S. 19 sowie Rappaport (1986), S. 11.

[137] Vgl. Buse (1999), S. 52.

[138] Vgl. Helmer (2002), S. 737.

[139] Vgl. Müller (2003), S. 504.

[140] Vgl. Müller (2003), S. 505.

geschäft aufweisen[141] und damit den Unternehmenswert und -erfolg erheblich beeinflussen.[142] Die Gesellschaften sind daher gezwungen, ihrem Grundbesitz Aufmerksamkeit zu schenken, um Ertragspotenziale aufzudecken, zu analysieren[143] und die Liegenschaften gewinnbringend zu finanzieren, zu nutzen oder zu desinvestieren.[144] Dabei erfordern die Komplexität und Heterogenität des Immobilienbestandes, dessen zeit- und kostenintensive Bewirtschaftung sowie die damit verbundene Vielzahl von Verträgen und Vertragspartnern eine Steuerung des Gesamtbestandes.[145] Die umfassende Auseinandersetzung mit dem Realvermögen und der immobilienbezogenen Strategie ist daher erforderlich,[146] um Optimierungspotenziale offenzulegen.[147] Entsprechend erfährt ein aktives, unternehmenszielorientiertes Immobilienmanagement mit steigendem Grundbesitz, welches regelmäßig mit der Unternehmensgröße korreliert, zunehmende Bedeutung.[148]

Ein Teil der Nicht-Immobilienunternehmen und -konzerne hat das Immobilienmanagement durch ein Corporate Real Estate Management (CREM)[149] instituti-

---

141 Vgl. Müller (2003), S. 504 f.

142 Vgl. Schäfers/Gier (2005), S. 235 sowie Pfnür (2004a), S. 25 und Schäfers (1997), S. 68.

143 Vgl. Knab (2004), S. 810; Jürgensonn/Schäfers (1998), S. 819; Rodriguez/Sirmans (1996), S. 15; Brueggeman/Fisher/Porter (1990), S. 40.

144 Vgl. Schäfers/Gier (2005), S. 252; Falk (2004), S. 630; Knab (2004), S. 810.

145 Vgl. Gier (2006), S. 37.

146 Vgl. Pierschke/Müller (2008), S. 1005 sowie Krumm/Dewulf/de Jonge (1999), S. 60.

147 Beispielsweise ist den Unternehmen der Umfang ihrer Grundstücks- und Gebäudeflächen oft nur näherungsweise bekannt; vgl. Pfnür (1998a), S. 6.

148 Vgl. Preugschat (2001), S. 356 sowie Haub (1998), S. 131.

149 Synonym wird das Corporate Real Estate Management im anglo-amerikanischen Sprachgebrauch auch als Strategic Facility Management, Strategic Property Management oder Strategic Management of Corporate Real Estate bezeichnet; vgl. Schulte/Schäfers (1998), S. 45. Unter Real Estate Corporate Finance (RECF) werden in Abgrenzung zum CREM alle Aktivitäten subsumiert, die den Grundbesitz finanzwirtschaftlich optimieren; vgl. Armonat/Brockhusen/Pfnür (2003), S. 276. Das Pendant zum CREM der privatwirtschaftlichen Unternehmen stellt im öffentlichen Sektor das Public Real Estate Management (PREM) dar, in dessen Rahmen die Potenziale öffentlich-rechtlicher Immobilienbestände optimiert werden; vgl. Falk (2004), S. 701 f. und Straßheimer (1998), S. 862.

onalisiert, um die Immobilienbestände transparenter zu gestalten, Know-how zu bündeln und dadurch für eine optimale Nutzung der betriebseigenen Liegenschaften zu sorgen.[150] Dieses ist insbesondere für die Nicht-Immobilienunternehmen von Bedeutung, die trotz eines immobilienfremden Kerngeschäfts über ein hohes Immobilienvermögen verfügen.[151] Zu den Aufgaben des Corporate Real Estate Managements zählen die Beschaffung, Betreuung und Verwertung von Immobilien[152] sowie die Messung und Überwachung der Performance des Grundbesitzportfolios und die Vornahme erforderlicher Reorganisationen.[153] Das Corporate Real Estate Management ist daher nicht nur als Liegenschaftsverwaltung zu verstehen. Es bezeichnet vielmehr eine unternehmerische Führungskonzeption, nach der das gesamte Grundvermögen erfolgs- und wertschöpfungsorientiert, sowohl strategisch als auch operativ in Hinblick auf die Ge-

---

150 Vgl. Hartmann/Lohse/Pfnür (2007), S. 19 sowie Falk (2004), S. 630 und Pfnür/Armonat (2004), S. 7. Eine der ersten empirischen Untersuchungen von SCHÄFERS (1998) zum CREM erfasste nur in wenigen der befragten Unternehmen ein strategisches, konzeptionelles Immobilienmanagement; vgl. Schäfers (1998), S. 79 f.

151 Vgl. Schäfers/Gier (2005), S. 852. Wenn in einem Nicht-Immobilienunternehmen kein CREM existiert, unterbleibt häufig die detaillierte Auseinandersetzung mit dem Grundbesitz und der immobilienbezogenen Unternehmensstrategie, da die Liegenschaften nicht den eigentlichen Geschäftszweck darstellen; vgl. Bone-Winkel/Schulte/Focke (2008), S. 13 sowie Schulte/Schäfers (1998), S. 31. Der Verwertung nicht betriebsnotwendiger Liegenschaften wird eine höhere Bedeutung beigemessen als einer strategischen und finanzwirtschaftlichen Einbindung in die Planungsprozesse des Unternehmens; vgl. Pfnür/ Hedden (2002), S. 8.

152 Vgl. Schulte/Holzmann (2008), S. 182; Schäfers (2004), S. 226; Dinauer (2002), S. 234; Preugschat (2001), S. 358. Das CREM umfasst dabei auch das Informationsmanagement über die Immobilienmärkte, das Flächenmanagement zur Flächenbedarfsplanung, das Gebäudemanagement (Facility Management) und die Standortplanung; vgl. Pilz (2007), S. 17. Dafür ist ein Immobilien-Controlling zur Planung, Steuerung und Informationsversorgung erforderlich; vgl. Homann/Schäfers (1998), S. 191.

153 Vgl. Lubieniecki/Desrocher (2003), S. 39 f. sowie Yontz (2001), S. 25 f. Die Immobilien können entweder nur in Hinblick auf ihre Kostenverursachung für den Leistungsprozess optimiert oder als Vermögensgegenstand in Hinblick auf die Zielvariablen Rentabilität, Liquidität, Wertsicherheit und Risiko gesteuert werden; vgl. Homann/Schäfers (1998), S. 191.

schäftspolitik und die allgemeinen Unternehmensziele, gesteuert wird.[154] Infolgedessen muss die Immobilienstrategie auf die der Gesellschaft abgestimmt werden,[155] so dass sich die Zielsetzung des Corporate Real Estate Managements unmittelbar aus der des Unternehmens ableitet.[156] Das bedeutet, dass im Rahmen des Immobilienmanagements ein Anreiz für die Mitarbeiter geschaffen werden muss, damit diese ihre Entscheidungen, insbesondere auch die einer Liegenschaftsverwertung, in Hinblick auf die Steigerung des Shareholder Values treffen.

Die empirische Studie von SCHÄFERS (1998) über die Ausgestaltung des Managements von Unternehmensimmobilien in deutschen Großunternehmen belegt, dass die Gesellschaften ein aktives Immobilienmanagement verfolgen, die hohe Umsätze generieren, ein hohes Realvermögen besitzen oder über ein umfassendes Controllingsystem verfügen, insbesondere wenn letzteres durch das Steuerungsziel des Shareholder Values geprägt ist.[157] Zudem zeichnet sich ab, dass – mit Ausnahme von Unternehmen der Investitionsgüterindustrie – in Handels-

---

[154] Vgl. Pilz (2007), S. 17; Gier (2006), S. 26; Schäfers/Gier (2005), S. 231; Falk (2004), S. 209 und 460; Pfnür (2004b), S. 59 f.; Lampe/Lechtenböhmer (1998), S. 587. Zur organisatorischen und strategischen Ausrichtung des CREMs vgl. Schäfers (2004) und Schäfers/ Pierschke (2004). Zu Formen der Erfolgsverantwortung im CREM vgl. Schäfers (2004), S. 258 ff.

[155] Vgl. Acoba/Foster (2003), S. 145; Dewulf/Schaaf (1998), S. 23; Bon/McMahan/Carder (1994), S. 19; Bon (1992), S. 13-17; Veale (1989), S. 1.

[156] Vgl. Pfnür (2004b), S. 59.

[157] Vgl. Schäfers (1998), S. 69, 71-73 und 75. Ebenso bedingt ein großer Immobilienanteil an der gesamten Bilanzsumme regelmäßig ein aktives Immobilienmanagement. Es konnte nicht belegt werden, dass ein stabiles wirtschaftliches Umfeld – gemessen an Marktwachstum, Branchenrendite und Wettbewerbsintensität – zu einem aktiven Immobilienmanagement anregt; vgl. Schäfers (1998), S. 72 f. und 75. Im Rahmen der Befragung gaben 35,5 % der Unternehmen an, dass der Shareholder Value ein bedeutendes Steuerungsmotiv für Immobilien ist. 48,9 % der Gesellschaften verfolgen das Ziel in geringem oder mittlerem Maße und 15,5 % nicht; vgl. Schäfers (1998), S. 71 f.

und Dienstleistungsgesellschaften ein aktiveres Immobilienmanagement erfolgt als in Industrieunternehmen.[158]

Ein umfassendes Immobilienmanagement wird durch die Bildung einer Corporate Real Estate-Einheit unterstützt. Die konzeptionelle Umsetzung erfordert dabei eine geeignete organisatorische Struktur, so dass Aufgaben-, Kompetenzen- und Verantwortungsbereiche abgegrenzt sind.[159] Neben einer zentralen Abteilung oder einem eigenständigen Unternehmensbereich können der Immobilienbestand und dessen Verwaltung organisatorisch und rechtlich in einem eigenen Tochterunternehmen verselbstständigt werden.[160] Die Befragung deutscher Großunternehmen durch PFNÜR (1998b) verdeutlicht, dass eine zentrale Immobilienverantwortung bei 68,8 % der deutschen Unternehmen vorliegt.[161] Das Eigentum an den Unternehmensimmobilien ist jedoch nur bei 54,1 % der Unternehmen zentralisiert. Bei 43,7 % der Unternehmen verbleibt der Grundbesitz

---

[158] Vgl. Schäfers (1998), S. 67. Die empirische Studie über das Immobilienmanagement deutscher Unternehmen zeigt ein heterogenes Bild in Bezug auf die Implementierung des CREM; vgl. Schäfers (1999) sowie Schäfers (1998). Befragt wurden dazu 897 Gesellschaften mit einem Umsatz von mehr als 125 Mio. Euro und mehr als 1.750 Mitarbeitern. Es konnte dabei eine auswertbare Anzahl von 111 Fragebögen erzielt werden; vgl. Schäfers (1999), S. 302 sowie Schäfers (1998), S. 59. Grundsätzlich bleibt aber bei den Befragungen zu vermuten, dass die Unternehmen, die über ein ausgeprägtes Immobilienmanagementsystem verfügen, eine höhere Bereitschaft zur Teilnahme an der Studie aufweisen. Es ist daher nicht auszuschließen, dass die Ergebnisse die tatsächliche Situation im Immobilienbereich überzeichnen; vgl. dazu auch Schäfers (1998), S. 59.

[159] Vgl. Schäfers/Pierschke (2004), S. 251. Zur hierarchischen Integration des CREM in das betriebliche Immobilienmanagement als zentrale oder dezentrale Aufgabe vgl. Pierschke/ Müller (2008), S. 1006 ff.

[160] Vgl. Pierschke/Müller (2008), S. 1005 und Falk (2004), S. 630. Alternativ bzw. zusätzlich besteht für Nicht-Immobilienunternehmen die Möglichkeit, das Management des Grundbesitzes bzw. einen Teil dessen extern zu vergeben. Potenzielle Vorteile einer Auslagerung dieser Tätigkeit an einen Immobiliendienstleister sind geringere Kosten und ein umfangreiches Know-how; vgl. Pierschke/Müller (2008), S. 1005.

[161] Vgl. Pfnür (1998b), S. 32. Die Grundgesamtheit der Studie umfasste 167 Unternehmen mit mehr als 10.000 Beschäftigten. Eine Befragung wurde bei 57 Unternehmen durchgeführt. Hierbei ergab sich, dass bei 68,8 % der befragten Gesellschaften eine zentrale Immobilienverantwortung besteht, bei 29,1 % hingegen eine dezentrale Liegenschaftssteuerung erfolgt; vgl. Pfnür (1998b), S. 6 f.

rechtlich in den einzelnen Geschäftsbereichen.[162] Die neuere Studie von PFNÜR/HEDDEN (2002) kommt zu dem Ergebnis, dass in Abhängigkeit von der Nutzungsart[163] 6 % bis 14 % der befragten Gesellschaften ihren gesamten Immobilienbestand in Objektgesellschaften eingebracht haben. 16 % bis 36 % der Unternehmen gaben an, dies zumindest für einen Teil ihres Grundbesitzes umgesetzt zu haben, wobei etwa 40 % keine Immobilien in Gesellschaften halten.[164]

Die Bedeutung der Institutionalisierung des Corporate Real Estate Managements in einer organisatorischen Einheit, in dessen Rahmen Immobilienaktivitäten erfolgen und Verwertungsentscheidungen getroffen werden, wird durch die vorangegangenen Ausführungen verdeutlicht und durch empirische Studien belegt. Da insbesondere durch eine separate institutionelle Ausgestaltung des Immobilienbereiches die effiziente Gesamtbeurteilung und -steuerung des Immobilienvermögens möglich ist, werden die Gesellschaften, die eine derartige Struktur umsetzen, Desinvestitionsentscheidungen offener gegenüberstehen und aufgrund des gebündelten Know-hows innovative Finanzierungs- oder Verwertungsvarianten für den Grundbesitz in Betracht ziehen.

b) Operationalisierung des Immobilieneinflusses

Unternehmen müssen die Auswirkungen immobilienbezogener Handlungen auf den Wert ihrer Gesellschaft *operationalisieren.* Auf Basis der in die Unternehmensbewertung eingehenden Parameter kann verdeutlicht werden, welche Effekte der Grundbesitz hierbei auslöst.

---

162 Vgl. Pfnür (1998b), S. 32.

163 Hierbei wurden die Nutzungsarten Büro-, Produktions-, Lager-, Entwicklungs-, Technik- und Handelsgebäude vorgegeben; vgl. Pfnür/Hedden (2002), S. 45.

164 Vgl. Pfnür/Hedden (2002), S. 43. Grundlage war hierbei eine Vollerhebung aller deutschen Unternehmen mit mehr als 9.000 Mitarbeitern; vgl. Pfnür/Hedden (2002), S. 14.

Die Unternehmensbewertung ist durch eine umfangreiche Methodenvielfalt gekennzeichnet, da in Abhängigkeit vom Bewertungsanlass unterschiedliche Verfahren geeignet sind.[165] Die gängigen Ansätze analysieren und bewerten Entscheidungen in Hinblick auf die Steigerung des Unternehmenswertes auf Basis *prognostizierter Zahlungsströme*.[166] Letztere werden auch durch die Unternehmensimmobilien beeinflusst. Im Rahmen der Discounted Cashflow-Methode wird der Shareholder Value auf Basis der erwarteten Zahlungsüberschüsse einer Gesellschaft ermittelt.[167] Grundlage der Bewertung bilden nach der Entity-Methode[168] die operativen Free Cashflows, d. h. die Einzahlungsüberschüsse des Unternehmens, die den Eigen- und Fremdkapitalgebern zur Verfügung stehen.[169] Finanzierungsbezogene Zahlungen wie Zinsen oder Dividenden schlagen sich nicht im Free Cashflow nieder.[170] Liegt das für die Unternehmensbewertung erforderliche Datenmaterial über Einnahmen und Ausgaben vor, ist der Free Cashflow daraus direkt zu ermitteln. Sind die Zahlungen nicht einzusehen oder zu aufwendig zu bestimmen, beispielsweise für unternehmensexterne Analysten, wird der Free Cashflow indirekt errechnet. Hierfür werden zum Jahresergebnis

165 Vgl. Mandl/Rabel (2009), S. 50. Für einen Überblick über die verschiedenen Bewertungsverfahren vgl. stellvertretend Mandl/Rabel (2009), S. 47 ff. und Deimel (2002), S. 78.

166 Vgl. Müller (2003), S. 505 sowie Jürgensonn/Schäfers (1998), S. 819 und 821.

167 Vgl. Mandl/Rabel (2009), S. 64. Es handelt sich dabei um ein Gesamtbewertungsverfahren. Dies bedeutet, dass der Wert des Unternehmens durch den Gesamtertrag bestimmt wird, der künftig aus der Gesellschaft zu erwarten ist; vgl. Mandl/Rabel (2009), S. 51.

168 Die Entity-Methode wird auch als Bruttoverfahren bezeichnet. Bei der Equity-Methode (Nettoverfahren) werden hingegen die Zahlungsströme an die Anteilseigner mit der Renditeforderung der Eigenkapitalgeber diskontiert; vgl. hierzu Deimel (2002), S. 79 f.

169 Vgl. Franz/Kajüter (2000), S. 225 f. sowie Bergmann (1996), S. 20.

170 Vgl. Copeland/Koller/Murrin (1990), S. 100. Zahlungsströme von bzw. an die Eigen- und Fremdkapitalgeber sowie hieraus resultierende steuerliche Wirkungen bleiben bei der Ermittlung des Free Cashflow unberücksichtigt, da im Rahmen der Entity-Methode die Fiktion einer vollständigen Eigenkapitalfinanzierung des Unternehmens besteht. Eine aus der anteiligen Fremdfinanzierung resultierende Steuerersparnis (Tax Shield) wird nicht durch die Free Cashflows berücksichtigt. Die Kapitalstruktur sowie die Steuerersparnis werden erst durch die Kapitalkosten erfasst; vgl. Baetge et al. (2009), S. 346 f. und Ballwieser (2009), S. 482 f.

nicht zahlungswirksame Aufwendungen addiert und Erlöse subtrahiert, wie Tabelle 6 vereinfacht verdeutlicht.[171]

	Operatives Ergebnis vor Zinsen und Steuern (EBIT)
-	Steuern auf das operative Ergebnis
+/-	Abschreibungen/Zuschreibungen
+/-	Zuführung/Auflösung von Rückstellungen
+/-	Desinvestition/Investition ins Anlagevermögen
+/-	Abnahme/Zunahme des Working Capital
=	**Free Cashflow**

Tabelle 6: Indirekte Ermittlung des Free Cashflow

Der Free Cashflow wird sowohl durch Immobilienausgaben, beispielsweise für Instandhaltung, Versicherungen oder Mieten, als auch durch Immobilieneinnahmen beeinflusst. Zudem wirken sich Investitionen und Desinvestitionen im Immobilienbereich sowie liegenschaftsbezogene Ab- und Zuschreibungen auf diesen Wert aus.

Alle Immobilienentscheidungen haben folglich Einfluss auf den Unternehmenswert. Für ein Objekt, das beispielsweise weiterhin von einem Nicht-Immobilienunternehmen genutzt wird, ist eine Handlungsalternative, dieses im Eigentum zu belassen und weiterhin die Ausgaben für Instandhaltung etc. zu begleichen. Eine weitere Option besteht im Verkauf der Liegenschaft. In diesem Fall erhält die Gesellschaft den Verkaufspreis, muss jedoch in den Folgeperioden Mietzahlungen leisten, die annahmegemäß die Höhe der Ausgaben für die Instandhaltung übersteigen. Deutlich wird durch dieses Beispiel, dass Immobilienentscheidun-

[171] Die Free Cashflows werden in der betriebswirtschaftlichen Literatur in verschiedenen Varianten ermittelt; vgl. hierzu stellvertretend Coenenberg/Haller/Schulze (2009) S. 1080 ff.; Mandl/Rabel (2009), S. 64 f.; Perridon/Steiner (2007), S. 555 ff.; Copeland/Koller/ Murrin (1990), S. 102.

gen nicht nur Zahlungen in der aktuellen, sondern auch in folgenden Perioden verursachen.

Der *Gesamtwert* eines zu bewertenden Unternehmens für die Eigen- und Fremdkapitalgeber wird berechnet, indem die Free Cashflows zunächst für einen *Detailprognosezeitraum* geschätzt und mit dem gewichteten *Kapitalkostensatz* r^{WACC} (Weighted Average Cost of Capital, WACC) diskontiert werden.[172] Um die Wirkung und die Vorteilhaftigkeit verschiedener Handlungsoptionen im Immobilienbereich in Hinblick auf den Shareholder Value zu bestimmen, werden dementsprechend die mit den Alternativen verbundenen zeitverschiedenen Zahlungen mit dem gewichteten Kapitalkostensatz diskontiert.[173]

Der Grundbesitz einer Gesellschaft beeinflusst bei der Unternehmenswertermittlung jedoch nicht nur die Höhe der Free Cashflows, sondern auch die Höhe des WACC. Dieser wird ermittelt, indem der Fremdkapitalkostensatz mit dem Anteil des Marktwertes des Fremdkapitals am Marktwert des Gesamtkapitals gewichtet wird, der Eigenkapitalkostensatz mit dem entsprechenden Anteil des Marktwertes des Eigenkapitals:[174]

---

[172] Vgl. Falk (2004), S. 762; Jürgensonn/Schäfers (1998), S. 822 f.; Siegert et al. (1997), S. 473; Bergmann (1996), S. 19; Hachmeister (1995), S. 95 f.; Bühner (1990), S. 40-45; Copeland/Koller/Murrin (1990), S. 171 ff. Zur Schätzung der Kapitalkosten im Einzelnen vgl. Rappaport (1986), S. 55 ff.

[173] Vgl. hierzu die Ausführungen in Kapitel III. A. 2. a).

[174] Vgl. Falk (2004), S. 762; Jürgensonn/Schäfers (1998), S. 822; Siegert et al. (1997), S. 473; Bergmann (1996), S. 19; Buchner (1994), S. 513; Bühner (1990), S. 40-45; Copeland/Koller/Murrin (1990), S. 171 ff.; Rappaport (1986), S. 55 f. Die Gewichtung soll dabei die langfristig verfolgte Kapitalstruktur widerspiegeln; vgl. Jürgensonn/Schäfers (1998), S. 822 sowie Buchner (1994), S. 513 und Rappaport (1986), S. 55 f. Die Gewichtung der Verzinsungsansprüche orientiert sich an der Zielkapitalstruktur des Unternehmens; vgl. Copeland/Koller/Murrin (1990), S. 174 f. sowie Jürgensonn/Schäfers (1998), S. 823. Dies ist zum einen erforderlich, da die Kapitalstruktur des Unternehmens nicht über die gesamte Lebensdauer konstant ist. Zum anderen besteht ein Zirkularitätsproblem, da für die Berechnung des WACC der Marktwert des Eigenkapitals benötigt wird, ohne den WACC aber der Marktwert des Eigenkapitals nicht berechnet werden kann; vgl. Copeland/Koller/Murrin (1990), S. 174 f. Ein einheitlicher WACC unterstellt somit eine im Zeitablauf konstante Kapitalstruktur.

$$r^{WACC} = r^{FK} \cdot (1-s) \cdot \frac{FK^{MW}}{GK^{MW}} + r^{EK} \cdot \frac{EK^{MW}}{GK^{MW}}$$

Der *Fremdkapitalkostensatz* (r^{FK}) wird auf Basis gewichteter durchschnittlicher Kosten der verschiedenen – von Gläubigern zur Verfügung gestellten – finanziellen Mittel bestimmt, wobei die langfristig zu erwartenden Belastungen zugrunde gelegt werden.[175] Die Steuervorteile, die aus der Zinszahlung resultieren, werden durch die Verminderung des Diskontierungssatzes um die Steuerersparnis berücksichtigt.[176] Die Höhe des Fremdkapitalkostensatzes wird unter anderem durch den Verschuldungsgrad sowie durch den Umfang und die Qualität des Immobilienvermögens beeinflusst, da dieses oft als Sicherheit für das zur Verfügung gestellte Kapital dient. Werden beispielsweise Liegenschaften desinvestiert, besteht die Gefahr, dass sich der Fremdkapitalzins erhöht, weil fortan keine hypothekarische Besicherung der in Anspruch genommenen Darlehen möglich ist. Zur Bestimmung der Verzinsungsansprüche der Fremdkapitalgeber werden Marktzinssätze herangezogen, die die Konditionen der Unternehmenskredite in Bezug auf Risiko, Laufzeit und Tilgungsmodalitäten widerspiegeln.[177]

Der *Eigenkapitalkostensatz* (r^{EK}) wird durch die Renditeforderung der Anteilseigner bestimmt.[178] Zu ihrer Ermittlung wird zumeist das Capital Asset Pricing Model (CAPM) als kapitalmarkttheoretischer Erklärungsansatz herangezogen.[179]

---

[175] Vgl. Jürgensonn/Schäfers (1998), S. 831 sowie Rappaport (1986), S. 56.

[176] Vgl. Mandl/Rabel (2009), S. 66 sowie Copeland/Koller/Murrin (1990), S. 172. Wegen der fiktiven Eigenfinanzierung der Gesellschaft werden in diesem Modell die Unternehmenssteuern ohne Berücksichtigung der steuerlichen Abzugsfähigkeit der Fremdkapitalzinsen ermittelt und Cashflow reduzierend berücksichtigt; vgl. Mandl/Rabel (2009), S. 66. Der Fremdkapitalkostensatz ist daher mit dem Faktor (1 – s) zu multiplizieren.

[177] Vgl. Perridon/Steiner (2007), S. 488 sowie Deimel (2002), S. 81.

[178] Vgl. Jürgensonn/Schäfers (1998), S. 832.

[179] Vgl. Franke/Hax (2004), S. 351 sowie Jürgensonn/Schäfers (1998), S. 832. Das CAPM wurde in den sechziger Jahren von Sharpe, Lintner und Mossin aufbauend auf der Portfoliotheorie von Markowitz entwickelt; vgl. Mossin (1966), S. 768 ff.; Lintner (1965) S. 13 ff.; Sharpe (1964), S. 425 ff.; Markowitz (1959); Markowitz (1952) S. 77 ff. Für weitere Ausführungen zum CAPM vgl. Schirmeister (2007), S. 256 f. sowie Hachmeister (1995)

Der Eigenkapitalkostensatz setzt sich danach aus einem risikolosen Zinssatz[180] (r^f) und einer Risikoprämie[181] ($(r^M - r^f) \cdot \beta$) zusammen:

$$r^{EK} = r^f + (r^M - r^f) \cdot \beta$$

Immobilien beeinflussen bei der Ermittlung des Eigenkapitalkostensatzes weder den risikolosen Zinssatz noch die Marktrisikoprämie (r^M – r^f),[182] die einen Teil der Entschädigung der Eigenkapitalgeber für das zusätzlich übernommene Risiko gegenüber einer risikolosen Anlage darstellt. Der Grundbesitz eines Nicht-Immobilienunternehmen wirkt jedoch durch das individuelle Unternehmensrisikos mittelbar auf den Beta-Faktor und damit auf die Renditeforderung der Eigenkapitalgeber.

Deutlich wird, dass der Grundbesitz die Höhe des WACC beeinflusst. Ein höherer Kapitalkostensatz bewirkt bei ceteris paribus unveränderten Free Cashflows einen geringeren Shareholder Value,[183] da die Zahlungsströme mit einem höheren Zins diskontiert werden. Free Cashflows, die nach dem Detailprognosezeit-

---

S. 162 ff.

180 Der risikolose Zins stellt für die Investoren eine Prämie für die zeitliche Überlassung von Kapital dar, die annahmegemäß sicher erzielt werden kann. Diese kann für Deutschland beispielsweise in Höhe der Rendite für Bundesanleihen angesetzt werden; vgl. Jürgensonn/Schäfers (1998), S. 832.

181 Vgl. Schirmeister (2007) S. 256 f. sowie Jürgensonn/Schäfers (1998), S. 832. Die Risikoprämie ergibt sich durch Multiplikation der Marktrisikoprämie (r^M – r^f) mit dem Beta-Faktor (β), der das marktbezogene systematische Risiko des Unternehmens widerspiegelt; vgl. Schirmeister (2007) S. 256 f. sowie Jürgensonn/Schäfers (1998), S. 832 und Rappaport (1986), S. 57 f. Der Beta-Faktor errechnet sich über die Volatilität der Unternehmensergebnisse gegenüber Ergebnisschwankungen des Marktportfolios. In der Praxis wird der Beta-Faktor regelmäßig aus historischen Daten gewonnen. Dies widerspricht jedoch einer zukunftsorientierten Bewertung des Shareholder Value-Ansatzes; vgl. Jürgensonn/Schäfers (1998), S. 833 sowie Rappaport (1986), S. 58 f. Das systematische Risiko kann annahmegemäß nicht durch andere Aktienanlagen diversifiziert werden; vgl. Schirmeister (2007) S. 256.

182 Die Marktrisikoprämie errechnet sich aus der Differenz zwischen der Marktrendite und dem risikolosen Zins; vgl. Jürgensonn/Schäfers (1998), S. 832 sowie Rappaport (1986), S. 58.

183 Entsprechend bewirkt ein geringerer Kapitalkostensatz bei ceteris paribus unveränderten Free Cashflows einen höheren Shareholder Value.

raum anfallen, werden als ewige Rente[184] des letzten Cashflows ebenfalls auf den Gegenwartswert diskontiert und als *Residualwert* bezeichnet.[185] Zudem ist für die Unternehmensbewertung *nicht betriebsnotwendiges Immobilienvermögen* mit dessen *Veräußerungswert* zu berücksichtigen.[186] Die Summe aus dem Barwert der Free Cashflows des Detailprognosezeitraums, dem Residualwert und dem Wert des nicht betriebsnotwendigen Vermögens ergibt den Gesamtwert der Gesellschaft.[187] Um den Unternehmenswert für die Anteilseigner zu bestimmen, muss von diesem Wert der Marktwert des Fremdkapitals subtrahiert werden.[188] Wenn mit einer Immobiliendesinvestition zugleich Kredite zurückgeführt werden, haben die Liegenschaften auch Einfluss auf den bei der Unternehmensbewertung anzusetzenden Wert des Fremdkapitals. In Abbildung 4 sind schematisch die vielfältigen Einflüsse zu erkennen, die der Grundbesitz auf den Shareholder Value ausübt.

Investitionen in und Desinvestitionen von Immobilienvermögen sowie die mit der Nutzung der Liegenschaften einhergehenden Kosten, beispielsweise für Mieten oder Instandhaltungen, beeinflussen gemäß diesem Ermittlungsmodell daher sowohl die Free Cashflows als auch den Kapitalkostensatz, den Wert des nicht betriebsnotwendigen Vermögens und den Marktwert des Fremdkapitals, somit den Unternehmenswert.[189] Jede Entscheidung über den Grundbesitz hat

---

[184] Für die Berechnung der ewigen Rente wird regelmäßig der letzte Free Cashflow des Detailprognosezeitraums, gegebenenfalls auch unter Berücksichtigung eines Wachstumsfaktors, herangezogen.

[185] Vgl. Jürgensonn/Schäfers (1998), S. 822 sowie Rappaport (1986), S. 59. Der Residualwert hat dabei eine hohe Bedeutung, da er einen hohen Anteil des gesamten Unternehmenswertes bestimmt; vgl. Jürgensonn/Schäfers (1998), S. 836 f.

[186] Vgl. Falk (2004), S. 762 sowie Jürgensonn/Schäfers (1998), S. 822 und Rappaport (1986), S. 51.

[187] Vgl. Mandl/Rabel (2009), S. 67.

[188] Vgl. Mandl/Rabel (2009), S. 66; Jürgensonn/Schäfers (1998), S. 821 f.; Copeland/Koller/Murrin (1990), S. 98 f. Hierfür wird zumeist der Buchwert des Fremdkapitals zugrunde gelegt; vgl. Jürgensonn/Schäfers (1998), S. 830 f.

[189] Hierzu auch vergleichbar Jürgensonn/Schäfers (1998), S. 827.

daher Einfluss auf den Wert der Gesellschaft. Problematisch ist jedoch die Bestimmung der Auswirkungen einer einzelnen Immobilienentscheidung auf den Unternehmenswert, weil wechselseitige Abhängigkeiten und damit verkettete Wirkungen bestehen. Werden beispielsweise Liegenschaften veräußert, kann sich dies auf die Höhe des Fremdkapitals auswirken, wenn mit den zufließenden finanziellen Mitteln Schulden getilgt werden. Dies würde zum einen die Kapitalstruktur verändern, zum anderen aber auch die Renditeforderungen der Eigen- und Fremdkapitalgeber und damit den Kapitalkostensatz.

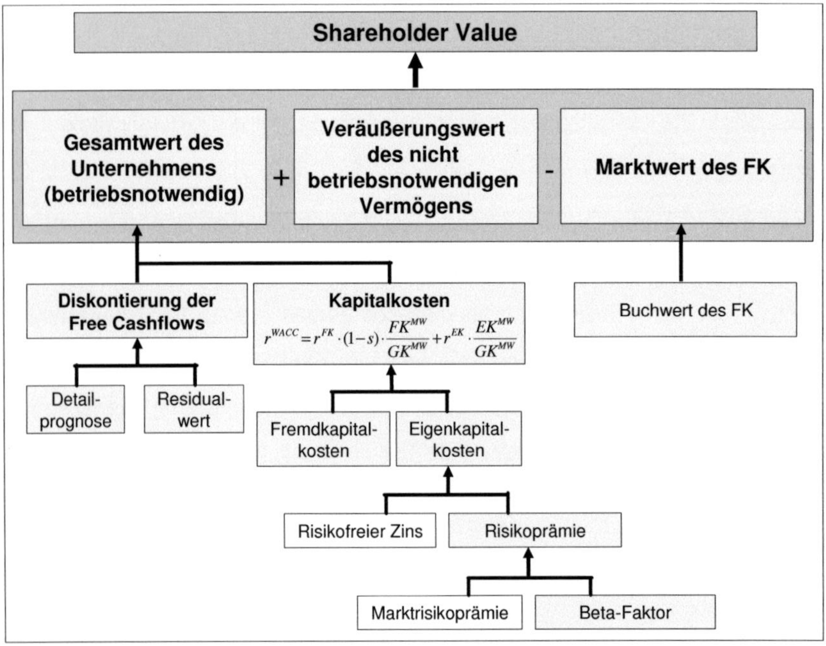

Abbildung 4: Immobilieneinfluss auf den Shareholder Value

2. Determinanten der Steigerung des Shareholder Values durch Immobilienverwertung

a) Erhöhung der Cashflows

(1) Ressourcenkonzentration auf das rentablere Kerngeschäft

Viele Nicht-Immobilienunternehmen erkennen im Rahmen der Ausrichtung ihrer Entscheidungen an der Maximierung des Shareholder Values, dass eine Kapitalbindung in Nebengeschäftsfeldern suboptimal ist[190] und Unternehmensressourcen stärker auf die Kernkompetenzen[191] fokussiert werden sollten. Es ist daher zu erwarten, dass im Grundbesitz gebundenes Kapital regelmäßig eine geringere Rendite[192] erwirtschaftet als das im Kerngeschäft gebundene.[193] Dies ist darauf zurückzuführen, dass die Gesellschaften ihre Entscheidungen über das Realvermögen und dessen Bereitstellung häufig unzureichend prüfen, da das Immobilienmanagement nicht dem Kerngeschäft zuzurechnen ist. Demgemäß verfügt die Führungsebene weder über ein angemessenes Bewusstsein für die Bedeutung des Grundbesitzes für die Gesellschaft noch über das erforderliche Know-how und die Kapazitäten für dessen effiziente Steuerung.[194] Die empiri-

---

190 Vgl. Schäfers/Gier (2005), S. 235 und 237 f.; Pfnür/Armonat (2004), S. 4 und 36; McNamera (2002), S. 123; Crommen (2001), S. 239; Buse (1999), S. 66; Glagola (1999), S. 42; Brueggeman/Fisher/Porter (1990), S. 39.

191 Nach dem Kernkompetenzkonzept können sich Unternehmen im Wettbewerb differenzieren, wenn sie sich auf ihre Fähigkeiten fokussieren; vgl. Prahalad/Hamel (1990), S. 79-91. Zum Kernkompetenzansatz vgl. Welge/Al-Laham (2008), S. 101-103 sowie zur Identifikation von Kernkompetenzen ebenda S. 386.

192 Die Begriffe Rentabilität und Rendite werden synonym verwendet.

193 Vgl. Knoch (2007), S. 24; Betsch/Bender (2006), S. 133; Fernández Reumann/Krieger/Friedrichs (2004), S. 414; Rügemer/Siemes (2004), S. 773; Sireo Real Estate Asset Management GmbH (2004), S. 45; Bryan (2003), S. 20; Hill (2003), S. 318; Roulac (2003), S. 177; Barris (2002), S. 107; McNamera (2002), S. 124; Hill (2001), S. 336; Werres (2001), S. 130; Kahn (1999), S. 370; Hanson (1998), S. 34.

194 Vgl. Gier (2006), S. 239 sowie Schäfers/Gier (2005), S. 238. Die unzureichende Auseinandersetzung mit dem Immobilienvermögen und dessen Management kann folglich auch ein Grund für die hohe Eigentumsquote sein. Diese Auffassung vertreten Hill (2003), S. 313; Liow/Ooi (2000), S. 242; Schäfers (1999), S. 301; Eul (1994), 17.

sche Studie von PFNÜR/HEDDEN (2002) belegt hierzu, dass nur die Hälfte der deutschen Großunternehmen im Rahmen ihres Immobilienmanagements marktorientierte Steuerungsmechanismen einsetzen und lediglich 54 % das im Grundbesitz gebundene Kapital mit einer Renditeforderung unterlegen. Dies liegt auch darin begründet, dass nur 46 % der befragten Unternehmen über eine schriftlich fixierte Strategie für den Liegenschaftsbereich verfügen. Zudem verknüpfen nur 53 % ihre immobilienwirtschaftliche Planung mit der des Kerngeschäfts.[195] Somit wird nur von der Hälfte der befragten Unternehmen eine Steuerung des in Immobilien gebundenen Kapitals in Hinblick auf die Ziele des Unternehmens forciert.

Durch die *Verwertung* von Grundbesitz können darin gebundene *Kapitalressourcen* freigesetzt werden. Erfolgt eine Investition dieser finanziellen Mittel in Projekte des Kerngeschäftes, ist eine höhere Rendite als im Immobiliengeschäft zu erwarten. Eine Investition des freigesetzten Kapitalbudgets beispielsweise in Forschung und Entwicklung kann in der Zukunft durch neue Produkte höhere Erlöse generieren. Ebenso dient die Durchführung kapitalintensiver Marketingprojekte zur Ansprache neuer Kundengruppen oder zur Präsentation neuer Produkte ebenfalls dem Ziel, künftig höhere Umsätze zu generieren.[196] Durch diese Maßnahmen kann mit der Umschichtung der finanziellen Mittel aus dem Grundbesitz in das Kerngeschäft das Ziel erreicht werden, die Rentabilität des eingesetzten Kapitals zu erhöhen.[197] Die Konzentration auf die Aktivitäten und

---

[195] Zu dieser Studie vgl. Pfnür/Hedden (2002), S. 8 f.

[196] Vgl. Knoch (2007), S. 24; Hermes/Feigl (2005), S. 205; Kiethe (2005), S. 750; Schäfers/Gier (2005), S. 237 f.; Knab (2004), S. 810; Grübler (2002), S. 699; Schneider/Droste (1998), S. 402; Früh (1995), S. 106. Es ist hierbei jedoch zu hinterfragen, ob sich genügend Investitionsmöglichkeiten bieten; vgl. Schäfers/Gier (2005), S. 237 f. Zugleich können auch erforderliche Restrukturierungen und Fokussierungen finanziert werden; vgl. Pfnür/Armonat (2004), S. 16 sowie Buse (1999), S. 66.

[197] Vgl. Pilz (2007), S. 55; Solms (2007), S. 15; M. M. Warburg & CO KGaA (2006), S. 11; Kiethe (2005), S. 750; Schäfers/Gier (2005), S. 237; Beck/Droste/Zoller (2004), S. 192; Pfnür/Armonat (2004), S. 16; Armonat/Brockhusen/Pfnür (2003), S. 276; Rügemer/Sie-

Anforderungen des Hauptgeschäftsfeldes bewirkt die Erhöhung der Free Cashflows und damit ceteris paribus des Unternehmenswertes.

(2) Reduktion der Kosten für die Immobilienbereitstellung

Da die im internen Rechnungswesen einer Gesellschaft erfassten Kosten zumeist zahlungswirksam sind, haben diese über die Free Cashflows Einfluss auf den Unternehmenswert. Je höher die mit dem Grundbesitz verbundenen Kosten ausfallen, desto geringer sind – unter Annahme konstanter zahlungswirksamer Unternehmenserlöse – die Free Cashflows. Eine Steuerung dieser Rechnungskategorie in Hinblick auf die Liegenschaften ist folglich für Nicht-Immobilienunternehmen zwingend notwendig.

Die Ergebnisse der empirischen Studie von HENZELMANN (2004) belegen die Bedeutung von Immobilienkosten für Großunternehmen. Diese stellen oftmals den zweitgrößten Kostenblock nach denen für das Personal dar.[198] Sie werden in einer Spanne von fünf bis dreißig Prozent der Gesamtkosten einer Gesellschaft beziffert[199] und eröffnen daher ein umfangreiches Kostensenkungspotenzial. Im

---

mes (2002), S. 773; Buckley (1998), S. 362; Schäfers (2004), S. 243; Arbeitskreis „Finanzierung" der Schmalenbach-Gesellschaft für Betriebswirtschaft e.V. (1992), S. 519; Brueggeman/Fisher/Porter (1990), S. 44. Beispielsweise veräußern Industrieunternehmen Wohnungsbestände oft als Mietwohnungspakete an institutionelle Investoren, da sie ihre Aktivitäten zunehmend auf ihr Kerngeschäft beschränken; vgl. Hermes/Feigl (2005), S. 205. Für die Deutsche Bank AG war das Ziel der Verwertung eines Teils ihrer Liegenschaften die Fokussierung auf das Kerngeschäft und die Freisetzung von bisher in Immobilien gebundenem Kapital für rentablere Investitionen; vgl. Andersen (2006), S. 650.

198 Vgl. Henzelmann (2004), S. 67, der sich in seiner Studie mit dem Stand und den Perspektiven des Corporate Real Estate Managements in Großunternehmen in Deutschland und Europa auseinandersetzt. Diese Auffassung vertreten auch Solms (2007), S. 15 sowie Pfnür (2004a), S. 25 und Pfnür/Armonat (2004).

199 Henzelmann gibt den Anteil der Immobilienkosten mit bis zu 15 % der Gesamtkosten einer Gesellschaft an; vgl. Henzelmann (2004), S. 62. Pfnür beziffert die Kosten gewerblich genutzter Liegenschaften auf 10 % bis 30 % der Gesamtkosten eines Unternehmens; vgl. Pfnür (2004a), S. 25. Klender/Muldavin geben eine Spanne von 5 % bis 15 % der Gesamtkosten an; vgl. Klender/Muldavin (1992), S. 75.

Gegensatz zum Personalbereich, der häufig im Fokus von Konsolidierungsmaßnahmen steht, ist im Grundbesitz zumeist Rationalisierungspotenzial vorhanden, welches bislang nicht oder nicht vollständig ausgeschöpft wurde.[200]

Die empirische Untersuchung von PFNÜR (1998a) zu Kosten- und Leistungswirkungen betrieblich genutzter Immobilien belegt, dass weniger als einem Drittel der befragten Unternehmen Höhe und Art der Kosten, die durch die Immobiliennutzung verursacht werden, genau bekannt sind.[201] Folglich wird das Kostensenkungspotenzial nur unzureichend genutzt. Deutlich wurde zugleich, dass den Gesellschaften der Handlungsbedarf im Liegenschaftsmanagement zum Zeitpunkt der Umfrage bekannt war.[202] Als Problembereiche wurden insbesondere das mangelnde Bewusstsein für die Kosten- und Leistungsbewertung des Grundbesitzes, die unzureichende Datengrundlage und der fehlende Einbezug in strategische Entscheidungen angegeben.[203]

Aus dem Abgleich mit der Studie von PFNÜR/HEDDEN (2002) kann für im Eigentum befindliche Immobilien gefolgert werden, dass auf den erkannten Handlungsbedarf erste Maßnahmen ergriffen wurden,[204] wie Abbildung 5 verdeutlicht.

---

[200] Vgl. Henzelmann (2004), S. 62 sowie Zappile (2004), S. 218 f. und McNamera (2002), S. 126.

[201] Vgl. Pfnür (1998a), S. 11 f. Basis der Studie waren hierbei alle 146 deutschen Unternehmen mit mehr als 10.000 Mitarbeitern, bereinigt um Konzernverbünde, bei einer Rücklaufquote von 12,4 %; vgl. Pfnür (1998a), S. 4. Aufgrund der geringen Rücklaufquote konnte der Anteil der Immobilienkosten an den Gesamtkosten nicht hinreichend genau beurteilt werden; vgl. Pfnür (1998a), S. 12 f.

[202] Vgl. Pfnür (1998a), S. 16.

[203] Vgl. Pfnür (1998a), S. 16.

[204] Die Studie von Pfnür/Hedden (2002) ist mit der Studie von Pfnür (1998a) konzeptionell vergleichbar. Ziel dieser Untersuchung ist die Ermittlung des Status quo eines Immobilienmanagements in deutschen Unternehmen. Die Basis der Studie aus 2002 bilden 167 Gesellschaften mit mehr als 9.000 Mitarbeitern, bereinigt um Konzernverbünde. Es konnte eine Rücklaufquote von 44 % bei den befragten Immobilienverantwortlichen und von 36 % bei den Finanzvorständen erzielt werden; vgl. Pfnür/Hedden (2002), S. 16 f.

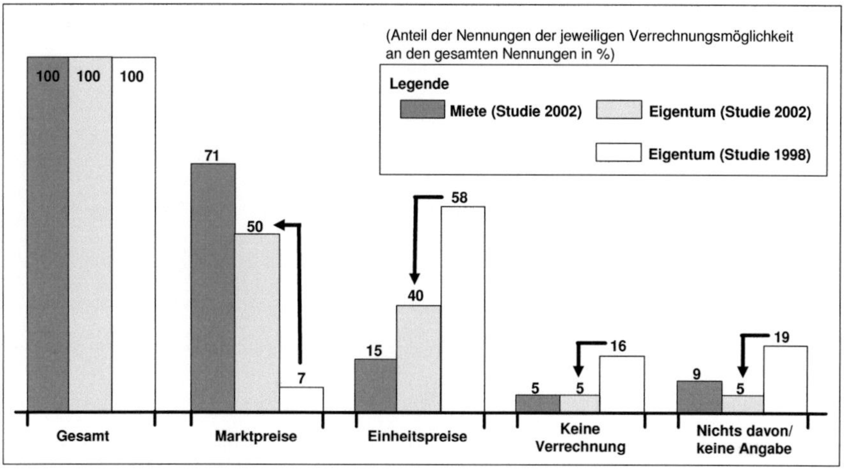

Abbildung 5: Unternehmensinterne Verrechnung von Immobilienkosten

Während 1998 16 % der Unternehmen keine Verrechnung von Immobilienkosten vornahmen, betrug dieser Anteil 2002 nur 5 %. Außerdem konnten 2002 5 % der Gesellschaften keine Angaben über diesen Sachverhalt machen, vier Jahre zuvor noch 19 %. Zudem haben 1998 nur 7 % der Befragten Immobilienkosten für im Eigentum befindliche Liegenschaften zu Marktpreisen umgelegt, 2002 hingegen bereits 50 %.[205] Deutlich wird zum einen, dass sich Unternehmen verstärkt mit der internen Kostenverrechnung auseinandersetzen. Zum anderen legt die neuere Studie offen, dass bei der Kostenumlage gemieteter Immobilien häufiger ein Marktbezug hergestellt wird als bei im Eigentum gehaltenen. Denn 71 % der Gesellschaften belasten bei gemieteten Liegenschaften die einzelnen Geschäftseinheiten mit Marktmieten. Bei im Eigentum befindlichen Immobilien

---

[205] Vgl. zu diesen Angaben Pfnür/Hedden (2002), S. 31 sowie Pfnür (1998b), S. 24. Im Jahr 2002 fand bei im Eigentum befindlichen Immobilien in 40 % der Unternehmen eine Kostenverrechnung zu Einheitspreisen statt; vgl. Pfnür/Hedden (2002), S. 31. 1998 wurden stattdessen die Merkmale „Verrechnung auf Vollkostenbasis“ mit 42,1 %, „auf Teilkostenbasis“ mit 7 % sowie „auf Kosten-Plus-Basis“ mit 8,8 % ermittelt, aus deren Summe sich der als Einheitspreis ausgewiesene gerundete Prozentsatz von 58 ergibt; vgl. Pfnür (1998b), S. 24.

ist dies nur bei 50 % der Fall.[206] Daraus kann geschlossen werden, dass bei Anmietung eine effizientere Steuerung des Grundbesitzes in Hinblick auf den Unternehmenswert erfolgt als bei der Bereitstellung durch Eigentum.[207]

Die detaillierte Erfassung der durch den Liegenschaftsbestand verursachten Kosten ist notwendig, damit diese bei der Ausrichtung der Unternehmensaktivitäten auf den Shareholder Value berücksichtigt werden. Während sich beispielsweise Mieten oder Abschreibungen einfach ermitteln lassen, sind liegenschaftsbezogene Verwaltungs-, Versicherungs-, Kapital- oder Energiekosten in anderen Kostenarten enthalten. Die Beschaffung der notwendigen Informationen ist dabei umso schwieriger, je umfangreicher und diversifizierter das Realvermögen ist.[208] Kostensenkende Synergien können nur dann entstehen, wenn das gesamte Grundbesitzportfolio in die Reorganisation einbezogen wird.[209] Ansonsten fokussieren die Bemühungen zur Reduktion der Kosten lediglich einzelne Objekte oder Aspekte, wie beispielsweise das Facility-Management.[210] Optimierungsmöglichkeiten liegen bei Nicht-Immobilienunternehmen insbesondere in effizienterer Flächennutzung, Standortkonsolidierungen sowie der Aufgabe teurer Standorte.[211]

---

[206] Vgl. Pfnür/Hedden (2002), S. 31.

[207] Der effiziente Einsatz von Grundvermögen – beispielsweise gemessen am Auslastungsgrad der Flächen – wird bei angemieteten Immobilien häufiger und regelmäßiger kontrolliert als bei im Eigentum befindlichen Liegenschaften; vgl. Nourse (1994), S. 431.

[208] Vgl. McNamera (2002), S. 126. Die Institutionalisierung eines Corporate Real Estate Managements und der Einsatz eines Controllingsystems leisten hierzu einen bedeutenden Beitrag; vgl. Henzelmann (2004), S. 57.

[209] Vgl. Lubieniecki/Desrocher (2003), S. 3; McNamera (2002), S. 126; Yontz (2001), S. 25 f.

[210] Vgl. Gier (2006), S. 38 sowie Wonner (2003), S. 16.

[211] Vgl. Gier (2006), S. 39. Nortel, ein globaler Anbieter von Kommunikationsnetzwerklösungen, konnte nach einer Investition von 46 Mio. Dollar durch Zusammenlegung der Konzernverwaltungen von vier Standorten in erstklassigen Innenstadtlagen auf einen Standort am Stadtrand Mietkosten in Höhe von 23 Mio. Dollar jährlich einsparen; vgl. Knips (2000), S. 18 sowie Dohner (1999), S. 134. Die ABB AG konnte durch Optimierungen den Flächenbedarf um 42 % und die Belegungskosten um 15 % reduzieren; vgl. Wonner (2003), S. 18.

Für eine Immobilie mit bestimmten erforderlichen Eigenschaften an einem gewissen Standort sollte die Bereitstellungsvariante[212] gewählt werden, welche die geringsten Kosten aufweist.[213] Dazu sind die Kosten der verschiedenen Handlungsalternativen vollständig und detailliert zu analysieren.[214] Die Auswertung der Kostenstruktur des Liegenschaftsbereichs in Nicht-Immobilienunternehmen belegt, dass diese zu 32,1 % aus Kapital-, Miet- oder Leasingkosten, zu 31,4 % aus Abschreibungen, zu 18,7 % aus Betriebskosten, zu 7 % aus Verwaltungskosten, zu 5,8 % aus Bauunterhaltungskosten und zu 5 % aus Steuern besteht.[215]

Während diese Kosten bei gemieteten Objekten regelmäßig über die gezahlte Miete und die vom Immobiliennutzer zu zahlenden Nebenkosten[216] beglichen werden, müssen Unternehmen bei im Eigentum befindlichen Objekten statt der Miete Abschreibungen, Kapitalkosten sowie nicht umlagefähige Nebenkosten bestimmen und verrechnen, wie Abbildung 6 verdeutlicht.

Insbesondere die Bestimmung der Kapitalkosten eröffnet große Gestaltungsspielräume. Deren Höhe hängt zum einen von dem Umfang der Kapitalbindung in Immobilien,[217] zum anderen von der Höhe des Kapitalkostensatzes ab. Die

---

212 Beispielsweise kann die Bereitstellung der Liegenschaften durch Eigentum, Miete oder Pacht erfolgen.

213 Vgl. McNamera (2002), S. 127 sowie Nourse/Roulac (1993), S. 480. Beispielsweise verlagern Banken Back-Office-Funktionen von teuren Innenstadtlagen an kostengünstige Standorte; vgl. Nourse/Roulac (1993), S. 480. Insbesondere bei betriebsnotwendigen Liegenschaften darf nicht die Maximierung des Veräußerungserlöses im Vordergrund stehen sondern eine optimale Immobilienbereitstellung; vgl. Gier (2006), S. 244.

214 Vgl. Gier (2006), S. 85 sowie Schulte/Schäfers (2004), S. 42.

215 Vgl. Pfnür (1998a), S. 12.

216 Vom Mieter zu tragende Nebenkosten sind beispielsweise die Kosten für Abwasser, Heizung, Straßenreinigung, Gartenpflege, Gebäudeversicherung oder die Grundsteuer.

217 Vgl. Grübler (2002), S. 699.

Höhe des gebundenen Kapitals kann dabei sowohl auf den Buch- als auch auf den Verkehrswert der Liegenschaften ermittelt werden.[218]

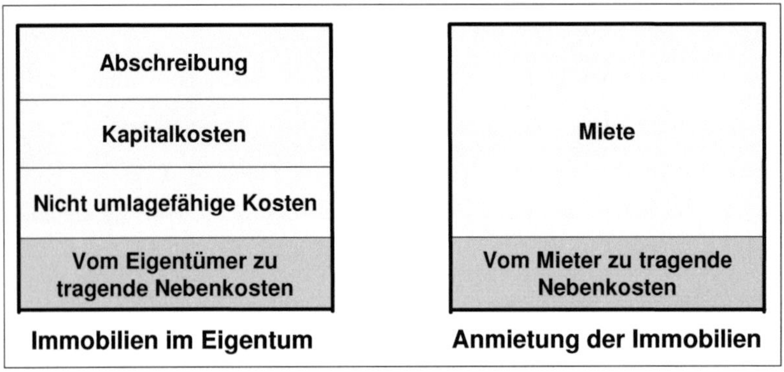

Abbildung 6: Kosten der Immobiliennutzung

Sofern die Immobilienkosten sowohl für angemietete als auch für im Eigentum befindliche Liegenschaften ergebniswirksam auf die einzelnen Geschäftsbereiche oder Abteilungen verrechnet werden, sind letztere zur Reduzierung ihrer finanziellen Belastungen um eine effizientere Nutzung der Flächen bemüht. Die Kostenschlüsselung kann damit als Anreizinstrument für den Abbau von Überschussflächen fungieren.

---

[218] Die Studie von PFNÜR/HEDDEN (2002) belegt, dass in nur 54 % aller Unternehmen das im Grundbesitz gebundene Kapital einer Renditeforderung unterliegt; vgl. Pfnür/Hedden (2002), S. 35. Von den Gesellschaften, bei denen dies der Fall ist, legen je 44 % den Buchwert oder den Verkehrswert zugrunde und 19 % die Anschaffungskosten. 9 % der Unternehmen machten hierzu keine Angaben, wobei Doppelnennungen waren möglich. Bereinigt um Doppelnennungen zeigt sich, dass 33,3 % die Steuerung ausschließlich auf Buchwerte stützen und nur 21 % das Renditeziel auf die Marktwerte der Objekte beziehen; vgl. Pfnür/Hedden (2002), S. 36.
Die Befragung durch PFNÜR (1998b) deutet darauf hin, dass 42,1 % der befragten Unternehmen den Immobiliennutzern keine kalkulatorischen Kapitalkosten in Rechnung stellen. Sofern Kapitalkosten in Rechnung gestellt wurden, erfolgte dies in 21,1 % der Unternehmen auf Basis von Buchwerten, in 15,8 % von Verkehrswerten und in 7 % von Wiederbeschaffungswerten. In 14 % der Fälle wurde eine andere Bezugsbasis gewählt; vgl. Pfnür (1998b), S. 25.

b) Verringerung des Kapitalkostensatzes

(1) Verbesserung der finanzwirtschaftlichen Rahmenbedingungen

Neben der Erhöhung der Cashflows bewirkt die Verringerung des Kapitalkostensatzes ceteris paribus die Steigerung des Unternehmenswertes. Es ist daher zwingend notwendig zu prüfen, welchen Einfluss Aktivitäten im Immobilienbereich, wie die Verwertung einzelner Objekte, auf den WACC und damit auf den Shareholder Value haben.

Die Verwertung von Liegenschaften zur Generierung von Liquidität für das Kerngeschäft ist insbesondere dann von Bedeutung, wenn Nicht-Immobilienunternehmen benötigtes Kapital nicht anderweitig beschaffen können. Grund für die *eingeschränkte Kreditvergabe* durch Banken ist zum einen seit 2008 die *Subprime-Finanzkrise*.[219] Zum anderen haben sich in den letzten Jahren die Rahmenbedingungen der deutschen Unternehmensfinanzierung verändert. Ursache dafür ist der mit dem internationalen Wettbewerb und der Globalisierung einhergehende *Ertrags- und Rationalisierungsdruck* für Kreditinstitute und Kapitalgeber,[220] der sich in steigenden Verzinsungsansprüchen niederschlägt.

Auch die *Eigenkapitalanforderungen* des Baseler Ausschusses für Bankenaufsicht (Basel II)[221] und die Mindestanforderungen an das Kreditwesen (MaK) er-

---

[219] Die Krise wurde durch den Ausfall von Subprime-Krediten auf einem relativ kleinen Markt für Hypothekenkredite ausgelöst. Zu einer Ausweitung der Krise auf die globalen Finanzmärkte führten Verbriefungen von Hypothekenforderungen, mit denen Banken ihre Risiken an andere Institute und Investoren weitergaben. Durch die Insolvenz einiger Kreditinstitute entstand ein Vertrauensverlust, so dass die Banken untereinander die gegenseitige Kreditvergabe einschränkten. Deswegen war das Bankensystem nur eingeschränkt in der Lage, seiner Aufgabe der Versorgung der Realwirtschaft mit Krediten nachzukommen. Aufgrund der Refinanzierungsprobleme waren die Unternehmen durch eine Kreditknappheit bedroht. Zur näheren Erläuterung des Ablaufs und der Ursachen der Krise vgl. Klein (2008), S. 81 ff.; Rudolph (2008), S. 713 ff.; Hagedorn (2007), S. 20 ff.

[220] Vgl. Iblher et al. (2008), S. 550 sowie Kretschmar (2004), S. 83.

[221] Aufgrund der Basler Eigenkapitalvorschriften gelten verschärfte Bonitätsanforderungen für Kreditnehmer, damit sich die regulatorischen Eigenmittelanforderungen an Banken stärker an den tatsächlichen Risiken des Bankgeschäfts orientieren; vgl. Iblher et al.

fordern von Banken die strikte Bonitätsprüfung potenzieller Kreditnehmer zur Vermeidung von Kreditausfällen.[222] Basel II hat daher maßgeblichen Einfluss auf die Kreditvergabe und -konditionenpolitik der Banken.[223] Dies bewirkt eine geschäftspolitische Ausrichtung der Kreditinstitute auf Provisions- und Beratungsgeschäfte. Das margenschwache Kreditgeschäft wird dabei vernachlässigt.[224] Insbesondere für Unternehmen mit unterdurchschnittlicher Bonität erfolgen Kreditvergaben zu höheren Konditionen und unter rigideren Auflagen.[225] Die Kapitalgeber schränken die Kreditvergabe folglich einerseits aufgrund externer Vorgaben ein, andererseits aus eigenen Gewinn- und Renditeinteressen. Zudem wird die Tendenz der Kreditverknappung durch eine konjunkturell angespannte Situation und damit durch ein gestiegenes Insolvenzrisiko der Unternehmen – sowohl in der aktuellen Finanzkrise als auch im Allgemeinen – zusätzlich verstärkt. Dies hat zur Folge, dass sich die Gesellschaften künftig verstärkt um ihre Finanzplanung bemühen müssen[226] und dabei Alternativen, wie die Immobilienverwertung, berücksichtigen sollten.

(2008), S. 551 sowie Knaier (2004), S. 31 und Ergenzinger (2003), S. 307. Das Konzept von Basel II sieht vor, dass Kredite mit einem von der Bonität und der Ausfallwahrscheinlichkeit des Kreditnehmers abhängigen Prozentsatz mit Eigenkapital hinterlegt werden müssen. Für Kunden mit hoher Ausfallwahrscheinlichkeit muss somit ein höherer Eigenkapitalbetrag hinterlegt werden als für Kunden mit einer geringeren. Die Bonität wird auf Basis interner oder externer Ratings ermittelt; vgl. Iblher et al. (2008), S. 551. Basel II soll damit eine risikoadäquate Bepreisung des Ausfallrisikos gewährleisten; vgl. Ergenzinger (2003), S. 307.

222 Vgl. Knaier (2004), S. 31 f. sowie Kretschmar (2004), S. 84 und Lüpken (2003), S. 57.

223 Das gilt sowohl für die Kreditversorgung der Unternehmen im Allgemeinen als auch in Bezug auf die Finanzierung gewerblicher Immobilienprojekte; vgl. Iblher et al. (2008), S. 550.

224 Hohen Kreditausfällen und hohem Wertberichtigungsbedarf wird daher meist mit höheren Kreditkonditionen und geänderten Geschäftsfeldstrategien begegnet; vgl. Ergenzinger (2003), S. 307.

225 Vgl. Storck (2006), S. 206; Knaier (2004), S. 31; Kretschmar (2004), S. 83; Armonat/ Brockhusen/Pfnür (2003), S. 276; Ergenzinger (2003), S. 307; Lüpken (2003), S. 57. Beispielsweise werden die Prologationskonditionen erhöht; vgl. Kretschmar (2004), S. 83.

226 Vgl. Lüpken (2003), S. 57.

Ein weiteres Hemmnis für die Kapitalbeschaffung ist ein hoher Verschuldungsgrad.[227] Die aus der Immobiliendesinvestition zufließenden Mittel können einem Unternehmen dabei auf zwei Arten die künftige Kapitalbeschaffung erleichtern. Zum einen kann durch die Investition des freigesetzten Kapitals in Projekte des Kerngeschäftes eine höhere Rendite durch höhere Free Cashflows generiert werden.[228] Zum anderen können die zufließenden finanziellen Mittel, insbesondere wenn die Gesellschaft hoch verschuldet ist, zur Kredittilgung und damit zur Verbesserung der Kapitalstruktur eingesetzt werden.[229] Dies ist insbesondere bei schwierigen Kapitalmarktgegebenheiten ein Motiv für die Liegenschaftsverwertung.[230] Durch die geringere Verschuldung wird die Bilanz entlastet, so dass sich die Bilanzkennzahlen des verwertenden Unternehmens verbessern.[231] Diese werden von den Eigen- und Fremdkapitalgebern bei der Anlage- oder Kreditvergabeentscheidung zugrunde gelegt.[232] Mit gestiegener Bonität verbessert sich regelmäßig das Unternehmensrating, so dass die Kapitalgeber ihre ratingabhängige Risikoprämie bzw. den risikoadjustierten Verzinsungsanspruch entspre-

---

227 Vgl. Benner (1988), S. 411.

228 Vgl. hierzu die Ausführungen in Kapitel II. B. 2. a) (1).

229 Vgl. Liow (1995), S. 20 sowie Brueggeman/Fisher/Porter (1990), S. 44.

230 Vgl. Hey (2003), S. 435; Müller (2003), S. 502; Helmer (2002), S. 750; Rügemer/Siemes (2002), S. 766; Schneider/Droste (1998), S. 402; Früh (1995), S. 106; Arbeitskreis „Finanzierung“ der Schmalenbach-Gesellschaft für Betriebswirtschaft e.V. (1992), S. 519; Benner (1988), S. 412.

231 Vgl. Gier (2006), S. 245; Schäfers/Gier (2005), S. 237 f.; Hey (2003), S. 436; Helmer (2002), 750; Rügemer/Siemes (2002), S. 766 und 773; Schneider/Droste (1998), S. 404; Früh (1995), S. 106; Arbeitskreis „Finanzierung“ der Schmalenbach-Gesellschaft für Betriebswirtschaft e.V. (1992), S. 519; Benner (1988), S. 412; Lerbinger (1987), S. 313 f. Unter anderem wird durch Rückführung der Verbindlichkeiten die Bilanzsumme gekürzt. Hieraus resultiert bei konstantem Eigenkapital eine höhere Eigenkapitalquote; vgl. Helmer (2002), 750; Rügemer/Siemes (2002), S. 766; Schneider/Droste (1998), S. 404; Früh (1995), S. 106; Arbeitskreis „Finanzierung“ der Schmalenbach-Gesellschaft für Betriebswirtschaft e.V. (1992), S. 519; Benner (1988), S. 412.

232 Vgl. Schneider/Droste (1998), S. 404 und Lerbinger (1987), S. 313 f.

chend anpassen.[233] Dadurch sinken die Finanzierungskonditionen und damit die Finanzierungsaufwendungen des Nicht-Immobilienunternehmens.[234] Zudem wird durch die Rückführung des Fremdkapitals die Verhandlungsposition der Gesellschaft gestärkt.[235]

Ob die Entwicklung des Unternehmens im Rahmen eines Ratings tatsächlich positiv beurteilt wird, hängt davon ab, ob dabei primär auf die Finanzkennzahlen abgestellt oder die Ursache des verbesserten Bilanzbildes detaillierter analysiert wird.[236] Während in erstem Fall eine verbesserte Einschätzung des Unternehmens wahrscheinlich ist, lässt sich in letzterem die Beurteilung des Aktivaverkaufs nicht einheitlich vorhersagen. Findet eine Fokussierung auf das Kerngeschäft statt, fällt die Beurteilung im Rahmen des Ratings konsequenterweise positiv aus. Dient der Aktivaverkauf jedoch der Insolvenzvermeidung, nachdem alle anderen finanziellen Potenziale ausgeschöpft wurden, wird die Immobiliendesinvestition negativ gewichtet.[237] Eine nachhaltige Steigerung des Unternehmenswertes ist in diesem Fall nicht zu erwarten. Zudem ist hierbei zu berücksichtigen, dass veräußerte Liegenschaften nicht mehr als Sicherheit für künftige Kreditvergaben zur Verfügung stehen, was sich ebenfalls tendenziell negativ auf das Rating auswirkt.

---

233 Vgl. Früh (1995), S. 106 sowie Benner (1988), S. 412 und Lerbinger (1987), S. 313 f. Auch wenn die Unternehmen kein höheres Rating erhalten, sind sie besser davor geschützt, heruntergeratet zu werden; vgl. Benner (1988), S. 412.

234 Vgl. Früh (1995), S. 106; Benner (1988), S. 412; Lerbinger (1987), S. 313 f.

235 Vgl. Knoch (2007), S. 24. Daneben kann durch die Rückführung von Fremdkapital die Gewerbesteuerbelastung gesenkt werden. Dies führt zu einer weiteren Erhöhung des Unternehmensergebnisses; vgl. Schneider/Droste (1998), S. 405 sowie Arbeitskreis „Finanzierung" der Schmalenbach-Gesellschaft für Betriebswirtschaft e.V. (1992), S. 519. Vgl. zu den Ausführung zur Gewerbesteuer auch Kapitel III. B. 2. c).

236 Im Rahmen der Bilanzgestaltung sind auch die mit Miet- und Leasingverträgen verbundenen Verpflichtungen zu berücksichtigen, da diese auch von der Bilanzanalyse potenzieller Kapitalgeber erfasst werden; vgl. Trundle (2005), S. 66 und Wainwright (2000), S. 335 f.

237 Vgl. zu dieser Argumentation auch Arbeitskreis „Finanzierung" der Schmalenbach-Gesellschaft für Betriebswirtschaft e.V. (1992), S. 519 f.

Deutlich wird insgesamt jedoch, dass die Immobilienverwertung die finanzwirtschaftliche Situation eines Unternehmens verbessern kann, was im Folgenden mit einer Änderung des Kapitalkostensatzes und damit ceteris paribus einer Änderung des Unternehmenswertes einhergeht.

(2) Reduktion der Risiken der Immobilienbereitstellung

Der Kapitalkostensatz wird auch durch die Risiken beeinflusst, die mit dem Grundbesitz als Vermögensgegenstand zusammenhängen. Da sich die Risiken über einen entsprechend hohen WACC im Shareholder Value niederschlagen, ist deren Verringerung anzustreben.

Unter der Prämisse, dass Kapitalgeber in ein Nicht-Immobilienunternehmen gerade aufgrund seines Kerngeschäfts investieren, kann unterstellt werden, dass diese Investoren nicht bereit sind, vom eigentlichen Geschäftszweck losgelöste Immobilienrisiken zu tragen.[238] Die Veräußerung von nicht genutzten Liegenschaften bewirkt, dass von diesen Objekten fortan kein weiteres Risiko ausgeht,[239] wodurch sich der Kapitalkostensatz tendenziell verringert.[240]

Immobilienbedarf und -bereitstellung müssen daher regelmäßig analysiert und angepasst werden.[241] Für den Liegenschaftsbestand, der weiterhin im Unterneh-

---

238 Vgl. Schäfers/Gier (2005), S. 238 sowie Fisher/Webb (1992), S. 224.

239 Vgl. Gier (2006), S. 247; Schäfers/Gier (2005), S. 235 und 237 f.; Devaney/Lizieri (2004), S. 120 f.; Pfnür/Armonat (2004), S. 4 und 36; Bryan (2003), S. 19; Pederson/ Wootten (2003), S. 368 f.; Barris (2002), S. 106; Hill (2001), S. 343; Pederson (2000), S. 388; Benjamin/de la Torre/Musumeci (1998), S. 227; Schäfers (2004), S. 244; Bruegge-man/Fisher/ Porter (1990), S. 39. Ein Grund für die Veräußerung der Immobilien der Deutsche Bank AG war die Adjustierung des eigenen Immobilienportfolios auf den prognostizierten Flächenbedarf; vgl. Andersen (2006), S. 650. Eine ineffiziente Nutzung von Immobilien, beispielsweise durch Leerstand, wirkt negativ auf den Unternehmenserfolg.

240 Vgl. Armonat/Brockhusen/Pfnür (2003), S. 284.

241 Vgl. Huffman (2002), S. 38. Das spezifische Bereitstellungsrisiko der Unternehmen besteht dabei nicht primär in der Preisvolatilität der Immobilienwerte oder Mieten, sondern in dem Risiko des schwankenden Flächenbedarfs; vgl. Gier (2006), S. 87.

men bleibt, ist eine vollständige Risikovermeidung nicht möglich. Jede Bereitstellungsvariante, wie Anmietung oder Eigentum, sowie jede Veränderung des Immobilienbedarfs bergen Unwägbarkeiten.[242] Die daraus resultierenden Risiken sind explizit durch das Unternehmen zu erfassen und bei den Grundbesitzentscheidungen zu berücksichtigen. Je effizienter die Risiken gesteuert werden, desto positiver wirkt sich dies auf die Einschätzung durch die Kapitalgeber aus. Die verbesserte Beurteilung ist darauf zurückzuführen, dass die Ratingagenturen ihren risikoadjustierten Zinszuschlag verringern, wodurch sich ceteris paribus den Kapitalkostensatz und damit den Unternehmenswert erhöht. Voraussetzung ist hierfür jedoch, dass diese Informationen den Kapitalgebern zugänglich gemacht werden.

3. Offenlegung des Immobilienwertes am Kapitalmarkt

Eine an Kapitalgeber gerichtete Informationspolitik, auch in Hinblick auf den Immobilienbestand, dessen Risiken und Steuerung, ist folglich im Rahmen der Unternehmensführung von besonderer Bedeutung.[243] Werden Kosten, Nutzen und Eigenschaften der Immobilien nicht publiziert, können Investoren den Wert des Grundbesitzes nicht einschätzen. Es besteht dann die Gefahr, dass sich dieser nicht adäquat im Aktienkurs oder der Zahlungsbereitschaft der Investoren widerspiegelt.[244]

Besonders problematisch ist die geringe Transparenz des Jahresabschlusses in Hinblick auf Immobilien, da letztere regelmäßig zu ihren fortgeführten Buchwerten erfasst werden.[245] Zur Beurteilung dieser Vermögensposition durch In-

---

242 Vgl. Gier (2006), S. 86.

243 Vgl. Buchner (1994), S. 514.

244 Vgl. Armonat/Brockhusen/Pfnür (2003), S. 280; Brueggeman/Fisher/Porter (1990), S. 40.

245 Vgl. hierzu die Ausführungen in den Kapiteln II. A. 2. a) und II. A. 2. b).

vestoren ist der Buchwert nur eingeschränkt in der Lage,[246] da dieser zumeist deutlich geringer als der tatsächliche Wert des Grundbesitzes ist.[247] Werden Marktwerte der Liegenschaften veröffentlicht, sind die Anwendung und die Auswahl der Ermittlungsmethode oft nicht nachvollziehbar.[248] Dies erschwert die Bestimmung der Werthaltigkeit und des Wertsteigerungspotenzials des Realvermögens.

Studien zur Immobilienmonetarisierung börsennotierter Unternehmen aus den USA belegen nach der Ankündigung einer *Liegenschaftsveräußerung* (Sell-off) eine überdurchschnittliche Steigerung des Aktienkurses der verkaufenden Gesellschaft.[249] Auch die Übertragung von Immobilienvermögen auf ein neu gegründetes Unternehmen, dessen Aktien an die Eigentümer der Muttergesellschaft ausgegeben werden (*Immobilien-Spin-off*),[250] hat eine positive Wirkung auf den Aktienkurs der Muttergesellschaft. Dies verdeutlichen die Untersuchun-

---

246 Vgl. Schäfers/Gier (2005), S. 233; Schulte/Schulz/Nack (2000), S. 749; Brueggeman/Fisher/Porter (1990), S. 40; Miles/Pringle/Webb (1989), S. 52 und S. 62 f. Verkehrswerte weisen dafür eine höhere Eignung auf.

247 Vgl. Gier (2006), S. 96; Schäfers/Gier (2005), S. 233; Brueggeman/Fisher/Porter (1990), S. 40; Miles/Pringle/Webb (1989), S. 52 und S. 62 f.

248 Vgl. Pfnür/Armonat (2004), S. 10 sowie Pfnür/Armonat (2003), S. 318 f.

249 Vgl. Booth/Glascock/Sarkar (1996), S. 201; Christensen/Levi (1993), S. 591 f.; Glascock/Davidson/Sirmans (1991), S. 580; Owers/Rogers (1986), S. 31. Ob die positiven abnormalen Renditen eine Auswirkung der Markteffizienz sind oder aus der bisher ineffizienten Wahrnehmung von Managementaufgaben resultieren, bleibt ungeklärt; vgl. Brueggeman/Fisher/Porter (1990), S. 50. Für Immobilien-Sell-offs konnten für das Käuferunternehmen zum Teil signifikante abnormale Renditen festgestellt werden (vgl. Glascock/Davidson/Sirmans (1991), S. 580 und Owers/Rogers (1986), S. 31.), teilweise jedoch keine signifikanten (vgl. Booth/Glascock/Sarkar (1996), S. 201). Zu einer Übersicht über Ereignisstudien zur Ankündigung von Immobilienveräußerungen vgl. Gier (2006), S. 141.

250 Vgl. Cornell (1998), S. 3; Slovin/Sushka/Ferraro (1995), S. 91; Ball/Rutherford/Shaw (1993), S. 598; Hite/Owers (1983), S. 410; Schipper/Smith (1983), S. 437. Der Spin-off entspricht der Abspaltung nach dem deutschen Umwandlungsgesetz. Nach § 123 Abs. 2 Nr. 1 und Nr. 2 UmwG geht bei einer Abspaltung das übertragende Unternehmen nicht unter, sondern es überträgt Vermögensgegenstände auf einen oder mehrere bestehende oder neu zu gründende Rechtsträger, wobei Anteile des aufnehmenden Rechtsträgers an die Aktionäre des übertragenden Rechträgers gewährt werden. Nach dem Spin-off bestehen sodann zwei rechtlich selbständige Unternehmen.

gen von BALL/RUTHERFORD/SHAW (1993) und HITE/OWERS/ROGERS (1984) anhand der ermittelten positiven abnormalen Renditen nach Ankündigung der jeweiligen Grundbesitztransaktion.[251] Die Erhöhung des Aktienkurses bei Immobilien-Spin-offs von Nicht-Immobilienunternehmen fällt dabei höher aus als bei denen von Immobilienunternehmen.[252] Da die Reaktionen am Kapitalmarkt auf die Grundbesitzveräußerungen oder die Absonderung von Liegenschaften in eine eigenständige Gesellschaft positiv ausfallen, deutet dies auf eine höhere Bewertung der Unternehmen durch die Investoren nach der Veröffentlichung der neuen Informationen hin.[253]

Die Steigerung der Aktienkurse kann zum einen durch die Veröffentlichung von Transaktionsinformationen begründet werden, die zuvor unbekannte Marktwerte der Immobilien und bestimmte Risikoinformationen offenlegen,[254] wodurch der Unternehmenswert für die Investoren transparenter wird.[255] Zum anderen ist zu vermuten, dass die Investoren den Einsatz des freigesetzten Kapitals in rentable-

---

[251] Bei Spin-offs konnten in den zwei Tagen um die erste Ankündigung der Transaktion positive abnormale Renditen von durchschnittlich 5,7 % erzielt werden; vgl. Hite/Owers/Rogers (1984), S. 328. Auch Ball/Rutherford/Shaw stellen bei Immobilien-Spin-offs eine positive abnormale Rendite von 3,195 % fest; vgl. Ball/Rutherford/Shaw (1993), S. 602.

[252] Vgl. Hite/Owers/Rogers (1984), S. 328.

[253] Vgl. Rodriguez/Sirmans (1996), S. 22.

[254] Vgl. Rodriguez/Sirmans (1996), S. 22; Owers/Rogers (1986), S. 29 f. und S. 32; Zaima/Hearth (1985), S. 235; Linn/Rozeff (1984), S. 17. Auch eine Übernahmebedrohung kann das Management eines Unternehmens dazu drängen, Immobilienvermögen zu veräußern, um einer feindlichen Übernahme zu entgehen, die vom potenziellen Akquisiteur durch die Desinvestition der Liegenschaften finanziert wird; vgl. Horn (2000), S. 38; Wainwright (2000), S. 341; Ambrose (1990), S. 307 f.; Brueggeman/Fisher/Porter (1990), S. 40 und 44; Brennan (1990) S. 718; Miles/Pringle/Webb (1989), S. 50; Manning (1986), S. 13. Ambrose untersucht diesbezüglich den Einfluss von Grundbesitz auf die Wahrscheinlichkeit einer Unternehmensübernahme. Er kommt dabei zu dem Schluss, dass ein hohes Immobilienvermögen die Aufmerksamkeit von Corporate Raidern auf das Unternehmen lenkt; vgl. Ambrose (1990), S. 319. Ob die Verhinderung einer feindlichen Übernahme überhaupt in Hinblick auf die Steigerung des Shareholder Values sinnvoll ist, wird hierbei vernachlässigt.

[255] Vgl. Gier (2006), S. 243 f.; Schäfers/Gier (2005), S. 235; Knab (2004), S. 810; Guatri (1994), S. 83; Brueggeman/Fisher/Porter (1990), S. 40.

ren Investitionsalternativen unterstellen,[256] aus denen fortan höhere Free Cashflows resultieren. Letztere werden der Unternehmensbewertung zugrunde gelegt.[257]

Besonders deutlich honoriert der Kapitalmarkt Spin-offs, die der Vorbereitung von Fusionen oder Unternehmensübernahmen dienen[258] und die den Diversifikationsgrad einer Gesellschaft reduzieren. Grund dafür kann die Verringerung der Anzahl und der Vielfalt von Managementaufgaben nach der Veräußerung sein. Hierdurch fokussiert sich das Mutterunternehmen auf sein Kerngeschäft und trägt durch die Spezialisierung zur Steigerung des Shareholder Values bei.[259] Den Bedenken der Investoren, ob die Gesellschaft über das Know-how verfügt, den Grundbesitz effizient zu managen, wird damit begegnet.[260] Andererseits kann hiergegen argumentiert werden, dass Immobilien das Gesamtrisiko eines Unternehmens durch Diversifikation des Anlagevermögens insbesondere bei einem volatilen Geschäftsmodell senken können.[261] In verschiedenen Studien wurde versucht, die Risikowirkung von Liegenschaftsdesinvestitionen zu erfassen. Einheitliche Ergebnisse wurden jedoch nicht ermittelt.[262]

---

256 Vgl. zu dieser Argumentation Kater (2007), S. 7; Knab (2004), S. 810; Armonat/Brockhusen/Pfnür (2003), S. 276; Rodriguez/Sirmans (1996), S. 22.

257 Vgl. Rodriguez/Sirmans (1996), S. 22.

258 Vgl. zu Spin-offs im Allgemeinen Hite/Owers (1983), S. 430-434. Zerschlagungen aus regulativen Gründen haben keine positive Auswirkung auf den Kapitalmarkt; vgl. Hite/Owers (1983), S. 430-434.

259 Vgl. Gordon (1992), S. 61 sowie Brueggeman/Fisher/Porter (1990), S. 41. f. und Schipper/Smith (1983), S. 463 f.

260 Vgl. Knab (2004), S. 810 sowie Brueggeman/Fisher/Porter (1990), S. 40.

261 Vgl. hierzu Pfnür (2004b), S. 269 sowie Armonat/Brockhusen/Pfnür (2003), S. 268. Diese ursprünglich für Wertpapiere konzipierte Theorie der Portfoliodiversifikation besagt, dass Risikoreduktion durch Diversifikation von Kapitalanlagen entsteht; vgl. hierzu Markowitz (1952).

262 Christensen/Levi haben die Stabilität der Beta-Werte jeweils bis drei Jahre vor und zwei Jahre nach Immobilientransaktionen getestet, um die Änderung des Unternehmensrisikos zu untersuchen. Diese konnte jedoch nicht festgestellt werden; vgl. Christensen/Levi (1993), S. 581. Devaney/Lizieri betrachteten anhand von Fallstudien die Entwicklung der

Die Bündelung von Liegenschaften in einem von der Muttergesellschaft unabhängigen Unternehmen bewirkt für dieses eine separate Bewertung am Markt. Das einzeln gehandelte Immobilienunternehmen versorgt den Markt mit besseren Informationen über die Werte und die Risiken seiner unternehmerischen Tätigkeiten.[263] Diese Argumentation wird insbesondere durch die positiven Aktienkurseffekte bei Spin-offs gestützt, die umso höher ausfallen, je größer der Anteil ist, der – gemessen an der Marktkapitalisierung des Mutterunternehmens – abgespalten wird.[264] Mit einer höheren Desinvestitionsquote werden folglich mehr Informationen publiziert, woraufhin die Aktien mit einer deutlicheren Kurssteigerung reagieren.

Die angeführten Studien verdeutlichen zum einen die teilweise ineffiziente Nutzung der Immobilien zur Leistungserstellung, da positive Reaktionen aus deren Veräußerung resultieren. Zum anderen lassen sie den Schluss zu, dass Investoren dem Grundbesitz einen höheren Wert beimessen, wenn dieser spezifisch gemanagt wird.[265] Nicht-Immobilienunternehmen sind daher gehalten, den Wert ihres Realvermögens offenzulegen und die Risiken, die Steuerung und die Strategie des Immobilienbereichs zu publizieren.

Unternehmens-Betas im Rahmen von Anleihe- und Aktienkursreaktionen auf die Ankündigung von Sale-and-Leaseback-Transaktionen. Während für die Abby National keine Auswirkungen auf das Unternehmens-Beta nachgewiesen werden konnte, wurde bei der Sale-Leaseback-Transaktion der British Telecom eine statistisch signifikante Verminderung der Unternehmens-Betas zum Gesamtmarkt und zur Telekommunikationsbranche festgestellt. Für Sainsbury´s ergab sich im Anschluss an die Transaktion eine leichte insignifikante Steigerung des Betas; vgl. Devaney/Lizieri (2004), S. 118, 126 und 128 f.

263 Vgl. Brueggeman/Fisher/Porter (1990), S. 42.

264 Vgl. zu dieser Argumentation zu Spin-offs im Allgemeinen Hite/Owers (1983), S. 428-430. Als weitere Gründe für die positiven Effekte werden Erleichterungen in Steuer- und Regulierungsvorschriften angeführt; vgl. Schipper/Smith (1983), S. 463.

265 Vgl. Brueggeman/Fisher/Porter (1990), S. 42.

C. *Erweiterung der Verwertungsmöglichkeiten durch Einbeziehung des Kapitalmarktes*

1. Vermeidung von Nutzungseinschränkungen

a) Erfordernis uneingeschränkter Verfügung über betriebsnotwendige Immobilien

Für die Entscheidung, ob und welche Objekte verwertet werden sollen, ist das gesamte Liegenschaftsportfolio in Hinblick auf das angestrebte Ziel der Steigerung des Shareholder Values zu analysieren.[266] Es existieren hierbei für das Nicht-Immobilienunternehmen möglicherweise Restriktionen, aufgrund derer bestimmte Objekte nicht verwertet werden können, andere hingegen nur über spezielle Instrumente. Aus den verschiedenen Verwertungsvarianten resultieren jedoch für die Gesellschaft unterschiedliche *Zahlungsströme*, so dass daraus eine *unterschiedliche Beeinflussung des Shareholder Values* resultiert. Um den Unternehmenswert zu steigern, sind daher in einem ersten Schritt die mit dem Liegenschaftsvermögen verbundenen Verwertungshemmnisse zu analysieren.[267] Erst unter deren Berücksichtigung ist in einem weiteren Schritt für jede Immobilie zu ermitteln, welche Verwertungsalternative der Erreichung des Oberziels der Unternehmenswertsteigerung bestmöglich dient.[268]

---

[266] Vgl. Schäfers/Gier (2008), S. 882.

[267] Für die Bestands- und Potenzialanalyse müssen für jedes Objekt alle relevanten Unterlagen wie Grundakte, Mietverträge, Bauverträge, objektbezogene Verträge, technische Dokumentationen und Informationen über Bau- und Planungsrecht, Steuern, Altlasten, Umweltrisiken etc. zusammengetragen werden; vgl. Müller (2003), S. 519 f. Zur Entwicklung von Teilportfolios für das Immobilienvermögen in Abhängigkeit vom finanzwirtschaftlichen Potenzial der Liegenschaften und deren Bedeutung für das Kerngeschäft vgl. Armonat/Brockhusen/Pfnür (2003), S. 280.

[268] Vgl. Armonat/Brockhusen/Pfnür (2003), S. 280.

Neben Verwertungshemmnissen wie Vorkaufsrechten, öffentlich-rechtlichen Beschränkungen der Nutzung oder Bebaubarkeit sowie Sanierungsauflagen[269] ist als Restriktion zu berücksichtigen, dass ein Teil der Immobilien weiterhin durch das Nicht-Immobilienunternehmen genutzt wird. Für diese Objekte ist der Erhalt der *Verfügungsrechte (Property Rights)* erforderlich. Dies sind Rechtsbündel, die aus den Einzelrechten der Nutzung einer Liegenschaft, der Einbehaltung der aus der Nutzung resultierenden Erträge, der Änderung der Form und Substanz des Objekts sowie aus dem Verkauf oder der Überlassung der Immobilie an einen Dritten bestehen.[270] Sofern eine Liegenschaft im Eigentum der Gesellschaft steht und von dieser genutzt wird, sind alle Verfügungsrechte an dem Objekt auf das Unternehmen vereinigt.[271]

In Hinblick auf die erforderlichen Verfügungsrechte können grundsätzlich betriebsnotwendige und betriebsneutrale Immobilien[272] unterschieden werden. Neben betriebsnotwendigen Immobilien halten Nicht-Immobilienunternehmen in ihrem Grundbesitzportfolio auch Liegenschaften, die nicht bzw. nicht mehr be-

---

[269] Vgl. Goepfert/Raddatz (2006), S. 215 f.

[270] Vgl. Furubotn/Pejovich (1974), S. 4. Das Recht auf Nutzung eines Gutes wird auch als „usus", auf Einbehaltung der Erträge, welche aus Nutzung resultieren, als „usus fructus", auf Änderung der Form und Substanz des Gutes als „abusus" sowie auf Verkauf oder Überlassung an einen Dritten als „ius abutendi" bezeichnet; vgl. Furubotn/Pejovich (1974), S. 4.

[271] Nach der Theorie der Verfügungsrechte (Property Rights-Ansatz) wird der Wert eines Gutes für ein Wirtschaftssubjekt durch den Umfang der an diesen bestehenden Verfügungsrechte bestimmt; vgl. Gondring/Feldhoff (2003), S. 72. Basis dieser Theorie ist die Ausarbeitung von Coase (1960). Danach besitzt ein Gut nicht nur einen ökonomischen Wert, sondern der Wert des Gutes wird auch durch das Recht, mit diesem Handlungen durchzuführen, bestimmt. Die Theorie der Verfügungsrechte analysiert daher die Wahrnehmung dieser Rechte in einem herrschenden institutionellen Rahmen sowie die Auswirkungen der Änderungen dieses Rahmens auf die Property Rights. Ziel des Ansatzes ist, eine optimale Aufteilung der Verfügungsrechte zu erreichen; vgl. hierzu auch Matten/Wagner (1999), S. 482 sowie Kleine (1996), S. 25 f.

[272] Synonym wird für „betriebsnotwendige" Immobilien auch „core property", für „betriebsneutrale" Immobilien „surplus property" oder „nicht betriebsnotwendige" Immobilien verwendet; vgl. Schäfers/Gier/Wiffler (2004), S. 537 f. und Asson (2002), S. 331.

trieblich genutzt werden, mithin *betriebsneutral* sind.[273] Dazu zählen beispielsweise Wohnungsbestände oder brachliegende Fabrikgelände. Da betriebsneutraler Grundbesitz keine strategische oder operative Bedeutung für das Kerngeschäft des Unternehmens aufweist,[274] kann dieser unter Aufgabe aller Verfügungsrechte veräußert werden.[275]

In Verwertungsüberlegungen werden jedoch nicht nur betriebsneutrale Liegenschaften einbezogen. Nicht-Immobilienunternehmen gehen im Rahmen ihres unternehmerischen Immobilienmanagements verstärkt dazu über, Liegenschaften aus Kernbereichen zu verwerten,[276] um den Shareholder Value zu steigern.[277] Im produzierenden Gewerbe mieten oder leasen sie beispielsweise nicht nur Logistik-, Verkaufs- und Verwaltungsimmobilien, sondern auch betriebsnotwendige Liegenschaften wie Fertigungsstätten.[278] *Betriebsnotwendige Immobilien* zeichnen sich dadurch aus, dass das operative Geschäft diese zur Leistungserstellung benötigt und/oder ihre Nutzung für den Aufbau und den Erhalt von Erfolgspotenzialen erforderlich ist, sie mithin *strategische Bedeutung* für die Gesellschaft haben.[279] Beispielsweise sind für ein Einzelhandelsunternehmen Verkaufsflächen in erstklassiger Lage ein bedeutender Erfolgsfaktor.[280] Betriebsnotwendige Immobilien weisen mithin einzigartige Eigenschaften in Bezug auf

---

[273] Vgl. Müller (2003), S. 503 sowie Lampe/Lechtenböhmer (1998), S. 575.

[274] Vgl. Thoms (2007), S. 67; Gier (2006), S. 25; Armonat/Brockhusen/Pfnür (2003), S. 282; Müller (2003), S. 507; Werres (2001), S. 128.

[275] Vgl. Thoms (2007), S. 67; Gier (2006), S. 25; Schäfers/Gier/Wiffler (2004), S. 537; Armonat/Brockhusen/Pfnür (2003), S. 282; Müller (2003), S. 507.

[276] Vgl. Kiesl (2003), S. 328; Grüber (2002), S. 699; Pfnür/Hedden (2002), S. 8; Buse (1999), S. 66.

[277] Vgl. Breidenbach (2003), S. 23.

[278] Vgl. Grübler (2002), S. 699.

[279] Vgl. Schäfers/Gier (2008), S. 882 sowie Gier (2006), S. 23 und Schäfers/Gier/Wiffler (2004), S. 537.

[280] Vgl. Armonat/Brockhusen/Pfnür (2003), S. 281.

Lage, Gestaltung oder Funktion auf,[281] so dass sich ihre Veräußerung negativ auf den Unternehmenserfolg auswirken würde.[282] Daher muss dieser Grundbesitz der Gesellschaft dauerhaft zur Nutzung bereitstehen.[283]

Es besteht für Nicht-Immobilienunternehmen grundsätzlich das Risiko, über eine Immobilie an einem Standort in einer bestimmten Funktionalität nicht verfügen zu können. Dieses *Verfügbarkeitsrisiko* resultiert aus der Standortgebundenheit und Heterogenität der Liegenschaften sowie der Dauer ihres Entwicklungsprozesses.[284] Stehen Immobilien im Eigentum des Unternehmens und werden von diesem genutzt, ist das Verfügbarkeitsrisiko gering, da die Gesellschaft alle Verfügungsrechte ausüben kann.

Die Betriebsnotwendigkeit einer Liegenschaft und das damit verbundene Erfordernis der uneingeschränkten Verfügung über diese Grundbesitzgattung bedürfen jedoch nicht zwangsläufig des Immobilieneigentums.[285] Sofern eine Einschränkung der Leistungserstellung ausgeschlossen wird, kann auch eine andere Bereitstellungsvariante gewählt werden, wie beispielsweise Miete oder Leasing von Grundbesitz.[286] In diesem Fall müssen die Verfügungsrechte zum einen durch langfristige Verträge gesichert werden, um die strategischen Gesell-

---

[281] Ein ressourcenbasiertes Erfolgspotenzial einer Immobilie liegt für ein Unternehmen beispielsweise vor, wenn für dieses Objekt hohe Investitionen für deren Erstellung, Ausstattung oder aufgrund seiner Lage erfolgt sind; vgl. Puleo (2003), 335 sowie Chirgwin (2000), S. 139.

[282] Vgl. Gier (2006), S. 84 sowie Armonat/Brockhusen/Pfnür (2003), S. 277 und S. 281.

[283] Vgl. Schäfers/Gier (2008), S. 882 sowie Gier (2006), S. 23 und Schäfers/Gier/Wiffler (2004), S. 537.

[284] Vgl. Gier (2006), S. 76. Vertiefend zu den Besonderheiten der Immobilie als Wirtschaftsgut vgl. Bone-Winkel/Schulte/Focke (2008) S. 16-21.

[285] Vgl. Hens (1999), S. 84.

[286] Vgl. Schäfers/Gier (2008), S. 882 sowie Schäfers (2004), S. 242 und Armonat/Brockhusen/Pfnür (2003), S. 277 und S. 281.

schaftsziele nicht zu beeinträchtigen.[287] Zum anderen ist von Bedeutung, dass die Liegenschaften nicht nur genutzt, sondern auch umgestaltet werden dürfen, um den Unternehmensanforderungen zu entsprechen.[288] Das Verfügungsrecht der materiellen Veränderung der betriebsnotwendigen Liegenschaften sollte daher neben dem Verfügungsrecht auf Nutzung ausschließlich im Entscheidungsbereich der verwertenden Gesellschaft liegen, um die Nutzungsflexibilität zu bewahren.[289] Dies kann beispielsweise über besondere Klauseln in Miet- und Leasingverträgen erreicht werden. Ist eine derartige Sicherung der Verfügungsrechte nicht möglich, sollten die Immobilien im Eigentum verbleiben. Nicht-Immobilienunternehmen müssen für die betriebsnotwendigen Immobilienbestände im Rahmen der Verwertung folglich dafür sorgen, dass sie eine uneingeschränkte Verfügbarkeit über diese Objekte bewahren.

b) Notwendigkeit der vertraglichen Flexibilität für dispositionsabhängige Immobilien

Nicht-Immobilienunternehmen können lediglich auf Basis ihres aktuellen Informationsniveaus festlegen, welche Liegenschaften betriebsnotwendig und welche betriebsneutral sind. Daher besteht das Risiko, dass Flächen, entgegen der getroffenen Prognose, aufgebaut oder freigesetzt werden müssen,[290] um bei-

---

[287] Vgl. Schäfers/Gier (2008), S. 882; Gier (2006), S. 76 f. und S. 247; Pfnür/Armonat (2004), S. 16 sowie S. 38-40; Schäfers (2004), S. 242; Schäfers/Gier/Wiffler (2004), S. 537; Armonat/Brockhusen/Pfnür (2003), S. 277 und S. 281; Kiesl (2003), S. 329; Müller (2003), S. 507; Pederson/Wootten (2003), S. 368; Gibson (2000), S. 152 f.; Ouye/Kramer/ Douglas (1990), S. 9. Im anglo-amerikanischen wird dies auch als Property Outsourcing oder Corporate Real Estate Outsourcing bezeichnet, wobei diese Begriffe auch das Outsourcing aller immobilienbezogenen Leistungen umfassen; vgl. Asson (2002), S. 327 f.

[288] Vgl. Gibson (2003), S. 15 f. sowie Asson (2002), S. 328. Funktionale Nutzungsflexibilität kann durch moderne, variable Bauweisen erreicht werden; vgl. Becker (1999), S. 159-163.

[289] Vgl. Armonat/Brockhusen/Pfnür (2003), S. 281.

[290] Vgl. Gier (2006), S. 23.

spielsweise auf Konjunkturzyklen, Branchen- und Nachfrageschwankungen oder Produktlebenszyklen zu reagieren. Bestimmte Liegenschaften, wie Objekte aus den Bereichen Verkauf, Beratung, Projektmanagement oder aus schnell wachsenden oder schrumpfenden Branchen, sind besonders anfällig für eine Veränderung der Rahmenbedingungen.[291] Hierdurch besteht für das Unternehmen das Risiko, dass in Zukunft ein höherer wie auch ein geringerer Immobilienbestand als betriebsnotwendig bzw. betriebsneutral klassifiziert wird als im Entscheidungszeitpunkt über die Verwertung.[292]

Da für einen Teil der betriebsnotwendigen und der betriebsneutralen Immobilien nicht sicher bestimmt werden kann, ob und wie lange diese dem Unternehmen zur Verfügung stehen sollen, wird deutlich, dass die alleinige Unterscheidung in betriebsnotwendige und betriebsneutrale Liegenschaften im Rahmen der Verwertungsentscheidung nicht zweckmäßig ist. Daher besteht neben diesen beiden Kategorien eine weitere, die als *dispositionsabhängiger Immobilienbestand* bezeichnet wird. Für diesen Teil des Grundbesitzes kann nicht mit Sicherheit bestimmt werden, ob dieser betriebsnotwendig oder -neutral ist, wie Abbildung 7 verdeutlicht.[293]

---

[291] Vgl. Woollam (2003), S. 79.

[292] Vgl. Liow/Ooi (2004), S. 387 sowie Woollam (2003), S. 80 und Buse (1999), S. 667.

[293] Vgl. zu ähnlichen Ausführungen Gier (2006), S. 23; Liow/Ooi (2004), S. 387; Schäfers/Gier/Wiffler (2004), S. 537; McNamera (2002), S. 126; Gibson (2000), S. 152-154; Gibson/Lizieri (1999), S. 207 f. Gier bezeichnet diesen Immobilienbestand als Casual Property; vgl. Gier (2006), S. 23. Gibson klassifiziert neben „Core Property" „1st und 2nd Periphery Property". Core und Periphery Property unterscheiden sich nach Ausmaß und Art der physischen, funktionalen und finanziellen bzw. vertraglichen Flexibilität. Core Property zeichnet sich durch strategische Lagen oder die Beherbergung der Kernbelegschaft aus und erfordert zugleich eine funktionelle Flexibilität. 1st Periphery Property wird mittelfristig bis zu fünf Jahre benötigt, beispielsweise für die Einführung neuer Produkte oder um eine besonders hohe Nachfrage zu bedienen. Nach diesen Ausführungen werden 60-70 % der Flächen als Core und 30-40 % der Flächen als Periphery Property klassifiziert; vgl. Gibson/Lizieri (1999), S. 208 f.

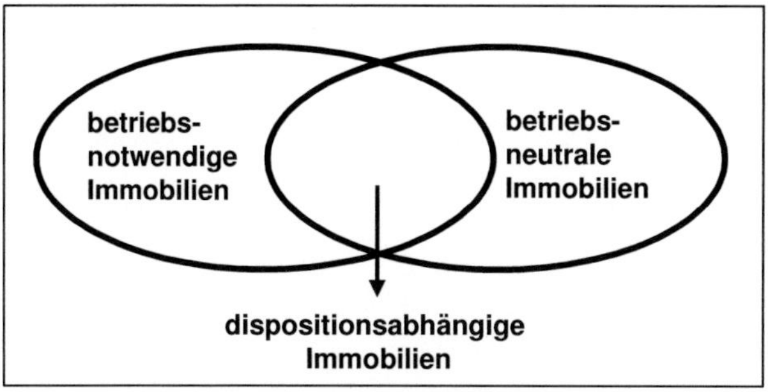

Abbildung 7: Dispositionsabhängige Immobilien

Aus Perspektive des Nicht-Immobilienunternehmens unterscheiden sich die drei Immobilientypen durch die erforderlichen Verfügungsrechte, damit auch durch die mit diesen verbundenen Restriktionen und die möglichen Verwertungsalternativen: Für den betriebsnotwendigen Immobilienbestand hat die Wahrung der Verfügungsrechte der Nutzung und funktionellen Gestaltung der Liegenschaften höchste Priorität im Rahmen der Verwertung, während diese für den betriebsneutralen Grundbesitz vollständig aufgegeben werden können.[294] Dispositionsabhängige Immobilien können sich künftig als betriebsnotwendig oder betriebsneutral erweisen. Folglich ist hier eine Flexibilität in Hinblick auf die Dauer der Nutzung durch das Nicht-Immobilienunternehmen, beispielsweise durch flexible Mietverträge, erforderlich.[295] Die Sicherung des Rechts auf funktionelle Umgestaltung der Liegenschaften kann hierbei vernachlässigt werden,[296] wie Abbildung 8 zusammenfasst.

---

[294] Vgl. hierzu die Ausführungen in Kapitel II. C. 1. a).

[295] Vgl. Gier (2006), S. 24 sowie Gibson (2003), S. 15 f.

[296] Vgl. Gier (2006), S. 24.

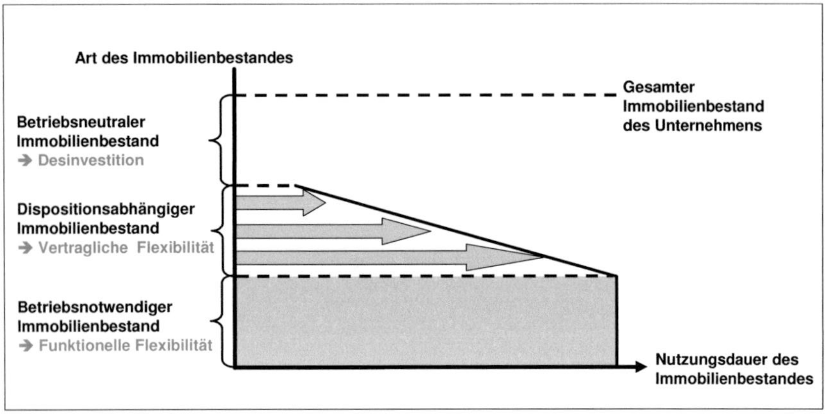

Abbildung 8: Verwertungsstrategien für den Immobilienbestand[297]

Grundsätzlich können dispositionsabhängige Immobilien im Eigentum gehalten oder bei Bedarf gemietet bzw. geleast werden. Stehen diese Liegenschaften im *Eigentum*, verfügt das Nicht-Immobilienunternehmen zum einen über Liegenschaften, die seinem Qualitätsniveau entsprechen, zum anderen möglicherweise über Flächenreserven für ein künftiges Unternehmenswachstum.[298] Das Verfügbarkeitsrisiko ist im Eigentumsfall daher geringer als bei einer Anmietung. Ändern sich jedoch Flächenbedarf oder Anforderungen an eine Immobilie in Hinblick auf Bausubstanz oder Funktionalität, so dass das Objekt nicht mehr genutzt wird, verursacht ein Leerstand Kosten.[299] Zudem besteht durch die Änderung gesamtwirtschaftlicher Rahmenbedingungen sowie aufgrund von Bedarfs- und Trendveränderungen das Risiko einer Wert- und damit Verkaufspreisänderung.[300] Dieses *Verwertungsrisiko,* dass das in Immobilien gebundene Kapital

[297] Die Pfeile in Abbildung 8 deuten die Vertragslaufzeit an.

[298] Vgl. Pfnür/Armonat (2003), S. 322 sowie Dewulf/Schaaf (1998), S. 19 f.; vgl. dazu auch die Studie von Pfnür/Armonat (2004), S. 36.

[299] Vgl. Pollina (1991), S. 27.

[300] Vgl. Bone-Winkel/Isenhöfer/Hofmann (2008), S. 267 sowie Schäfers (1997), S. 195.

nicht oder nicht in gewünschter Höhe freigesetzt werden kann,[301] wird auch durch die Entwicklung auf dem Immobilienmarkt beeinflusst[302] und ist in einer rezessiven Phase erhöht.[303]

Mietet das Unternehmen hingegen die Immobilien, ist es einem *Mietänderungsrisiko* ausgesetzt.[304] Langfristige Mietverträge können oft nur unter Zahlung einer hohen Entschädigung aufgelöst werden.[305] Eine Weitervermietung kann zumeist nur erfolgen, wenn der Untermieter einen Nachlass auf die vom Unternehmen selbst zu zahlende Miete erhält.[306]

Zusammenfassend kann festgehalten werden, dass bei der Wahl einer Verwertungsalternative zu berücksichtigen ist, ob eine Immobilie künftig durch die Gesellschaft genutzt werden soll. Während für betriebsnotwendige Immobilien die Wahrung der Verfügungsrechte auch in Hinblick auf die funktionelle Gestaltung höchste Priorität hat, ist für dispositionsabhängige Liegenschaften im Rahmen einer Verwertungsstrategie Flexibilität in Hinblick auf die Dauer ihrer Nutzung erforderlich.

2. Revitalisierung nicht drittverwendungsfähiger Immobilien

Für die Entscheidung, ob und wie Immobilien verwertet werden sollen, ist neben dem Grad der Betriebsnotwendigkeit auch die *Drittverwendungsfähigkeit* der

---

301 Vgl. Deeble (2000), S. 146 und Nourse (1992), S. 25. Siehe weiterführend dazu Vaaßen (1999), S. 203. Je unwahrscheinlicher die Verwertung, desto höher ist das Verwertungsrisiko; vgl. Gier (2006), S. 79.

302 Vgl. Bone-Winkel/Isenhöfer/Hofmann (2008), S. 253 und Gier (2006), S. 79.

303 Vgl. Pollina (1991), S. 27.

304 Durch zeitlich gestaffelte Mietverträge kann beispielsweise ein gleichzeitiges Auslaufen der Verträge und damit das Risiko steigender Mieten gesenkt werden; vgl. Brueggeman/Fisher/Porter (1990), S. 41.

305 Vgl. Gier (2006), S. 278.

306 Vgl. Cooke (2003), S. 167.

Liegenschaften von Bedeutung. Diese ist hoch, wenn ein Objekt die Bedürfnisse eines großen Nutzerkreises befriedigt.[307] Die Drittverwendungsfähigkeit einer Immobilie wird durch deren Eigenschaften bestimmt.[308] Hierzu zählen neben Größe, Zuschnitt und Qualität der Bausubstanz beispielsweise auch vertragliche Bindungen und stadtplanerische Vorschriften.[309]

Für *betriebsnotwendige Immobilien* ist die Drittverwendungsfähigkeit von untergeordneter Bedeutung, da diese Liegenschaften dauerhaft von dem Nicht-Immobilienunternehmen genutzt werden. Eine Nutzbarmachung dieses Grundbesitzes für Dritte zum Zweck seiner Verwertung ist daher nicht erforderlich.[310]

Für *betriebsneutralen* Grundbesitz ist die Drittverwendungsfähigkeit hingegen von besonderer Relevanz. Je mehr potenzielle Käufer durch die speziellen Charakteristika einer Liegenschaft angesprochen werden, desto höher wird der Preis sein, den ein Unternehmen im Rahmen der Veräußerung für diesen Grundbesitz erzielt. Weisen diese Objekte eine geringe Drittverwendungsfähigkeit auf, weil

---

307 Vgl. Woollam (2003), S. 73 sowie Hens (1999), S. 88. Kann eine Immobilie nur einer bestimmten Verwendung zugeführt werden, wird sie auch als Sonder- oder Spezialimmobilie bezeichnet.

308 Problematisch sind hierbei unflexible Grundrisse, überdimensionierte Grundstücks- und Gebäudegrößen sowie eine veraltete technische Infrastruktur; vgl. Schäfers (1997), S. 177.

309 Vgl. Bone-Winkel/Schulte/Focke (2008), S. 18 f.; Rottke (2005), S. 282; Armonat/Eversmann/Pfnür (2003), S. 365; Wellner (2003), S. 8; Pfnür (2001), S. 410 f.; Spars (2001), S. 25; Schulte et al. (2000), S. 19 ff. Eine weitere Eigenschaft der Immobilie ist der lange zeitliche Entwicklungsprozess von der Planung über die Realisierung bis zu deren Nutzung. Der Planungs- und Erstellungsprozess gewerblicher Immobilien nimmt oft zwei bis fünf Jahre in Anspruch; vgl. Bone-Winkel/Schulte/Focke (2008), S. 19; Wellner (2003), S. 8 ff.; Pfnür (2001), S. 410 f.; Spars (2001), S. 26. Grundsätzlich weisen Immobilien aufgrund von Time-Lag-Effekten eine sehr geringe Anpassungselastizität an Marktänderungen auf; vgl. Bone-Winkel/Schulte/Focke (2008), S. 23; Wellner (2003), S. 8 ff.; Pfnür (2001), S. 410 f.; Spars (2001), S. 25.

310 Vernachlässigt wird hierbei der Fall, dass die Immobilie betriebsnotwendig ist und zugleich eine schlechte Bausubstanz aufweist oder nicht vollständig den Anforderungen des Nicht-Immobilienunternehmens entspricht, so dass diesbezüglich Anpassungen vorgenommen werden müssen.

sie beispielsweise für einen speziellen Unternehmenszweck erstellt wurden[311] oder eine schlechte Bausubstanz haben, besteht aufgrund des eingeschränkten Käuferkreises die Gefahr eines geringen Desinvestitionserlöses.[312] Dies ist auch bei *dispositionsabhängigen* Liegenschaften der Fall, wenn die Gesellschaft diese für eine begrenzte Zeit zurückmietet. Denn der Käufer wird diese Immobilie in diesem Fall nach Ablauf der Vertragsbindung mit dem Nicht-Immobilienunternehmen nur zu einem geringen Preis am Markt platzieren können. Entsprechend wird er auch beim Ankauf des Grundbesitzes nur einen geringen Kaufpreis zahlen.[313]

Daher ist zu überprüfen, ob die *Revitalisierung* von Liegenschaften mit unzureichender Drittverwendungsfähigkeit für Nicht-Immobilienunternehmen vor oder im Rahmen der Verwertung eine sinnvolle Handlungsoption darstellt.[314] Dabei werden Maßnahmen ergriffen, welche die Attraktivität der Liegenschaft, damit auch deren Wert für potenzielle Käufer und den Verkaufspreis für das Nicht-

311 Vgl. Pfnür/Armonat (2004), S. 38-40.

312 Nach dem investitionstheoretischen Verständnis eines potenziellen Käufers wird der Wert einer Immobilie daran gemessen, welchen Preis die Liegenschaft mit dem durch sie gestifteten Nutzen am Markt erbringt; vgl. Bone-Winkel/Müller (2008), S. 29. Im Rahmen der empirischen Studie von PFNÜR/HEDDEN (2002) wurden Immobilienverantwortliche und Finanzvorstände von deutschen Großunternehmen befragt. Hierbei wurden die Gründe ermittelt, die einer Veräußerung von Immobilien entgegenstehen. Als bedeutendes Motiv konnte die Tatsache identifiziert werden, dass die Objekte eine geringe Marktfähigkeit aufweisen und daher nicht mit einem Mehrwert auf dem Markt platziert werden können; vgl. Pfnür/Hedden (2002), S. 16 f. und S. 56.

313 Der Erwerber wird dabei einen umso geringeren Kaufpreis zahlen, je kürzer die vereinbarte Nutzungsdauer der Liegenschaft durch das Nicht-Immobilienunternehmen ist. Denn durch die weitere Nutzung des alten Eigentümers erzielt der kaufende Investor, unter Vernachlässigung einer möglichen Insolvenz der mietenden Gesellschaft, relativ sicher kalkulierbare Erträge.

314 Als „Selling as is“ wird in der anglo-amerikanischen Literatur die Option bezeichnet, die Immobilie in ihren Eigenschaften unverändert zu veräußern; vgl. Nourse/Kingery (1987b), S. 53 ff.

Immobilienunternehmen, erhöhen.[315] Zudem wird durch die Revitalisierung vor Verwertung verhindert, dass die Immobilienkäufer das Wertsteigerungspotenzial der Objekte selbst abschöpfen.[316] Exemplarisch kann hierfür die marktorientierte Entwicklung und Verwertung von Grundbesitz der Siemens AG im Rahmen des Projektes „Isar Süd“ angeführt werden. Hierbei entsteht aus dem größten Siemens-Standort in München ein offenes Stadtquartier, das neben hochwertigen Büroflächen für Siemens und andere Unternehmen auch Wohnungen, Einzelhandelsflächen und Freizeiteinrichtungen umfasst.[317]

Ob und in welchem Ausmaß eine Erhöhung der Drittverwendungsfähigkeit durch Revitalisierung möglich ist, hängt von den konkreten Eigenschaften des jeweiligen Objektes und vom Bedarf am Immobilienmarkt ab.[318] Grundsätzlich ist der Standort ein unbeeinflussbarer und damit dominierender Erfolgsfaktor einer bereits gebauten Liegenschaft,[319] weil dieser das Nutzungspotenzial einer Immobilie und damit auch ihren Wert erheblich beeinflusst.[320] Durch die Revitalisierung können jedoch die weiteren Eigenschaften eines Objektes, damit auch dessen Drittverwendungsfähigkeit, gesteigert werden.

Die Revitalisierung von Unternehmensliegenschaften birgt für ein Nicht-Immobilienunternehmen Risiken, da hierbei Aktivitäten für den Immobilienmarkt als

---

[315] Diese Alternative wird auch als aktive Verwertung bezeichnet. Im Rahmen der Verwertung von Immobilien können je nach Aktivitätsniveau eine aktive und eine passive Verwertungsstrategie unterschieden werden; vgl. Schäfers (2004), S. 243; Hens (1998), S. 221; Schäfers (1997), S. 175; Nourse/Kingery (1987a), S. 23; Nourse/Kingery (1987b), S. 55 ff. Passive Verwertung bezeichnet die Verwertung von Immobilienvermögen ohne Inhalts- und Strukturveränderungen; vgl. Schäfers/Gier (2008), S. 885; Schäfers (2004), S. 243.

[316] Vgl. Rottke (2005), S. 131 f. sowie Schäfers (1997), S. 178. Die Veräußerung von Industrieliegenschaften ist zumeist nur nach einer Neustrukturierung möglich; vgl. Mackay/ Kessler-Park (2005), S. 17.

[317] Vgl. Scharpe/Dobler (2004), S. 391.

[318] Vgl. Gier (2006), S. 253.

[319] Dies belegen auch die Ergebnisse der Studie von Pfnür/Armonat (2001), S. 39 f.

[320] Vgl. Bone-Winkel/Schulte/Focke (2008), S. 17.

externen Absatzmarkt übernommen werden, die Immobilienleistungen hierbei mithin keine nach innen gerichteten Sekundärleistungen sind.[321] Daher ist zu erwägen, ob derartige Tätigkeiten von diesen Gesellschaften überhaupt selbst durchgeführt werden sollen.

Systematisiert nach der Kapitalintensität, lassen sich verschiedene Handlungsniveaus zur Erreichung einer höheren Drittverwendungsfähigkeit abgrenzen. Wenn die Immobilien baulich keiner Änderung bedürfen, leerstehend sind oder Mieter mit schlechter Bonität beherbergen, kann ein *Vermietungsmanagement* eingeführt werden.[322] In dessen Rahmen erfolgt eine bessere Flächenauslastung mit bonitätsmäßig einwandfreien Mietern. Hierdurch erhöht sich die Attraktivität der Immobilien für potenzielle Käufer. Ebenso steigt durch die Beschaffung von Baurechten ohne umfangreiche Investitionen der Wert von Liegenschaften,[323] da in diesem Fall das Genehmigungsrisiko für den Käufer entfällt.[324] Wenn das Nicht-Immobilienunternehmen das dafür erforderliche Know-how und die notwendigen Ressourcen aufbringt, kann die Gesellschaft diese Aufgaben selbst übernehmen, da hierbei überschaubare Risiken aufgrund eines geringen Kapitaleinsatzes eingegangen werden.

Eine kapitalintensivere Variante ist die *Renovierung und Modernisierung* unter Beibehaltung der bisherigen Nutzung.[325] Im Rahmen eines *Re-Developments* werden Immobilien inhaltlich und strukturell verändert, weil sie beispielsweise in Bezug auf Gebäude- und Flächenstruktur, Architektur oder Wirtschaftlichkeit

---

[321] Vgl. hierzu die Erläuterungen in Kapitel II. A. 1.

[322] Vgl. Gier (2006), S. 254.

[323] Vgl. hierzu die Erläuterungen zur Deutsche Telekom AG bei Fernández Reumann/Krieger/Friedrichs (2004), S. 425 f.

[324] Vgl. Mackay/Kessler-Park (2005), S. 17. Das Nicht-Immobilienunternehmen kann beispielsweise eine neue Nutzungskonzeption entwickeln, deren Realisierbarkeit prüfen, die Bauvoranfrage stellen und bei positivem Bescheid die Liegenschaft an einen Investor veräußern; vgl. Schäfers/Gier (2008), S. 886.

[325] Vgl. Gier (2006), S. 253.

nicht den gegenwärtigen Anforderungen entsprechen.[326] Ziel des Re-Developments ist regelmäßig eine höherwertige Nutzung des Objektes.[327] Dafür muss für die betreffende Immobilie eine geeignete Nutzungskonzeption entwickelt werden.[328] Neben der Angebots- und Nachfragesituation auf dem Immobilienmarkt sind dabei die künftigen Nutzungsanforderungen, die aktuellen Objektgegebenheiten, die rechtlichen und kulturellen Rahmenbedingungen sowie das Verhalten der Wettbewerber zu berücksichtigen.[329] Ein Beispiel für ein derartiges Re-Development mit dem Ziel der anschließenden Verwertung des Grundbesitzes ist der Umbau des bis 1995 für die Funkröhrenfertigung genutzten Industriegeländes der Siemens AG. Diese Liegenschaft wurde zwischen 2002 und 2005 zu einem Bürostandort entwickelt. Um eine Vermietung oder Veräußerung der neuen Immobilien zu gewährleisten, wurde auf eine hohe Gebäudeflexibilität Wert gelegt.[330]

Auch wenn das Re-Development attraktiv ist, da hierdurch erst die Drittverwendungsfähigkeit hergestellt wird, ist es für die untersuchten Unternehmen risikobehaftet.[331] Dies ist darin begründet, dass Nicht-Immobilienunternehmen annahmegemäß über ein unzureichendes Know-how im Bereich des Re-Developments verfügen. Die aus der Planung, Durchführung, Organisation und Kontrolle der Bautätigkeit sowie dem damit einhergehenden Kapitalbedarf resultierenden Risiken gehen daher über das für Nicht-Immobilienunternehmen akzep-

---

[326] Vgl. Schäfers/Gier (2008), S. 885 sowie Nourse/Kingery, (1987b), S. 55 ff. Dies kann auch Abriss und Neubau der Immobilie umfassen; vgl. Gier (2006), S. 253.

[327] Vgl. Bone-Winkel/Isenhöfer/Hofmann (2008), S. 234 sowie Isenhöfer/Väth (2008), S. 234. Höherwertige Nutzung bezeichnet die Verbesserung der Ausstattung der Immobilie, aufgrund derer eine höhere Miete oder ein höherer Verkaufspreis gefordert werden kann.

[328] Vgl. Isenhöfer/Väth (2008), S. 245.

[329] Vgl. Nell/Emenlauer (2002), S. 116 f. Sowohl bei der Renovierung und Modernisierung als auch beim Re-Development nutzt das Nicht-Immobilienunternehmen sein Verfügungsrecht auf die materielle Änderung der Immobilien.

[330] Vgl. Scharpe/Dobler (2004), S. 386-391.

[331] Vgl. Schäfers/Gier (2008), S. 886 sowie Schäfers (2004), S. 244 und Schäfers (1997), S. 179.

table Maß hinaus.[332] Ein hohes Risiko und ein hoher Kapitaleinsatz sind nur für Geschäftsbereiche tragbar, die zum Kerngeschäft der Gesellschaft zählen.

Die mit der Revitalisierung verbundenen Risiken können durch die Zusammenarbeit mit einer – auf diese Tätigkeiten spezialisierten – Gesellschaft (Projektentwickler) vermindert werden.[333] Hierdurch wird insbesondere das fehlende Know-how des Nicht-Immobilienunternehmens kompensiert.[334] Nach dem Umfang der übernommenen Aufgaben lassen sich zwei Aktivitätsniveaus unterscheiden. Die Spezialgesellschaft kann in einer einfachen Ausgestaltung nur Dienstleistungen von der Konzeptentwicklung für ein Objekt bis zur Planungsreife oder Baufreigabe erbringen. Da hierbei sowohl die Organisation der Bauausführung wie auch die Liegenschaftsvermarktung beim Nicht-Immobilienunternehmen verbleiben, ist eine derartige Kooperation[335] ungeeignet. Eine Abwälzung der mit diesen Tätigkeiten verbundenen Risiken erfolgt nur bei der Zusammenarbeit mit einem Projektentwickler, der die Bauverantwortung von der Initiierung bis zur Fertigstellung sowie den anschließenden Immobilienverkauf übernimmt.[336]

Auch die Siemens AG wurde durch eine Projektentwicklungsgesellschaft bei dem Re-Development des ehemaligen Röhrenwerkes unterstützt. Die Abwicklung erfolgte dabei über die Tercon Immobilien Projektgesellschaft mbH, die als Generalübernehmer die Verantwortung für die Planung und Ausführung des

[332] Vgl. Schäfers/Gier (2008), S. 886 sowie Schäfers (2004), S. 244 und Schäfers (1997), S. 179. Risiken liegen unter anderem darin, dass die entwickelte Projektkonzeption nicht marktkonform ist, die Zeitplanung überschritten wird, Genehmigungen der Aufsichtsbehörden nicht gewährt werden, Finanzierungs-, Kosten-, Boden- und Baurisiken etc. bestehen. Vgl. vertiefend hierzu Isenhöfer/Väth (2008), S. 252-258.

[333] Vgl. Schäfers/Gier (2008), S. 886 f.; Schäfers (2004), S. 244; Schäfers (1997), S. 179. Diese Unternehmen werden auch als Developer bezeichnet.

[334] Vgl. Schäfers/Gier (2008), S. 887.

[335] Zu Gestaltungsvarianten der Kooperation vgl. grundlegend Bea (1988), S. 2524.

[336] Zu den verschiedenen Typen der Projektentwicklungsgesellschaften vgl. Bone-Winkel/ Isenhöfer/Hofmann (2008), S. 268 und Schulte/ Holzmann (2008), S. 170.

Bauvorhabens übernahm. Vorteil für die Siemens AG war hierdurch, dass sie keine Risiken aus der Bauabwicklung trug, die aus Kosten, Terminen und Qualität der Bauleistung resultierten.[337]

Die Kooperationsvarianten unterscheiden sich hinsichtlich der durch die Partner zu erbringenden Leistungen und Ressourcen, die Erfolgs- und Risikoaufteilung sowie die Entscheidungsgewalt über das Projekt. Das Ausmaß der Zusammenarbeit muss ebenso wie der Zeithorizont vertraglich festgelegt werden.[338] Unabhängig von der Art der Zusammenarbeit bestehen immer Verhaltensunsicherheiten wie die Gefahr von opportunistischem Verhalten oder von Qualitätsunsicherheiten. Nicht-Immobilienunternehmen müssen daher genau prüfen, ob bzw. in welchem Umfang professionelle Projektentwickler in die Immobilienrevitalisierung einbezogen werden.

3. Verwertung von Unternehmensliegenschaften über Immobilienintermediäre

a) Geringe Liquidität auf dem Immobilienmarkt

Auch bei der Verwertung einer drittverwendungsfähigen Immobilie besteht die Gefahr, für den Grundbesitz keinen Käufer zu finden. Diese Verwertungsrestriktion ist darin begründet, dass sich *der Immobilienmarkt* aufgrund der Standortgebundenheit und der spezifischen Charakteristika der Liegenschaften durch besondere Eigenschaften auszeichnet:[339] Er besteht aus verschiedenen sachli-

---

337 Vgl. Scharpe/Dobler (2004), S. 390. Die Siemens AG hat mit dem Projektentwickler einen garantiert zu zahlenden Maximalpreis pro Quadratmeter Bruttogeschossfläche vereinbart. An Kosteneinsparungen partizipierten beide Parteien. Der Ablauf wurde dabei von der Siemens Real Estate, dem Immobilienunternehmen des Konzerns, überwacht; vgl. Scharpe/Dobler (2004), S. 387.

338 Vgl. Schäfers/Gier (2008), S. 887 sowie Schäfers (1997), S. 181 f. und Bronder/Pritzl (1991), S. 48.

339 Vgl. Bone-Winkel/Schulte/Focke (2008), S. 21.

chen[340] und räumlichen[341] Teilmärkten und weist entsprechend eine heterogene, dezentralisierte und intransparente Marktstruktur auf.[342] Daneben wird der Immobilienmarkt auch von Brancheneinflüssen und der Entwicklung der Bevölkerungs- und Wirtschaftsstruktur beeinflusst.[343]

Da eine Immobilie jeweils ein einzigartiges Objekt auf einem abgegrenzten Teilmarkt darstellt, existiert für dieses nur eine geringe Anzahl von Marktteilnehmern.[344] Aufgrund der wenigen Anbieter und Nachfrager für einen bestimmten Liegenschaftstyp an einem Standort und der schwierigen Informationsbeschaffung sind die Aktivitäten auf dem Immobilienmarkt zeitaufwendig und durch hohe Such- und Informationskosten bezüglich potenzieller Kontraktpartner gekennzeichnet.[345] Auch die mit der Transaktion[346] verbundenen Erwerbsne-

---

340 Sachlich kann der Immobilienmarkt nach Nutzungsart, Größe, Investitionsvolumen und Vertragskriterien unterteilt werden; vgl. Sailer (2006), S. 107 sowie Spars (2001), S. 25. Beispielsweise werden Teilmärkte für Einfamilienhäuser, Büroflächen, Wohnungen, Hotels oder Handelsimmobilien abgegrenzt; vgl. Bone-Winkel/Schulte/Focke (2008), S. 22. Als grobe Klassifizierung werden private und gewerbliche Immobilien unterschieden.

341 Räumlich kann der Immobilienmarkt nach Regionen unterteilt werden; vgl. Sailer (2006), S. 112 sowie Spars (2001), S. 25.

342 Vgl. Bone-Winkel/Schulte/Focke (2008), S. 21 f.; Rottke/Wernecke (2008), S. 220; Sailer (2006), S. 107; Armonat/Eversmann/Pfnür (2003), S. 364; Nehls/Schneider/Tschammler (2003), S. 536; Stengel (2003), S. 314; Spars (2001), S. 25; Brauer (1999), S. 15. Die Teilmärkte sind Resultat von Angebot und Nachfrage nach verschiedenen Liegenschaftstypen in unterschiedlichen Regionen. Die geringe Transparenz wird durch die Heterogenität der Immobilien verursacht; vgl. Bone-Winkel/Schulte/Focke (2008), S. 21. f.

343 Vgl. Bone-Winkel/Schulte/Focke (2008), S. 22. Damit beeinflusst auch die Entwicklung von Kapital- und Arbeitsmarkt den Immobilienmarkt; vgl. Spars (2001), S. 25. Beispielsweise hängt die Nachfrage nach Büroflächen von der Anzahl der Arbeitnehmer im tertiären Sektor ab; vgl. Bone-Winkel/Schulte/Focke (2008), S. 23.

344 Vgl. Pfnür (2001), S. 240 f. sowie Spars (2001), S. 25.

345 Vgl. Bone-Winkel/Schulte/Focke (2008), S. 18 f.; Rottke (2005), S. 282; Sebastian (2003), S. 12; Stengel (2003), S. 314; Wellner (2003) S. 8 ff.; Pfnür (2001), S. 410 f.; Spars (2001), S. 26. Die Transaktionskosten werden vor allem durch die lange Suchzeit verursacht. Aus der Undurchsichtigkeit resultieren Informationsasymmetrien, die das Risiko opportunistischer Verhaltensweisen verstärken; vgl. Müller-Trimbusch (1999), S. 87 sowie Schmidt/Terberger (1997), S. 390.

346 Nach Williamson bezeichnet der Begriff der Transaktion den Übergang eines Gutes oder einer Leistung über eine (technisch) separierbar Schnittstelle; vgl. Williamson (1985), S. 1.

benkosten, wie Grunderwerbsteuer, Notar- und Registergebühren oder Maklercourtage, steigern das zumeist hohe Investitionsvolumen.

Sowohl die erheblichen Anlagebeträge und Transaktionskosten als auch die Undurchsichtigkeit der Teilmärkte führen zum Abschluss einer geringen Anzahl an Transaktionen, insbesondere auf dem Markt für Unternehmensimmobilien. Der Immobilienmarkt ist somit relativ illiquide.[347] Aus der geringen Liquidität resultiert für den Veräußerer eine Minderung des Verkaufspreises.[348] Diese beruht zum einen darauf, dass potenzielle Käufer den *aktuellen* Wert der Immobilie auf Basis ihrer Eigenschaften und ihres Standorts nicht genau bestimmen können. Zum anderen antizipieren sie für den Fall eines späteren Verkaufs die Illiquidität und damit einen *künftigen* Kaufpreisabschlag. Dieser kann in dem Risiko begründet sein, dass der Standort oder die Objektcharakteristika für Interessenten nicht mehr attraktiv sind. Für Nicht-Immobilienunternehmen ist es jedoch von Bedeutung, sowohl einzelne Objekte als auch umfangreiches Realvermögen am Immobilienmarkt zu verwerten.[349]

b) Transformationsleistungen zwischen Immobilien- und Kapitalmarkt als Vorteil von Immobilienintermediären

Die Effizienz des Immobilienmarktes kann gesteigert werden, indem *Institutionen* in den Verwertungsprozess eingebunden werden. Institutionen sind von

[347] Vgl. Bone-Winkel/Schulte/Focke (2008), S. 18 f.; Rottke (2005), S. 282; Wellner (2003), S. 8 ff.; Armonat/Eversmann/Pfnür (2003), S. 364; Pfnür (2001), S. 410 f.

[348] Vgl. Achleitner (2002), S. 25.

[349] Auf Basis der in den Kapiteln II. A. 2. a) und II. A. 2. b) durchgeführten Auswertungen der Immobilienbestände deutscher Unternehmen im Allgemeinen und der DAX-Gesellschaften im Speziellen ergibt sich ein Finanzierungsbedarf von 44,8 Mrd. Euro, wenn die DAX-Unternehmen 20 % ihres Immobilienbestandes veräußern, und von 215,6 Mrd. Euro, wenn 20 % der gesamten Liegenschaften deutscher Unternehmen ihren Besitzer wechseln. Berechnung für die DAX-Unternehmen: 224,08 Mrd. Euro Verkehrswert · 0,2 = 44,8 Mrd. Euro. Berechnung für die gesamten deutschen Unternehmen: 1.077,78 Mrd. Euro Verkehrswert · 0,2 = 215,6 Mrd. Euro.

Menschen geschaffene zielgerichtete Systeme formaler und informeller Normen und Regelungen oder Einrichtungen, die aus Gewohnheit oder per Gesetz entstanden sind. Sie verringern (Einkommens-) Unsicherheiten beispielsweise aufgrund von Konventionen, Verträgen oder Anordnungen. Hierdurch können sie das Verhalten von Individuen in eine bestimmte Richtung lenken.[350]

Die Institution eines Intermediärs erhält auf unvollkommenen Märkten – wie dem Immobilienmarkt – ihre Existenzberechtigung.[351] Intermediäre schalten sich mit verschiedenen Transformationsleistungen zwischen den Tauschprozess zweier Parteien.[352] Auf dem Immobilienmarkt erfolgt durch intermediäre Institutionen zumeist eine *Informationstransformation*.[353] Konkret werden diese Leistungen beispielsweise von Immobilienmaklern, Grundbesitzannoncen im Anzeigenteil einer regionalen Zeitung oder speziellen Internetplattformen übernommen.[354] Die Institutionen unterstützen Käufer und Verkäufer bzw. Mieter und Vermieter einer Liegenschaft, indem sie über mögliche Kontraktpartner infor-

---

[350] Vgl. zur Definition des Begriffs der Institution Schirmeister (2009), S. 8 sowie Schneider (1995), S. 23 und Richter (1994), S. 2. Institutionen sind mithin auch Märkte und Unternehmen; vgl. Kloess (1999), S. 22. Vgl. zu weiteren Abgrenzungen Richter (1996), S. 325 sowie Richter (1994), S. 2 und Elsner (1987), S. 5. Es müssen daher Institutionen existieren, die ein wirtschaftliches Verhalten der Wirtschafssubjekte fördern; vgl. Ebers/Gotsch (2006), S. 247 sowie Richter (1990), S. 572. Als Analysebasis dient die Neue Institutionenökonomik, in deren Rahmen der ökonomische Austausch von Institutionen untersucht wird; vgl. Kloess (1999), S. 22.

[351] Vgl. Schmidt/Terberger (1997), S. 465 f.

[352] Vgl. Schmidt/Terberger (1997), S. 465 f.; Spicher (1997), S. 12; Breuer (1993), S. 15; Bitz (1989), S. 433 f.

[353] Vgl. Bitz/Stark (2008), S. 8. Hierbei erfolgt eine „Intermediation im weiten Sinne". Dabei werden Vermittlungs-, Informationsbeschaffungs-, und -auswertungsleistungen erbracht, die auf die einfachere oder kostengünstigere Herbeiführung von Kontrakten zwischen originären und/oder intermediären Marktakteuren gerichtet sind, ohne selbst in diese Transaktion eingebunden zu sein; vgl. Bitz (1989), S. 431 f.

[354] www.immobilienscout24.de oder www.immonet.de sind Beispiele für Internetplattformen.

mieren.[355] Häufig stellen sie jedoch nur Informationen über bestimmte Objekttypen wie Wohn-, Büro- oder Einzelhandelsimmobilien bereit.

Je intransparenter und unvollkommener der Immobilienmarkt ist, umso weitergehendere Transformationsleistungen müssen Intermediäre erbringen, um die Marktliquidität zu erhöhen. Die alleinige Übernahme der Informationstransformation reicht auf dem Markt für Unternehmensimmobilien aufgrund der hohen Investitionsvolumina und der zum Teil geringeren Drittverwendungsfähigkeit einiger Liegenschaften, wie beispielsweise stillgelegter Produktionsstandorte, nicht aus.

Wenn potenzielle Käufer dieser Immobilien nicht das gesamte Investitionsvolumen aufbringen können und ein Objekt deswegen gegebenenfalls nicht veräußert werden kann, ist eine *Losgrößentransformation* erforderlich.[356] Die Ausgabe von Anlagetiteln mit gestückelten Investitionsbeträgen durch einen Intermediär, der in die Liegenschaften investiert, ermöglicht Kapitalgebern die Bereitstellung kleiner Beträge.[357] Zudem weist eine Immobilieninvestition regelmäßig einen langfristigen Horizont auf. Sofern die Investoren ihr Kapital für einen kürzeren Zeitraum anlegen wollen, ist eine *Fristentransformation* notwendig.[358]

---

[355] Auch Immobilieninstitutionen wie die Corporate Real Estate Exchange (CREX) erleichtern es Unternehmen, ihren Grundbesitz zu monetarisieren. Hierbei haben sich IBM, die Bank of America und die Proudential Insurance Company sowie weitere Unternehmen nach den Anschlägen auf das World Trade Center in New York zusammengeschlossen, um überschüssige Büroflächen anderen Gesellschaften zur Verfügung zu stellen. Dabei legten die teilnehmenden Unternehmen alle verfügbaren Büroräume der CREX offen, so dass diese Büroflächen an die Gesellschaften weitervermietet werden konnten, die diese benötigten; vgl. Schriefer/Ganesh (2002), S. 234.

[356] Vgl. Häuser (1995), Sp. 1126.

[357] Vgl. Schleef/Richter (1999), S. 173.

[358] Vgl. Crommen (2001), S. 19. Fristentransformation erfolgt beispielsweise, wenn Kreditinstitute für täglich fällige Kundeneinlagen langfristige Kredite vergeben; vgl. Sebastian (2003), S. 15. Hierdurch entsteht neben einem Zinsänderungs- und Kursrisiko ein Geldanschlussrisiko. Letzteres bezeichnet die Gefahr, dass Auszahlungswünschen von Anlegern nicht nachgekommen werden kann; vgl. hierzu Sebastian (2003), S. 15. Zu Zinsrisiken vgl. Albrecht/Maurer (2008), S. 438 ff.

Diese lässt sich durch handelbare Immobilientitel erzielen, mit denen zugleich eine erhöhte Liquidität erreicht wird.[359] Haben die Vertragspartner unterschiedliche Vorstellungen über das einzugehende Risiko, kann dieses Problem durch *Risikotransformation* behoben werden.[360] Das Ausfallrisiko des Kapitalnehmers kann ein Intermediär im Speziellen durch Risikodiversifikation[361], -selektion[362] und -teilung reduzieren.[363] Für die Übernahme dieser Transformationsfunktionen muss die intermediäre Institution selbst in Beziehung zwischen den Kontraktpartner eintreten,[364] sofern sie nicht nur als Garantiegeber fungiert.

Die Immobilien-AG und die Real Estate Securitisation sind derartige intermediäre Institutionen.[365] Als *Immobilienintermediäre* erweitern sie die Verwertungsmöglichkeiten für Unternehmensliegenschaften auf dem Immobilienmarkt, indem sie für ihre Refinanzierung und ihre Transformationsleistungen auf den liquiden Kapitalmarkt zurückgreifen. Beide Institutionen *verbinden* damit den *Immobilien- mit dem Kapitalmarkt*. Für die Verwertung des Realvermögens von Nicht-Immobilienunternehmen reichen je nach Eigenschaften des Grundbesitzes bzw. des Immobilienmarktes die auf diesem Markt angebotenen Intermediationsleistungen nicht aus. Daher sind für die Verwertung von Unternehmensliegenschaften Institutionen wie die Immobilien-AG und die Real Estate Securiti-

---

[359] Dies wird auch als Liquiditätstransformation bezeichnet; vgl. Häuser (1994), Sp. 1125.

[360] Vgl. Crommen (2001), S. 20.

[361] Durch Investition in mehrere Immobilien wird eine Diversifikation erreicht; vgl. Sebastian (2003), S. 14. Sofern die wirtschaftliche Entwicklung der Immobilien unterschiedlichen Faktoren unterliegt, vermindert sich das Risiko des Ausfalls von Zins- bzw. Dividenden- und Tilgungsleistungen; vgl. Spicher (1997), S. 21 f.

[362] Intermediäre können aufgrund ihres Know-hows Risiken besser selektieren.

[363] Vgl. Crommen (2001), S. 21 ff. Hierbei können Intermediäre im Rahmen der Intermediärshaftung selbst Risiken übernehmen; vgl. Bitz/Stark (2008), S. 10.

[364] Vgl. zu diesem „Intermediär im engeren Sinne" Breidenbach (2003), S. 20; Bank (2001), Sp. 837; Spicher (1997), S. 12 f.; Gerke/Pfeufer (1995), Sp. 728; Bitz (1994), S. 262-267 f.; Bitz (1989), S. 430 ff.

[365] Ein weiteres Beispiel für eine derartige Immobilieninstitution ist ein Immobilienfonds. Vgl. zur detaillierten Erläuterung der Immobilien-AG Kapitel III. A. 1 und der Real Estate Securitisation die Kapitel III. B. 1 bis III. B. 2. c).

sation als Intermediäre erforderlich, die den Kapitalmarkt in ihre Transformationsleistungen einbeziehen.

Bei der Grundbesitzverwertung bestehen für ein Nicht-Immobilienunternehmen grundsätzlich verschiedene Handlungsoptionen für ein Objekt. Beispielsweise kann die Liegenschaft entweder nur an eine Institution veräußert oder nach dem Verkauf zusätzlich vom Erwerber zurückgemietet werden. Von den Zahlungen, wie dem Verkaufserlös, den künftig zu leistenden Mieten oder den mit der Transaktion über die Institution verbundenen Kosten[366] hängt ab, über welche Variante eine bestimmte Immobilie verwertet werden sollte. Die Immobilien-AG und die Real Estate Securitisation können für die Verwertung der gleichen Immobilie unterschiedliche Transaktionskosten aufweisen.[367] Daher beeinflussen sie den Zahlungsstrom, der aus der Verwertung des Grundbesitzes für das Nicht-Immobilienunternehmen resultiert, und damit auch den Shareholder Value, in unterschiedlichem Maße. Es ist jedoch zu beachten, dass nicht alle Immobilientypen für die Verwertung über beide Institutionen geeignet sind, weil beispielsweise erforderliche Verfügungsrechte über den Grundbesitz gewahrt werden müssen.

---

[366] Vgl. Williamson (1985), S. 17 sowie Coase (1937), S. 390 f. Die mit verschiedenen Institutionen und Beziehungen verbundenen Kosten werden im Rahmen des Transaktionskostenansatzes analysiert; vgl. Coase (1937), S. 390 f. Zur Darstellung verschiedenen Kostenarten vgl. Albach (1988), S. 1159 ff. Die Transaktionskosten umfassen sowohl die Belastungen durch die einzelne Transaktion als auch durch die Errichtung und den laufenden Betrieb der Institution; vgl. Richter/Furubotn (2003), S. 57 ff. Sie können daher nur unter Berücksichtigung aller Koordinationsmerkmale und -tätigkeiten ermittelt werden. Hierfür werden sie in verschiedenen Phasen des Übertragungsprozesses erfasst, wonach Anbahnungs-, Aushandlungs-, Kontroll- und Anpassungskosten unterschieden werden; vgl. Picot (1982), S. 270 f. Innerhalb der Anbahnungskosten wird auch zwischen Informations- und Suchkosten unterschieden; vgl. Leipold (1983), S. 190. Dabei beeinflussen die Merkmale der Häufigkeit, der Unsicherheit, der Komplexität und der Spezifität der Transaktion deren Kosten; vgl. Achleitner (2002), S. 48 sowie Matten/Wagner (1999), S. 484-488 und Williamson (1985), S. 52 ff.

[367] Vgl. Sotelo (2006a), S. 547.

III. Institutionen zur Verwertung von Unternehmensimmobilien über den Kapitalmarkt

A. *Intermediation durch Immobilien-Aktiengesellschaften*

1. Eignung des Geschäftsmodells für die Immobilienverwertung

Die *Immobilien-AG* ist eine Aktiengesellschaft, deren dominierende Ertragsquelle[368] das Immobiliengeschäft ist. Die Immobilien-AG weist in ihrer Grundform keine rechtlichen oder steuerlichen Besonderheiten gegenüber anderen Aktiengesellschaften auf.[369] In ihrer speziell regulierten Gestaltung als Real Estate Investment Trust verfügt sie jedoch über steuerliche Sonderrechte.[370] Im Rahmen der Unterscheidung in Nicht-Immobilienunternehmen und Immobilienunternehmen sind Immobilien-AGs entsprechend letzterer Kategorie zuzuordnen.[371]

Die Investition in eine Immobilien-AG verkörpert einerseits eine *Immobilienanlage*, da sowohl ihr Vermögen als auch ihre erwirtschafteten Erträge mit Liegenschaften verbunden und demgemäß durch sie geprägt sind.[372] Andererseits handelt es sich bei einer Immobilien-AG um ein Unternehmen, dessen Aktien an der Börse gehandelt werden können.[373] Investoren können hierbei im Vergleich zu einer Direktinvestition in Immobilien eine *Kapitalanlage* mit geringerem Volumen sowie höherer Liquidität und Fungibilität[374] bei zugleich geringeren

[368] Die Immobilien-AG ist nicht gesetzlich definiert. Zur Abgrenzung dieses Gesellschaftstyps wird üblicherweise der Unternehmensertrag herangezogen. Resultiert dieser zu mindestens 75 % aus dem Immobilienbereich, wird die Gesellschaft als Immobilien-AG bezeichnet; vgl. Rehkugler/Sotelo (2009), S. 17 sowie Schulte/Holzmann (2008), S. 178.

[369] Vgl. Rehkugler/Sotelo (2009), S. 17 sowie Rehkugler (2000), S. 230. Für deutsche Immobilien-AGs ist das Aktiengesetz verpflichtend; vgl. Väth (2002), S. 831.

[370] Vgl. hierzu die Ausführungen in Kapital III. A. 2. c).

[371] Vgl. hierzu die Ausführungen in Kapitel II. A. 1.

[372] Vgl. Morawski/Rehkugler (2009), S. 253 f.

[373] Vgl. Morawski/Rehkugler (2009), S. 254 f.

[374] Vgl. Achleitner/Wagner (2006), S. 69 sowie Brauer (1999), S. 33.

Such-, Bewertungs- und Transaktionskosten tätigen.[375] Im Vergleich zu einem offenen Immobilienfonds weisen Immobilien-AGs geringere Transaktionskosten für die Anleger auf, da hierbei kein Ausgabeaufschlag und keine Verwaltungsgebühr einer Kapitalanlagegesellschaft existieren. Zudem unterliegt dieser Gesellschaftstyp im Gegensatz zu Fonds keiner gesetzlichen Beschränkung der Anlagepolitik. Somit kann die Immobilien-AG flexibler am Markt agieren. Zugleich ermöglicht sie geringere Anlagebeträge als geschlossene Immobilienfonds, die zudem meist nur in ein Objekt oder wenige Immobilien investieren, mithin eine geringere Diversifikation vornehmen.[376]

In ihrer Gesamtheit zeichnen sich Immobilien-AGs durch eine *Typenvielfalt* aus, da sie verschiedene Geschäftsmodelle verfolgen können. Grundsätzlich sind diese Unternehmen als bestandshaltend oder projektentwickelnd zu klassifizieren.[377] Bestandshaltende Gesellschaften erzielen ihre Erträge maßgeblich aus der Vermietung, Verpachtung und Verwaltung ihrer Liegenschaftsbestände.[378] Häufig sind ihre Investitionen auf bestimmte Regionen oder Immobilientypen beschränkt.[379] Das Tätigkeitsspektrum von Projektentwicklern umfasst die Pla-

---

[375] Vgl. Nestel (2001), S. 263 sowie Brauer (1999), S. 33. Der Erwerb von Aktien einer Immobilien-AG ist sowohl für institutionelle Anleger als auch für private eine Alternative zu anderen indirekten Immobilienanlagen wie beispielsweise Immobilienfonds; vgl. Rehkugler/Sotelo (2009), S. 17.

[376] Vgl. zu den Vorteilen der Immobilien-AG gegenüber offenen und geschlossenen Fonds Rehkugler (2003), S. 8 f.

[377] Haub bezeichnet bestandshaltende Immobilien-AGs auch als Immobilien-Substanzgesellschaften, Projektentwickler hingegen als Immobilien-Ertragsgesellschaften; vgl. Haub (1998), S. 150.

[378] Vgl. Schulte/Holzmann (2008), S. 178; Maier (2007), S. 92; Falk (2004), S. 437; Nestel (2001), S. 262; Brauer (1999), S. 32.

[379] Beispielsweise investiert die Deutsche EuroShop AG ausschließlich in hochwertige Shoppingcenter in Innenstadtlagen und an etablierten Standorten. Zum Stand 10.02.2010 hat diese Gesellschaft ihr Kapital ausschließlich in Einkaufscenter in Deutschland, Österreich, Polen und Ungarn angelegt; vgl. Deutsche EuroShop AG (2010). Die Hamborner AG fokussiert das Immobilienbestandsgeschäft für gute Büro- und Einzelhandelslagen in Deutschland; vgl. Hamborner AG (2010). Die GAGFAH S.A. vermietet Wohnungen im Bundesgebiet; vgl. GAGFAH S.A. (2010).

nung, Erstellung, Revitalisierung sowie häufig die Weiterveräußerung von Immobilien.[380]

Aufgrund ihrer Spezialisierung sind Immobilien-AGs in der Lage, Informationen kostengünstiger zu beschaffen und auszuwerten, so dass daraus präzise die Entwicklungs-, Nutzungs- und Wertsteigerungspotenziale der Liegenschaften bestimmt werden können.[381] Dem ist entgegenzuhalten, dass mit einer Immobilien-AG Kosten für die Börseneinführung und -notierung einhergehen. Nicht zu unterschätzen sind zudem die Kosten für eine offensive, marktorientierte Kommunikationspolitik, die den (potenziellen) Investoren das Geschäftsmodell verdeutlichen soll. Hierzu sind Informationen über die Unternehmenstätigkeit und -strategie zu veröffentlichen.[382] Neben einer Auswertung von Branchen- und Unternehmensdaten interessieren beispielsweise regionale oder funktionale Geschäftsbereiche und einzelne Immobilien, deren Performance und Risiken.[383]

Durch die Investition in verschiedene Liegenschaften diversifiziert die Immobilien-AG für ihre Investoren Risiken gegenüber einer direkten Anlage in ein einzelnes Objekt und erbringt damit neben der Informationstransformation auch eine Risikotransformation. Die Gesellschaft ist aufgrund der von ihr übernom-

---

380 Vgl. Rehkugler/Sotelo (2009), S. 17.

381 Vor einer Investition müssen sich die Anleger Informationen über die potenziellen Investitionsobjekte beschaffen. Bei Direktinvestitionen in Immobilien sind diese Informationen oft schwierig und nur unter hohen Kosten durch den Käufer zu beschaffen.

382 Die allgemeinen Rechnungslegungs- und Kapitalmarktvorschriften sind hierbei als Mindeststandards anzusehen, deren alleinige Erfüllung das Informationsbedürfnis der Investoren nicht befriedigt. Sie sind mithin für Immobilien-AGs zu spezifizieren; vgl. Gütle/Rehkugler (2009), S. 317. Nach den DVFA-Grundsätzen für effektive Finanzkommunikation sollen die zentralen Grundsätze der Zielgruppenorientierung, der Transparenz und der Kontinuität eingehalten werden; vgl. Deutsche Vereinigung für Finanzanalyse und Asset Management (2008), S. 4.

383 Vgl. Gütle/Rehkugler (2009), S. 320 ff. Seit 1995 zeichnet der Deutsche Immobilienaktien Index (DIMAX) des Bankhauses Ellwanger & Geiger die Performance von Immobilien-AGs ab, die ihren Umsatz und Ertrag zu mindestens 75 % mit dem Immobiliengeschäft erwirtschaften; vgl. Schulte/Holzmann (2008), S. 178 sowie Rehkugler (2000), S. 230.

menen Losgrößentransformation auch in der Lage, große Liegenschaften oder Immobilienportfolios zu erwerben, weil sie Kapital von Investoren bündelt.[384] Da Immobilien-AGs die für die Verwertung von Unternehmensimmobilien erforderlichen Transformationsleistungen erbringen, sind auch sie von Nicht-Immobilienunternehmen bei der Verwertungsentscheidung über den Grundbesitz in Betracht zu ziehen.

Drittverwendungsfähige Liegenschaften können an eine bestandshaltende Immobilien-AG verkauft werden. Bedürfen die Objekte hingegen einer Revitalisierung, ist eine Veräußerung an einen Projektentwickler möglich. Die Immobilien-AG erbringt in diesem Fall auch eine Objekttransformation. Aufgrund ihrer Spezialisierungsvorteile und der übernommenen Transformationsfunktionen besteht die Möglichkeit, dass die Immobilien-AG dem Nicht-Immobilienunternehmen für ein Objekt einen höheren Verkaufspreis zahlt als andere Marktakteure.[385]

Die Immobilien-AG ist zwar aufgrund der zumeist erfolgenden Spezialisierung des Geschäftsmodells prinzipiell sowohl für die Verwertung drittverwendungsfähiger als auch nicht drittverwendungsfähiger Immobilien geeignet. Jedoch sind bei der Liegenschaftsverwertung über diese Institution weiterhin die Restriktionen zu berücksichtigen, die aus der künftigen Nutzung des Grundbesitzes resultieren. Je nach Art der vorliegenden *Nutzungsrestriktion ändert* sich der *Zahlungsstrom*, den das Nicht-Immobilienunternehmen aufgrund der Verwertung über diese Institution erhält.

---

[384] Zu ähnlichen Ausführungen zu Real Estate Private Equity-Fonds vgl. Achleitner/Wagner (2006), S. 69. Dies ist von Bedeutung, da Industrieunternehmen ihr Immobilienportfolio zumeist in einer Transaktion verkaufen wollen.

[385] Vgl. Müller (2003), S. 507. Zu Risiken und Vorteilen von Asset- und Share-Deals bei der Reduktion des Immobilienbestandes vgl. Müller (2003), S. 508-510.

Die Wirkungen einer Verwertungsvariante unter Berücksichtigung der Nutzungsrestriktionen auf den Shareholder Value als Zielkriterium eines Unternehmens sind – insbesondere wenn diese im Detail *quantifiziert* werden sollen – komplex.[386] Um die verschiedenen Sachverhalte anschaulich zu verdeutlichen, werden die jeweiligen Einflüsse exemplarisch an den konkreten Werten für eine fiktive Modellimmobilie nachvollzogen. Hierzu wird ein Büroobjekt gewählt, das typischerweise für ein Nicht-Immobilienunternehmen sowohl einen betriebsneutralen als auch einen betriebsnotwendigen oder dispositionsabhängigen Charakter aufweisen kann. Aus den spezifischen Ergebnissen der verschiedenen Handlungsalternativen im Rahmen der Modellrechnungen lassen sich verallgemeinerungsfähige Aussagen über die Verwertung von Unternehmensimmobilien ableiten.

Die relevanten Eingangsdaten für die Modellrechnung sind in den Tabellen 7 und 8 zusammengestellt und basieren auf einem realistischen Prämissengefüge für eine Büroimmobilie. Bezogen auf den durchschnittlichen Liegenschaftsbestand eines DAX-Unternehmens erfolgt durch die Veräußerung der unterstellten drittverwendungsfähigen Modellimmobilie eine Reduktion des Immobilienvermögens zu Buchwerten um 3,5 %.[387] Als Zeitpunkt für die Vorteilhaftigkeitsbetrachtung wird hier und im Folgenden der 01.01.2010 (t=0) festgelegt.

---

[386] Vgl. hierzu Kapitel II. B. 1. b).

[387] In Kapitel II. A. 2. b) wurde das Immobilienvermögen der DAX-Unternehmen in seiner Summe mit einem Buchwert von 89,63 Mrd. Euro bestimmt. Durchschnittlich entfällt damit ein Immobilienvermögen in Höhe von 2.988 Mio. Euro auf ein einzelnes DAX-Unternehmen (Berechnung: 89,63 Mrd. Euro : 30 = 2.988 Mio. Euro). Würde folglich ein DAX-Unternehmen die Modellimmobilie veräußern, würde sich sein Grundbesitz zu Buchwerten um 105.825.486 Euro, also um 3,5 %, verringern (Berechnung: 100 : 2.988.000.000 Euro · 105.825.486 Euro).

Immobilientyp	Büroimmobilie
Lage	Düsseldorf-Pempelfort, nähe Kennedydamm
Abmessung Grundstück	180 m x 80 m
Abmessung Gebäude	110 m x 60 m
Vermietbare Fläche	132.000 qm
Etagen	22
Monatsmiete pro Quadratmeter in Euro	15
Grundstückspreis pro Quadratmeter in Euro	1.200
Liegenschaftszins in % p.a.	6
Gebäudeabschreibung in % der historischen Anschaffungs-/Herstellungskosten p.a.	3
Restnutzungsdauer	30 Jahre

Tabelle 7: Prämissen der Modellrechnung – Teil 1[388]

[388] Die Eurohypo AG beziffert die Büromieten in Düsseldorf am Kennedydamm im Jahr 2006 auf 12,00 bis 16,50 Euro/qm; vgl. Eurohypo AG (2006), S. 19. Das Netzwerk „DIP – Deutsche Immobilienpartner“ ermittelt Spitzenmieten für Stadtrandlagen in 2008 von 18,50 Euro/qm; vgl. Deutsche Immobilien Partner (2009), S. 6. Aengenvelt gibt die mittlere Miete in Citylagen mit 17,50 Euro/qm an; vgl. Aengevelt Immobilien GmbH & Co. KG (2008), S. 1. Daher wird für das Objekt eine Monatsmiete von 15,00 Euro/qm unterstellt.

Die Bestimmung des Bodenwertes in Höhe von 1.200 Euro/qm erfolgte über das zentrale Informationssystem der Gutachterausschüsse für Grundstückswerte des Immobilienmarktes in Nordrhein-Westfalen unter www.boris.nrw.de. Darin sind Bodenrichtwerte westlich des Kennedydamms mit durchschnittlich 1.200 Euro/qm (Abrufdatum: 10.05.2009) verzeichnet. Der Kennedydamm liegt im Düsseldorfer Norden in Nähe zur Messe, zum Flughafen und zur Innenstadt. Aufgrund der günstigen Verkehrsanbindung können diesem Gebiet gute Entwicklungschancen zugeschrieben werden, die auch künftig (international tätige) Mieter anziehen werden. Somit ist mit einem geringen Mietausfallrisiko zu rechnen.

Der Liegenschaftszins wurde dem Grundstücksmarktbericht Düsseldorf zum Stichtag 01.01.2008 entnommen, der dort für Büro- und Geschäftsgebäude mit 4,5 % bis 6,5 % angegeben wird; vgl. Gutachterausschuss für Grundstückswerte der Landeshauptstadt Düsseldorf (2008), S. 14.

Die Restnutzungsdauer wird mit 30 Jahren angenommen, sofern keine umfangreichen Modernisierungen vorgenommen werden.

Historische Anschaffungs-/Herstellungskosten in Euro	151.179.266
Buchwert der Immobilie zum 01.01.2010 in Euro	105.825.486
Fertigstellung der Immobilie	01.01.2000
Durchschnittlicher Mietausfall in % der Mieteinnahmen (Ist)	8
Durchschnittlicher Mietausfall in % der Mieteinnahmen nach Verkauf an die Immobilien-AG	3
Bewirtschaftungsausgaben in % der Mieteinnahmen (Ist)	18
Bewirtschaftungsausgaben in % der Mieteinnahmen nach Verkauf an die Immobilien-AG	14
Körperschaftsteuersatz in %	15
Gewerbesteuersatz in %	14
Solidaritätszuschlag in %	5,5
Gewerbesteuerhebesatz in %	400
Transaktionsausgaben (Notar und Gericht) in % des Verkaufspreises	1
Transaktionsausgaben (Rechts- und Steuerberatung) in % des Verkaufspreises	0,5
Grunderwerbsteuer in % des Verkaufspreises	3,5

Tabelle 8: Prämissen der Modellrechnung – Teil 2[389]

[389] Nach § 6 Abs. 4 Satz 1 Nr. 1 EStG beläuft sich bei Gebäuden, die dem Betriebsvermögen zuzurechnen sind und nicht zu Wohnzwecken dienen, die Abschreibung auf jährlich 3 % der Anschaffungs- oder Herstellungskosten, sofern der Bauantrag nach dem 31.03.1985 gestellt wurde. Demgemäß wurden die historischen Anschaffungs- und Herstellungskosten von 151.179.266 Euro bis zum 01.01.2010 bereits zehn Jahre mit 3 % p.a. bzw. mit jährlich 45.353.378 Euro auf 105.825.486 Euro abgeschrieben. Folglich wird die Immobilie weitere 23 Jahre mit 3 % p.a. abgeschrieben, im 24. Jahr mit 1 %, sofern sie im Eigentum des Unternehmens verbleibt. Ab dem 25. Jahr nimmt das Nicht-Immobilienunternehmen keine weiteren Abschreibungen vor.
Die Bewirtschaftungsausgaben sind nicht auf die Mieter umlagefähig und damit vom Immobilieneigentümer zu tragen.
Nach § 23 Abs. 1 KStG beträgt der Körperschaftsteuersatz 15 %.
Der Gewerbesteuersatz berechnet sich aus der Steuermesszahl in Höhe von 3,5 nach § 11 Abs. 2 GewStG und dem unterstellten Hebesatz von 400 % zu 14 % (= 3,5 · 4).
Der nach § 4 SolZG zu entrichtende Solidaritätszuschlag beträgt 5,5 % der zu zahlenden Körperschafsteuer.
Zumeist werden die Transaktionsaktionsausgaben für eine Immobilienveräußerung auf 1 % des Kaufpreises beziffert. Für die Verwertung dieser Unternehmensimmobilien werden weitere Ausgaben in Höhe von 0,5 % des Kaufpreises für Rechts- und Steuerberatung berücksichtigt.
Die Grunderwerbsteuer beträgt nach § 11 Abs. 1 GrEStG 3,5 %.

2. Immobilienveräußerung an eine Immobilien-Aktiengesellschaft

a) Betriebsneutrale Immobilien

Wird die Modellimmobilie als *betriebsneutral* unterstellt, kann diese in einem Unternehmen keiner weiteren Verwendung zugeführt werden und steht daher für eine Verwertung unter Aufgabe der Verfügungsrechte, folglich für eine Veräußerung beispielsweise an eine Immobilien-AG, bereit. Neben der Veräußerungsalternative besteht für die Gesellschaft die *grundlegende Handlungsoption*, die betriebsneutrale Immobilie weiterhin im Eigentum zu belassen und selbst extern zu vermieten. Entscheidungsrelevant für eine rein finanzwirtschaftliche Beurteilung der Basisalternative „*Immobilie im Eigentum halten und vermieten*" ist dabei deren Zahlungsstrom. Mithin müssen für die Bewertung dieser Handlungsmöglichkeit alle durch sie ausgelösten Einnahmen und Ausgaben erfasst werden.[390]

Im Rahmen dieser Alternative erzielt das Unternehmen unter Berücksichtigung des durchschnittlichen Mietausfalls monatliche Mieteinnahmen in Höhe von 1.821.600 Euro.[391] Zu berücksichtigen sind zudem die von der Gesellschaft zu tragenden Bewirtschaftungsausgaben in Höhe von 356.400 Euro,[392] so dass nach

---

[390] Vgl. Schirmeister (2006b), S. 2692.

[391] Berechnung der monatlichen Mieteinnahme: 15 Euro/qm · 132.000 qm gesamte Mietfläche = 1.980.000 Euro. Unter der Annahme, dass der durchschnittliche Mietausfall in Höhe von 8 % der Mieteinnahmen eintritt, mithin ein Einnahmeausfall in Höhe von 158.400 Euro (= 0,08 · 1.980.000 Euro) einkalkuliert wird, ist eine monatliche Mieteinnahme unter Berücksichtigung des Mietausfalls von 1.821.600 Euro (1.980.000 Euro Mieteinnahme – 158.400 Euro Mietausfall) zu verzeichnen.

[392] Berechnung der monatlichen Bewirtschaftungsausgaben: 1.980.000 Euro · 0,18 = 356.400 Euro. Bei der Berechnung wird unterstellt, dass die Bewirtschaftungsausgaben auf Basis der Mieteinnahmen bei Vollvermietung ermittelt werden.

Abzug dieser Zahlung eine monatliche Netto-Mieteinnahme (vor Steuern)[393] in Höhe von 1.465.200 Euro erzielt wird.[394] Daraus lässt sich eine konforme Netto-Jahresmieteinnahme[395] in Höhe von 17.743.572 Euro[396] ableiten. Zur Ermittlung der Bemessungsgrundlage für die Ertragsbesteuerung ist die konforme Netto-Jahresmieteinnahme (vor Steuern) um die jährlichen Abschreibungen[397] zu reduzieren. Dieser Betrag ist mit 15 % Körperschaftsteuer, 14 % Gewerbesteuer und 5,5 % Solidaritätszuschlag auf die Körperschaftsteuer zu versteuern. Es ergeben sich somit für das Unternehmen konforme Netto-Jahresmieteinnahmen nach Steuern für t=1 bis t=23 in Höhe von 13.804.228 Euro, für t=24 von 12.902.444 Euro und ab t=25 von 12.451.552 Euro, wie Tabelle 9 verdeutlicht.

---

393 Der Begriff der Netto-Mieteinnahme bezeichnet fortan die Mieteinnahmen reduziert um die Bewirtschaftungsausgaben und den potenziellen Mietausfall.

394 Berechnung der monatlichen Netto-Mieteinnahme (vor Steuern): 1.980.000 Euro Mieteinnahme – 158.400 Euro Mietausfall – 356.400 Euro Bewirtschaftungsausgaben = 1.465.200 Euro.

395 Für die folgende investitionsrechnerische Bewertung der Alternativen werden die Zahlungen – abgesehen von den Anfangseinnahmen durch Veräußerung – annahmegemäß am Jahresende fällig. Die monatlich (nachschüssigen) Netto-Mieteinnahmen Y_{NM} müssen daher durch Aufzinsen in eine konforme Netto-Jahresmieteinnahme Y_{NJM} (jahreskonforme Ersatzmieteinnahme) umgerechnet werden. Dabei wird unterstellt, dass die Aufzinsung der unterjährigen Netto-Mieteinnahmen bis zum Jahresende auf Grundlage der einfachen Verzinsung mit dem Zinsfuß i (dezimal) erfolgt. Die Summe der m zeitverschieden anfallenden und aufgezinsten unterjährigen Netto-Mieteinnahmen entspricht der Netto-Jahresmieteinnahme. Diese errechnet sich nach: $Y_{NJM} = Y_{NM} \cdot [(m + i : 2 \cdot (m - 1)]$. Die Begriffe der Netto-Jahresmieteinnahme bzw. -ausgabe bezeichnen in den folgenden Ausführungen jeweils die jahreskonformen Größen.

396 Berechnung der konformen Jahresmieteinnahme nach Bewirtschaftungsausgaben: 1.465.200 Euro · (12 + 0,02 : 2 · 11) = 17.743.572 Euro. Der für die Beispielrechnung unterstellte Zinssatz von i = 0,02 kann durch Zinssätze für Tagesgeld oder bis zu einem Jahr laufende Festgelder plausibilisiert werden.

397 Die jährliche Abschreibung für t=1 bis t=23 beträgt 4.535.378 Euro (= 3 % der historischen Anschaffungs- bzw. Herstellungskosten in Höhe von 151.179.266 Euro), die für t=24 1.511.793 Euro (= 1 % der historischen Anschaffungs- bzw. Herstellungskosten in Höhe von 151.179.266 Euro). Ab t=25 ist die Immobilie vollständig abgeschrieben.

	t=1 bis t=23	t=24	ab t=25
Konforme Netto-Jahresmieteinnahme p.a. in Euro	**17.743.572**	**17.743.572**	**17.743.572**
- Abschreibung in Euro	4.535.378	1.511.793	0
= Steuerbemessungsgrundlage	**13.208.194**	**16.231.779**	**17.743.572**
Konforme Netto-Jahresmieteinnahme p.a. in Euro	**17.743.572**	**17.743.572**	**17.743.572**
- Körperschaftsteuer in Euro	1.981.229	2.434.767	2.661.536
- Solidaritätszuschlag in Euro	108.968	133.912	146.384
- Gewerbesteuer in Euro	1.849.147	2.272.449	2.484.100
= Konforme Netto-Jahresmieteinnahme nach Steuern p.a. in Euro	**13.804.228**	**12.902.444**	**12.451.552**

Tabelle 9: Konforme Netto-Jahresmieteinnahmen nach Steuern

Die zu verschiedenen Zeitpunkten zufließenden konformen Netto-Jahresmieteinnahmen nach Steuern ($NJM_t^{nach\ Steuern}$) sind jedoch nicht gleichwertig.[398] Aufgrund einer unterstellten positiven Zeitpräferenz des desinvestierenden Unternehmens zieht dieses frühere positive Zahlungssalden späteren vor. Durch Ermittlung des Kapitalwertes zum Zeitpunkt t=0 können die von t=1 bis t=n erfolgenden Netto-Mieteinnahmen auf den Entscheidungszeitpunkt umgerechnet werden. Die Bestimmung des Kapitalwertes hat für die Nicht-Immobilienunternehmen gegenüber dem Endwert[399] den Vorteil, dass die Gesellschaft die Handlungsalternativen für ihr Immobilienvermögen direkt in Hinblick auf deren Potenzial zur Steigerung des Unternehmenswertes analysieren können, da auch der Shareholder Value auf der Barwertbetrachtung basiert.[400] Der Kapitalwert C_0 einer Handlungsoption ergibt sich aus der Summe der Barwerte der (konformen) Netto-Jahresmieteinnahmen nach Steuern:

$$C_0 = \sum_{t=0}^{n} NJM_t^{nach\ Steuern} \cdot (1+i)^{-t}$$

[398] Vgl. Wöhe (2008), S. 532 sowie Franke/Hax (2004), S. 166. Vgl. hierzu die Ausführungen in Kapitel II. B. 1. b) zur Operationalisierung des Shareholder Values.

[399] Bei der Endwertbetrachtung erfolgt die Aufzinsung der mit einer Handlungsalternative verbundenen Einnahmen und Ausgaben auf den Zeitpunkt t=n.

[400] Zu Sonderfällen, die die Anwendung des Kapitalwertmodells auf dem unvollkommenen Kapitalmarkt rechtfertigen, vgl. Schirmeister (1990), S. 27-29.

Die Verwertung von Liegenschaften kann als Projekt eines Nicht-Immobilienunternehmens aufgefasst werden.[401] Für die investitionsrechnerische Bewertung eines Projektes ist grundsätzlich ein spezifischer Diskontierungszins zu ermitteln und anzuwenden.[402] Weil dessen Ermittlung aber regelmäßig sehr komplex und aufwendig ist, wird pragmatisch ein gesamtunternehmensbezogener Diskontierungszins zur Bewertung der verschiedenen Unternehmensprojekte herangezogen. Da analysiert werden soll, wie sich die verschiedenen Verwertungsalternativen auf den Shareholder Value auswirken, bietet sich der *(Gesamt-)Kapitalkostensatz* der entsprechenden Gesellschaft als Zinsfuß an, der auch bei der Bestimmung des Unternehmenswertes zugrunde gelegt wird.[403] Die Diskontierung der zeitverschiedenen Netto-Jahresmieteinnahmen erfolgt daher mit dem gewogenen Kapitalkostensatz des *Nicht-Immobilienunternehmens*, der die Renditeforderung der Eigen- und Fremdkapitalgeber der Gesellschaft darstellt.[404] Da die aus den Handlungsalternativen im Rahmen der Verwertung resultierenden Zahlungsüberschüsse annahmegemäß gerade in das Nicht-Immobilienunternehmen reinvestiert werden und dort die angestrebte Rendite der Kapitalgeber erwirtschaften sollen, ist die Wahl des Kapitalkostensatzes dieser Gesellschaft als Diskontierungszins materiell begründet.[405]

Die Diskontierung mit dem WACC eines Unternehmens aus der *Immobilienbranche* oder aus einem Immobiliengeschäftsbereich ist nicht sachgerecht, weil Zahlungsüberschüsse, die aus der Grundbesitzverwertung resultieren, gerade in

---

[401] Vgl. Schäfer (2005), S. 330. Vgl. zur Diskussion von Investitionsprojekten als Elemente von unternehmensbezogenen Gesamtprogrammen Schirmeister (1990), S. 5.

[402] Vgl. Schäfer (2005), S. 337 f. Vgl. zur Festlegung von situativen Soll- und Habenzinssätzen für verschiedene Kapitaltypen im Rahmen der projektbezogenen Investitionsrechnung Schirmeister (1990), S. 29-34.

[403] Vgl. zum Gesamtkapitalkostensatz WACC die Ausführungen in Kapitel II. B. 1. b).

[404] Vgl. Reiners (2004), S. 5.

[405] Bei Zahlungsfehlbeträgen muss hingegen auf bereits geplante Unternehmensinvestitionen verzichtet werden.

das *immobilienfremde Kerngeschäft* des Nicht-Immobilienunternehmens reinvestiert werden. Daher ist für die Analyse der Kapitalkostensatz des Nicht-Immobilienunternehmens heranzuziehen.

Vernachlässigt wird in diesem Modell, dass das durch die Immobiliendesinvestition zufließende Kapital zur Tilgung von Fremdkapital eingesetzt werden kann. Dies reduziert ceteris paribus den Verschuldungsgrad und wirkt sich auf den Kapitalkostensatz und damit auf den Diskontierungszins der Gesellschaft aus.[406] Zumeist ist ein Nicht-Immobilienunternehmen gezwungen, mit dem verfügbaren Kapital zunächst die mit den Liegenschaften über Sicherungsvereinbarungen verbundenen Kredite zurückzuführen. Für diese wird eine geringere Verzinsung gefordert als für unbesicherte Darlehen. Der Fremdkapitalkostensatz, der in den WACC eingeht, erhöht sich entsprechend. Von derartigen wechselseitigen Wirkungen wird im Rahmen der Modellrechnung abgesehen und ein konstanter Kalkulationszins für den gesamten Betrachtungszeitraum unterstellt.

Der durchschnittliche Kapitalkostensatz beträgt in der Modellrechnung annahmegemäß 8 %.[407] Durch Diskontierung der konformen Netto-Jahresmieteinnahmen nach Steuern[408] mit diesem Kalkulationszins resultiert ein Kapitalwert für

---

406 Vgl. hierzu auch die Ausführungen in Kapitel II. B. 2. b) (1).

407 Da das Modell einen allgemeingültigen Charakter aufweisen soll, wird den Berechnungen ein durchschnittlicher Kapitalkostensatz zugrunde gelegt. Der für die Diskontierung eingesetzte Kapitalkostensatz wird auf Basis realisierter Kapitalkosten deutscher Unternehmen ermittelt. Hierfür erfolgt der Rückgriff auf die Studie von DRUKARCZYK/SCHÜLER (2003). Die Autoren haben für ein Sample aus 168 deutschen Unternehmen aus dem DAX, dem MDAX und dem SDAX die durchschnittlichen Kapitalkosten von 1988 bis 2000 ermittelt. Durch den langen Analysezeitraum von dreizehn Jahren soll eine Allgemeingültigkeit des gewählten Kapitalkostensatzes gewährleistet werden. Der niedrigste, im Rahmen der Studie ermittelte Wert lag 1998 bei 6,3 % und der höchste 1990 bei 9,8 %. Das arithmetische Mittel der Kapitalkostensätze beträgt für den Betrachtungszeitraum 8,06 % (Berechnung: 8,6 + 8,6 + 9,8 + 9,0 + 8,5 + 7,5 + 9,1 + 8,1 + 7,7 + 7,2 + 6,3 + 7,1 + 7,3) : 13 = 8,06); vgl. Drukarczyk/Schüler (2003), S. 343. Daher wird ein Diskontierungszins von 8 % für die Modellrechnungen festgesetzt.

408 Zur Berechnung der Barwerte der konformen Netto-Jahresmieteinnahmen nach Steuern vgl. Tabelle A-4.

die Alternative *„Immobilie im Eigentum halten und vermieten“* in Höhe von *169.744.191 Euro.*[409]

Im Folgenden ist die Handlungsalternative zu bewerten, die *betriebsneutrale Immobilie an eine Immobilien-AG zu veräußern.* Der Zahlungsstrom und damit die Vorteilhaftigkeit dieser Handlungsoption für das Nicht-Immobilienunternehmen wird bei der „Verkaufsalternative“ ausschließlich durch den Verkaufspreis nach Transaktionsausgaben und Steuern beeinflusst, den die Gesellschaft vom Käufer des Grundbesitzes erhält.

Generell wird auch der Erwerber eine Bewertung der aus dem Grundbesitz resultierenden Zahlungsströme, mithin der Anfangsausgabe für den Kaufpreis und der Zahlungen in späteren Perioden, vornehmen. Hierbei wird dieser subjektive Planungsdaten unterstellen, die sich in anderen Einnahmen- und Ausgabenumfängen in den verschiedenen Perioden niederschlagen. Zudem wird der Interessent einen für seine Gesellschaft angemessenen WACC wählen. Verschiedene potenzielle Käufer können folglich von unterschiedlichen Zahlungsströmen und Kapitalkostensätzen für die Diskontierung ausgehen. Dies bedeutet, dass jeder Investor einen subjektiven Grenzpreis ermittelt, den er gerade noch für die Lie-

---

[409] Unter der Annahme, dass ab t=25 eine konstante konforme Netto-Jahresmieteinnahme nach Steuern $NJM_t^{nach\ Steuern}$ in Höhe von 12.451.552 Euro (vgl. Tabelle 9) für einen unendlichen Zeitraum erwirtschaftet wird, kann der Wert dieser Zahlungen zum Zeitpunkt t=24 unter Berechnung der ewige Rente $eR = NJM_t^{nach\ Steuern} \cdot i^{-1}$ mit 155.644.400 Euro beziffert werden. Der Wert dieses Kapitals zum Zeitpunkt t=0 beträgt 24.545.019 Euro. Zur Berechnung siehe die Anmerkungen zur Tabelle A-4. Würde hingegen lediglich der Zeitraum bis zum Ende der wirtschaftlichen Restnutzungsdauer der Immobilie in t=30 in die Bewertung einbezogen, ändert sich die Vorteilhaftigkeitsaussage nicht grundlegend. Die ermittelten Periodenzahlungen würden in diesem Fall nur bis zur Periode t=30 diskontiert, so dass sich sowohl positive als auch negative Endergebnisse der jeweiligen Alternative leicht reduzieren, sich jedoch die Vorteilhaftigkeit nicht verändert. Dies resultiert daraus, dass nach t=30 erfolgende Zahlungen aufgrund der langen Diskontierungsdauer in t=0 nur einen geringen Wert aufweisen. Sofern der Betrachtungszeitraum durch die Restnutzungsdauer der Immobilie begrenzt wird, ergibt sich ein Kapitalwert diese Alternative in Höhe von 154.276.664 Euro. Zu dieser Berechnung vgl. die Anmerkungen zu Tabelle A-4.

genschaft zu zahlen bereit ist. Ein veräußerndes Nicht-Immobilienunternehmen kann daher je nach Erwerber verschiedene Verkaufspreise erzielen.

Die Wirkung eines unterschiedlichen Verkaufspreises für die Vorteilhaftigkeit einer Verwertungsvariante in Hinblick auf die Steigerung des Shareholder Values ist in der Praxis von hoher Bedeutung und muss explizit bei der Entscheidungsfindung analysiert und berücksichtigt werden. Im Rahmen der Modellanalyse soll dieser Aspekt jedoch vernachlässigt werden.

Für die Modellimmobilie wird daher für den Verkauf an verschiedene Immobilienintermediäre stets der gleiche Verkaufspreis unterstellt. Dieser soll für die Büroliegenschaft annahmegemäß ihrem objektivierten Verkehrswert[410] entsprechen. Die Ermittlung dieses Wertes erfolgt auf Basis des Verfahrens, welches von Gutachterausschüssen angewendet wird.[411] Dabei wird der Wert der Immobilie als baulicher Anlage getrennt vom Bodenwert ermittelt, wie Abbildung 9 verdeutlicht.[412]

[410] Nach § 194 BauGB wird der Verkehrswert „... durch den Preis bestimmt, der in dem Zeitpunkt, auf den sich die Ermittlung bezieht, im gewöhnlichen Geschäftsverkehr nach den rechtlichen Gegebenheiten und tatsächlichen Eigenschaften, der sonstigen Beschaffenheit und der Lage des Grundstücks ... ohne Rücksicht auf ungewöhnliche oder persönliche Verhältnisse zu erzielen wäre." Dabei ist für die Ermittlung von Verkehrswerten die Verordnung über die Grundsätze für die Ermittlung von Verkehrswerten von Grundstücken anzuwenden; vgl. § 1 WertV.

[411] Grundsätzlich kann die Ermittlung des Verkehrswertes nach § 7 Abs. 1 WertV über das Vergleichswert-, das Ertragswert- sowie das Sachwertverfahren bestimmt werden. Zum Vergleichwertverfahren siehe § 13 und 14 WertV, zum Sachwertverfahren siehe § 21 bis 25 WertV.

[412] Vgl. § 15 Abs. 1 WertV.

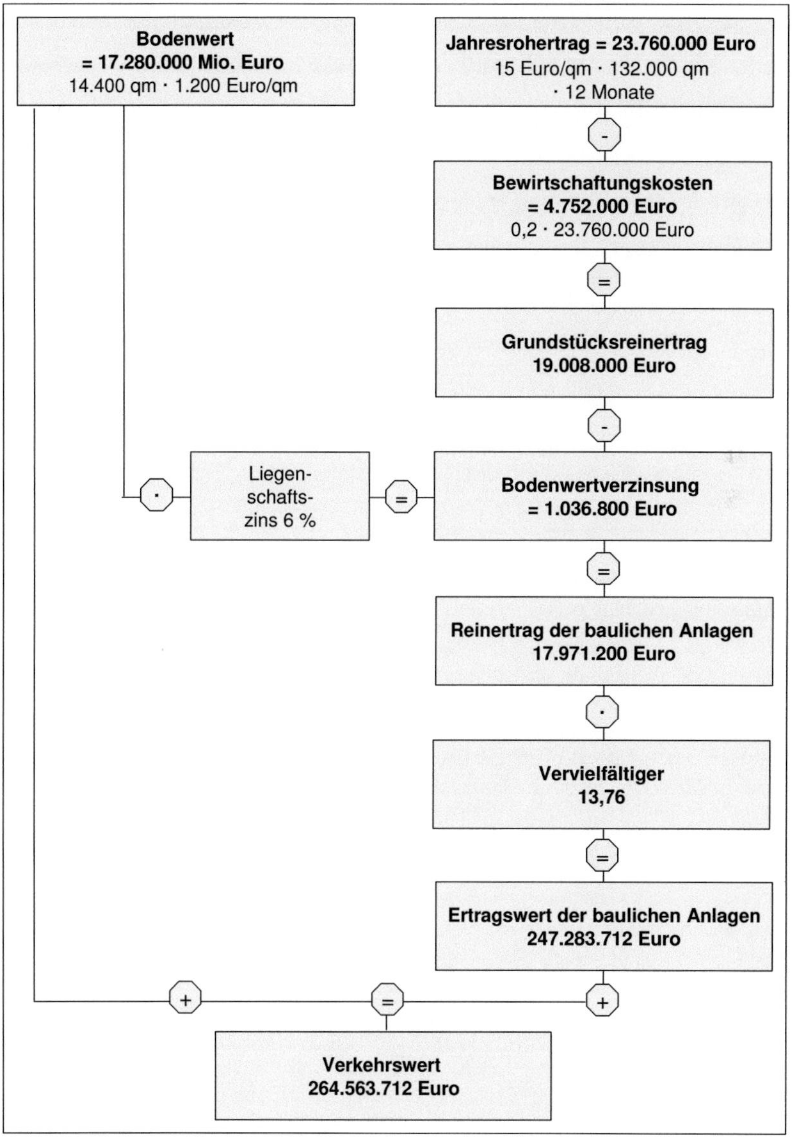

Abbildung 9: Verkehrswertermittlung für die Modellimmobilie[413]

[413] Abbildung in Anlehnung an Leopoldsberger/Thomas (2004), S. 153.

Der *Bodenwert* wird hierbei nach dem Vergleichswertverfahren ermittelt[414] und beläuft sich für das 14.400 qm[415] große Grundstück gemäß dem unterstellten Bodenrichtwert in Höhe von 1.200 Euro/qm auf 17.280.000 Euro.[416] Basis der Ermittlung des *Ertragswertes der baulichen Anlagen*[417] ist der nachhaltig erzielbare jährliche Reinertrag der Immobilie, der sich aus dem Rohertrag von 15 Euro/qm abzüglich der Bewirtschaftungskosten (einschließlich Abschreibung und Mietausfall) ergibt.[418] Der jährliche Rohertrag[419] beläuft sich auf 23.760.000 Euro.[420] Als Bewirtschaftungskosten[421] werden 20 %[422] des jährlichen Rohertrags subtrahiert, so dass ein Grundstücksreinertrag von 19.008.000 Euro resultiert. Dieser wird um die Bodenwertverzinsung in Höhe von 1.036.800 Euro reduziert,[423] so dass sich ein Reinertrag der baulichen Anlagen von 17.971.200 Euro

---

414 Vgl. § 15 Abs. 2 WertV.

415 180 m · 80 m = 14.400 qm.

416 14.400 qm · 1.200 Euro/qm = 17.280.000 Euro.

417 Grundüberlegung dieser Methodik ist, dass der Immobilienwert über die Erträge, die sich mit der Liegenschaft erzielen lassen, bestimmt wird.

418 Vgl. § 16 Abs. 2 WertV. Gemäß der Systematik der WertV sind als „Bewirtschaftungskosten" sowohl die eigentlichen Bewirtschaftungsausgaben als auch die Abschreibung und der Mietausfall in einem Prozentsatz vom Rohertrag der Immobilie abzuziehen.

419 Nach § 17 WertV umfasst der Rohertrag „alle bei ordnungsgemäßer Bewirtschaftung und zulässiger Nutzung nachhaltig erzielbaren Einnahmen aus dem Grundstück, insbesondere Mieten und Pachten …".

420 15 Euro/qm · 132.000 qm · 12 Monate = 23.760.000 Euro Jahresrohertrag.

421 Als Bewirtschaftungskosten sind Abschreibungen, Verwaltungs-, Betriebs- und Instandhaltungskosten, Mietausfallwagnisse und eine ungedeckte Betriebskostenumlage zu berücksichtigen; vgl. im Detail hierzu § 18 WertV.

422 Die 20 % Bewirtschaftungskosten setzen sich aus der Summe der Bewirtschaftungsausgaben von 14 %, der jährlichen Abschreibung von 3 % und dem Mietausfallwagnis von 3 % zusammen; vgl. hierzu Tabelle 8. Aufgrund von Effizienzvorteilen und Größendegressions- und Erfahrungseffekten sind die Bewirtschaftungsausgaben bei einem Eigentümer wie der Immobilien-AG geringer als bei dem Nicht-Immobilienunternehmen. Diese geringeren Bewirtschaftungsausgaben werden für die objektive Immobilienbewertung unterstellt.

423 Vgl. § 16 Abs. 2 WertV. Für die Bodenwertverzinsung wird der Liegenschaftszins zugrunde gelegt. Nach § 11 Abs. 1 WertV ist der Liegenschaftszins der Zinssatz, mit dem der Verkehrswert von Liegenschaften im Durchschnitt marktüblich verzinst wird. Er wird auf der Grundlage geeigneter realisierter Kaufpreise und der ihnen entsprechenden Reinerträge für gleichartig bebaute und genutzte Grundstücke unter Berücksichtigung der

ergibt.[424] Dieser Wert ist mit dem entsprechenden Vervielfältiger aus der Anlage 1 der Verordnung über Grundsätze für die Ermittlung der Verkehrswerte von Grundstücken (WertV) zu kapitalisieren, der sich nach dem Liegenschaftszins und der Restnutzungsdauer[425] der Immobilie bemisst.[426] Es ergibt sich somit ein Ertragswert der baulichen Anlage in Höhe von 247.283.712 Euro. Nach Hinzurechnung des Bodenwertes in Höhe von 17.280.000 Euro beläuft sich der objektive Verkehrswert der Modellimmobilie, der als Verkaufspreis zugrunde gelegt wird, auf 264.563.712 Euro.

Das Nicht-Immobilienunternehmen erhält den Verkaufspreis in Höhe von 264.563.712 Euro, trägt jedoch die Transaktionsausgaben für Notar und Gericht in Höhe von 1,5 % des Verkaufspreises[427] sowie die Grunderwerbsteuer[428] in Höhe von 3,5 %.[429] Bemessungsgrundlage für die Grunderwerbsteuer ist der

---

Restnutzungsdauer der Immobilien nach dem Ertragswertverfahren ermittelt; vgl. hierzu Leopoldsberger (2006), S. 188.

424 Da für den Boden eine unendliche Nutzungsdauer unterstellt wird, für Gebäude hingegen eine endliche, ist die getrennte Bewertung der jeweiligen Ertragsanteile von Boden und Gebäuden erforderlich; vgl. Leopoldsberger (2006), S. 188.

425 Als Restnutzungsdauer nach § 16 Abs. 4 1. Hs. WertV wird die Anzahl der Jahre betrachtet, „... in denen die baulichen Anlagen bei ordnungsgemäßer Unterhaltung und Bewirtschaftung voraussichtlich noch wirtschaftlich genutzt werden können."

426 Vgl. § 16 Abs. 3 WertV. Für den vorliegenden Fall eines Liegenschaftszinses in Höhe von 6 % und einer angenommenen Restnutzungsdauer von dreißig Jahren ergibt sich ein Vervielfältiger von 13,76.

427 Vgl. Lehmann/Danielewsky (2003), S. 64 sowie Wulfken/Lang (2003), S. 8.

428 Vgl. Bosak (2005), S. 547 f. sowie Weller/Klüwer (2004), S. 852 und Lehmann/Danielewsky (2003), S. 64.

429 Schuldner der Grunderwerbsteuer sind nach § 13 Nr. 1 GrEStG die an einem Erwerbsvorgang als Vertragsteile beteiligten Personen als Gesamtschuldner, in diesem Fall folglich sowohl das verkaufende Nicht-Immobilienunternehmen als auch die Immobilien-AG. Bei einer Grundbesitztransaktion wird regelmäßig im Rahmen des Kaufvertrages festgehalten, welche Partei die Grunderwerbsteuer sowie die Notar- und Gerichtsgebühren trägt. Für den vorliegenden Fall wird unterstellt, dass das Nicht-Immobileinunternehmen diese Ausgaben übernimmt. Wenn vereinbart wird, dass der Erwerber diese Zahlungen übernimmt, würde der Käufer diese Ausgaben in seinen Kaufpreis a priori einkalkulieren. Der Kaufpreis, den er in diesem Fall zu zahlen bereit ist, ergäbe sich aus dem objektivierten Verkehrswert abzüglich dieser Zahlungen. Grundsätzlich haften jedoch Käufer und Verkäufer gesamtschuldnerisch für die Grunderwerbsteuer. Die Aufforderung zur Zahlung der

Wert der Gegenleistung,[430] hier der Verkaufspreis. Es ergeben sich somit Transaktionsausgaben in Höhe von 3.968.456 Euro[431] und Grunderwerbsteuer von 9.259.730 Euro.[432]

Wenn die Veräußerung des Grundbesitzes zu einem Verkaufspreis erfolgt, der über dem Buchwert liegt, werden die stillen Reserven in den Immobilien aufgedeckt. Daraus resultiert für das Nicht-Immobilienunternehmen ein *steuerpflichtiger Veräußerungsgewinn* in Höhe der Differenz zwischen Verkaufspreis und Buchwert, der mit dem für die Gesellschaft relevanten Ertragssteuersatz belegt wird. Bei der Berechnung des Veräußerungsgewinns sind jedoch die Kosten, die in einem unmittelbaren sachlichen Zusammenhang mit dem Verkauf stehen, vom Veräußerungspreis abzuziehen. Daher reduziert sich der Verkaufspreis um die Transaktionsausgaben und die Grunderwerbsteuer.

Der Veräußerungsgewinn[433] beläuft sich für die Modellimmobilie bei dem unterstellten objektivierten Verkaufspreis auf 145.510.040 Euro, wie Abbildung 10 zusammenfasst.

Grunderwerbsteuer richten die Steuerbehörden jedoch zunächst an die Vertragspartei, die sich vertraglich zur Übernahme der Steuer verpflichtet hat. Zahlt diese nicht, wird der Vertragspartner in Anspruch genommen. Letzterer hat einen Ausgleichanspruch an die Partei, die vertraglich die Begleichung der Grunderwerbsteuer zugesagt hat.

430 Vgl. § 8 Abs. 1 GrEStG.

431 Berechnung der Transaktionsausgaben: 264.563.712 Euro · 0,015 = 3.968.456 Euro.

432 Berechnung der Grunderwerbsteuer: 264.563.712 Euro · 0,035 = 9.259.730 Euro. Im Vergleich zu einer Liegenschaftsveräußerung an einen anderen Investor verursacht der Verkauf an eine Immobilien-AG bei gleichem Verkaufspreis keine höhere Steuerbelastung.

433 Seit 2004 können Veräußerungsgewinne nur beschränkt mit Verlustvorträgen verrechnet werden. Nach § 10d Abs. 2 EStG können nicht ausgeglichene negative Einkünfte, die nicht nach § 10d Abs. 1 EStG von einem Verlustrücktrag abgezogen wurden, im folgenden Veranlagungszeitraum bis zu einem Gesamtbetrag der Einkünfte von 1 Mio. Euro unbeschränkt, darüber hinaus bis zu 60 % des 1 Mio. Euro übersteigenden Gesamtbetrages der Einkünfte abgezogen werden.
Nach § 6b EStG besteht die Möglichkeit zur Bildung einer Investitionsrücklage zur Neutralisierung des Veräußerungsgewinns. Nach § 6b Abs. 1 EStG können Steuerpflichtige, die Immobilien veräußern, die im Wirtschaftsjahr der Veräußerung oder im vorangegangenen Wirtschaftsjahr angeschafft oder hergestellt worden sind, einen Betrag bis zur Höhe des bei der Veräußerung entstandenen Gewinns abziehen. Nach § 6b Abs. 3 EStG können

Berechnung des zu versteuernden Veräußerungsgewinns

Verkaufspreis	264.563.712 Euro
- Transaktionsausgaben 1,5 % des Verkaufspreises	3.968.456 Euro
- Grunderwerbsteuer 3,5 % des Verkaufspreises	9.259.730 Euro
- Buchwert	105.825.486 Euro
= Veräußerungsgewinn	**145.510.040 Euro**

Berechnung der Steuerzahlung

Körperschaftsteuer:	0,15 · 145.510.040 Euro	21.826.506 Euro
Solidaritätszuschlag:	0,055 · 21.826.506 Euro	1.200.458 Euro
Gewerbesteuer:	0,14 · 145.510.040 Euro	20.371.406 Euro

Berechnung des Liquiditätszuflusses für das Nicht-Immobilienunternehmen

Verkaufspreis	264.563.712 Euro
- Transaktionsausgaben	3.968.456 Euro
- Grunderwerbsteuer	9.259.730 Euro
- Körperschaftsteuer	21.826.506 Euro
- Solidaritätszuschlag	1.200.458 Euro
- Gewerbesteuer	20.371.406 Euro
= Liquiditätszufluss	**207.937.156 Euro**

Abbildung 10: Liquiditätszufluss durch Immobilienverkauf an eine Immobilien-AG

Nach Steuern und Transaktionsausgaben ergibt sich für das Nicht-Immobilienunternehmen ein Liquiditätszufluss in t=0 und damit ein Kapitalwert der Alter-

---

Steuerpflichtige – sofern sie den Abzug nach Absatz 1 nicht vorgenommen haben – eine den steuerlichen Gewinn mindernde Rücklage bilden. Bis zur Höhe der Rücklage können sie von den Anschaffungs- oder Herstellungskosten der Wirtschaftsgüter, die in den folgenden vier Wirtschaftsjahren angeschafft oder herstellt werden, im Wirtschaftsjahr ihrer Anschaffung oder Herstellung einen Betrag unter Berücksichtigung der Einschränkungen des Absatzes 1 Satz 2-4 abziehen. Bei neu hergestellten Gebäuden, verlängert sich die Frist von vier Jahren auf sechs, wenn mit ihrer Herstellung vor dem Schluss des vierten auf die Bildung der Rücklage folgenden Wirtschaftjahres begonnen worden ist. Nach § 6b Abs. 4 EStG ist für die Anwendung der Absätze 1 und 3 unter anderem Voraussetzung, dass die veräußerten Wirtschaftgüter im Zeitpunkt der Veräußerung mindestens 6 Jahre ununterbrochen zum Anlagevermögen einer inländischen Betriebsstätte gehört haben. Dies bietet sich für Nicht-Immobilienunternehmen an, wenn sie diese Rücklage für andere Investitionen nutzen können.

native *„Immobilie an Immobilien-AG verkaufen“* in Höhe von *207.937.156 Euro.*

Die Variante des Verkaufs der betriebsneutralen Liegenschaft an die Immobilien-AG ist im unterstellten Prämissenrahmen vorteilhafter als das Halten der Immobilie im Eigentum und deren Vermietung an Externe, da letztere Handlungsalternative einen geringeren Kapitalwert aufweist, wie Tabelle 10 verdeutlicht. Damit unterstützt diese Vorteilhaftigkeitsberechnung für die Modellimmobilie die grundsätzliche Maxime, betriebsneutrale Immobilien zu veräußern.

Immobilientyp	**Halten der Immobilie im Eigentum**	**Verkauf der Immobilie an Immobilien-AG**
Betriebsneutrale Immobilie	169.744.191	207.937.156

Tabelle 10: Kapitalwerte der Handlungsalternativen – Teil 1

Ob im jeweiligen Einzelfall die Handlungsalternative der Veräußerung des Objektes an die Immobilien-AG vorteilhafter ist als das Halten von Grundbesitz im Eigentum bei externer Vermietung, hängt zum einen vom zu erzielenden Verkaufspreis ab. Zum anderen wird die Vorteilhaftigkeit durch den Zahlungsstrom beeinflusst, der aus der vermieteten Liegenschaft resultiert. In diesem schlagen sich die Höhe der Mieteinnahmen, die erforderlichen Bewirtschaftungsausgaben sowie die Höhe der Besteuerung der Mieterträge nieder. Auf die Höhe der Steuerzahlung hat auch die Abzugsfähigkeit der Instandhaltungsausgaben und der Abschreibungen Einfluss. Daneben wirkt auch der zur Diskontierung des Zahlungsstroms herangezogene Kapitalkostensatz des Unternehmens auf die Vorteilhaftigkeit der einen oder der anderen Handlungsoption.

b) Dispositionsabhängige Immobilien

Handelt es sich bei der zu verwertenden Liegenschaft um eine *dispositionsabhängige Immobilie,* kann diese von der Immobilien-AG als Käufer möglicherweise unter Aushandlung flexibler Vertragskonditionen zurückgemietet werden.[434] Alternativ bestehen die *Handlungsoptionen* darin, die Immobilie für den *Zeitraum der Nutzung im Eigentum* zu belassen und erst danach extern zu *vermieten* oder an eine Immobilien-AG zu dem dann angemessenen Verkehrswert zu *verkaufen.*

Für die Modellimmobilie wird eine weitere Nutzung durch das Nicht-Immobilienunternehmen für zehn Jahre unterstellt. Wählt die Gesellschaft die Handlungsoption *„Verkauf an die Immobilien-AG und Rückmietung für zehn Jahre"*, erhält sie den bereits ermittelten Liquiditätszufluss in t=0 in Höhe von 207.937.156 Euro.[435] Jedoch muss das Unternehmen von t=1 bis t=10 Mietzahlungen in Höhe einer konformen Jahresmietzahlung von 23.977.800 Euro an die Immobilien-AG leisten.[436] Zugleich profitiert die Gesellschaft von einer geringeren Steuerzahlung in Höhe von 7.151.379 Euro,[437] da die Mietzahlung die Bemessungsgrundlage für die Ertragsbesteuerung verringert. Es ergibt sich somit

---

[434] Vgl. hierzu die Ausführungen in Kapitel II. C. 1. b).

[435] Vgl. Abbildung 10 und die entsprechenden Erläuterungen.

[436] Das Nicht-Immobilienunternehmen muss 15 Euro pro Quadratmeter zahlen, so dass sich eine Monatsmiete von 1.980.000 Euro ergibt (15 Euro/qm · 132.000 qm). Daraus lässt sich eine konforme Jahresmietzahlung in Höhe von 23.977.800 Euro (= 1.980.000 Euro · (12 + 0,02 : 2 · 11)) ermitteln.

[437] Dabei wird unterstellt, dass das Nicht-Immobilienunternehmen in jedem Jahr zumindest einen Gewinn in Höhe der Summe aus Bewirtschaftungsausgaben und Abschreibungen auf die Immobilie erzielt, so dass überhaupt eine Reduktion der Bemessungsgrundlage für die Ertragsbesteuerung erfolgen kann.
Für die Besteuerung wird fortan für Gewerbesteuer, Körperschaftsteuer und Solidaritätszuschlag ein Gesamtzins von 29,825 % angesetzt (14 % Gewerbesteuer + 15 % Körperschaftsteuer + 5,5 % Solidaritätszuschlag auf 15 % Körperschaftsteuer). Berechnung der Steuerersparnis: 23.977.800 Euro · 0,29825 = 7.151.379 Euro.

eine jährliche Mietzahlung unter Berücksichtigung der Steuerersparnis in Höhe von 16.826.421 Euro, wie Abbildung 11 verdeutlicht.

Konforme Jahresmietzahlung	23.977.800 Euro
- Jährliche Steuerersparnis durch die Mietzahlung (29,825 %)	7.151.379 Euro
= Jährliche Mietzahlung nach Steuerersparnis	**16.826.421 Euro**

Abbildung 11: Jährliche Mietzahlung nach Steuerersparnis

Die Summe der Barwerte der Mietzahlung nach Steuerersparnis von t=1 bis t=10 beläuft sich auf 112.906.658 Euro.[438] Der Saldo aus diesem Wert und dem Liquiditätszufluss in t=0 durch den Verkauf beträgt *95.030.498 Euro.*[439]

Für die zweite Handlungsoption, bei der die Immobilie zunächst für zehn weitere Jahre im Eigentum verbleibt, muss die Gesellschaft bis t=10 die Bewirtschaftungsausgaben für die selbst genutzte Liegenschaft in Höhe von 4.316.004 Euro[440] leisten. Diese und die jährlichen Abschreibungen auf den Grundbesitz in Höhe von 4.535.378 Euro von t=1 bis t=10 bewirken eine Reduktion der Bemessungsgrundlage für die Ertragsbesteuerung in Höhe von 8.851.382 Euro.[441] Hieraus resultiert eine jährliche Steuerersparnis in Höhe von 2.639.925 Euro.[442] Es ergibt sich dadurch eine jährliche Bewirtschaftungsausgabe nach Steuerersparnis von 1.676.079 Euro.[443] Die Summe der Barwerte dieser Auszahlungen von t=1 bis t=10 beläuft sich auf 11.246.627 Euro.[444]

---

438 Die Barwerte der Mietzahlungen sind der Tabelle A-5 zu entnehmen.

439 207.937.156 Euro Verkaufserlös – 112.906.658 Euro Summe der Barwerte der Mietzahlungen = 95.030.498 Euro.

440 Monatlich belaufen sich die Bewirtschaftungsausgaben auf 18 % einer Monatsmiete, mithin auf 1.980.000 Euro · 0,18 = 356.400 Euro pro Monat. Daraus ergeben sich jahreskonforme Bewirtschaftungsausgaben in Höhe von 356.400 Euro · (12 + 0,02 : 2 · 11) = 4.316.004 Euro.

441 4.316.004 Euro Bewirtschaftungsausgaben + 4.535.378 Euro Abschreibung = 8.851.382 Euro geringere Bemessungsgrundlage für die Ertragsbesteuerung.

442 Berechnung der Steuerermäßigung: 8.851.382 Euro · 0,29825 = 2.639.925 Euro.

443 Berechnung der jährlichen Bewirtschaftungsausgaben nach Steuerersparnis: 1.676.079

Wird die Liegenschaft nach zehn Jahren extern vermietet, erwirtschaftet das Nicht-Immobilienunternehmen damit die in Tabelle 9 verzeichneten konformen Netto-Jahresmieteinnahmen nach Steuern. Die Barwerte der Netto-Jahresmieteinnahmen nach Steuern ab dem Jahr t=11 belaufen sich insgesamt auf 77.116.695 Euro.[445] Aus der Saldierung mit der Summe der Barwerte der Bewirtschaftungsausgaben von t=1 bis t=10 folgt ein Kapitalwert der Alternative *„Immobilie 10 Jahre im Eigentum halten und selbst nutzen, danach vermieten“* in Höhe von *65.870.068 Euro*.[446]

Wird die Liegenschaft hingegen nach zehn Jahren an die Immobilien-AG verkauft, erhält das Nicht-Immobilienunternehmen den in t=10 zahlbaren Verkaufspreis. Dieser beläuft sich auf 223.409.664 Euro,[447] wenn eine restliche Nutzungsdauer von zwanzig Jahren und ein Verkaufspreis in Höhe des zu diesem Zeitpunkt gültigen objektivierten Verkehrswertes unterstellt werden. Zu berücksichtigen sind hier Transaktionsausgaben in Höhe von 3.351.145 Euro,[448] Grunderwerbsteuer von 7.819.338 Euro[449] sowie die Besteuerung des Veräuße-

---

Euro = 4.316.004 Euro – 2.639.925 Euro.

444 Die Barwerte der Bewirtschaftungsausgaben nach Steuerersparnis sind der Tabelle A-6 zu entnehmen.

445 Vgl. hierzu Tabelle A-4 und die entsprechenden Anmerkungen. Die Summe der Barwerte von t=11 bis t=24 beläuft sich auf 52.571.676 Euro, der Barwert der ab t=25 unterstellten ewigen Rente auf 24.545.019 Euro. Die Summe dieser beiden Werte ergibt die künftigen Netto-Mieteinnahmen nach Steuern von 77.116.695 Euro.

446 65.870.068 Euro = 77.116.695 Euro (Summe der Barwerte der Netto-Jahresmieteinnahmen nach Steuern ab t=11) – 11.246.627 Euro (Summe der Barwerte der Bewirtschaftungsausgaben nach Steuerersparnis von t=1 bis t=10)

447 Unter der Annahme, dass sich der Reinertrag der baulichen Anlagen (17.971.200 Euro, vgl. Abbildung 9) und der Bodenwert (17.280.000 Mio. Euro, vgl. Abbildung 9) nicht ändern, ist lediglich der Vervielfältiger neu zu bestimmen. Dieser beträgt laut Anlage 1 WertV bei zwanzigjähriger Restnutzungsdauer und einem unveränderten Liegenschaftszins von 6 % 11,47. Mithin ergibt sich ein Ertragswert der baulichen Anlagen von 206.129.664 Euro (= 17.971.200 Euro · 11,47) und damit ein Verkehrswert von 223.409.664 Euro (= 206.129.664 Euro Ertragswert der baulichen Anlagen + 17.280.000 Euro Bodenwert).

448 Berechnung der Transaktionsausgaben: 0,015 · 223.409.664 Euro = 3.351.145 Euro

449 Berechnung der Grunderwerbsteuer: 0,035 · 223.409.664 Euro = 7.819.338 Euro

rungsgewinns. Für die Ermittlung des Veräußerungsgewinns ist relevant, dass der Buchwert bereits über zehn Jahre mit 3 % jährlich abgeschrieben wurde und sich in t=10 auf 60.471.706 Euro beläuft.[450] Es resultiert ein steuerpflichtiger Veräußerungsgewinn in Höhe von 151.767.475 Euro,[451] mithin eine Besteuerung in Höhe von 45.264.649 Euro.[452] Damit beläuft sich der Liquiditätszufluss für das Unternehmen in t=10 auf 166.974.532 Euro.[453] Dies entspricht einem Wert in t=0 in Höhe von 77.341.516 Euro.[454] Wird dieser mit der Summe der Barwerte der Bewirtschaftungsausgaben nach Steuerersparnis für den Zeitraum von t=1 bis t=10 in Höhe von 11.246.627 Euro saldiert, errechnet sich ein Kapitalwert der Alternative *„Immobilie 10 Jahre im Eigentum halten und selbst nutzen, danach verkaufen"* von *66.094.889 Euro.*[455]

Unter Einbezug der dispositionsabhängigen Immobilien erweitert sich das Entscheidungsfeld des Unternehmens, so dass die in Tabelle 10 erfassten Kapitalwerte um die Werte für die dispositionsabhängigen Alternativen ergänzt werden können (vgl. Tabelle 11). Ein Vergleich der Alternativen ist jedoch jeweils nur *innerhalb einer Immobilienkategorie*, mithin nur getrennt für die als betriebsneutral und dispositionsabhängig unterstellten Liegenschaften möglich. Dies liegt darin begründet, dass für jeden Grundbesitztyp spezifische Annahmen ge-

---

[450] Buchwert in t=0 beträgt 105.825.486 Euro. Bis dahin wurde die Immobilie bereits über 10 Jahre abgeschrieben, so dass dieser Wert 70 % der historischen Anschaffungs- oder Herstellungskosten entspricht. Letzterer beläuft sich, wie Tabelle 7 zu entnehmen ist, auf 151.179.266 Euro. In t=10 beträgt der Buchwert der Immobilie daher nur noch 40 % der historischen Anschaffungs- und Herstellungskosten, mithin 60.471.706 Euro (= 151.179.266 Euro · 0,4)

[451] 151.767.475 Euro Veräußerungsgewinn = 223.409.664 Euro Kaufpreis – 3.351.145 Euro Transaktionsausgaben – 7.819.338 Euro Grunderwerbsteuer – 60.471.706 Euro Buchwert in t=10.

[452] 151.767.475 Euro Veräußerungsgewinn · 0,29825 = 45.264.649 Euro Steuerzahlung.

[453] 223.409.664 Euro Kaufpreis – 3.351.145 Euro Transaktionsausgaben – 7.819.338 Euro Grunderwerbsteuer – 45.264.649 Euro Steuerzahlung = 166.974.532 Euro.

[454] 166.974.532 Euro diskontiert mit 8 % über 10 Jahre ergibt einen Barwert von 77.341.516 Euro.

[455] 77.341.516 Euro – 11.246.627 Euro = 66.094.889 Euro.

troffen wurden, die sich auf die Zahlungsströme und damit auf die Berechnung der Kapitalwerte auswirken.

Immobilien-typ	Halten der Immobilie im Eigentum			Verkauf der Immobilie an Immobilien-AG	
	Vermietung ab t=0	Verkauf in t=10	Vermietung ab t=10	Keine Rückmietung	Rückmietung bis t=10
Betriebs-neutrale Immobilie	169.744.191			207.937.156	
Dispositions-abhängige Immobilie		66.094.889	65.870.068		95.030.498

Tabelle 11: Kapitalwerte der Handlungsalternativen – Teil 2

Deutlich wird für diese Modellkonstellation, dass die Alternative, die Liegenschaft an die Immobilien-AG zu verkaufen, nach dem Kapitalwertkriterium sowohl für betriebsneutrale als auch für dispositionsabhängige Immobilien die vorteilhaftere Handlungsoption ist. Die Variante, den Grundbesitz zunächst im Eigentum des Nicht-Immobilienunternehmens zu belassen, ermöglicht hingegen, die Verwertungsentscheidung bis t=10 hinauszuzögern. Dies kann gegebenenfalls für den dispositionsabhängigen Immobilienbestand in Betracht gezogen werden.

Das Aufschieben der Verwertungsentscheidung und damit das Halten eines Objektes im Eigentum sind insbesondere dann in Erwägung zu ziehen, wenn die Dauer der weiteren Nutzung der dispositionsabhängigen Immobilie zum Entscheidungszeitpunkt als relativ kurz eingeschätzt wird. Bei der Variante des späteren Verkaufs der Liegenschaft wird dann der in die Vorteilhaftigkeitsberechnung eingehende (hohe) Verkaufspreis nur über einen kurzen Zeitraum diskontiert. Der Barwert dieser Zahlung verringert sich gegenüber deren Zeitwert folglich nicht so deutlich wie bei der Diskontierung über einen langen Zeitabschnitt.[456] Hieraus resultiert eine steigende Vorteilhaftigkeit der Alternative des Verkaufs nach Ende der Nutzung.

Der gleiche – wenn auch abgemilderte – Effekt entsteht, wenn das Objekt nach der Nutzung durch das Nicht-Immobilienunternehmen von diesem weitervermietet wird. Eine kürzere Nutzung der Liegenschaft durch die Gesellschaft bedeutet eine frühere Vermietung an Externe. Die daraus resultierenden früher erzielbaren Mieteinnahmen steigern den Kapitalwert entsprechend. Für die Vorteilhaftigkeitsanalyse der verschiedenen Handlungsoptionen ist jedoch zu berücksichtigen, dass auch die Alternative des Verkaufs in t=0 einen höheren Kapitalwert erzielt, wenn die Rückmietung durch das Unternehmen nur für einen kürzeren Zeitraum erfolgt.

Wird für die Modellimmobilie beispielsweise eine weitere Nutzung von drei Jahren unterstellt, steigt der Kapitalwert der Alternative, den Grundbesitz an die Immobilien-AG zu verkaufen und für den betreffenden Zeitraum zurückzumieten, auf 164.573.836 Euro.[457] Die Kapitalwerte der Handlungsoptionen, die Immobilie für drei Jahre im Eigentum zu belassen[458] und dann zu vermieten bzw. zu verkaufen, belaufen sich auf 129.849.937 Euro[459] bzw. 152.288.384 Euro,[460] wie Tabelle 12 belegt.

---

456 Zu berücksichtigen ist hierbei zudem, dass bei einem Verkauf zu einem früheren Zeitpunkt wahrscheinlich ein höherer Verkaufspreis zu erzielen ist.

457 Von dem Liquiditätszufluss durch die Veräußerung in t=0 in Höhe 207.937.156 Euro (vgl. Abbildung 10) ist die Summe der Barwerte der Mietzahlungen nach Steuerersparnis von t=1 bis t=3 in Höhe von 43.363.320 Euro abzuziehen (vgl. Tabelle A-5). Es ergibt sich hieraus ein Kapitalwert der Alternative in Höhe von 164.573.836 Euro (= 207.937.156 Euro – 43.363.320 Euro).

458 Die Summe der Barwerte der Bewirtschaftungsausgaben nach Steuerersparnis von t=1 bis t=3 beläuft sich auf 4.319.419 Euro (vgl. Tabelle A-6).

459 Die Summe der Barwerte der konformen Netto-Jahresmieteinnahmen nach Steuern ab dem Jahr t=4 beläuft sich auf 134.169.356 Euro (= 24.545.019 Euro + 109.624.337 Euro) (vgl. Tabelle A-4). Insgesamt ergibt sich ein Kapitalwert dieser Alternative in Höhe von 129.849.937 Euro (= 134.169.356 Euro – 4.319.419 Euro).

460 Wird die Immobilie nach t=3 verkauft, beträgt der Vervielfältiger für den Reinertrag der

Dispositionsabhängige Immobilie		Halten der Immobilie im Eigentum		Verkauf der Immobilie an Immobilien-AG
		Verkauf in ...	Vermietung ab ...	Rückmietung bis ...
... t=10	Kapitalwert in Euro	66.094.889	65.870.068	95.030.498
	Abschlag gegenüber Verkauf an Immobilien-AG	30,4%	30,7%	
... t=3	Kapitalwert in Euro	152.295.529	129.849.937	164.573.836
	Abschlag gegenüber Verkauf an Immobilien-AG	7,5%	21,1%	

Tabelle 12: Kapitalwerte bei unterschiedlicher Nutzungsdauer der dispositionsabhängigen Immobilie

Der Kapitalwert der Variante des Haltens der Liegenschaft im Eigentum bis t=10 und des anschließenden Verkaufs beträgt 66.094.889 Euro und ist damit um 30,4 % geringer als der Kapitalwert von 95.030.498 Euro der Handlungsoption, den Grundbesitz direkt an die Immobilien-AG zu verkaufen und für den betreffenden Zeitraum zurückzumieten. Bei einer Nutzungsdauer von drei Jahren ist der Kapitalwert nur noch 7,5 % geringer. Für die Alternative, die Immobilie nach der Nutzung zu vermieten, verringert sich der Kapitalwertabschlag

baulichen Anlagen für die Restnutzungsdauer von 27 Jahren bei einem Liegenschaftszins von 6 % 13,21. Es ergibt sich damit ein Verkaufspreis nach t=3 in Höhe von 254.679.552 Euro (= 17.971.200 Euro · 13,21 + 17.280.000 Euro, vgl. Abbildung 9). Nach Abzug von Transaktionsausgaben in Höhe von 3.820.193 Euro (= 0,015 · 254.679.552 Euro), Grunderwerbsteuer von 8.913.784 Euro (= 0,035 · 254.679.552 Euro) sowie der Steuerzahlung von 44.655.846 Euro [= (254.679.552 Euro – 3.820.193 Euro Transaktionsausgaben – 8.913.784 Euro Grunderwerbsteuer – 92.219.352 Euro Buchwert in t=3) · 0,29825] ergibt sich ein Liquiditätszufluss von 197.289.729 Euro (= 254.679.552 Euro – 3.820.193 Euro Transaktionsausgaben – 8.913.784 Euro Grunderwerbsteuer – 44.655.846 Euro Steuerzahlung). Der Barwert dieses Liquiditätszuflusses beträgt 156.614.948 Euro (= 197.289.729 Euro $\cdot 1{,}08^{-3}$). Saldiert mit der Summe der Barwerte der konformen Netto-Jahresmieteinnahmen nach Steuern ergibt sich ein Kapitalwert dieser Handlungsalternative in Höhe von 152.295.529 Euro (= 156.614.948 Euro – 4.319.419 Euro).

gegenüber dem direkten Verkauf an die Immobilien-AG von 30,7 % bei einer Nutzungsdauer von 10 Jahren auf 21,1 % bei einer Nutzungsdauer von 3 Jahren.

Dies belegt zum einen, dass der Kapitalwert der Handlungsoptionen, den Grundbesitz zunächst im Eigentum zu behalten und erst nach dem Ende der eigenen Nutzung zu vermieten oder zu verkaufen, bei einer kürzeren Nutzungsdauer nicht so deutlich unter dem Kapitalwert der Alternative liegt, die Immobilien direkt in t=0 zu verkaufen. Zum anderen wird verdeutlicht, dass sich der Abschlag gegenüber dem Kapitalwert der Alternative des Verkaufs an die Immobilien-AG in t=0 bei der Handlungsoption des *Verkaufs* in t=3 stärker verringert ist als bei der Variante der *Vermietung* ab diesem Zeitpunkt. Dies ist darin begründet, dass bei dem Verkauf in t=3 der Schwerpunkt der Zahlungen aufgrund der frühen Kaufpreiseinnahme stärker ins Gewicht fällt. Der Verkauf wird daher mit kürzer werdender Nutzungsdauer zu der vorteilhafteren Handlungsoption gegenüber der Vermietung.

Diese Effekte gilt es bei der Verwertung drittverwendungsfähiger Immobilien zu berücksichtigen. Wie stark deren Wirkungen ausfallen, hängt – neben den Mietausgaben bzw. -einnahmen, dem Verkaufspreis, den Bewirtschaftungsausgaben und den steuerlichen Vorschriften – insbesondere von der Höhe des Diskontierungszinssatzes ab. Je höher der Kapitalkostensatz ist, umso stärker ist dieser Effekt ausgeprägt.

c) Verkauf an einen Real Estate Investment Trust

Mit Einführung des Gesetzes über deutsche Immobilien-Aktiengesellschaften mit börsennotierten Anteilen (REIT-Gesetz, REITG)[461] wurde das Spektrum der indirekten Immobilienanlagen in Deutschland um *Real Estate Investment Trusts*

---

[461] Das REIT-Gesetz ist zum 01.01.2007 in Kraft getreten.

(REIT oder REIT-AG) als Anlageklasse erweitert.[462] Im Rahmen der Verwertungsentscheidung über Liegenschaften sollte ein Unternehmen auch REITs als potenzielle Käufer berücksichtigen. Der REIT ist eine speziell regulierte *börsennotierte*[463] *Immobilien-AG.*[464] Den Status eines REITs können letztere erlangen, wenn sie verschiedene Vorgaben zum Unternehmensgegenstand, zum Grundkapital, zur Börsennotierung, zum Streubesitz und zur Ausschüttungshöhe einhalten.[465] Zudem dürfen sie keinen Immobilienhandel betreiben.[466] REITs sind steuertransparent,[467] da sie von der Körperschaft- und Gewerbesteuer befreit sind. Ihre erwirtschafteten Gewinne sind nach der Ausschüttung ausschließ-

---

[462] Vgl. Bundesregierung (2007), S. 1 sowie Reichl/Schachtner (2007), S. 58. Ziel der Einführung von REITs als steuertransparenter indirekter Immobilienanlage ist die Förderung des Wirtschaftsstandorts Deutschland. Ausländische Investoren haben häufig auf eine Investition in die bislang verfügbaren indirekten deutschen Immobilienanlageprodukte verzichtet, da diese aufgrund ihrer Komplexität und Spezifität von internationalen Gegebenheiten abweichen. Zudem sollen REITs es Unternehmen ermöglichen, ihre Liegenschaften steuerbegünstigt zu mobilisieren; vgl. Bundesregierung (2007), S. 1 und S. 14 sowie Zentraler Kreditausschuss (2007), S. 2 und S. 14.

[463] Nach § 10 Abs. 1 REITG müssen die Aktien zum Handel an einem organisierten Markt i. S. v. § 2 Abs. 5 WpHG in einem Mitgliedstaat der Europäischen Union oder einem anderen Vertragsstaat des Abkommens über den europäischen Wirtschaftsraum zugelassen sein. Nach § 2 Abs. 5 WpHG liegt ein organisierter Markt vor, wenn dieser von staatlich anerkannten Stellen geregelt und überwacht wird, regelmäßig stattfindet und für das Publikum unmittelbar oder mittelbar zugänglich ist.

[464] Der REIT unterscheidet sich von Publikums- und Spezialfonds nach dem Investmentgesetz durch divergierende Rechts- und Regulierungsstrukturen. Er unterliegt keiner weiteren Regulierung durch die Bundesanstalt für Finanzdienstleistungsaufsicht (BaFin); vgl. Bundesregierung (2007), S. 1. Der Kapitalmarkt- und Anlegerschutz soll durch die Instrumente des Kapitalmarktes selbst erreicht werden. Daher sind für den REIT die Börsennotierung und ein Mindeststreubesitz verpflichtend; vgl. Bundesregierung (2007), S. 15.

[465] Die REIT-AG muss ihren Sitz und ihre Geschäftsleitung im Inland haben; vgl. § 9 REITG. REITs können sowohl durch Neugründung als auch durch Umwandlung einer bereits bestehenden Aktiengesellschaft gegründet werden; vgl. Autenrieth/Köster-Böckenförde (2007), S. 16.

[466] Vgl. Bundesregierung (2007), S. 18.

[467] Der Begriff der Steuertransparenz bedeutet, dass nur die Eigentümer eines Unternehmens besteuert werden, nicht die Gesellschaft selbst. Da die Gewinne eines REITs nicht auf Gesellschaftsebene, sondern erst nach Ausschüttung an die Anleger bei diesen versteuert werden, ist diese Unternehmensform steuertransparent; vgl. Bundesregierung (2007), S. 1 und S. 14.

lich von den Aktionären zu versteuern.[468] Aufgrund ihrer Steuerbefreiung sind REITs für international agierende Investoren attraktiv, wodurch mittelbar der Wirtschaftsstandort Deutschland und die Wettbewerbsfähigkeit gegenüber dem Ausland gestärkt werden sollen.

REITs können sich nur dann etablieren, wenn ausreichend Immobilien als Anlageobjekte vorhanden sind.[469] Die Steuerbegünstigung durch eine *Exit Tax*, die die Besteuerung von Veräußerungsgewinnen um die Hälfte reduziert, soll dabei für Unternehmen als Anreiz dienen, Grundbesitz an REITs zu verkaufen.[470] Die gegenwärtige Exit Tax-Regelung bestimmt, dass im Fall des Vertragsschlusses über einen Liegenschaftsverkauf zwischen dem 01.01.2007 und dem 31.12.2009 die Hälfte der Betriebsvermögensmehrungen oder Veräußerungseinnahmen steuerfrei sind, sofern sie am 01.01.2007 seit mindestens fünf Jahren dem Anlagevermögen des inländischen Betriebsvermögens des Steuerpflichtigen zuzurechnen sind.[471]

REITs können Eigentum oder dingliche Nutzungsrechte an in- und ausländischem unbeweglichem Vermögen[472] erwerben, verwalten, vermieten, verpach-

---

468 Um in den Genuss der steuerlichen Transparenz zu kommen, muss der REIT verschiedene Vorschriften einhalten. Zum einen darf kein Aktionär mit 10 % oder mehr an der REIT-AG beteiligt sein; vgl. § 16 Abs. 2 Satz 1 REITG. Zum anderen müssen die Mindestanforderungen an das Eigenkapital eingehalten werden; vgl. § 17 Abs. 4 REITG. Zudem müssen sich 15 % der Aktien oder mehr im Streubesitz befinden; vgl. § 18 Abs. 3 Satz 1, 2, 3, und 4 REITG.

469 Vgl. Bundesregierung (2007), S. 17.

470 Vgl. Bundesregierung (2007), S. 17.

471 Vgl. § 3 Nr. 70 Satz 1 Bst. a) EStG. Die Steuerbefreiung entfällt jedoch rückwirkend, wenn der Erwerber die Immobilie innerhalb eines Zeitraums von vier Jahren seit dem Vertragsschluss veräußert; vgl. § 3 Nr. 70 Satz 3 Bst. a) EStG. Für weitere Tatbestände, die zu einem Verlust der Steuerbefreiung führen; vgl. § 3 Nr. 70 Satz 3 EStG sowie Bundesregierung (2007), S. 18. Zu Tatbeständen, die die Anwendung dieser Vorschrift verbieten vgl. § 3 Nr. 70 Satz 2 EStG. Dies gilt nach § 3 Nr. 70 Satz 2 Bst. a) EStG insbesondere nicht, wenn der Steuerpflichtige den Betrieb veräußert oder aufgibt und der Veräußerungsgegenstand nach § 34 EStG besteuert wird (Fünftelregelung).

472 Unbewegliches Vermögen sind Grundstücke und grundstückgleiche Rechte sowie vergleichbare Rechte nach dem Recht anderer Staaten; vgl. § 3 Abs. 8 REITG.

ten und veräußern.[473] Die Investition in Bestandsmietwohnimmobilien,[474] wie Werkswohnungen, ist ihnen jedoch untersagt. Alle anderen Unternehmensimmobilien können grundsätzlich an einen REIT veräußert werden. Damit kann auch für das Modellobjekt die Vorteilhaftigkeit der Veräußerung in t=0 unter Inanspruchnahme der Exit Tax-Regelung überprüft werden.[475]

Die Exit Tax bewirkt eine Reduktion des zu versteuernden Veräußerungsgewinns, infolgedessen auch der Steuerzahlung, um die Hälfte.[476] In t=0 ist damit im Vergleich zum Verkauf der *betriebsneutralen Immobilie* an eine herkömmliche Immobilien-AG mit 207.937.156 Euro bei *Veräußerung an einen REIT* ein

[473] Vgl. § 1 Abs. 1 Nr. 1 REITG. Zudem darf ein REIT Anteile an Immobilienpersonengesellschaften, REIT-Dienstleistungsgesellschaften und Auslandsobjektgesellschaften erwerben, halten, verwalten und veräußern. Zugleich dürfen sie immobiliennahe Hilfstätigkeiten übernehmen. Immobiliennah sind Tätigkeiten, die der Verwaltung, Pflege und Fortentwicklung von Immobilienbeständen dienen, wie beispielsweise Bestandsverwaltung, Vermittlung, Projektsteuerung und -entwicklung; vgl. § 3 Abs. 6 REITG. Hilfstätigkeiten sind nach § 3 Abs. 4 REITG Tätigkeiten, die der Haupttätigkeit – folglich dem eigenen Anlagebestand – dienen.

[474] Bestandsmietwohnimmobilien sind Liegenschaften die überwiegend zu Wohnzwecken dienen und vor dem 01.01.2007 erbaut wurden; vgl. § 3 Abs. 9 REITG. „Überwiegend" bedeutet, dass der Grundbesitz zu mehr als fünfzig Prozent zu Wohnzwecken genutzt wird. Wohnimmobilien, die nach dem besagten Stichtag erbaut worden sind, dürfen jedoch über einen REIT finanziert werden, um einen Beitrag zur jeweiligen Stadtentwicklung zu leisten; vgl. Bundesregierung (2007), S. 17.

[475] Die Exit Tax ist grundsätzlich nur für Immobilienveräußerungen anwendbar, deren zugrunde liegender Kaufvertrag zwischen dem 01.01.2007 und dem 31.12.2009 abgeschlossen wird. Der Zeitpunkt des Eigentumsübergangs ist jedoch irrelevant. Sofern für die zu verwertende Modellimmobilie der Kaufvertragsabschluss für das Jahr 2009 unterstellt wird, ist die Inanspruchnahme der Exit Tax für die Liegenschaftsveräußerung in t=0 möglich.

[476] Bei Anwendung der Exit Tax dürfen nach § 3c Abs. 3 EStG Betriebsvermögensminderung, Betriebsausgaben oder Veräußerungskosten, die mit Betriebsvermögensmehrungen oder Einnahmen i. S. v. § 3 Nr. 70 EStG in wirtschaftlichem Zusammenhang stehen, nur zur Hälfte abgezogen werden. Daher werden im Rahmen der Modellrechnung sowohl der Veräußerungserlös als auch die mit der Veräußerung in Verbindung stehenden Aufwendungen wie Grunderwerbsteuer, Transaktionsausgaben und Buchwert nur hälftig zur Ermittlung der Bemessungsgrundlage für die Besteuerung angesetzt.

um 21.699.185 Euro[477] höherer Liquiditätszufluss und damit ein *Kapitalwert* dieser Alternative von *229.636.341 Euro* zu erzielen, wie Abbildung 12 belegt.

Berechnung des zu versteuernden Veräußerungsgewinns bei Exit Tax		
Verkaufspreis		264.563.712 Euro
hälftiger Verkaufspreis		132.281.856 Euro
- Transaktionsausgaben 1,5 % des hälftigen Verkaufspreises		1.984.228 Euro
- Grunderwerbsteuer 3,5 % des hälftigen Verkaufspreises		4.629.865 Euro
- hälftiger Buchwert (105.825.486 Euro : 2)		52.912.743 Euro
= **Veräußerungsgewinn**		**72.755.020 Euro**
Berechnung der Steuerzahlung		
Körperschaftsteuer:	0,15 · 72.755.020 Euro	10.913.253 Euro
Solidaritätszuschlag:	0,055 · 10.913.253 Euro	600.229 Euro
Gewerbesteuer:	0,14 · 72.755.020 Euro	10.185.703 Euro
Berechnung des Liquiditätszuflusses für das Nicht-Immobilienunternehmen		
Verkaufspreis		264.563.712 Euro
- Transaktionsausgaben (vgl. Abb. 10)		3.968.456 Euro
- Grunderwerbsteuer (vgl. Abb. 10)		9.259.730 Euro
- Körperschaftsteuer		10.913.253 Euro
- Solidaritätszuschlag		600.229 Euro
- Gewerbesteuer		10.185.703 Euro
= **Liquiditätszufluss**		**229.636.341 Euro**

Abbildung 12: Liquiditätszufluss durch Immobilienverkauf an einen Real Estate Investment Trust[478]

Auch bei der *dispositionsabhängigen Immobilie* wird beim Verkauf in t=0 der höhere Liquiditätszufluss von 229.636.341 Euro erzielt, der mit der Summe der Barwerte der zu leistenden Mietzahlungen nach Steuerersparnis von t=0 bis t=10

[477] 229.636.341 Euro (Liquiditätszufluss bei Verkauf an Immobilien-AG) – 207.937.156 Euro (Liquiditätszufluss bei Verkauf an REIT) = 21.699.185 Euro.

[478] Die reduzierte Grunderwerbsteuer und die geringeren Transaktionsausgaben dürfen nur bei der Ermittlung des zu versteuernden Veräußerungsgewinns angesetzt werden. Für die Berechnung des Liquiditätszuflusses ist jeweils der volle Wert der Zahlungen in Abzug zu bringen, weil diese Zahlungen tatsächlich durch das Unternehmen zu leisten sind.

in Höhe von 112.906.658 Euro[479] saldiert werden muss. Es ergibt sich ein Kapitalwert dieser Alternative in Höhe von *116.729.683 Euro*. Insgesamt erweitert sich durch Einbeziehung der Möglichkeit der *„Veräußerung an einen REIT“* das Entscheidungsfeld, wie Tabelle 13 vermittelt.

Immobilientyp	**Halten der Immobilie im Eigentum**			**Verkauf der Immobilie an Immobilien-AG**			
	Vermietung ab t=0	Verkauf in t=10	Vermietung ab t=10	Keine Rückmietung		Rückmietung bis t=10	
				normale AG	REIT	normale AG	REIT
Betriebsneutrale Immobilie	169.744.191			207.937.156	229.636.341		
Dispositionsabhängige Immobilie		66.094.889	65.870.068			95.030.498	116.729.683

Tabelle 13: Kapitalwerte der Handlungsalternativen – Teil 3

Es ist offensichtlich, dass die Kapitalwerte im Falle der Veräußerung an einen REIT unter Inanspruchnahme der Exit Tax denjenigen bei Verkauf an eine Immobilien-AG um die Steuerersparnis in Höhe von 21.699.185 Euro übersteigen. Das Unternehmen sollte daher in diesem exemplarischen Fall die Veräußerung an einen REIT dem Verkauf an eine Immobilien-AG vorziehen.

Sofern der Verkaufspreis identisch ist, präferiert die Gesellschaft die Veräußerung an einen REIT aufgrund der Exit Tax gegenüber einem anderen Käufer grundsätzlich dann, wenn dabei ein steuerpflichtiger Gewinn erzielt wird. Dies ist jedoch nur der Fall, wenn das Objekt zu einem Preis veräußert wird, der *über* seinem *Buchwert* liegt. In dem Grenzfall des Verkaufs zum Buchwert des Grundbesitzes (oder zu einem darunter liegenden Wert) ist das Nicht-Immobi-

---

479 Die Barwerte der Mietzahlungen nach Steuerersparnis sind der Tabelle A-5 bzw. den Erörterungen in Kapitel III. A. 1. b) zu entnehmen. Die Berechnung der Variante, die Immobilie zehn Jahre im Eigentum zu halten und anschließend an einen REIT zu verkaufen, ist nicht erforderlich, da die Exit Tax nur bei einem Verkauf in t=0 in Anspruch genommen werden kann.

lienunternehmen indifferent bezüglich der Veräußerungsvariante. Mit steigendem Veräußerungserlös ist jedoch der Verkauf an einen REIT nach finanzwirtschaftlichen Kriterien[480] attraktiver. Von einem über dem Buchwert liegenden Verkaufspreis kann insbesondere bei drittverwendungsfähigen Immobilien ausgegangen werden,[481] da für diesen Grundbesitz ein größerer Erwerber- und Mieterkreis existiert als für nicht drittverwendungsfähige. Die größere Nachfrage geht mit tendenziell höheren Veräußerungspreisen einher.

Zu den für einen Verkauf an einen REIT geeigneten Objekten zählen grundsätzlich auch die Werkswohnungen der Industrieunternehmen. Diese Immobilien sind jedoch gesetzlich aus dem Anlageportfolio der REITs ausgeschlossen. Da gerade diese Liegenschaften *betriebsneutral* sind und verkauft werden könnten, ist deren Ausschluss aus Perspektive der Nicht-Immobilienunternehmen kritisch zu beurteilen. Intention des Investitionsverbots ist, Nachteile für Mieter und die öffentliche Hand abzuwenden, die aus Rendite maximierenden Strategien der REITs resultieren können.[482] Das Argument, dass REITs Mieten erhöhen oder Sanierungen unterlassen, wird jedoch zum einen dadurch entkräftet, dass in Deutschland ein umfangreicher, gesetzlich geregelter Mieterschutz besteht. Zum anderen können Bestandsmietwohnimmobilien auch von anderen Investoren, die

---

480 Denkbar ist beispielsweise, dass ein Unternehmen trotz finanzwirtschaftlicher Vorteilhaftigkeit auf den Verkauf an einen REIT verzichtet, um nicht mit dessen negativer Reputation in Verbindung gebracht zu werden.

481 Nicht drittverwendungsfähige Immobilien, wie beispielsweise baufällige Fabrikgebäude, die umfänglich saniert und umgestaltet werden müssen, eignen sich hingegen nicht für die Veräußerung an REIT.

482 Durch unterlassene Instandhaltungen dieser Liegenschaftsbestände könnten langfristige Ziele einer nachhaltigen Stadtentwicklung und sozialen Wohnungspolitik konterkariert und ein Eingreifen mit Städtebauförderungsmitteln der öffentlichen Hand erforderlich werden. Zudem wird erwartet, dass REITs Mieterhöhungsspielräume ausnutzen und die Gemeinden aufgrund dessen höhere Mieten für Transferempfänger übernehmen müssen; vgl. Bundesregierung (2007), S. 18. Insbesondere (ehemalige) Werkswohnungen werden von einkommensschwachen Haushalten belegt.

eine derartige Strategie verfolgen, gekauft werden.[483] Durch die Erweiterung des möglichen Anlageportfolios von REITs könnte der Markt für diese Immobilienkategorie belebt werden, wodurch die Nicht-Immobilienunternehmen von höheren Verkaufspreisen profitieren können, ohne dass dadurch spezifische Nachteile für die Mieter zu erwarten sind.

3. Verzicht auf Verwertung betriebsnotwendiger Immobilien

Die Entscheidung über eine Verwertung von *betriebsnotwendigen Immobilien* über die Immobilien-AG ist komplexer als die über eine Verwertung betriebsneutraler oder dispositionsabhängiger Liegenschaften. Prinzipiell sollte das Nicht-Immobilienunternehmen über diesen Grundbesitz uneingeschränkt verfügen können. Eine Veräußerung betriebsnotwendiger Immobilien an eine unternehmensexterne Immobilien-AG wird regelmäßig nicht in Betracht gezogen, weil dieser Liegenschaftsbestand zu hohe Bedeutung für die Leistungserstellung der Gesellschaft und damit für deren Erfolg hat.[484] Mithin ist das Halten dieses Grundbesitzes im Eigentum die naheliegendste Handlungsoption. In diesem Fall muss das Nicht-Immobilienunternehmen weiterhin die Bewirtschaftungsausgaben tragen, welche wie die Abschreibungen die Bemessungsgrundlage für die Ertragsbesteuerung reduzieren.

Für die Modellimmobilie ergeben sich die in Tabelle 14 dargestellten Bewirtschaftungsausgaben nach Steuerermäßigung.[485]

[483] Vgl. Simon (2006), S. 460.

[484] Vgl. Kapitel II. C. 1. a).

[485] Hierbei wird berücksichtigt, dass die Abschreibungsrate in t=24 von 3 % auf 1 % sinkt und ab t=25 keine Abschreibung mehr vorgenommen wird, weil die Immobilie vollständig abgeschrieben ist.

	t=0 bis t=23	t=24	t=25
Bewirtschaftungsausgaben in Euro	4.316.004		
+ Abschreibung in Euro	4.535.378	1.511.793	0
= Reduktion der Bemessungsgrundlage für die Besteuerung in Euro	8.851.382	5.827.797	4.316.004
Steuerersparnis von 29,825 % der Reduktion der Bemessungsgrundlage in Euro	2.639.925	1.738.140	1.287.248
Bewirtschaftungsausgaben in Euro	4.316.004		
- Steuerersparnis von 29,825 % der Reduktion der Bemessungsgrundlage in Euro	2.639.925	1.738.140	1.287.248
= Bewirtschaftungsausgaben nach Steuerersparnis in Euro	**1.676.079**	**2.577.864**	**3.028.756**

Tabelle 14: Bewirtschaftungsausgaben nach Steuerersparnis[486]

Die Summe der Barwerte der Bewirtschaftungsausgaben nach Steuerersparnis und damit der negative Kapitalwert der Alternative „*Immobilie im Eigentum halten*“ belaufen sich auf *-23.759.652 Euro*.[487]

Eine Separierung des Immobilienvermögens und dessen Verwaltung durch ein institutionalisiertes Corporate Real Estate Management können Effizienzvorteile bewirken,[488] die sich beispielsweise in geringeren Bewirtschaftsausgaben niederschlagen. Werden für die Modellrechnung Bewirtschaftungsausgaben von 14 % der Mieteinnahmen statt bisher 18 % unterstellt, ergeben sich die der Tabelle 15 zu entnehmenden Bewirtschaftungsausgaben nach Steuerersparnis.

---

[486] Die Bewirtschaftungsausgaben betragen 18 % der Mieteinnahmen auf Basis der Vollvermietung. Bewirtschaftungsausgaben pro Monat: 1.980.000 Euro Mieteinnahme · 0,18 = 356.400 Euro. Bewirtschaftungsausgaben pro Jahr: 356.400 Euro · (12 + 0,02 : 2 · 11) = 4.316.004 Euro.

[487] Die Barwerte sind der Tabelle A-6 und den dazugehörigen Anmerkungen zu entnehmen. Die Summe der Barwerte von t=1 bis t=24 beträgt 17.789.242 Euro, der Barwert der ab t=25 unterstellten ewigen Rente beläuft sich auf 5.970.410 Euro. Damit ergibt sich die Summe der Barwerte von 23.759.652 Euro. Da es sich hierbei in jedem Jahr um Auszahlungen handelt, ist der Kapitalwert negativ und mit einem Minuszeichen zu versehen.

[488] Vgl. hierzu die Ausführungen in Kapitel II. B. 1. a).

	t=0 bis t=23	t=24	t=25
Bewirtschaftungsausgaben in Euro		3.356.892	
+ Abschreibung in Euro	4.535.378	1.511.793	0
= Reduktion der Bemessungsgrundlage für die Besteuerung in Euro	7.892.270	4.868.685	3.356.892
Steuerersparnis von 29,825 % der Reduktion der Bemessungsgrundlage in Euro	2.353.870	1.452.085	1.001.193
Bewirtschaftungsausgaben in Euro		3.356.892	
- Steuerersparnis von 29,825 % der Reduktion der Bemessungsgrundlage in Euro	2.353.870	1.452.085	1.001.193
= Bewirtschaftungsausgaben nach Steuerersparnis in Euro	**1.003.022**	**1.904.807**	**2.355.699**

Tabelle 15: Bewirtschaftungsausgaben nach Steuerersparnis bei Effizienzsteigerung[489]

Für die Variante „*Immobilie im Eigentum halten*" ergibt sich *bei Realisierung von Effizienzgewinnen* damit ein negativer Kapitalwert von *-15.345.440 Euro.*[490]

Es ist zu prüfen, ob ein Nicht-Immobilienunternehmen *selbst* eine Verwertung seiner Immobilien unter Einbezug des Kapitalmarktes durchführen kann. Da auf dem Kapitalmarkt selbst ein Trend zur *Disintermediation* zu beobachten ist, unterbleibt bei Finanztransaktionen zunehmend die Einschaltung von Finanzintermediären.[491] Ursache hierfür sind sinkende Kostenvorteile der Intermediäre. Diese werden durch verbesserte Rahmenbedingungen am Kapitalmarkt, insbesondere durch höhere Markttransparenz, beispielsweise aufgrund von neuartigen Informations- und Abwicklungssystemen, begründet.[492] Hierdurch sinken die

---

489 Bewirtschaftungsausgaben pro Monat: 1.980.000 Euro Mieteinnahme · 0,14 = 277.200 Euro. Bewirtschaftungsausgaben pro Jahr: 277.200 Euro · (12 + 0,02 : 2 · 11) = 3.356.892 Euro.

490 Die Barwerte sind der Tabelle A-7 zu entnehmen. Die Summe der Barwerte von t=1 bis t=24 beträgt 10.702.788 Euro, der Barwert der ab t=25 unterstellten ewigen Rente beläuft sich auf 4.643.652 Euro. Damit ergibt sich eine Summe der Barwerte von 15.346.440 Euro.

491 Vgl. Krahnen (2005), S. 2; Breidenbach (2003), S. 20; Achleitner (2002), S. 62; Wessel (1997), S. 478; Crommen (2001), S. 112; Handrick (1991), S. 20. Disintermediation bedeutet, dass Intermediäre in ihrer Position zwischen den Kontraktpartnern an Bedeutung verlieren; vgl. Deutsche Bundesbank (1997), S. 60 sowie Schmidt (1987), S. 85.

492 Vgl. Crommen (2001), S. 112 ff. sowie Paul (1994a), S. 117.

Informations- und Transaktionskosten der Marktakteure. Sofern eine ausreichende Transparenz besteht, können Nicht-Immobilienunternehmen gegebenenfalls bei der Verwertung ihrer Liegenschaften auf unternehmensexterne Intermediationsleistungen, die Immobilien- und Kapitalmarkt verbinden, verzichten.

Denkbar ist, dass die Gesellschaft eine Immobilien-AG gründet und ihren Grundbesitz an dieses Tochterunternehmen überträgt. Diese Rechtsakte bewirken jedoch für das Nicht-Immobilien(mutter-)unternehmen keinen Kapitalzufluss. Es erfolgt hierbei lediglich ein Aktivtausch von Grundbesitz gegen Beteilung an der Tochtergesellschaft. Aus Konzernperspektive resultiert daraus keine Veräußerung. Ein Zufluss finanzieller Mittel für das Nicht-Immobilienunternehmen wird erst erzielt, wenn zumindest ein Teil der Aktien an externe Investoren veräußert wird, wie Abbildung 13 verdeutlicht.

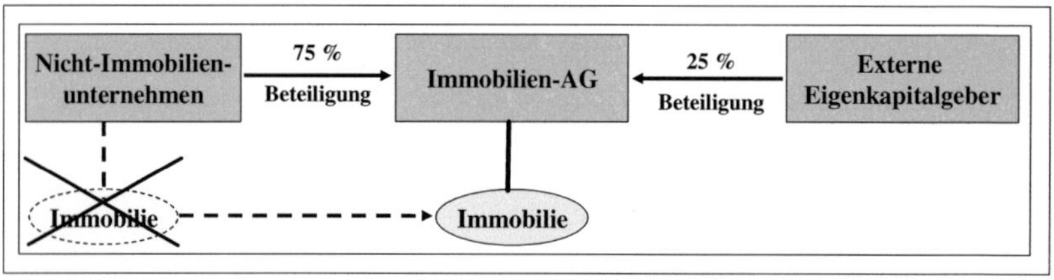

Abbildung 13: Beteiligung externer Investoren an der Immobilien-AG

Damit das Nicht-Immobilienunternehmen weiterhin über eine qualifizierte Mehrheit und damit über eine ausreichende Entscheidungsgewalt über die Liegenschaften verfügt, sollte maximal ein Viertel der gesamten Aktien an externe Kapitalgeber verkauft werden.[493] Dies bedeutet zugleich, dass dem Nicht-Immo-

---

[493] Beispielsweise können Aktiengesellschaften Satzungsänderungen (§ 179 Abs. 1 und 2 AktG) oder Kapitalerhöhungen (§ 182 Abs. 1 AktG) nur mit einer qualifizierten Mehrheit, d.h. mit einer Dreiviertelmehrheit, umsetzen. Besondere Bedeutung hat diese Mehrheit bei dem Abschluss von Unternehmensverträgen. Hierbei ist eine Mehrheit von drei Viertel des in der Hauptversammlung vertretenen Grundkapitals erforderlich (§ 293 Abs. 1 AktG). Bei einem Beherrschungsvertrag handelt es sich um einen solchen Unternehmensvertrag (§ 291 Abs. 1 AktG). Hiernach unterstellt eine Aktiengesellschaft die Leitung ih-

bilienunternehmen im Vergleich zur Veräußerung des Grundbesitzes an eine konzernexterne Immobilien-AG ein geringerer Kapitalbetrag zufließt. Zudem muss zwischen der Immobilien-AG und dem Nicht-Immobilienunternehmen ein langfristiger Mietvertrag über die betriebsnotwendige Liegenschaft geschlossen werden.

Um diese Fallgestaltung anhand der Modellimmobilie zu überprüfen, wird unterstellt, dass die externen Kapitalgeber für die Beteiligung insgesamt einen Preis zahlen, der einem Viertel des objektivierten Verkehrswertes der Immobilie in Höhe von 264.563.712 Euro entspricht. Es ergibt sich damit durch die Platzierung von Aktien der Immobilien-AG bei externen Anlegern ein Liquiditätszufluss nach Steuern und Transaktionsausgaben von *42.063.150 Euro*, wie Abbildung 14 verdeutlicht.

rer Gesellschaft einem anderen Unternehmen. Dies ist für den Fall der Immobilien-AG als Tochtergesellschaft eines Nicht-Immobilienunternehmens relevant. Letzteres muss die Verfügungsrechte über das Tochterunternehmen wahren, sofern in der Immobilien-AG betriebsnotwendige Liegenschaften gebündelt werden. Ansonsten besteht die Gefahr, dass die strategischen Erfolgspotenziale, die mit diesem Grundbesitz verbunden sind, eingeschränkt werden.

		100 %	25 %
	Verkehrswert der Immobilie in Euro	**264.563.712**	66.140.928
-	Buchwert der Immobilie in Euro	105.825.486	26.456.372
-	Transaktionsausgaben (1,5 % des Verkehrswertes) in Euro	3.968.456	992.114
-	Grunderwerbsteuer (3,5 % des Verkehrswertes) in Euro	9.259.730	2.314.933
=	**Veräußerungsgewinn in Euro**	**145.510.040**	**36.377.509**
	Steuern in Euro: 36.377.509 Euro · 0,29825		10.849.592
	Verkaufserlös in Euro		66.140.928
-	Transaktionsausgaben (Basis 100 %) in Euro		3.968.456
-	Grunderwerbsteuer (Basis 100 %) in Euro		9.259.730
-	Steuern in Euro		10.849.592
=	**Liquiditätszufluss in t=0 durch Verkauf**		**42.063.150**

Abbildung 14: Liquiditätszufluss durch Beteiligung externer Investoren[494]

Aufgrund des Mietvertrages muss das Nicht-Immobilienunternehmen die bereits ermittelte konforme Jahresmiete von 23.977.800 Euro an die Immobilien-AG leisten. Effektiv resultieren daraus jedoch lediglich jährliche Mietzahlungen von 16.826.421 Euro, weil mit dieser Auszahlung eine Steuerersparnis in Höhe von 7.151.379 Euro einhergeht.[495] Zugleich stehen dem Nicht-Immobilienunternehmen jährlich 75 % des Gewinns der Immobilien-AG zu, welcher der Tabelle 16 zu entnehmen ist.

[494] Bei der Ermittlung des Liquiditätszuflusses wird berücksichtigt, dass die Transaktionsausgaben unverändert in Höhe von 1,5 % und die Grunderwerbsteuer in Höhe von 3,5 % des Verkaufspreises in t=0 anfallen. Zudem wird aufgrund des Aktienverkaufs eine Besteuerung der Differenz zwischen Beteiligungsbuchwert und Verkaufspreis ausgelöst. Eine anteilige Steuerminderung durch die Transaktionsausgaben und die Grunderwerbsteuer wird dabei unterstellt. Die Steuerzahlung beläuft sich demnach auf 10.849.592 Euro.

[495] Vgl. Abbildung 11.

	t=0 bis t=33	t=34	ab t=35
Monatliche Mieteinnahme der Immobilien-AG vor Mietausfall in Euro	1.980.000		
Monatliche Mieteinnahme der Immobilien-AG nach 3 % Mietausfall und 14 % Bewirtschaftungsausgaben in Euro	1.643.400		
Konforme Jahresmieteinnahme der Immobilien-AG nach Mietausfall und Bewirtschaftungsausgaben in Euro	19.901.574		
Konforme Jahresmieteinnahme der Immobilien-AG nach Mietausfall und Bewirtschaftungsausgaben in Euro	19.901.574		
- Abschreibung in Euro	3.174.765	1.058.255	0
= Steuerpflichtiger Gewinn in Euro	**16.726.809**	**18.843.319**	**19.901.574**
Steuern (29,825 %) in Euro	**4.988.771**	**5.620.020**	**5.935.644**
Konforme Jahresmieteinnahme der Immobilien-AG nach Mietausfall und Bewirtschaftungsausgaben in Euro	19.901.574		
- Steuern (29,825 %) in Euro	4.988.771	5.620.020	5.935.644
= Gewinn nach Steuern der Immobilien-AG in Euro	**14.912.803**	**14.281.554**	**13.965.930**
Gewinn nach Steuern aus der 75%-Beteiligung an der Immobilien-AG in Euro	**11.184.602**	**10.711.166**	**10.474.448**

Tabelle 16: Gewinn des Nicht-Immobilienunternehmens aus der Beteiligung an der Immobilien-AG[496]

Der durch das Nicht-Immobilienunternehmen in jedem Jahr aufzubringende Zahlungssaldo[497] sowie der entsprechende Barwert sind der Tabelle A-8 zu entnehmen. Die Summe der Barwerte beläuft sich auf -71.205.740 Euro. Wird dieser mit dem Veräußerungserlös der 25 %-Beteiligung in t=0 in Höhe von 42.063.150 Euro verrechnet, ergibt sich ein Kapitalwert der Alternative *„Immobilien in Immobilien-AG einbringen, zurückmieten und 25 % der Aktien veräußern"* in Höhe von *-29.142.590 Euro.*

496 Zur Ermittlung des steuerpflichtigen Gewinns sind von der konformen Jahresmieteinnahme die Bewirtschaftungsausgaben, der Mietausfall und die Abschreibungen abzuziehen. Es wird unterstellt, dass die Immobilien-AG das Objekt zum Buchwert übernimmt, mithin die Liegenschaft – bezogen auf den aktuellen Buchwert von 105.825.486 Euro – 33 Jahre zu 3 % p.a., im 34. Jahr zu 1 % und dann nicht mehr abschreiben kann. Berechnung der Abschreibung für t=1 bis t=33: 105.825.486 Euro · 0,03 = 3.174.765 Euro. Berechnung der Abschreibung für t=34: 105.825.486 Euro · 0,01 = 1.058.255 Euro.

497 Der Zahlungssaldo in jedem Jahr ergibt sich aus der durch das Nicht-Immobilienunternehmen zu leistenden Mietzahlung und dem Gewinnanteil aus der Immobilien-AG.

Durch den Vergleich mit dem Kapitalwert der Handlungsoption, die betriebsnotwendige Modellimmobilie im Eigentum zu belassen, wird deutlich, dass ein Teilverkauf eines Immobilien-AG-Tochterunternehmens in dieser exemplarischen Konstellation unvorteilhaft ist. Sowohl bei unterstellter Effizienzsteigerung als auch ohne sind die Kapitalwerte mit -15.345.440 Euro und -23.759.652 Euro höher als bei der Alternative des Teilverkaufs, wie Tabelle 17 verdeutlicht.

Immobilientyp	Halten der Immobilie im Eigentum				Verkauf der Immobilie an Immobilien-AG				
	Vermietung ab t=0		Verkauf in t=10	Vermietung ab t=10	100 % Verkauf				25 % Verkauf
	ohne Effizienzsteigerung	mit Effizienzsteigerung			Keine Rückmietung		Rückmietung bis t=10		Rückmietung
					normale AG	REIT	normale AG	REIT	
Betriebsneutrale Immobilie	169.744.191				207.937.156	229.636.341			
Dispositionsabhängige Immobilie			66.094.889	65.870.068			95.030.498	116.729.683	
Betriebsnotwendige Immobilie	-23.759.652	-15.345.440							-29.142.590

Tabelle 17: Kapitalwerte der Handlungsalternativen – Teil 4[498]

Grundsätzlich wird für den Aktienverkauf lediglich eine Privatplatzierung in Betracht kommen. Für einen Börsenhandel ist das Emissionsvolumen regelmäßig zu gering, da mit dieser Konstruktion nur betriebsnotwendiger Grundbesitz einer einzelnen Gesellschaft verwertet werden kann. Da die Immobilien-AG nach wie vor im Mehrheitseigentum eines Nicht-Immobilienunternehmens steht, ist die Gefahr eines ineffizienten Managements der Liegenschaften weiterhin existent. Deswegen ist fraglich, ob institutionelle Anleger in Aktien einer sol-

498 Da für jeden Immobilientyp unterschiedliche Prämissen gesetzt werden, ist der Vergleich der Handlungsalternativen jeweils nur innerhalb der Kategorien der betriebsneutralen, der dispositionsabhängigen und der betriebsnotwendigen Liegenschaft, mithin gemäß der Tabelle 17 nur zeilenweise möglich. Dennoch vermag die vorliegende Übersicht die gesamte Entscheidungssituation der Handlungsalternativen für das Grundbesitzportfolio eines Nicht-Immobilienunternehmens offenzulegen.

chen Gesellschaft investieren würden.[499] Die Alternative der Veräußerung von Anteilen an einem Immobilien-AG-Tochterunternehmen ist daher zu vernachlässigen.

Die Gründung eines REITs und die Veräußerung von einem Viertel der Anteile durch das Nicht-Immobilienunternehmen sind nicht möglich. Zwar wird die Vorschrift, dass sich mindestens 15 % der Aktien der REIT-AG[500] im *Streubesitz* befinden müssen, eingehalten.[501] Jedoch darf kein Anleger eines REITs direkt 10 % oder mehr der Aktien oder Aktien in einem Umfang halten, dass er über 10 % der Stimmrechte verfügt.[502] Dies wäre bei einer 75 %-Beteiligung durch ein Nicht-Immobilienunternehmen, welche für die betriebsnotwendigen Liegenschaften erforderlich ist, der Fall.

Mithin kann festgehalten werden, dass die Veräußerung betriebsneutraler und dispositionsabhängiger Liegenschaften an eine Immobilien-AG grundsätzlich forciert werden sollte. Durch den staatlichen Eingriff in Form einer Exit Tax wird der Verkauf an einen REIT nach dem Kapitalwertkriterium aufgrund der hälftigen Besteuerung des Veräußerungsgewinns vorteilhafter. Jedoch geht der Status eines REITs mit weiteren rechtlichen Restriktionen einher. Für dispositionsabhängige Liegenschaften ist die Handlungsoption, diese zunächst im Eigen-

---

499 Ein institutioneller Investor, wie ein Immobilienunternehmen, könnte den Grundbesitz selbst effizienter steuern.

500 Im Zeitpunkt der Börsenzulassung müssen sich 25 % der Aktien des REITs im Streubesitz befinden.

501 Vgl. § 11 Abs. 1 Satz 1 REITG. Als Streubesitz gelten die Aktien der Aktionäre, denen weniger als 3 % der Stimmrechte an der REIT-AG zusteht, wobei sich die Berechnung nach §§ 22 und 23 WpHG richtet; vgl. § 11 Abs. 1 Satz 2 REITG. Die REIT-AG muss jährlich zum 31.12. der BaFin die Streubesitzquote mitteilen. Die BaFin teilt dem Bundeszentralamt für Steuern mit, wenn die 15 %-Quote unterschritten wird; vgl. § 11 Abs. 2 REITG. Zudem muss die Satzung der REIT-AG bei Beendigung der Steuerbefreiung gem. § 18 Abs. 3 REITG eine Entschädigung für Aktionäre vorsehen, denen weniger als 3 % der Stimmrechte zustehen; vgl. § 11 Abs. 5 REITG.

502 Vgl. § 11 Abs. 4 Satz 1 REITG. Für Rechnung eines Dritten gehaltene Aktien gelten als direkt durch den Dritten gehalten; vgl. § 11 Abs. 4 Satz 2 REITG.

tum zu behalten, umso erwägenswerter, je kürzer deren Dauer der Nutzung durch das Nicht-Immobilienunternehmen ist. Für die Verwertung von betriebsnotwendigem Grundbesitz ist die Institution der Immobilien-AG, insbesondere auch des REITs, hingegen nicht einsetzbar.

B. Verbriefung von Zahlungsansprüchen aus Unternehmensimmobilien

1. Weiterentwicklung der Asset Backed Securitisation zur Real Estate Securitisation

Da betriebsnotwendiger Grundbesitz über die Institution der Immobilien-AG aus den angeführten und für das Modellobjekt exemplarisch belegten Gründen nicht anzuraten ist, interessieren bei der Analyse der Verbriefung direkter Zahlungsansprüche aus Unternehmensliegenschaften insbesondere Gestaltungsmöglichkeiten, mit denen diese Immobilien verwertet werden können.

Dem Begriff der *Verbriefung (Securitisation)* wird in der Literatur eine Vielzahl von Bedeutungen und Abgrenzungen beigemessen. Grundlegend bezeichnet Verbriefung die Schaffung handelbarer Wertpapiere. Die weite Auslegung dieses Begriffs umfasst sowohl die Verbriefung von Forderungsrechten (Debt Securitisation) als auch die Verbriefung von Eigenkapitalrechten (Equity Securitisation). Mithin ist eine Aktie ein Beispiel für die Equity Securitisation, da sie Rechte aus dem Eigenkapital eines Unternehmens umfasst. In der Wirtschaftswissenschaft wird der Verbriefungsbegriff als Securitisation von Forderungsrechten verstanden.[503] Dieser Abgrenzung wird auch im Rahmen der vorliegenden Untersuchung gefolgt.

---

[503] Vgl. zur Abgrenzung von Eigen- und Fremdkapitalverbriefung Breidenbach/Breidenbach (2006), S. 381. Zur juristischen Interpretation des Begriffs der Verbriefung vgl. Kammerer (2007), S. 3.

Bei der Forderungsverbriefung werden Wertpapiere emittiert, deren Zins- und Tilgungszahlungen durch bestimmte Zahlungsansprüche gesichert sind.[504] Der Begriff *Asset Backed Securities (ABSs)* ist ein Oberbegriff für jede Art der Verbriefung von Forderungen.[505] Die wörtliche Übersetzung als *„mit Aktiva gesicherte Wertpapiere"*[506] verdeutlicht das Prinzip dieses Finanzierungsvehikels.[507]

Die Forderungsverbriefung hat ihren Ursprung in den USA, wo diese vorherrschend durch *Mortgage Backed Securities*[508] *(MBSs),* folglich durch Verbriefung hypothekarisch besicherter Darlehen, seit Anfang der siebziger Jahre erfolgt.[509] Inzwischen ist sie seit vielen Jahren nicht nur für die Finanzdienstleistungsbranche ein gängiges Instrument zur Kapitalbeschaffung, sondern auch für Industrie, Handel und den öffentlichen Sektor, die mit Hilfe dieses Vehikels Vermögens-

---

504 Vgl. Breidenbach/Breidenbach (2006), S. 382. Die Verbriefung von Forderungen muss vom Factoring abgegrenzt werden. Beim Factoring wird Kapital über einen Forderungskäufer beschafft, während bei der Verbriefung der Kapitalmarkt in Anspruch genommen wird; vgl. Iblher et al. (2008), S. 610. Vgl. zum Factoring sowie zur Abgrenzung von Forderungsverkauf und Verbriefung auch Börner/Schlösser (2009b), S. 236-243.

505 Vgl. dazu Breidenbach (2008), S. 610; Breidenbach/Breidenbach (2006), S. 383; Röder/ Sonnemann (2005), S. 328; Lehmann/Danielewsky (2003), S. 54; Langner (2002), S. 656; Früh (1995), S. 105; Schulte (1995), S. 152; Paul (1993), S. 848; Everling (1993), S. 82; Arbeitskreis „Finanzierung" der Schmalenbach-Gesellschaft für Betriebswirtschaft e.V. (1992), 495 f.; Eichholz/Nelgen (1992), S. 793; Berndsen (1991), S. 190; Benner (1988), S. 403; Lerbinger (1987), S. 310.

506 Alternative Übersetzungen sind „forderungsgestützte Wertpapiere" und „forderungsgestützte Verbriefung"; vgl. zu diesen beiden Varianten Früh (1995), S. 105.

507 Für eine Zusammenfassung der für die Verbriefung geeigneten Aktiva-Klassen siehe Breidenbach/Breidenbach (2006), S. 385. ABSs werden häufig von Kreditinstituten eingesetzt, um ihre Kredite zu refinanzieren und zugleich eine Entlastung des regulatorischen Eigenkapitals nach den Baseler Eigenkapitalvorschriften zu erreichen; vgl. Breidenbach/ Breidenbach (2006), S. 385 sowie Rügemer/Siemes (2002), S. 772.

508 Die Begriffsabgrenzungen von ABSs und MBSs variieren in der Literatur.

509 Vgl. Koenig (2005), S. 301; Weller/Klüwer (2004), S. 838; Breidenbach (2003), S. 6; Lehmann/Danielewsky (2003), S. 54; Arbeitskreis „Finanzierung" der Schmalenbach-Gesellschaft für Betriebswirtschaft e.V. (1992), 495 f.; (1992), S. 498. Bei der Mortgage Backed Securitisation werden Zins- und Tilgungsleistungen von vergebenen Realkrediten verbrieft; vgl. Breidenbach (2008), S. 619 sowie Wulfken/Lang (2003), S. 7.

gegenstände handelbar machen.[510] Seit dem Zusammenbruch des Subprime-Marktes in den USA im Jahr 2008 und der dadurch ausgelösten internationalen Finanzkrise haben die Mortgage Backed Securitisation (MBS) wie auch die Verbriefung im Allgemeinen einen erheblichen Image- und Vertrauensverlust erlitten.

Die *Real Estate Securitisation*[511] *(RES)* bezeichnet eine Verbriefung, deren zugrunde liegenden Forderungen *direkt* aus Immobilien resultieren, beispielsweise aus Mieten.[512] Dies kann daher auch als Verbriefung von *Primärrechten* aus dem Grundvermögen charakterisiert werden. Die grau unterlegten Felder in der Abbildung 15 vermitteln einen Überblick über die für diese Arbeit relevante Abgrenzung des Begriffes der Real Estate Securitisation.

---

510 Beispiele sind: Musikrechte, Kreditkartenforderungen, Hypothekendarlehen (vgl. Koenig (2005), S. 301); Telefonrechnungsforderungen (vgl. Schulte (1995), S. 152); Automobilfinanzierungen, Leasingforderungen, Konsumentenkredite (vgl. Paul (1993), S. 848); Computer- und Flugzeug-Leasingverträge, Studentendarlehen (vgl. Dickler (1991), S. 111). Neben MBSs begeben Banken verstärkt Collateralised Debt Obligations, die meist auf Forderungen aus Unternehmenskrediten oder aus Schuldverschreibungen basieren; vgl. Breidenbach/Breidenbach (2006), S. 385 sowie Rügemer/Siemes (2002), S. 772. Die zusätzliche Besicherung von MBSs durch Hypotheken unterscheidet diese Anlagegattung von Collateralised Debt Obligations; vgl. Breidenbach (2005), S. 60 f.

511 Synonym zur Real Estate Securitisation wird Verbriefung von Zahlungsströmen aus Immobilien und Property Securitisation verwendet.

512 Vgl. zu dieser Definition Breidenbach (2008), S. 618; Gondring (2004), S. 846; Knab (2004), S. 810; Breidenbach (2003), S. 7; Lehmann/Danielewsky (2003), S. 53; Wulfken/Lang (2003), S. 7; Rügemer/Siemes (2002), S. 771. Weller/Klüwer grenzen den Begriff der Real Estate Securitisation weiter ab, indem diese sowohl die MBS als auch die Verbriefung von grundpfandrechtlich besicherten Darlehen und die Property Securitisation als Verbriefung von Zahlungsströmen aus Immobilien umfasst; vgl. Weller/Klüwer (2004), S. 834. Insbesondere die amerikanische Definition der Real Estate Securitisation weist Unterschiede gegenüber der in dieser Arbeit gewählten Abgrenzung auf. In den USA bezeichnet die Real Estate Securitisation allgemein die Verbriefung immobilienbesicherter Darlehen, was nach der deutschen Definition dem Verständnis der Mortgage Backed Securitisation entspricht. Nach der amerikanischen Definition ist es unerheblich, ob die Zahlungsansprüche aus einem hypothekarisch besicherten Darlehen oder aus der Immobilie selbst resultieren. Beide Varianten werden als Real Estate Securitisation aufgefasst; vgl. Breidenbach (2005), S. 215.

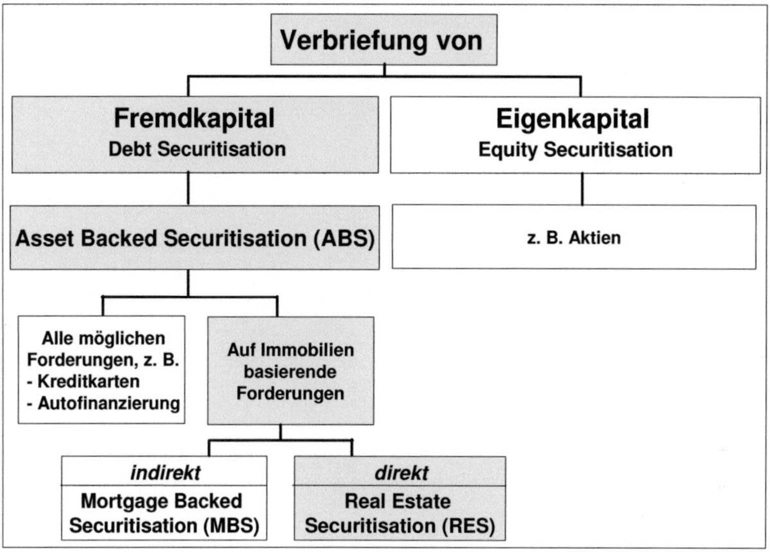

Abbildung 15: Abgrenzung der Real Estate Securitisation

Im Rahmen der Real Estate Securitisation können alle Ansprüche aus Immobilienvermögen verbrieft werden, die einen konstanten und voraussehbaren Zahlungsstrom erwirtschaften.[513] Hierzu zählen unter anderem Mietforderungen, Sale-and-Leaseback-Zahlungen, zukünftige Erlöse von Immobilienprojektentwicklungen und Zahlungsströme, wie beispielsweise aus Ticketverkäufen von Sportstätten.[514] In Abgrenzung zu RESs stellen MBSs den Bezug zu Liegenschaften nur *indirekt* über die zur Immobilienfinanzierung eingesetzten Darlehen bzw. über die zu ihrer Sicherung bestellten Grundpfandrechte her.[515] Mithin handelt es sich bei der Mortgage Backed Securitisation um die Verbriefung von *Sekundärrechten* aus Immobilien.

---

[513] Vgl. Breidenbach (2008), S. 618.

[514] Vgl. Breidenbach (2008), S. 615 sowie Gondring (2004), S. 846 und Lehmann/Danielewsky (2003), S. 53.

[515] Vgl. Breidenbach (2008), S. 619; Kammerer (2007), S. 37; Breidenbach (2003), S. 7; Wulfken/Lang (2003), S. 7.

Das Prinzip einer Real Estate Securitisation-Transaktion kann auf Basis der Hauptakteure und durch den grundlegenden Vergleich mit einer Mortgage Backed Securitisation-Transaktion anhand Abbildung 16 veranschaulicht werden.

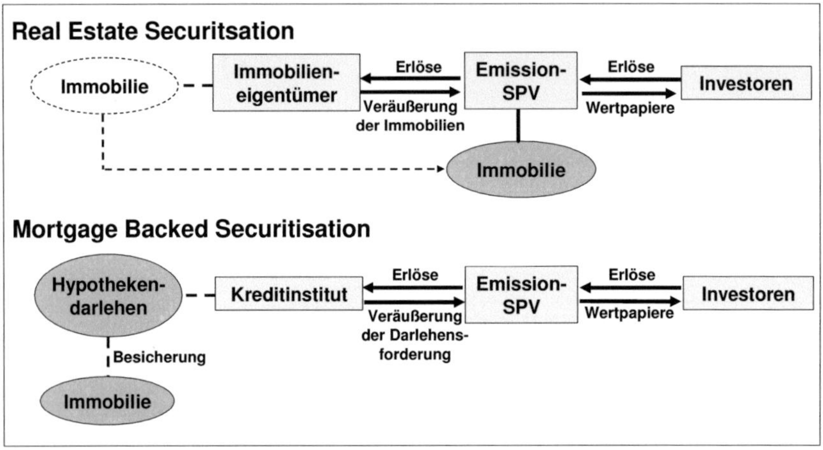

Abbildung 16: Abgrenzung von Mortgage Backed Securitisation und Real Estate Securitisation

Bei der Real Estate Securitisation veräußert ein Immobilieneigentümer als Begründer der Transaktion (Originator) in einem ersten Schritt seine Liegenschaft an eine *Refinanzierungs-Zweckgesellschaft*[516] *(Emissions-Special Purpose Vehicle* bzw. *Emissions-SPV* oder *Refinanzierungs-SPV).*[517] Deutlich wird hierbei der Unterschied zur Mortgage Backed Securitisation, bei der als Originator regelmäßig ein Kreditinstitut auftritt, welches seine Forderungen aus einem hypothekarisch besicherten Darlehen an das SPV veräußert.[518] Die Real Estate Secu-

[516] Synonym werden die Begriffe Zweckmedium oder Ein-Zweckgesellschaft verwendet; vgl. Knab (2004), S. 811.

[517] Vgl. zu ähnlichen Ausführungen allgemein zur Asset Backed Securitisation Paul (1993), S. 848.

[518] Vgl. Breidenbach (2008), S. 615; Kammerer (2007), S. 38; Breidenbach (2003), S. 6; Rügemer/Siemes (2002), S. 772.

ritisation ist folglich dadurch gekennzeichnet, dass ein *Immobilieneigentümer* Begründer der Verbriefung ist.

Die Zweckgesellschaft refinanziert den zu zahlenden Kaufpreis durch Emission von Wertpapieren. Dieser wird bei der Real Estate Securitisation an den Immobilieneigentümer, bei der Mortgage Backed Securitisation an das Kreditinstitut gezahlt.[519] Die Investoren dieser Effekten erwerben einen Anspruch auf Zins- und Tilgungszahlungen. Diese werden bei der Real Estate Securitisation aus den Zahlungsströmen der an das SPV verkauften Immobilien,[520] mithin aus den Mietzahlungen, bei der Mortgage Backed Securitisation hingegen aus den Kapitaldiensten der Darlehensnehmer geleistet.[521]

Durch die Verbriefung direkter Zahlungsströme aus Grundvermögen als intermediäre Institution werden folglich Immobilien- und Kapitalmarkt verbunden. Mit der Real Estate Securitisation werden finanzielle Mittel vom Kapitalmarkt auf den Immobilienmarkt transferiert, die dort in Grundbesitz investiert werden. Aufgrund der höheren Liquidität auf dem Grundbesitzmarkt existiert ein größerer Investorenkreis für Unternehmensliegenschaften. Zugleich erhalten die Anleger der RES-Anleihe Zins- und Tilgungsleistungen, die aus den Immobilien resultieren und nicht den Schwankungen des Kapitalmarktes unterliegen.

Für Unternehmen ist durch die Real Estate Securitisation eine Finanzierung über den Kapitalmarkt ohne Zwischenschaltung von Kreditinstituten möglich.[522] Die Banken können bei dieser Finanzierungstechnik nur eine Vermittlerposition[523]

---

519 Vgl. Knab (2004), S. 810.

520 Vgl. Kammerer (2007), S. 37; Breidenbach (2005), S. 61.

521 Vgl. Paul (1993), S. 848.

522 Vgl. Breidenbach (2008), S. 618 sowie Benner (1988), S. 410.

523 Vgl. Breidenbach (2008), S. 618. Kreditinstitute nehmen dann lediglich die Funktion eines Arrangeurs, Garantiegebers oder Planungshelfers ein, ohne selbst zwischen zwei Kontraktparteien geschaltet zu sein; vgl. Bär (2000), S. 24 sowie Paul (1994a), S. 55. ff. Banken erzielen ihre Erträge dann beispielsweise in erster Linie aus dem Provisionsgeschäft; vgl. Breidenbach (2008), S. 618.

einnehmen und unterstützend wirken. Ihre bislang erbrachten Transformationsleistungen werden von der Zweckgesellschaft übernommen.

Im Folgenden ist zu bestimmen, inwieweit dieses Finanzierungspotenzial für die Verwertung von Unternehmensimmobilien eingesetzt werden kann. Auch wenn aufgrund der Finanzkrise die Investitionsbereitschaft in Verbriefungskonstrukte zurückgegangen ist, bleibt zu erwarten, dass mittel- bis langfristig in Deutschland eine stärkere Inanspruchnahme dieser Anlagegattung, auch aufgrund einer steigenden Anzahl von Investoren, erfolgt.[524]

2. Modellkonzeption der Real Estate Securitisation

a) Struktur einer Real Estate Securitisation-Transaktion

Durch die Real Estate Securitisation kann in Immobilien gebundenes Kapital freigesetzt werden. Um das Einsatzpotenzial und die Vorteilhaftigkeit dieser Finanzierungsvariante zu bestimmen, ist zunächst die *grundsätzliche Transaktionsstruktur* für die Verbriefung direkter Zahlungsströme aus Realvermögen zu entwickeln. Darauf aufbauend kann ihre *spezielle* Eignung für die Verwertung der verschiedenen Typen von Unternehmensliegenschaften analysiert werden.

Die jeweilige Strukturierung basiert auf den Zielen und den Bedürfnissen des Originators sowie den Erfordernissen zur Realisierung der Emission am Kapitalmarkt[525] und erfordert eine *Erweiterung* im Vergleich zu ABS-Transaktionen, wie Abbildung 17 aufbauend auf Abbildung 16 verdeutlicht.

---

[524] Vgl. Breidenbach (2008), S. 620 sowie Koenig (2005), S. 301.

[525] Vgl. Gondring (2009), S. 778 sowie Rügemer/Siemes (2002), S. 776.

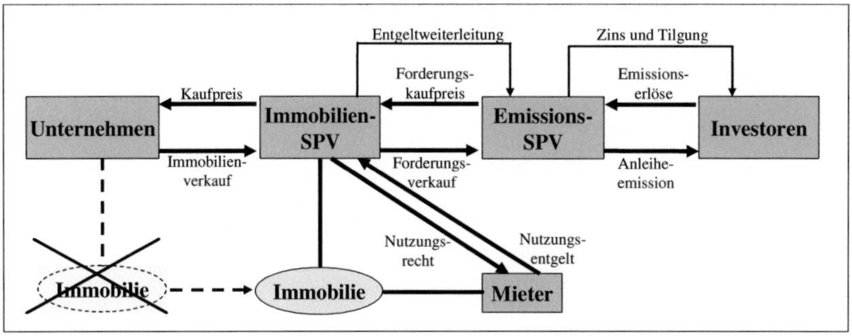

Abbildung 17: Grundstruktur der Real Estate Securitisation

Zusätzlich zu dem bei ABS-Transaktionen eingesetzten *Emissions-SPV* wird bei der Real Estate Securitisation als weitere Partei eine *Immobilien-Zweckgesellschaft (Immobilien-SPV, Immobilien-Besitzgesellschaft)* in die Verbriefungsstruktur eingebunden. Das Nicht-Immobilienunternehmen veräußert in einem ersten Schritt den zu verbriefenden Grundbesitz an diese Zweckgesellschaft, die ihrerseits mit dem Nutzer der Liegenschaften einen Mietvertrag schließt.[526] Als Immobilienmieter kann prinzipiell auch die veräußernde Gesellschaft auftreten.

Das Immobilien-SPV refinanziert den an das Nicht-Immobilienunternehmen zu zahlenden Kaufpreis, indem es die Entgeltansprüche aus dem Mietvertrag an das Emissions-SPV veräußert und abtritt.[527] Zusätzlich räumt das Immobilien-SPV

---

[526] Es können auch Mietverträge mit verschiedenen Nutzern geschlossen werden, die Grundlage der Verbriefungstransaktion sind.

[527] Vgl. Kammerer (2007), S. 63. Für die Verbriefung ist die Abtrennbarkeit der Forderungen vom Vermögen des Immobilien-SPVs von Bedeutung. Rechtliche Probleme können bei der Real Estate Securitisation beispielsweise durch Abtretungsverbote von Mietforderung in den Mietverträgen entstehen; vgl. zum Umgang mit Abtretungsverboten im Rahmen von ABS-Strukturen im Allgemeinen Bund (2005), S. 81 f.; Bertl (2004), S. 122; Bär (2000), S. 175 f.; Waschbusch (1998), S. 414; Ohl (1994), S. 41. Ein weiteres juristisches Problem resultiert aus der Weitergabe von personenbezogenen Daten der Mieter. Hierbei ist der Datenschutz zu beachten. Mit Hilfe von Datentreuhändern können Kundendaten unter Einhaltung der gesetzlichen Vorschriften verwahrt werden; vgl. zum Datenschutz bei ABS-Transaktionen Hommel (2005), S. 17 f. und Bertl (2004), S. 121 sowie Gehring (1998), S. 174 ff.

der Refinanzierungs-Zweckgesellschaft Grundpfandrechte an den verbrieften Immobilien ein.[528] Das Emissions-SPV emittiert zu seiner Refinanzierung eine Anleihe am Kapitalmarkt.[529] Die Bedienung der Zins- und Tilgungsansprüche der Investoren der Schuldverschreibung erfolgt durch die mit den Immobilien verbundenen Mietzahlungen. Damit handelt es sich für die Investoren um eine indirekte, grundpfandrechtlich besicherte Immobilienanlage, die über den Kapitalmarkt handelbar ist.

Grundsätzlich ist die Ansiedlung beider Zweckgesellschaften in Deutschland möglich.[530] Da sich die Auswahl des Unternehmenssitzes nach vorteilhaften Rahmenbedingungen richtet, fällt die Wahl regelmäßig auf ein steuerneutrales und restriktionsfreies Rechtssystem im Ausland.[531] Bei einer Ansiedlung in Deutschland würden sowohl der Verkauf als auch die Abtretung der Forderungen an das SPV der Umsatzsteuerpflicht unterliegen.[532] Zudem wird das vom

---

[528] Um die Notarkosten für die Grundschuld gering zu halten, sollte sich das Immobilien-SPV nur hinsichtlich eines Teils der zu sichernden Forderung einer sofortigen Zwangsvollsteckung unterwerfen (Vollstreckungsunterwerfung); vgl. Wulfken/Lang (2003), S. 9. Beispielsweise können zwei Grundschulden bestellt werden, wobei sich das Immobilien-SPV nur hinsichtlich einer Grundschuld bis zu einem bestimmten Prozentsatz der Forderungen der sofortigen Zwangsvollstreckung unterwirft. Die vollstreckbare Grundschuld wird im Grundbuch im Rang nach der Grundschuld ohne Vollstreckungsunterwerfung eingetragen, da bei Einleitung der Zwangsvollstreckung aufgrund der nachrangigen Grundschuld direkt die erstrangige Grundschuld miterfasst wird; vgl. Wulfken/Lang (2003), S. 9.

[529] Vgl. Graf (2007), S. 166; Knab (2004), S. 812; Weller/Klüwer (2004), S. 849; Lehmann/Danielewsky (2003), S. 63 f.; Rügemer/Siemes (2002), S. 780; Lerbinger (1987), S. 313. Für die Platzierung der Anleihe am Kapitalmarkt wird regelmäßig die Unterstützung durch ein Kreditinstitut in Anspruch genommen; vgl. Früh (1995), S. 106.

[530] Vgl. Eichholz/Nelgen (1992), S. 796 sowie Früh (1995), S. 107.

[531] Vgl. Kammerer (2007), S. 65; Lehmann/Danielewsky (2003), S. 65; Rügemer/Siemes (2002), S. 780; Paul (1993), S. 848. Zur Rechtsformwahl der Zweckgesellschaft vgl. auch Rosar (2000), S. 40-42 sowie Gögler (1995), S. 45-74. Sofern eine deutsche Zweckgesellschaft in die Verbriefung eingebunden wird, eignet sich aus verschiedenen Gründen die Rechtsform der GmbH; vgl. Klüwer (2001), S. 227; Gehring (1999), S. 154; Früh (1995), S. 107; Gögler (1995), S. 59; Eichholz/Nelgen (1992), S. 796.

[532] Vgl. Bosak (2005), S. 546.

Emissions-SPV am Kapitalmarkt aufgenommene Fremdkapital als Dauerschuld klassifiziert, was eine höhere Gewerbesteuerbelastung zur Folge hat.[533]

Die an die Investoren emittierte Anleihe umfasst einen Anspruch auf Zins- und Tilgungszahlungen.[534] Der aus den Immobilien resultierende Mietzahlungsstrom wird im Rahmen einer *Pay-Through-Struktur* an die Anleger weitergeleitet. Das bedeutet, dass die vertraglich vereinbarten Zins- und Tilgungsleistungen an die Investoren gezahlt werden, nachdem sie zunächst gebündelt und umstrukturiert wurden.[535] Hierdurch ist zum einen die Anpassung des Kapitaldienstes an die von den Transaktionsparteien präferierten Tilgungs- und Entgeltstrukturen möglich.[536] Zum anderen können von den erhaltenen Mieteinnahmen Rücklagen gebildet werden, mit denen während der Anleihelaufzeit erforderliche Erhaltungs- oder Modernisierungsaufgaben gezahlt werden. Diese Ausgaben werden folglich durch die eingehenden Mietzahlungen beglichen.

Alternativ hierzu können die Mietzahlungen vom Emissions-SPV mittels einer *Pass-Through-Struktur* unverändert an die Investoren weitergeleitet werden. Bei dieser Variante wirken sich Zahlungsausfälle und -verzögerungen unmittelbar auf die Investoren aus.[537] Gegenüber der Pass-Through-Struktur besteht bei der Pay-Through-Struktur folglich für die Anleger ein geringeres Risiko, was jedoch mit einer vergleichsweise geringeren Rendite einhergeht.

Neben der Anleiheemission besteht die Möglichkeit, die Verbriefung als Fondszertifikatestruktur zu gestalten.[538] Hierbei werden die Vermögensgegenstände

---

[533] Vgl. § 8 Nr. 1 GewStG.

[534] Vgl. Eichholz/Nelgen (1992), S. 796.

[535] Vgl. Lerbinger (1987), S. 313.

[536] Vgl. Benner (1988), S. 408.

[537] Vgl. Lerbinger (1987), S. 313 zu weiteren Ausführungen zur Pass-Through-Struktur.

[538] Zu den in den USA gebräuchlichen Rechtsformen der Fondszertifikatestruktur (Truststruktur) und des Anleihekonzepts (Corporation-Struktur) vgl. Baums (1993), S. 7 sowie Rosenthal/Ocampo (1988), S. 47. Der Trust ist hierbei analog zum Fonds eine Rechtseinheit, in die Vermögensgegenstände eingebracht und von einem Treuhänder auf Basis einer ver-

vom Originator an einen Fonds übertragen, der sich durch Emission von Fondszertifikaten refinanziert.[539] Diese verkörpern einen anteiligen Besitz am Fondsvermögen und den zugehörigen Sicherheiten.[540] In Deutschland lässt sich diese Struktur mit Genussscheinen darstellen.[541] Diese umfassen für dessen Eigentümer statt eines Anspruchs auf Zins- und Tilgungszahlung einen Anspruch auf einen Bruchteil des Fondsvermögens.[542] Sie weisen jedoch für die Investoren gegenüber Anleihen den Nachteil einer geringeren Liquidität auf, da für diese nur ein eingeschränkter Markt existiert.[543] Das Risiko und damit die Renditeforderungen der Investoren gegenüber dem Anleihekonzept sind hierbei höher.[544] Beim Fondszertifikatekonzept ist aufgrund der direkten Durchleitung der Zahlungsströme an die Anleger lediglich der Einsatz der Pass-Through-Struktur möglich.[545] Da die Umstrukturierung des Zahlungsstroms nach der Pay-Through-Variante jedoch aus den angeführten Gründen für die Real Estate Securitisation möglich sein sollte, ist die Anwendung der Anleihestruktur vorzuziehen.

traglichen Vereinbarung verwaltet werden. Dabei wird nicht der Trust selbst besteuert sondern die Investoren. Der Trust darf jedoch keine neuen Vermögensgegenstände erwerben oder gegen andere tauschen, so dass sich diese Struktur nicht für einen fortlaufenden Ankauf von Immobilien eignet; vgl. zu diesen Ausführungen Arbeitskreis „Finanzierung" der Schmalenbach-Gesellschaft für Betriebswirtschaft e.V. (1992), S. 503.

539 Vgl. Benner (1988), S. 407 f. sowie Lerbinger (1987), S. 313.

540 Vgl. Benner (1988), S. 407 f. sowie Lerbinger (1987), S. 313. In der Praxis nimmt ein Treuhänder die Vermögensgegenstände für die Fondsinvestoren in Besitz und überweist die Zahlungen an die Zertifikatsinhaber; vgl. Lerbinger (1987), S. 313.

541 Vgl. Schulte (1995), S. 152.

542 Vgl. Eichholz/Nelgen (1992), S. 796.

543 Vgl. Eichholz/Nelgen (1992), S. 796.

544 Vgl. Benner (1988), S. 408.

545 Vgl. Arbeitskreis „Finanzierung" der Schmalenbach-Gesellschaft für Betriebswirtschaft e.V. (1992), S. 504.

Ein Treuhänder[546] sorgt bei der Pay-Through-Struktur für einen ordnungsgemäßen Ablauf der Transaktion und die Wahrung der Investoreninteressen, indem er die fließenden Zahlungsströme überwacht.[547] Dafür wird zwischen dem Emissions-SPV und dem Treuhänder ein Treuhandvertrag geschlossen, der die Beziehung zwischen beiden Parteien sowie Details für den Fall der Insolvenz der Emissions-Zweckgesellschaft regelt.[548] Tritt diese ein oder entstehen Zahlungsausfälle oder -verzögerungen, kann der Treuhänder den Vermögenspool und die Sicherheiten zu Gunsten der Investoren verwerten.[549]

b) Gewährleistung der Insolvenzsicherheit

Um die Bonität und damit die Sicherheit der Real Estate Securitisation-Transaktion für die Investoren zu erhöhen, werden verschiedene *Sicherungsmechanismen (Credit Enhancements)* eingerichtet, die die Bedienung der Wertpapiere gewährleisten sollen.[550] Über ein Reservekonto[551] oder durch Überbesiche-

---

546 Als Treuhänder fungieren regelmäßig Wirtschaftprüfungsgesellschaften, Kreditinstitute oder Treuhandgesellschaften; vgl. Waschbusch (1998), S. 412.

547 Vgl. Breidenbach (2008), S. 620; Röder/Sonnemann (2005), S. 329; Herrmann (2002), S. 183; Rügemer/Siemes (2002), S. 780 f.; Waschbusch (1998), S. 412. Zu einer Zusammenfassung der Aufgaben des Treuhänders vgl. Rosar (2000), S. 26.

548 Vgl. Möller (1997), S. 87. Möller qualifiziert den Treuhandvertrag als echten Vertrag zu Gunsten Dritter i. S. v. § 328 BGB, in dem festgelegt werden muss, wann ein Sicherungsfall eintritt. Regelmäßig gehen ab diesem Zeitpunkt alle Zahlungen an den Treuhänder; vgl. Möller (1997), S. 87.

549 Vgl. Gehring (1999), S. 18; Waschbusch (1998), S. 412; Früh (1995), S. 106; Paul (1993), S. 849; Arbeitskreis „Finanzierung" der Schmalenbach-Gesellschaft für Betriebswirtschaft e.V. (1992), S. 502.

550 Vgl. Rügemer/Siemes (2002), S. 783 sowie Früh (1995), S. 106. Eine detailliertere Analyse potenzieller Besicherungen findet sich allgemein zum Themenbereich der Asset Backed Securitisation bei Alte (2006), S. 66-84; Klüwer (2001), S. 26-34; Gehring (1999), S. 23-27; Gögler (1996), S. 29-32; Eisenächer (1994), S. 40-43.

551 Dieses vom Emissions-SPV eröffnete Reservekonto wird auch als Spread Account oder Cash Collateral Account bezeichnet. Die Zweckgesellschaft führt dem Konto in jedem Jahr den Betrag zu, der sich aus den erhaltenen Mieteinnahmen nach Zahlung der Kapitaldienste an die Anleiheinvestoren sowie Begleichung der Transaktionsausgaben ergibt.

rung[552] erfolgt eine Kreditbesicherung aus dem Zahlungsstrom, so dass Zahlungsstörungen aufgrund von Mietausfällen ausgeglichen werden können.[553] Darüber hinaus kann der Originator eine Bareinlage als Sicherheit auf einem Konto hinterlegen.[554] *Externe Sicherungsgeber*[555] mit erstklassigem Rating und damit hoher Reputation können daneben die Sicherheit der Transaktion erhöhen, indem sie gegen eine Provision eine Kreditlinie oder -garantie zu Gunsten der Investoren ausstellen.[556]

Durch Emission verschiedener Wertpapiertranchen, die sich durch unterschiedliche Zahlungsmodalitäten und mithin durch ein unterschiedliches Rating auszeichnen (*Subordination*),[557] kann das von verschiedenen Investorengruppen bevorzugte Risikoniveau erzielt werden.[558] Nach diesem „Kaskaden-Prinzip" begleicht das Emissions-SPV mit den eingehenden Mietzahlungen zunächst den Kapitaldienst der Investoren der vorrangigen Tranche (*Senior-Tranche*).[559] Die

---

Auf dieses Reservekonto kann die Zweckgesellschaft bei Zahlungsausfällen der Mieter zurückgreifen; vgl. hierzu die Ausführung zu ABSs bei Herrmann (2002), S. 185; Langner (2002), S. 661; Arbeitskreis „Finanzierung" der Schmalenbach-Gesellschaft für Betriebswirtschaft e.V. (1992), S. 507.

552 Bei der Überbesicherung stehen dem Nennwert der Real Estate Securities diesen übersteigende Forderungen gegenüber; vgl. Langner (2002), S. 661.

553 Vgl. Herrmann (2002), S. 185 sowie Langner (2002), S. 660.

554 Vgl. Röder/Sonnemann (2005), S. 329 sowie Langner (2002), S. 660 f. Alternativ kann der Originator eine Ausfallgarantie in einer bestimmten Höhe oder über einen bestimmten Prozentsatz übernehmen; vgl. Lerbinger (1987), S. 312.

555 Dies sind beispielsweise Kreditinstitute oder Spezialversicherungsgesellschaften, die Ausfallversicherungen anbieten; vgl. Lehmann/Danielewsky (2003), S. 66 sowie Wulfken/Lang (2003), S. 9.

556 Vgl. Hommel (2005), S. 17; Weller/Klüwer (2004), S. 849; Lehmann/Danielewsky (2003), S. 66; Wulfken/Lang (2003), S. 9; Langner (2002), S. 662. Regelmäßig werden die Zahlungen an die Anleiheinvestoren zunächst durch die Zahlungsströme aus den Immobilien und dem Reservekonto bedient. Wenn die Zahlungsausfälle nicht mehr über das Reservekonto ausgeglichen werden können, erfolgt die Inanspruchnahme der Garantiegeber; vgl. hierzu allgemein für ABSs Langner (2002), S. 662.

557 Vgl. Rügemer/Siemes (2002), S. 782.

558 Vgl. Röder/Sonnemann (2005), S. 329; Herrmann (2002), S. 184; Langner (2002), S. 661.

559 Vgl. zum Kaskaden-Prinzip auch Tödter (2009), S. 519 sowie Klein (2008), S. 82 und Langner (2002), S. 661. Dies wird auch als Senior-Sub-Struktur bezeichnet.

Zahlungen an die Anleger der anderen Tranchen folgen nach der Bonitätshierarchie. Die Investoren der zuletzt zu tilgenden Tranche (*Junior-, Equity- oder First-Loss-Tranche*) tragen somit das höchste Risiko möglicher Zahlungsausfälle. Je höher das Verlustrisiko des Investors ist, desto höher wird die Schuldverschreibung verzinst.[560]

Die Erweiterung der ABS-Struktur um das Immobilien-SPV ist ebenfalls zur Erhöhung der *Transaktionssicherheit* für die Investoren von Bedeutung. Wenn das Emissions-SPV selbst die Liegenschaften vom Nicht-Immobilienunternehmen erwirbt und die Emission am Kapitalmarkt begibt, mithin kein Immobilien-SPV in die Transaktion eingebunden wird, steht den Investoren der Schuldverschreibung aufgrund fehlender dinglicher Sicherheiten kein Aussonderungsrecht an den Immobilien zu.[561] Durch Einbindung eines Immobilien-SPVs wird die Bestellung von Grundpfandrechten zur Sicherung der Investorenansprüche möglich. Dieses Aussonderungsrecht kann das Emissions-SPV bei Zahlungsausfällen der Mieter in Anspruch nehmen,[562] um die Kapitaldienste an die Anleger zu leisten.[563] Ebenso können die Grundpfandrechte bei Insolvenz des Immobilien-SPVs geltend gemacht werden. Wenn kein Grundpfandrecht an den Liegenschaften besteht, fallen diese Vermögensgegenstände bei Insolvenz des Immobi-

---

560 Mit steigendem Risiko der Tranchen steigt auch deren Risikoprämie.

561 Zudem verfolgt die zweistufige SPV-Struktur den Zweck, dass Risiken aus Altlasten der Immobilien nicht vom Emissions-SPV getragen werden; vgl. Knab (2004), S. 812.

562 § 47 InsO bestimmt hierzu, dass derjenige, der auf Grund eines dinglichen oder persönlichen Rechts geltend machen kann, dass ein Gegenstand nicht zur Insolvenzmasse gehört, kein Insolvenzgläubiger ist. Sein Anspruch auf Aussonderung des Gegenstands bestimmt sich in diesem Fall nach den Gesetzen, die außerhalb des Insolvenzverfahrens gelten.

563 Vgl. Gondring (2009), S. 778 f.; Weller/Klüwer (2004), S. 849; Lehmann/Danielewsky (2003), S. 63; Wulfen/Lang (2003), S. 8 und 66; Rügemer/Siemes (2002), S. 779 sowie 781. Dies ist sowohl durch Zwangsverwaltung und als auch durch Zwangsversteigerung möglich. Während bei letzterer ein Gläubiger befriedigt wird, sofern auf seine Rangstelle noch ein Versteigerungserlös entfällt, erfolgt bei der Zwangsverwaltung eine Verwertung der laufenden Erträge der Immobilie zur Befriedigung der Gläubiger. Bei Mieteinnahmen wird häufig beides parallel betrieben, da diese gemäß § 21 Abs. 2 ZVG nicht beschlagnahmt werden können; vgl. Wulfken/Lang (2003), S. 9.

lien-SPVs in die Insolvenzmasse und die Anleger werden entsprechend ihrer Insolvenzquote befriedigt.[564]

Darüber hinaus sind bereits im Vorfeld der Transaktion Maßnahmen zu ergreifen, die das Insolvenzrisiko der Zweckgesellschaften verringern.[565] Hierzu ist deren Tätigkeitsbereich – wie der Begriff der „Zweckgesellschaft" andeutet – zu begrenzen und nicht auf eine Gewinnerzielung auszurichten.[566] Der Unternehmensgegenstand des Immobilien-SPVs ist auf das Halten der Liegenschaften zu beschränken,[567] der des Emissions-SPVs hingegen auf den Ankauf der Mietforderungen sowie auf deren Refinanzierung durch die Emission von Wertpapieren.[568] Bestimmte, trotz Zweckbeschränkung erforderliche Aufgaben können gegen Entgelt an eine weitere Partei (Servicer) übertragen werden.[569] Hierzu zählen beispielsweise die Verwaltung des Grundbesitzes, die dem Immobilien-SPV als Eigentümer obliegt, oder die Überwachung der Mieteingänge, die prinzipiell das Emissions-SPV übernimmt.[570] Neben der Aufgabenbeschränkung

---

564 Vgl. Tollmann (2005a), S. 599 f.

565 Im Fall der Insolvenz des Immobilien-SPVs kann die Emissions-Zweckgesellschaft auf die Liegenschaften, die aus der Insolvenzmasse abgesondert werden, zur Begleichung der Ansprüche der Investoren zurückgreifen; vgl. Gondring (2009), S. 778 f.; Hommel (2005), S. 17 f.; Weller/Klüwer (2004), S. 849; Lehmann/Danielewsky (2003), S. 63; Wulfken/Lang (2003), S. 8 und 66; Rügemer/Siemes (2002), S. 779 sowie 781.

566 Vgl. Kammerer (2007), S. 61 sowie Knab (2004), S. 812.

567 Vgl. Graf (2007), S. 166; Kammerer (2007), S. 60; Knab (2004), S. 812; Weller/Klüwer (2004), S. 849; Lehmann/Danielewsky (2003), S. 64; Rügemer/Siemes (2002), S. 778.

568 Vgl. Schulte (1995), S. 152; Paul (1993), S. 848; Eichholz/Nelgen (1992), S. 793 und 795. Die an diese Zweckgesellschaft übertragenen Forderungen dienen nur dann der Sicherung, wenn sie ausschließlich für die Befriedigung der Investoren zur Verfügung stehen; vgl. Röder/Sonnemann (2005), S. 328; Knab (2004), S. 812 sowie Eichholz/Nelgen (1992), S. 793 und 795.

569 Vgl. Bertl (2004), S. 8; Rügemer/Siemes (2002), S. 780; Gögler (1996), S. 22; Ohl (1994), S. 32; Paul (1994b), S. 139; Paul (1993), S. 848; Arbeitskreis „Finanzierung" der Schmalenbach-Gesellschaft für Betriebswirtschaft e.V. (1992), S. 501.

570 Vgl. hierzu allgemein zur Asset Backed Securitisation Früh (1995), S. 105 und Paul (1993), S. 848 und zur Verbriefung direkter Zahlungsströme aus Immobilien Kammerer (2007), S. 61 sowie Knab (2004), S. 812.

wird die Insolvenzfestigkeit[571] der Transaktion dadurch erhöht, dass beide Gesellschaften keine weiteren *Verbindlichkeiten* eingehen,[572] um den Zugriff anderer Gläubiger auf das jeweilige Unternehmen zu verhindern.[573]

Die Insolvenz des Emissions-SPVs bei vorübergehenden Zahlungsausfällen der Mieter ist zu vermeiden, wenn sich diese Zweckgesellschaft Kreditlinien bei Banken beschafft.[574] Hierdurch kann ein Kapitaldienstausfall bis zur Beitreibung der Mietschulden kompensiert werden.[575] Zudem muss verhindert werden, dass sich das Vermögen der an der Transaktion beteiligten Parteien oder deren liquide Mittel vermischen (Commling Risk).[576] Diese Gefahr besteht beispielsweise, wenn Liquiditätszuflüsse des Emissions-SPVs auf ein Konto gezahlt werden, das auf den Namen der Immobilien-Zweckgesellschaft geführt wird. Wenn letztere insolvent wird, fließt das Geld in die Insolvenzmasse ein.

Die Insolvenzgefahr der Zweckgesellschaften wird auch durch die Insolvenz ihrer Eigentümer (Sponsoren) beeinflusst.[577] Um einen negativen Einfluss zu verhindern und einen unabhängigen Status der Zweckgesellschaften zu gewährleisten, sollte das Nicht-Immobilienunternehmen nicht selbst Eigentümer der Zweckgesellschaften sein. Es sollte sich hierbei um eine *konzernexterne,* keine Eigeninteressen verfolgende Institution[578] wie beispielsweise eine Stiftung[579]

---

[571] Insolvenzfestigkeit bedeutet dabei, dass die aus der Transaktion resultierenden Ansprüche der Anleiheinvestoren nicht von einer Insolvenz der beteiligten Parteien beeinträchtigt werden.

[572] Vgl. Kammerer (2007), S. 61 sowie Knab (2004), S. 812 und Eichholz/Nelgen (1992), S. 793 und 795.

[573] Vgl. Tollmann (2005a), S. 600.

[574] Vgl. Hommel (2005), S. 17.

[575] Vgl. Hommel (2005), S. 17.

[576] Zum Aspekt des Commling Risk vgl. Braun/Schmidt (2005), S. 195.

[577] Vgl. Braun/Schmidt (2005), S. 193 f.; Hommel (2005), S. 17; Röder/Sonnemann (2005), S. 328; Früh (1995), S. 107.

[578] Vgl. Rügemer/Siemes (2002), S. 780 f.

[579] Vgl. Kammerer (2007), S. 64. Auch der Arrangeur der Transaktion kann als Eigentümer fungieren.

handeln, die auf solche Strukturierungen und Durchführungen von Verbriefungen spezialisiert ist und daher das erforderliche Know-how aufweist.[580]

c) Gestaltung der Refinanzierungsbeziehung zwischen Immobilien-SPV und Emissions-SPV

Die Besonderheit der Real Estate Securitisation-Transaktion gegenüber herkömmlichen Asset Backed Securitisation-Transaktionen liegt in der Einbindung des Immobilien-SPVs. Dieses geht mit dem Emissions-SPV eine Refinanzierungsbeziehung ein. Hierfür bieten sich als Übertragungsalternativen ein Darlehen, eine Schuldverschreibung sowie ein Forderungsverkauf und eine Forderungsabtretung an, wie Abbildung 18 veranschaulicht.[581]

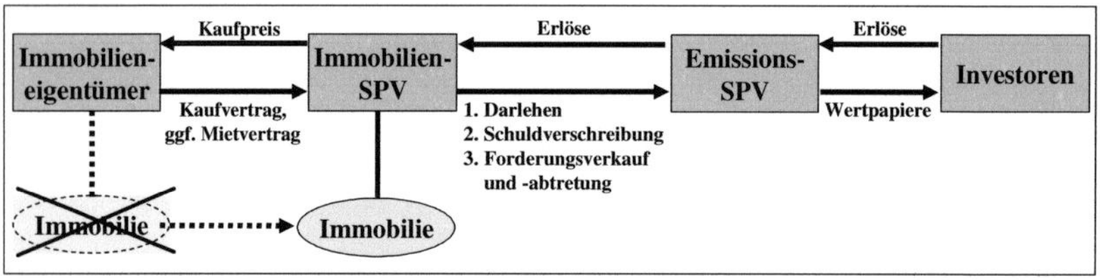

Abbildung 18: Beziehung zwischen Immobilien-SPV und Emissions-SPV

---

580 Vgl. Herrmann (1997), S. 223. Ein Beispiel hierfür ist die Verbriefungsplattform True Sale International GmbH (TSI GmbH), die 2004 in Deutschland zur Förderung des deutschen Verbriefungsmarktes aus einer Initiative von dreizehn Banken entstanden ist. Ziel war unter anderem, ein Diskussionsforum für die deutsche Verbriefungsindustrie zu schaffen und dabei auch die Brücke zu Politik und Wirtschaft zu schlagen. Gleichzeitig unterstützt sie aber auch andere Institutionen bei der Errichtung deutscher Zweckgesellschaften. Über TSI-Zweckgesellschaften wurden bisher über 60 Verbriefungstransaktionen abgewickelt (Stand: Dezember 2009); vgl. TSI GmbH (2009a). Gesellschafter dieser Zweckgesellschaften sind die drei folgenden, von der Kreditanstalt für Wiederaufbau errichteten, Stiftungen: Stiftung für Kapitalmarktforschung für den Finanzstandort Deutschland, Stiftung für Kapitalmarktrecht für den Finanzstandort Deutschland, Stiftung für Unternehmensfinanzierung und Kapitalmärkte für den Finanzstandort Deutschland; vgl. TSI (2009b).

581 Vgl. Knab (2004), S. 813.

Über die Vorteilhaftigkeit der verschiedenen Refinanzierungsmöglichkeiten entscheiden die steuerlichen und rechtlichen Rahmenbedingungen. Sofern die Weiterleitung der Emissionserlöse vom Emissions-SPV an das Immobilien-SPV durch ein *Darlehen* oder eine *Schuldverschreibung* erfolgt,[582] verfügt das Emissions-SPV über einen Zins- und Tilgungsanspruch.[583] Die bei diesen Strukturierungsvarianten erfolgende Fremdkapitalaufnahme des Immobilien-SPVs beim Emissions-SPV wie auch die des Emissions-SPVs bei den Investoren werden als Dauerschuld klassifiziert.[584] Dem Gewinn aus Gewerbebetrieb der beiden Zweckgesellschaften wird daher jeweils ein Viertel der Entgelte für die Dauerschulden hinzugerechnet.[585] Hieraus resultiert eine höhere Gewerbesteuerbelastung gegenüber sonstigen ABS-Konstruktionen.[586] Diese Gewerbesteuer-

---

[582] Vgl. Gondring (2009), S. 778; Knab (2004), S. 812; Weller/Klüwer (2004), S. 850; Wulfen/Lang (2003), S. 8; Rügemer/Siemes (2002), S. 778 f. sowie 781. Die Weiterleitung über ein Darlehen wird auch als Secured-Loan-Struktur bezeichnet, weil der Kredit des Emissions-SPVs an die Immobilien-Zweckgesellschaft regelmäßig durch Grundpfandrechte gesichert ist. Tritt die Insolvenz letzterer Gesellschaft ein, wird das Emissions-SPV als gesicherter Kreditgeber vor anderen Gläubigern befriedigt; vgl. Wulfken/Lang (2003), S. 8.

[583] Vgl. Wulfken/Lang (2003), S. 8.

[584] Vgl. Knab (2004), S. 813.

[585] Vgl. § 8 Nr. 1 a) GewStG. Grundlage für Bemessung der Gewerbesteuer ist nach § 6 GewStG der Gewerbeertrag. Nach § 7 Satz 1 GewStG ergibt sich dieser aus dem Gewinn zuzüglich Hinzurechnungs- und abzüglich Kürzungsbeträgen nach § 8 und 9 GewStG. Auch wenn bei der Zweckgesellschaft von einem Gewinn von Null ausgegangen werden kann, ergibt sich aufgrund der Hinzurechnung der Dauerschuldzinsen bei diesem ein positiver Gewerbeertrag; vgl. hierzu auch die Ausführungen bei Bosak (2005), S. 548 f. sowie Bünning (2005), S. 477.

[586] Die Gewerbesteuerpflicht besteht bei der herkömmlichen Asset Backed Securitisation lediglich für die Emissions-Zweckgesellschaft, da in die Transaktionsstruktur keine weitere Zweckgesellschaft eingebunden wird. Bei der Real Estate Securitisation entsteht jedoch zusätzlich eine Gewerbesteuerpflicht beim Immobilien-SPV. Die Gewerbesteuerschuld kann auch bei einem im Ausland belegenen Emissions-SPV entstehen, wenn der inländische Originator bzw. das deutsche Immobilien-SPV die Forderungen einzieht. Denn ein ausländisches Emissions-SPV kann aufgrund der Inkassotätigkeit des Originators bzw. in diesem Fall des Immobilien-SPVs auch dann eine gewerbesteuerpflichtige Betriebsstätte oder einen ständigen Vertreter begründen, wenn die wesentlichen Management- und Dienstleistungsfunktionen für die Emissions-Zweckgesellschaft im Ausland getroffen werden; vgl. Wulfken/Lang (2003), S. 8 und Weller/Klüwer (2004), S. 847. Der Begriff des ständigen Vertreters wird in § 13 AO definiert, der der Betriebsstätte in § 12 AO.

problematik wurde zwar im Jahr 2003 zu Gunsten von Zweckgesellschaften entschärft, weil diese Unternehmen auf die Hinzurechnung von Dauerschuldzinsen zum Gewerbeertrag verzichten können, sofern sie Forderungen aus Darlehen, Wechseln, Schecks, Bürgschaften oder Garantien von Kreditinstituten erwerben.[587] Da diese Steuerbefreiung jedoch keine Gültigkeit für anderweitige Verbriefungstransaktionen besitzt, erhöhen sich die Transaktionsausgaben im Rahmen der Real Estate Securitisation durch die Gewerbesteuerbelastung gegenüber einer herkömmlichen ABS-Transaktion. Eine Ausweitung des geltenden Gewerbesteuerprivilegs auf den Ankauf jeglicher Forderung durch Zweckgesellschaften würde deutschen Unternehmen den Zugang zum internationalen Kapitalmarkt ohne Umweg über die Kreditinstitute ermöglichen[588] und zugleich zu einer Stärkung des deutschen Verbriefungsmarktes führen.

Aufgrund der gewerbesteuerlichen Problematik sollte die Variante eines *Kauf-* und *Abtretungsvertrags*[589] über die gegenwärtigen und künftigen Mietforderungen aus den Immobilien genutzt werden.[590] Bei der Abtretung der Mietforderun-

---

587 Vgl. Weller/Klüwer (2004), S. 847; Bundesgesetzblatt Teil I (2003), S. 1550 ff.; Hörster (2003), S. 2380; Lehmann/Danielewsky (2003), S. 65. Dies trat mit Wirkung zum 01.01.2003 aufgrund von Art. 4 des Gesetzes zur Förderung von Kleinunternehmern und zur Verbesserung der Unternehmensfinanzierung in Deutschland (Kleinunternehmerfördergesetz) vom 31.07.2003 in Kraft; vgl. Bundesgesetzblatt Teil I (2003), 1550 ff. Nach § 19 Abs. 3 GewStDV gelten diese Bestimmungen für Gewerbebetriebe, die ausschließlich unmittelbar oder mittelbar Kredite oder Kreditrisiken aus Bankgeschäften von Kreditinstituten erwerben und Schuldtitel zur Refinanzierung des Kaufpreises für den Erwerb solcher Kredite ausgeben.

588 Vgl. Bosak (2005), S. 548.

589 Vgl. Knab (2004), S. 812 sowie Lehmann/Danielewsky (2003), S. 64 und Wulfken/Lang (2003), S. 8. Die Abtretung künftiger Mietforderung ist dabei nach deutschem Recht unproblematisch; vgl. Wulfken/Lang (2003), S. 8. Der Kaufvertrag ist ein Verpflichtungsgeschäft, aufgrund dessen sich das Immobilien-SPV verpflichtet, gegen Zahlung des Kaufpreises ein Recht endgültig auf den Käufer zu übertragen; vgl. § 433 BGB. Davon ist die Abtretung des Rechts als Verfügungsgeschäft zu trennen, aufgrund dessen ein Gläubigerwechsel der Forderung erfolgt; vgl. § 398 BGB sowie hierzu die Ausführungen bei Führich (2008), S. 199 f.

590 Ein Forderungsverkauf ist dann als Rechtskauf einzuordnen, wenn das Ausfallrisiko auf das Emissions-SPV übergeht und der Verkäufer den Kaufpreis ohne Rückbelastungsmöglichkeit erhalten hat; vgl. hierzu Alte (2006), S. 20-24.

gen vom Immobilien-SPV an das Emissions-SPV muss dabei sichergestellt werden, dass der Insolvenzverwalter im Falle der Insolvenz des Immobilien-SPVs die an das Emissions-SPV übertragenen Forderungen nicht angreifen kann.[591] Nach § 110 InsO sind Verfügungen über Mietforderungen im Rahmen der Real Estate Securitisation, die Monate nach Eröffnung eines Insolvenzverfahrens betreffen, unwirksam.[592] Dieses Risiko einer unwirksamen Forderungsverfügung kann jedoch durch den Einsatz dinglicher Immobiliennutzungsrechte,[593] wie Dauerwohn- oder Dauernutzungsrechte,[594] anstelle von Miet-, Pacht- oder Leasingverträgen umgangen werden.[595] Die hierdurch gestaltete Struktur gewährleistet die Insolvenzfestigkeit der Transaktion, ohne zugleich steuerliche Nachteile zu bewirken.[596]

Unabhängig von der gewählten vertraglichen Gestaltung der Beziehung gewährt das Immobilien-SPV dem Emissions-SPV Grundpfandrechte[597] an den Immobi-

---

591 Vgl. Knab (2004), S. 813 sowie Lehmann/Danielewsky (2003), S. 66 und Wulfken/Lang (2003), S. 9.

592 Die Übertragung von Miet- und Leasingforderungen hält im Falle der Insolvenz des Vermieters – hier des Immobilien-SPVs – einer Vorausverfügung nach § 110 InsO nicht stand; vgl. hierzu auch die Ausführungen bei Knab (2004), S. 813.

593 Dingliche Nutzungsrechte sind Dienstbarkeiten wie Nießbrauch, Grunddienstbarkeiten oder beschränkt persönliche Dienstbarkeiten. Diese sind im Grundbuch zu vermerken. In Abgrenzung dazu sind Miete, Pacht oder Leihe schuldrechtliche Nutzungsrechte.

594 Das Dauernutzungsrecht nach § 31 WEG berechtigt eine Person, Räume oder Immobilien, die nicht zu Wohnzwecken dienen, zu nutzen. Handelt es sich dabei um Wohnräume, liegt ein Dauerwohnrecht vor.

595 Vgl. Knab (2004), S. 813 sowie Lehmann/Danielewsky (2003), S. 66 und Wulfken/Lang (2003), S. 8. Die Gefahr, dass § 110 InsO Dauerwohn- oder Nutzungsrechte einem Mietverhältnis gleichstellt, ist aus der Rechtsprechung nicht ersichtlich. Jedoch besteht die Gefahr, dass bei langen Laufzeiten die schuldrechtliche Bestellung eines Dauernutzungsrechts nicht als Miet- oder Pachtvertrag, sondern als Kaufvertrag beurteilt wird. Auf dieser Basis dürfte § 110 InsO nicht analog angewendet werden; vgl. Urteile des BGH (1969) und des OLG Frankfurt am Main (1989) sowie die darauf basierenden Ausführungen von Wulfken/Lang (2003), S. 9 f.

596 Vgl. Knab (2004), S. 813.

597 Zumeist wird hierfür eine Grundschuld gewählt, da sie vom Bestand der Forderung losgelöst (abstrakt) ist. Die rechtliche Abhängigkeit der Grundschuld von der gesicherten Forderung wird über eine Sicherungszweckerklärung hergestellt. Diese bestimmt, für welche

lien, die der Besicherung der verbrieften Forderungen dienen.[598] Diese werden entweder neu im Grundbuch eingetragen oder vom Nicht-Immobilienunternehmen als vorherigem Eigentümer oder von dessen früheren Gläubigern übernommen.[599] Die Übernahme dieser Grundpfandrechte kann vereinfacht über ein *Refinanzierungsregister*[600] erfolgen. Dies ist bislang lediglich bei Verbriefungen möglich, bei denen als Refinanzierungsunternehmen[601] ein Kreditinstitut auftritt.[602] Die Anwendung dieses Verzeichnisses auch für die Real Estate Securiti-

---

Kreditforderungen die Grundschuld haften soll. Gemäß dieser Abrede ist das Kreditinstitut verpflichtet, die Grundschuld vollständig bei Kredittilgung an das Nicht-Immobilienunternehmen zurückzuübertragen. Im Folgenden wird Grundpfandrecht und Grundschuld synonym verwendet.

598 Sollten gemäß § 110 InsO Verfügungen über Mietforderung, die den Zeitraum nach der Insolvenzeröffnung betreffen unwirksam sein und somit nicht mehr für die Zins- und Tilgungsansprüche der Investoren zur Verfügung stehen, könnte das Emissions-SPV die Grundpfandrechte verwerten.

599 Es ist davon auszugehen, dass Nicht-Immobilienunternehmen ihren Gläubigern vor der Verbriefungstransaktion zur Besicherung ihrer Verbindlichkeiten Grundschulden an den Immobilien eingeräumt haben. Damit die Verbriefung erfolgen kann, müssen diese Grundschulden ausschließlich für die Besicherung des Emissions-SPVs zur Verfügung stehen. Das bedeutet, dass das Nicht-Immobilienunternehmen mit dem aus der Verbriefungstransaktion zufließenden Kaufpreis die mit den Grundschulden verbundenen Forderungen begleichen muss. Durch die Kreditrückzahlung entsteht gemäß § 1164 und § 1177 BGB automatisch eine (verdeckte) Eigentümergrundschuld. Diese wird beim Liegenschaftsverkauf vom Nicht-Immobilienunternehmen auf das Immobilien-SPV übertragen.

600 Das Gesetz zur Neuorganisation der Bundesfinanzverwaltung zur Schaffung eines Refinanzierungsregisters (Refinanzierungsregistergesetz) ist am 28. September 2005 in Kraft getreten. Zum Refinanzierungsregister vgl. Bosak/Weller (2006); Odenbach (2006); Baker & McKenzie (2005); Dittrich/Uhl (2005); Stöcker (2005); Tollmann (2005a); Tollmann (2005b). Das Refinanzierungsregister wird als privates Register von Kreditinstituten für sich oder für andere Unternehmen zumeist elektronisch geführt und durch einen staatlich bestimmten Verwalter unter BaFin-Aufsicht überwacht; vgl. Stünkel/Winkler (2007), S. 981 sowie Fleckner (2005), S. 2735. Die als „Verwalter“ bezeichnete Partei nimmt dabei lediglich einen Beobachterstatus ein, da sie das Refinanzierungsregister nicht selbst verwaltet; vgl. Fleckner (2005), S. 2735. Das Refinanzierungsregister wurde geschaffen, da die Übertragung von Vermögensgegenständen nach geltendem Sachen- und Grundbuchrecht aufwendig ist; vgl. Fleckner (2005), S. 2735.

601 Nach § 1 Abs. 24 KWG sind Refinanzierungsunternehmen Gesellschaften, die zum Zweck der Refinanzierung Gegenstände oder Ansprüche auf deren Übertragung aus ihrem Geschäftsbetrieb unter anderem an Zweckgesellschaften und Refinanzierungsmittler veräußern.

602 Vgl. § 22a KWG. Nach §§ 53 ff. KWG zählen zu Kreditinstituten auch deutsche Tochterunternehmen, Zweigstellen oder Niederlassungen ausländischer Unternehmen, die in

sation würde die Transaktion erleichtern und deren Kosten senken, da im Gegensatz zur Registereintragung bei der Übertragung der Grundpfandrechte hohe Ausgaben für Notar und Grundbuchamt anfallen.

Die ordnungsgemäße Registereintragung wirkt wie eine Übertragung, so dass hierdurch eine insolvenzfeste Rechtsposition der Zweckgesellschaft entsteht.[603] Sollte die refinanzierende Gesellschaft zahlungsunfähig werden, können die

---

Deutschland Bankgeschäfte betreiben, jedoch nicht ausländische Kreditinstitute. Die Nutzung des Refinanzierungsregisters ist zudem für die in § 2 Abs. 1 Nr. 1-3a KWG genannten Einrichtungen möglich, wie der Deutschen Bundesbank, der Kreditanstalt für Wiederaufbau, den Sozialversicherträgern, der Bundesschuldenverwaltung etc.
Weitere Anforderungen für die Nutzung des Refinanzierungsregisters sind, dass eine Zweckgesellschaft, ein Refinanzierungsmittler oder eine Pfandbriefbank Anspruch auf Übertragung einer Forderung oder eines Grundpfandrechts des Refinanzierungsunternehmens, das der Sicherung von Forderungen dient, haben und dem Refinanzierungsunternehmen durch eine Refinanzierungstransaktion Liquidität oder ein sonstiges marktgerechtes Entgelt für die Übertragung der Vermögensgegenstände zugeflossen ist; vgl. § 22a KWG. Die Gesetzesbegründung zu § 1 Abs. 24 KWG stellt klar, dass nur in diesem Fall der Anwendungsbereich der §§ 22a ff. KWG eröffnet ist; vgl. Deutscher Bundestag (2005), S. 17.
Da im Gesetz nicht gefordert wird, dass die Zweckgesellschaft ihren Sitz im Inland haben muss, kann davon ausgegangen werden, dass auch ausländische Zweckgesellschaften in die Transaktionen eingeschaltet werden können. Nach § 1 Abs. 25 KWG können jedoch nur Kreditinstitute Refinanzierungsmittler sein. Nach der Gesetzesbegründung können nicht nur inländische Forderungen, Grundpfandrechte oder sonstige Registerrechte eingetragen werden, sondern auch ausländische, so dass die Regelungen bei internationalen Refinanzierungstransaktionen genutzt werden können; vgl. Gesetzesbegründung zu § 22a KWG, Deutscher Bundestag (2005), S. 18.

603 Vgl. Fleckner (2005), S. 2735. Der Registerverwalter muss nach § 22g Abs. 1 Satz 2 KWG nicht prüfen ob das Refinanzierungsunternehmen zum Eintragungszeitpunkt tatsächlich Eigentümer oder Inhaber der Vermögensgegenstände war. Problematisch ist einerseits, dass nach § 22j Abs. 1 Satz 3 KWG das Refinanzierungsunternehmen weiter wirksam über eingetragene Gegenstände verfügen kann (§ 22j Abs. 2 Satz 3 KWG), andererseits, dass Gläubiger des Refinanzierungsunternehmens außerhalb des Insolvenzverfahrens Maßnahmen der Einzelzwangsvollstreckung in eingetragene Gegenstände betreiben können (§ 22j Abs. 1 Satz 4 KWG). Erst wenn die Insolvenz des Refinanzierungsunternehmens eintritt, prüft der Insolvenzverwalter, ob es sich um Gegenstände handelt, deren Inhaber das Refinanzierungsunternehmen im Zeitpunkt des Aussonderungsverlangens war. Das Refinanzierungsunternehmen kann folglich sein Eigentum, welches noch bei der Eintragung bestand, bis zum Aussonderungsverlangen verlieren. Bei vertragswidrigen Verfügungen des Refinanzierungsunternehmen steht der Zweckgesellschaft ein Ersatzaussonderungsrecht nach § 22j Abs. 1 Satz 2 KWG an Gegenständen zu, die das Refinanzierungsunternehmen als Gegenleistung erlangt hat; vgl. zu diesen Ausführungen auch Tollmann (2005a), S. 607 sowie Tollmann (2005b), S. 2021.

eingetragenen Vermögensgegenstände vom Emissions-SPV als Übertragungsberechtigtem nach § 47 InsO ausgesondert werden.[604] Diese mit geringen Ausgaben einhergehende Refinanzierungstreuhand[605] könnte auch für die Real Estate Securitisation erreicht werden, sofern als refinanzierende Unternehmen nicht nur Kreditinstitute zugelassen werden. Andernfalls ist das Verzeichnis nicht im Rahmen dieser Transaktionen einsetzbar.

3. Eignung von Immobilien für die Real Estate Securitisation

a) Relevanz der Prognostizierbarkeit des Zahlungsstroms

Für die erfolgreiche Platzierung der Anleihe am Kapitalmarkt ist ein Rating der Transaktion durch eine Ratingagentur erforderlich,[606] da Investoren häufig ihre Anlageentscheidung ausschließlich auf dieser Basis treffen.[607] Weil das Rating eine Aussage über das Risikoprofil der Schuldverschreibung und die Sicherheit der an die Anleger fließenden Zahlungsströme trifft, bestimmt das durch die Agentur vergebene Urteil die entsprechenden Refinanzierungskosten am Kapitalmarkt.[608] Sofern mehrere Tranchen emittiert werden, erhält jede ein individu-

---

604 Vgl. Fleckner (2005), S. 2733. Wird ein Refinanzierungsgegenstand von einem Originator an eine Zweckgesellschaft übertragen und wird der Verkäufer nach der Übertragung insolvent, bleibt die Wirksamkeit dieses Rechtsaktes unberührt. Ausnahmen bilden hierbei jedoch die Sittenwidrigkeit wegen Überbesicherung sowie die Insolvenzanfechtung; vgl. Fleckner (2005), S. 2734. Nach § 129 InsO bedeutet die Insolvenzanfechtung, dass ein Insolvenzverwalter Rechtsgeschäfte, die das Unternehmen unmittelbar vor dem Insolvenzantrag ausgeführt (oder unterlassen) hat und welche die Insolvenzgläubiger benachteiligen, anfechten kann. Hierdurch sollen Vermögensverschiebungen zum Nachteil der Gläubiger verhindert werden. Die Tatbestände zur Insolvenzanfechtung richten sich dabei nach den §§ 130 bis 147 InsO.

605 Zum Begriff der insolvenzfesten Refinanzierungstreuhand vgl. Frese (2005), S. 968.

606 Vgl. Altrock/Rieso (1997), S. 13; Schwarcz (1997), S. 1290; Ohl (1994), S. 195 f.; Berndsen (1991), S. 191; Dickler (1991), S. 109.

607 Vgl. Herrmann (2002), S. 184 sowie Langner (2002), S. 663. Es handelt sich beim Rating um ein Gütesiegel für die Qualität der Verbriefung; vgl. Schulte (1995), S. 154.

608 Vgl. Ellrott (2003), S. 122 f. sowie Langner (2002), S. 663 und Rügemer/Siemes (2002), S. 783.

elles Rating,[609] so dass mit der jeweiligen Tranche unterschiedliche Investorenkreise angesprochen werden.[610] Auch nach der Veröffentlichung des Ratings findet während der Transaktionsdauer eine laufende Bonitätsüberwachung statt.[611]

Im Rahmen der Ratingentscheidung werden die rechtliche Konstruktion der Transaktion,[612] deren steuerliche Auswirkungen[613] und die beteiligten Parteien der Transaktion[614] beurteilt.[615] Da Real Estate Securities Wertpapiere sind, deren Zins- und Tilgungsansprüche durch die Verbriefung der zugrunde gelegten Mietforderungen befriedigt werden, kommt deren Werthaltigkeit im Rahmen des Ratings eine besondere Bedeutung zu.[616] Hierfür ist eine Analyse der Risikofaktoren des Zahlungsstroms erforderlich. Die Zahlungsfähigkeit und -willligkeit der Mieter sowohl im Einzelnen[617] als auch in der Gesamtheit des Mieter-

---

[609] Vgl. Herrmann (2002), S. 184.

[610] Vgl. Röder/Sonnemann (2005), S. 330. Auf Basis von Ausfallwahrscheinlichkeiten und -korrelationen bestimmen Ratingagenturen, wie das Verhältnis von vor- und nachrangigen Tranchen gestaltet werden muss, um ein gewünschtes Ratingurteil bzw. ein bestimmtes Ertrags- und Risikoprofil zu erhalten; vgl. Tödter (2009), S. 524 sowie Herrmann (2002), S. 184. Vgl. zur Analyse der Sensitivität der verschiedenen Tranchen auf eine Veränderung der Ausfallraten oder -korrelationen Tödter (2009), S. 519 ff.

[611] Vgl. Miehle (2007), S. 223. Änderungen in der Zusammensetzung des Mieterpools oder Forderungsausfälle können beispielsweise eine Anpassung des Ratingurteils erfordern; vgl. Miehle (2007), S. 223.

[612] Vgl. Hourican (1990), S. 23. Insbesondere werden hierbei die Insolvenzfestigkeit der Transaktion sowie die rechtswirksame Übertragung der Vermögenswerte auf das Emissions-SPV geprüft.

[613] Vgl. Miehle (2007), S. 222; Bund/Morlok (2005), S. 969 f.; Althaus (2002), S. 24; Herrmann (2002), S. 185 ff.; Hourican (1990), S. 23.

[614] Insbesondere werden dabei Originator, Servicer und Treuhänder analysiert; vgl. Hourican (1990), S. 23. Dadurch sind beispielsweise die Sicherheiten, die vom Originator für die Struktur bereitgestellt werden, besser zu beurteilen.

[615] Vgl. Breidenbach (2008), S. 612 und Paul (1993), S. 848.

[616] Vgl. Breidenbach (2008), S. 612; Miehle (2007), S. 222; Bund/Morlok (2005), S. 969 f.; Röder/Sonnemann (2005), S. 329; Althaus (2002), S. 24; Herrmann (2002), S. 185 ff.; Paul (1993), S. 848; Hourican (1990), S. 23.

[617] Die Bonität der Mieter kann beispielsweise über Ratingagenturen oder Auskunfteien wie Creditreform bewertet werden; vgl. Väth/Hoberg (2005), S. 384.

portfolios, falls Zahlungsströme aus Mietverträgen mit verschiedenen Mietern verbrieft werden, ist dabei relevant.[618] Die Mieterbasis stellt damit einen entscheidenden Aspekt für die Beurteilung einer Real Estate Securitisation-Transaktion dar.[619]

Im Rahmen einer Zahlungsstromanalyse wird beurteilt, ob die Zins- und Tilgungszahlungen der jeweiligen Tranche in der erforderlichen Höhe und zum jeweils festgelegten Zeitpunkt aus den Mieteingängen geleistet werden können, so dass Zahlungsverzögerungen vermieden werden.[620] Dabei werden durch verschiedene Szenarien Auswirkungen einer Veränderung des Zahlungsstroms durch Mietausfälle oder -verzögerungen simuliert.[621] In die Analyse der Mietzahlungen wird auch die Gestaltung der Mietverträge einbezogen, um Aspekte wie Mietpreisbindungen zu berücksichtigen.[622] Bei bereits geschlossenen Mietverträgen können sich nachträglich vereinbarte Laufzeitverlängerungen und die Übernahme außerordentlicher Aufwendungen[623] durch die Mieter positiv auf das Rating auswirken. Zudem ist für das Rating von Bedeutung, dass der Zahlungs-

---

[618] Vgl. Väth/Hoberg (2005), S. 383; Gondring (2004), S. 846; Rügemer/Siemes (2002), S. 776; Lerbinger (1987), S. 310. Dabei muss berücksichtigt werden, dass die Qualität der Mietforderungen vom demographischen, geographischen und branchenmäßigen Diversifikationsgrad im Forderungspool beeinflusst wird; vgl. Bund (2000), S. 27.

[619] Vgl. Väth/Hoberg (2005), S. 383 sowie Rügemer/Siemes (2002), S. 771.

[620] Vgl. Miehle (2007), S. 223; Herrmann (2002), S. 185 ff.; Rügemer/Siemes (2002), S. 776 und S. 781; Trotz (2002), S. 118; Lerbinger (1987), S. 310. Hierbei ist das Verhältnis von Nettomieterlösen zu Zins- und Tilgungsvereinbarungen relevant; vgl. Rügemer/Siemes (2002), S. 781. Dazu wird der Kapitaldienstdeckungsgrad (Debt Service Coverage Ratio) der einzelnen Tranchen ermittelt. Dieser ist bei vorrangigen Tranchen höher als bei nachrangigen; vgl. Rügemer/Siemes (2002), S. 782. Dieser muss mindestens 1:1 betragen, damit die Begleichung der Zins- und Tilgungsansprüche gewährleistet ist.

[621] Vgl. Bund/Morlok (2005), S. 969. Da der Mietausfall das primäre Risiko bei einer Real Estate Securitisation-Transaktion ist, sollten Informationen über die Ausfallhäufigkeit der letzten Jahre vorliegen; vgl. zu einer vergleichbaren Argumentation zu Forderungsausfällen bei der Asset Backed Securitisation im Allgemeinen Hommel (2005), S. 6.

[622] Vgl. Väth/Hoberg (2005), S. 383.

[623] Vgl. hierzu Weller/Klüwer (2004), S. 852.

strom plausibel prognostiziert werden kann.[624] Ist dies nicht möglich, droht eine Verschlechterung des Urteils.

Die *Bonitätssicherungsmechanismen* beeinflussen das Rating, da deren Werthaltigkeit in die Entscheidung für ein Ratingurteil einbezogen wird.[625] Durch verschiedene Sicherungsmechanismen kann auch dann ein angestrebtes Zielrating für die Transaktion erreicht werden, wenn das auf dem Zahlungsstrom basierende Rating geringer ist.[626] Je höher das Gesamturteil ausfallen soll, umso höhere Ansprüche werden an die Besicherung gestellt.[627] Ihr Umfang wird daher erst nach erfolgter Zahlungsstromanalyse bestimmt.

b) Erfordernis von Drittverwendungsfähigkeit und Fristenkongruenz

Die Ratingagenturen überprüfen zudem den Wert der Liegenschaften,[628] die an das Immobilien-SPV veräußert werden und für die zu Gunsten des Emissions-

---

624 Vgl. Breidenbach (2008), S. 618 f.; Bertl (2004), S. 120; Bär (2000), S. 171; Eichholz/ Nelgen (1992), S. 794 und Lerbinger (1987), S. 310. Die Prüfung der potenziellen Zahlungsströme erfolgt regelmäßig auf Basis von Vergangenheitsdaten, aus denen sich eine Ausfallquote ableiten lässt. Die Prognosequalität wird dabei gesteigert, wenn Zeitreihen über Zahlungsausfälle und -verzögerungen über einen mehrjährigen Zeitraum zur Verfügung stehen. Sowohl für die Datenqualität und die Informationstransparenz als auch für die effiziente Abwicklung ist ein hochwertiges EDV-System von Bedeutung, welches auch im Rahmen der Transaktionsstruktur geprüft werden muss; vgl. Kullmann (2004), S. 4 sowie Arbeitskreis „Finanzierung“ der Schmalenbach-Gesellschaft für Betriebswirtschaft e.V. (1992), S. 510 und Lerbinger (1987), S. 312.

625 Vgl. Breidenbach (2008), S. 612; Bund/Morlok (2005), S. 969 f.; Röder/Sonnemann (2005), S. 329; Althaus (2002), S. 24; Herrmann (2002), S. 185 ff.; Paul (1993), S. 848; Hourican (1990), S. 26.

626 Vgl. Miehle (2007), S. 223; Weller/Klüwer (2004), S. 852; Herrmann (2002), S. 184; Lerbinger (1987), S. 310. Wenn die Mietzahlungsströme beispielsweise nur ein Rating von A aufweisen, kann durch zusätzliche Sicherungsmaßnahmen für die Transaktion ein AAA-Rating erzielt werden.

627 Vgl. Hey (2003), S. 441.

628 Vgl. Miehle (2007), S. 222; Herrmann (2002), S. 185 ff.; Rügemer/Siemes (2002), S. 776 und S. 781; Trotz (2002), S. 118. Bei der Vergabe des Ratings muss berücksichtigt wer-

SPVs Grundpfandrechte bestellt werden. Deren Wert ist umso höher, je drittver-*drittverwendungsfähiger* die Immobilie ist.[629] Danbeben wird die Werthaltigkeit des der Verbriefungstransaktion zugrunde liegenden Zahlungsstroms durch die Übereinstimmung der *Laufzeit* der Refinanzierungsanleihe mit der des Nutzungsvertrages für den Grundbesitz bestimmt. Mithin ist eine *Fristenkongruenz* von Anleihelaufzeit und Immobiliennutzung durch die Mieter erforderlich.

Wenn der Zeithorizont der Real Estate Securitisation-Anleihe mit den Laufzeiten der Mietverträge *übereinstimmt*, besteht für die Investoren das Risiko darin, dass die Nutzer die Mieten nicht zahlen. Bei einem längerfristigen Zahlungsausfall kann den Mietern gekündigt und neue Nutzer können vertraglich gebunden werden. Alternativ kann aufgrund der bestellten Grundpfandrechte ein Verkauf der Liegenschaften angestrebt werden. Beide Handlungsoptionen offerieren einen Ersatzzahlungsstrom, der zur Begleichung der Zins- und Tilgungsansprüche der Investoren eingesetzt werden kann. Der Ersatzzahlungsstrom ist umso werthaltiger, je höher die Drittverwendungsfähigkeit einer Liegenschaft ist. Denn in diesem Fall existiert eine große Anzahl möglicher Nachmieter oder Käufer für das Objekt. Bei identischer Laufzeit von Mietvertrag und Anleihe ist die Drittverwendungsfähigkeit folglich nur dann von Relevanz, wenn neue Mieter oder Käufer aufgrund von Zahlungsausfällen gefunden werden müssen.

---

den, ob und in welchem Ausmaß die Zahlungsströme der verbrieften Objekte korrelieren. Sind diese nicht perfekt korreliert, können daraus Diversifikationseffekte resultieren, die das Gesamtrisiko des Immobilienportfolios vermindern. Je höher die Korrelation ist, umso negativer wirkt sich dies auf die Werthaltigkeit des Liegenschaftsportfolios aus. Dies ist beispielsweise der Fall, wenn in einer Transaktion die Zahlungsströme mehrerer Bürogebäude aus einer Stadt verbrieft werden. Wenn infolge einer regionalen Strukturschwäche mehrere Immobiliennutzer die Mieten nicht mehr aufbringen können und bei Verwertung der Grundpfandrechte in der Folge für alle Objekte lediglich geringer Verkaufspreis zu erzielen ist, wird der Einfluss korrelierter Zahlungsströme auf die Werthaltigkeit deutlich. Zur analogen Argumentation zur Verbriefung von Forderungen aus Immobiliendarlehen vgl. Hey (2003), S. 441.

[629] Diese Eigenschaft hängt auch vom Immobilienstandort und der Bausubstanz ab.

Ist die Laufzeit der Refinanzierungsanleihe hingegen *länger* als die der Nutzungsverträge, kommt der Drittverwendungsfähigkeit eine höhere Bedeutung zu. Denn hierbei besteht neben der grundsätzlichen Gefahr des Mietausfalls die Unsicherheit, ob Anschlussmieter während der Schuldverschreibungslaufzeit gefunden werden können. Weist ein Objekt in diesem Fall *keine Drittverwendungsfähigkeit* auf, ist die Verbriefung seiner Zahlungsströme folglich besonders risikobehaftet. Die Gefahr von Zahlungsausfällen für Anleiheinvestoren hängt hierbei in besonderem Maße von der Bonität des Mieters ab. Denn bei einem Zahlungsausfall wird mit hoher Wahrscheinlichkeit kein neuer Mieter oder Käufer für diesen Grundbesitz gefunden und damit kein Ersatzzahlungsstrom generiert. Die Verbriefung von Zahlungsströmen dieser Immobilienkategorie ist lediglich dann denkbar, wenn es sich um Mieter mit erstklassiger Bonität wie beispielsweise staatliche Institutionen handelt, die ein vernachlässigbares Ausfallrisiko aufweisen.

Wird neben der Einteilung des Grundbesitzes in drittverwendungsfähige und nicht drittverwendungsfähige Immobilien die Objektklassifizierung in betriebsneutrale, dispositionsabhängige und betriebsnotwendige Liegenschaften berücksichtigt, zeigt sich die unterschiedliche Eignung der jeweiligen Unternehmensimmobilientypen für die Verwertung über die Real Estate Securitisation.

Für *dispositionsabhängige* Immobilien schließt das Nicht-Immobilienunternehmen mit dem Immobilien-SPV kurz- bis mittelfristige Miet- oder Nutzungsverträge ab.[630] Nachteil bei einer *Angleichung* der Laufzeit des Mietvertrags und der Anleihe ist, dass die einmaligen Kosten für die Strukturierung der Transaktion über einen relativ kurzen Zeitraum erwirtschaftet werden müssen.[631] Ist die

---

[630] Vgl. Kapitel. II. C. 1. b)

[631] Durch den langfristigen Horizont können die mit der Verbriefung verbundenen einmaligen Transaktionsausgaben auf einen ausgedehnten Zeitraum umgelegt werden. Die Vorteilhaftigkeit wird hier in geringerem Maße beeinflusst als bei einem kurzen Zeithorizont.

Laufzeit des Mietvertrages kürzer als die der Anleihe, dann ist der Zahlungsstrom aus den Immobilien, der der Verbriefung zugrunde liegt, umso sicherer, je länger der Miet- oder Nutzungsvertrag läuft. Zudem hängt die Sicherung wiederum von der Drittverwendungsfähigkeit und damit von der Attraktivität des Objektes für andere Mieter ab. Denn nach dem Ablauf des Mietvertrages mit dem Nicht-Immobilienunternehmen muss ein neuer Mieter gefunden werden.

An *betriebsnotwendigem Realvermögen* sichern sich Nicht-Immobilienunternehmen ihre Verfügungsrechte annahmegemäß durch langfristige Miet- oder Nutzungsverträge. Die Angleichung einer langfristigen Anleihelaufzeit mit dem Mietvertrag ist bei dieser Immobiliengattung am besten möglich. Die Drittverwendungsfähigkeit der Objekte ist aufgrund der langfristigen Verträge für betriebsnotwendige Liegenschaften weniger bedeutend. Zudem ist der Grundbesitz von *strategischer* Relevanz für das Unternehmen. Von einer Aufgabe der Nutzung und einem Zahlungsausfall kann daher nur ausgegangen werden, wenn die Gesellschaft insolvent wird.[632] Auch aus einer Änderung des Geschäftsmodells während der Vertragslaufzeit, die andere Räumlichkeiten erfordert, resultiert keine deutliche Risikoerhöhung für die Transaktion. Denn zum einen ist davon auszugehen, dass sich das Nicht-Immobilienunternehmen bauliche Umgestaltungsrechte im Mietvertrag sichern wird, die Immobilien mithin auch bei einem geänderten Geschäftsmodell nutzen kann. Zum anderen wird die Gesellschaft ihrer vertraglichen Pflicht zur Mietzahlung nachkommen, weil sonst die Forderungen beigetrieben werden, was das Image der Gesellschaft belasten würde. In letzter Konsequenz können die Grundpfandrechte in Anspruch genommen werden.

Die Bedeutung der Drittverwendungsfähigkeit ist bei *betriebsneutralem* Grundbesitz dann von Relevanz, falls ein Mieter keine Vergütung für die Überlassung

---

[632] Wie in Kapital II. C. 1. a) erörtert, wird für diese Immobilien grundsätzlich eine dauerhafte Nutzung in ihrem jeweiligen Zustand unterstellt.

der Liegenschaft leistet oder die Vertragslaufzeit abgelaufen ist. Wenn die Verbriefung folglich auf Zahlungen von Mietern mit geringer Bonität basiert und kurzfristig kündbare Verträge über die Immobilien geschlossen werden, kommt auch hierbei der Drittverwendungsfähigkeit eine hohe Bedeutung zu.[633]

Mithin kann festgehalten werden, dass sich *alle drittverwendungsfähigen* Unternehmensimmobilien für die Real Estate Securitisation eignen. Dispositionsabhängige Liegenschaften weisen gegenüber betriebsneutralen den grundsätzlichen Vorteil auf, dass bereits Mietverträge mit dem Nicht-Immobilienunternehmen als Mieter bestehen. Daher zeichnet sich dispositionsabhängiges Realvermögen durch eine höhere Eignung für die Real Estate Securitisation aus als betriebsneutrales. Betriebsnotwendige Immobilien weisen gegenüber den anderen beiden Grundbesitzkategorien den Vorteil auf, dass mit dem Nicht-Immobilienunternehmen nicht nur kurz- oder mittelfristige Mietverträge, sondern langfristige geschlossen werden und damit eine Fristenkongruenz von Anleihe- und Mietvertragslaufzeit möglich ist. Um den Nutzungsrestriktionen des Nicht-Immobilienunternehmens gerecht zu werden, müssen die Transaktionen unterschiedlich strukturiert werden, wenn es sich einerseits um betriebsneutrale und dispositionsabhängige Liegenschaften handelt, andererseits um betriebsnotwendige.

---

633 Der Zahlungsstrom kann am besten beurteilt werden, wenn diese Immobilien bereits durch das Nicht-Immobilienunternehmen vermietet wurden, wie es beispielsweise bei Werkswohnungen der Fall ist. In diesem Fall liegen regelmäßig historische Mietvertragsdaten vor. Diese sind umso valider, je länger die Liegenschaften bereits extern vermietet wurden. Ist bislang keine Vermietung des drittverwendungsfähigen, betriebsneutralen Grundbesitzes erfolgt, können die künftigen Zahlungsströme durch Erfahrungswerte geschätzt werden.

C. *Vorteilhaftigkeit der Real Estate Securitisation von Unternehmensimmobilien*

1. Verbriefung von Immobilien über ein konzernexternes Immobilien-SPV als Veräußerungsalternative

a) Eigenschaften der Verbriefung betriebsneutraler und dispositionsabhängiger Immobilien

Da betriebsneutrale Liegenschaften keine strategische Relevanz für Nicht-Immobilienunternehmen aufweisen, können sie an eine von der Gesellschaft rechtlich und wirtschaftlich unabhängige, mithin eine *konzernexterne Immobilien-Zweckgesellschaft* veräußert werden. Dies ist auch für dispositionsabhängige Immobilien in Betracht zu ziehen, deren weitere Bedeutung für das Unternehmen noch nicht absehbar ist. Das Immobilien- wie auch das Emissions-SPV werden von unbeteiligten Parteien, beispielsweise durch eine Bank oder eine Beratungsgesellschaft, mit einer geringen Eigenkapitalausstattung gegründet.[634] Das Immobilien-SPV refinanziert sich über das Emissions-SPV und Letzteres durch Emission einer Anleihe. Deren Rückzahlung ist durch den Mietzahlungsstrom aus der Immobilie gesichert.

Die bilanziellen Auswirkungen für das Nicht-Immobilienunternehmen und die Immobilien-Zweckgesellschaft sind – veranschaulicht anhand der Modellimmobilie unter Annahme des objektivierten Kaufpreises von 264.563.712 Euro[635] – vereinfacht der Abbildung 19 zu entnehmen.

---

[634] Im Modell wird dabei vernachlässigt, dass dem Gründer (Sponsor) die Aufwendungen für die Errichtung der Zweckgesellschaft und die Verzinsung des darin gebundenen Kapitals vergütet werden.

[635] Vgl. Abbildung 9.

Nicht-Immobilienunternehmen (vor RES)			
Immobilien	105.825.486	Eigenkapital	60.000.000
Kasse	44.000.000	Fremdkapital	89.825.486
Summe	149.825.486	Summe	149.825.486

Nicht-Immobilienunternehmen (nach RES)			
Immobilien	0	Eigenkapital	162.111.670
Kasse	251.937.156	Fremdkapital	89.825.486
Summe	251.937.156	Summe	251.937.156

Externes Immobilien-SPV (vor RES)			
Kasse	100.000	Eigenkapital	100.000
Summe	100.000	Summe	100.000

Externes Immobilien-SPV (nach RES)			
Immobilien	264.563.712	Eigenkapital	264.663.712
Kasse	100.000		
Summe	264.663.712	Summe	264.663.712

Abbildung 19: Bilanzielle Effekte der Real Estate Securitisation in Euro[636]

Die zu desinvestierende Modellimmobilie weist in der Bilanz des Nicht-Immobilienunternehmens einen Buchwert von 105.825.486 Euro[637] auf. Dieser sinkt durch die Veräußerung an das Immobilien-SPV auf 0 Euro. Als Kaufpreis zahlt die Immobilien-Zweckgesellschaft den objektivierten Verkehrswert von

636 Hierbei wurden die Annahmen getroffen, dass das Nicht-Immobilienunternehmen mit 60.000.000 Euro Eigenkapital und 89.825.486 Euro Fremdkapital ausgestattet ist. Zudem verfügt es über einen Kassenbestand in Höhe von 44.000.000 Euro. Das Immobilien-SPV weist eine Eigenkapitalausstattung von 100.000 Euro auf. Weitere Vermögensgegenstände werden in diesen Bilanzen vernachlässigt.

637 Vgl. Tabelle 7.

264.563.712 Euro[638] und aktiviert die Liegenschaft in gleicher Höhe zu ihren Anschaffungskosten. Die Veräußerung bewirkt damit eine insolvenzrechtliche Trennung vom Nicht-Immobilienunternehmen.

Die Refinanzierung beim Emissions-SPV erfolgt hier annahmegemäß über einen Kauf- und Abtretungsvertrag.[639] Aufgrund dessen erhält das Immobilien-SPV einen Liquiditätszufluss in Höhe von 264.563.712 Euro und leitet diesen direkt an das Nicht-Immobilienunternehmen weiter. Der Kapitalzufluss wird beim Emissions-SPV im Eigenkapital verbucht, weil die (künftigen) Forderungen *verkauft* werden. Dies wird durch den Buchungssatz „Kasse an Eigenkapital 264.563.712 Euro" verdeutlicht.[640] Refinanziert das Immobilien-SPV den Kaufpreis beim Emissions-SPV hingegen über ein besichertes Darlehen oder eine Schuldverschreibung, geht das Immobilien-SPV mit dem Emissions-SPV eine Fremdkapitalbeziehung ein. In diesem Fall lautet der entsprechende Buchungssatz „Kasse an Fremdkapital".

Unter Berücksichtigung der Transaktionsausgaben und der Grunderwerbsteuer ergibt sich ein Veräußerungsgewinn für das Nicht-Immobilienunternehmen in Höhe von 145.510.040 Euro,[641] der im Eigenkapital verbucht wird. Da jedoch der Veräußerungsgewinn der Besteuerung unterliegt, wird dieser Zuwachs um die entsprechende Steuerzahlung verringert.[642] Insgesamt beläuft sich das Eigenkapital der Gesellschaft nach Real Estate Securitisation damit auf

---

638 Vgl. Abbildung 9.

639 Zu den alternativen Gestaltungsmöglichkeiten der Refinanzierungsbeziehung zwischen Immobilien-SPV und Emissions-SPV durch ein Darlehen oder eine Schuldverschreibung und den Vorteilen eines Kauf- und Abtretungsvertrages vgl. Kapitel III. B. 2. c).

640 Der Liegenschaftsankauf durch das Immobilien-SPV wird durch den Buchungssatz „Immobilien an Kasse 264.563.712 Euro" belegt.

641 Vgl. Abbildung 10.

642 Zur Berechnung der Besteuerung vgl. Abbildung 10.

162.111.670 Euro.[643] Durch den Liquiditätszufluss steigt die Position Kasse auf 251.937.156 Euro[644] an.

Für *dispositionsabhängige* Objekte begründet das veräußernde Nicht-Immobilienunternehmen mit dem Immobilien-SPV einen Mietvertrag und tritt selbst als Mieter auf, wie Abbildung 20 verdeutlicht. Handelt es sich hingegen um eine *betriebsneutrale* Liegenschaft, schließt die Immobilien-Zweckgesellschaft mit neuen Mietern Mietverträge, die der späteren Verbriefung zugrunde liegen.[645]

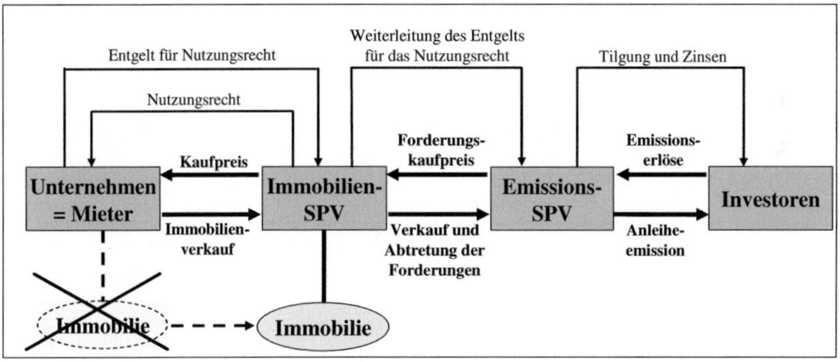

Abbildung 20: Struktur der Real Estate Securitisation dispositionsabhängiger Immobilien

Für die Transaktion ist von Bedeutung, ob der der Verbriefung zugrunde liegende Zahlungsstrom durch einen Mieter (*Single-Tenant-Transaktion*) oder mehrere (*Multi-Tenant-Transaktion*) generiert wird.[646]

---

643 60.000.000 Euro Eigenkapital vor Real Estate Securitisation + 145.510.040 Euro Veräußerungsgewinn (nach Transaktionsausgaben und Grunderwerbsteuer) – 21.826.506 Euro Körperschaftsteuer – 1.200.458 Euro Solidaritätszuschlag Euro – 20.371.406 Euro Gewerbesteuer = 162.111.670 Euro Eigenkapital nach Real Estate Securitisation.

644 Der Liquiditätszufluss erfolgt wie bei dem Verkauf an eine Immobilien-AG in Höhe von 207.937.156 Euro (vgl. Abbildung 10). 44.000.000 Euro Kassenbestand vorher + 207.937.156 Euro Liquiditätszufluss durch Real Estate Securitisation = 251.937.156 Euro Kassenbestand nach Real Estate Securitisation.

645 Vgl. hierzu auch Abbildung 17.

646 Zu Single- und Multi-Tenant-Transaktionen vgl. Knab (2004), S. 810. Grundsätzlich sind beide Transaktionsvarianten für die im Modell gewählte Büroimmobilie denkbar.

Bei dispositionsabhängigen Liegenschaften, die vom Nicht-Immobilienunternehmen zurückgemietet werden, wird der Mietzahlungsstrom folglich nur von dieser Gesellschaft getragen.[647] Das Risiko und damit das Rating dieser Single-Tenant-Transaktion hängen maßgeblich von der Bonität des Nicht-Immobilienunternehmens ab, da in dieser Konstellation das Ausfallrisiko nicht diversifiziert wird.[648] Je länger ein Vertrag mit der Gesellschaft geschlossen werden kann und je besser deren Bonität ist, desto höher ist das Rating.

Handelt es sich um eine betriebsneutrale Liegenschaft, kann das Emissions-SPV Zahlungsströme von verschiedenen Mietern erwerben. Hierdurch wird eine Diversifikation des Mieterpools erzielt.[649] Zugleich kann der finanzielle Aufwand für die Strukturierung und Durchführung der Verbriefung auf ein größeres Emissionsvolumen verteilt werden, indem mehrere Objekte in einer Transaktion verbrieft werden. Erst hierdurch wird gegebenenfalls ein erforderliches Mindestvolumen[650] für die Transaktion erreicht.[651] Ein hohes Verbriefungsvolumen stellt

---

[647] Prinzipiell besteht insbesondere bei einer Büroimmobilie die Möglichkeit, dass ein Teil der Liegenschaft durch das Nicht-Immobilienunternehmen zurückgemietet und ein anderer Teil an neue Mieter vermietet wird. Dieser Sachverhalt wird im Folgenden vernachlässigt.

[648] Vgl. Knab (2004), S. 811 sowie Weller/Klüwer (2004), S. 852 und Rügemer/Siemes (2002), S. 772.

[649] Vgl. Tollmann (2005a), S. 601 sowie Arbeitskreis „Finanzierung" der Schmalenbach-Gesellschaft für Betriebswirtschaft e.V. (1992), S. 512 und Eichholz/Nelgen (1992), S. 796.

[650] Privatplatzierungen wurden in USA auch bei einem Emissionsvolumen von weniger als 50 Mio. Dollar durchgeführt; vgl. Lerbinger (1987), S. 313. Siehe hierzu auch die Ausführungen bei Bär (2000), S 179 f. Ohl bezeichnet auch ein Emissionsvolumen von weniger als 100 Mio. Dollar als möglich, vgl. Ohl (1994), S. 239. Feinberg gibt ein Minimum für Asset Backed-Transaktionen mit 20 Mio. Dollar an; vgl. Feinberg (1989), S. 60. Für MBSs wird ein Mindestvolumen von 200 bis 300 Mio. Euro angeführt, damit die Strukturierungs-, Servicing-, Rating- und sonstigen Ausgaben von ein bis zwei Mio. Euro keinen zu großen Einfluss auf die Marge haben; vgl. Damaske/Trampe (2005), S. 331.

[651] Ein ausreichendes Transaktionsvolumen kann durch den Ankauf von Immobilien verschiedener Unternehmen erreicht werden. Hierdurch erhalten kleine und mittelständische Unternehmen die Möglichkeit, ihre Liegenschaften über die Real Estate Securitisation zu verwerten; vgl. Tollmann (2005a), S. 601.

zugleich eine ausreichende Liquidität am Sekundärmarkt sicher.[652] Ist diese nicht gegeben, können institutionelle Investoren größere Anlagevolumina nur mit Schwierigkeiten weiterveräußern. Die Anleger werden dann zusätzlich eine Liquiditätsprämie für die Schuldverschreibung fordern[653] oder möglicherweise bei sich abzeichnender unzureichender Liquidität nicht in diese Anlageform investieren.

Werden die Zahlungsströme aus der Modellimmobilie im Rahmen einer *Multi-Tenant-Transaktion* verbrieft, basieren die Bonitätseinschätzung und damit das Rating der Transaktion bei einer hohen Mieteranzahl nicht auf einzelnen Bonitätsanalysen, sondern primär auf statistischen Analysen des Mieterportfolios.[654] Hierfür sind Daten über die historischen Ausfallquoten der vergangenen Jahre erforderlich.[655] Diese liegen vor, wenn beispielsweise eine Liegenschaft von dem Nicht-Immobilienunternehmen bereits an Externe vermietet wurde. Diversifizierte Mieterpools erhalten zumeist ein hohes Rating,[656] da durch den Mietermix das Risiko gesenkt werden kann.[657]

Bei einer Multi-Tenant-Verbriefung wird eine *externe Partei (Servicer)* für die Immobilienverwaltung und den Mietforderungseinzug in die Transaktion einge-

---

652 Vgl. Damaske/Trampe (2005), S. 331.

653 Vgl. Bertl (2004), S. 124 f. sowie Bund (2000), S. 87.

654 Vgl. Miehle (2007), S. 222. Je weniger Mieter in einem Portfolio enthalten sind, desto wichtiger wird die Einzelanalyse der Mieter für die Beurteilung der Bonität der Mietzahlungsströme; vgl. Rügemer/Siemes (2002), S. 772.

655 Vgl. Hommel (2005), S. 6 sowie Weller/Klüwer (2004), S. 852. Obwohl hierbei meist ein besseres Rating erreicht wird, als bei Single-Tenant-Transaktionen, ergibt sich möglicherweise aus verschiedenen Mietvertragsarten ein Prognoserisiko der künftigen Zahlungsströme. Dies kann durch die Gestaltung von Einheitsmietverträgen umgangen werden; vgl. Knab (2004), S. 811.

656 Vgl. Breidenbach (2008), S. 612. In einem breit diversifizierten Mieterportfolio wird sowohl die Qualität der Mieterbasis als auch die Höhe der Mieten im Verhältnis zum Wert der Immobilien betrachtet; vgl. Rügemer/Siemes (2002), S. 772.

657 Vgl. Väth/Hoberg (2005), S. 385.

bunden,[658] auch wenn das Nicht-Immobilienunternehmen, ein Treuhänder oder das Immobilien-SPV dies grundsätzlich übernehmen kann.[659] Es besteht andernfalls das Risiko, dass die Verwaltungstätigkeit aufgrund unzureichenden Know-hows und begrenzter Ressourcen vernachlässigt wird. Dies ist von umso höherer Relevanz, wenn viele Mietverträge bestehen. Das Emissions-SPV oder der Treuhänder schließen mit dem Servicer einen Vertrag über die Verwaltungsaufgaben,[660] wobei Letzterer der Weisung und Kontrolle der Zweckgesellschaft bzw. des Treuhänders unterliegt.[661] Der Treuhänder selbst kann, beispielsweise als Zahlstelle (Paying Agent)[662] zwischen Servicer und Investoren geschaltet, die Mietforderungsverwaltung und den -einzug sowie die Zins- und Tilgungszahlungen überwachen.[663] Die Zuverlässigkeit des Servicers ist für die Transaktionsstruktur und ihr Rating von hoher Bedeutung, da durch ihn die Bedienung

---

658 Wulfken/Lang und Lehmann/Danielewsky vertreten hingegen die Auffassung, dass das Originatorunternehmen oder das Immobilien-SPV die Mieten weiterhin verwalten sollte; vgl. Lehmann/Danielewsky (2003), S. 65 sowie Wulfken/Lang (2003), S. 8. Vgl. zum Forderungseinzug auch Wulfken/Lang (2003), S. 8. Die Bedeutung des Treuhänders ist umso größer, wenn der Originator zugleich Servicer ist.

659 Die Aufgaben des Servicers übernimmt bei ABSs zumeist der Originator selbst; vgl. Röder/Sonnemann (2005), S. 329; Weller/Klüwer (2004), S. 851; Herrmann (2002), S. 183; Rügemer/Siemes (2002), S. 779 f.; Arbeitskreis „Finanzierung" der Schmalenbach-Gesellschaft für Betriebswirtschaft e.V. (1992), S. 501. Dies erfolgt zum einen, damit die Transaktionsausgaben nicht durch Kosten für einen externen Servicer steigen, zum anderen soll eine Forderungsabtretung nicht öffentlich werden, damit der Originator keinen Vertrauensverlust erleidet.

660 Dabei handelt es sich regelmäßig um einen Geschäftsbesorgungsvertrag nach § 675 Abs. 1 BGB; vgl. Rügemer/Siemes (2002), S. 779.

661 Der Servicer muss in regelmäßigen Abständen über den Status der ausstehenden Forderungen berichten; vgl. Arbeitskreis „Finanzierung" der Schmalenbach-Gesellschaft für Betriebswirtschaft e.V. (1992), S. 501. Bei Insolvenz des Originators muss die Zweckgesellschaft bzw. der Treuhänder auf die Kundendaten zugreifen können, um das Servicing selbst durchzuführen; vgl. Hommel S. 17 f.

662 Vgl. Waschbusch (1998), S. 412. In diesem Fall überweist der Servicer die eingehenden Zahlungen an den Treuhänder, der diese an die Investoren weiterleitet; vgl. Paul (1993), S. 848 f. sowie Benner (1988), S. 407.

663 Vgl. Breidenbach (2008), S. 620; Röder/Sonnemann (2005), S. 329; Herrmann (2002), S. 183; Rügemer/Siemes (2002), S. 780 f.; Früh (1995), S. 106; Arbeitskreis „Finanzierung" der Schmalenbach-Gesellschaft für Betriebswirtschaft e.V. (1992), S. 502.

der Ansprüche der Anleiheinvestoren erfolgt.[664] Handelt es sich hingegen um die Verwaltung einer Gewerbeimmobilie mit einem langfristigen Mietvertrag, der bis zur Fälligkeit der Anleihe läuft, sind damit – wie bei der Verbriefung selbst genutzter, betriebsnotwendiger Immobilien – kein umfangreiches Mietmanagement und lediglich ein geringer Verwaltungsaufwand verbunden.[665] In diesem Fall kann die Liegenschaftsverwaltung beim Treuhänder verbleiben.

Durch die Vereinbarung von Dauerwohn- oder -nutzungsrechten anstelle von Mietverträgen zwischen dem Immobilien-SPV und den Mietern kann die Insolvenzsicherheit erhöht werden.[666] Dies ist problemlos möglich, wenn im Rahmen der Strukturierung Verträge mit *neuen* Objektnutzern geschlossen werden. Schwieriger gestaltet sich hingegen die Verbriefung von Zahlungen aus bereits *bestehenden* Mietverträgen, beispielsweise wenn Werkswohnungen Grundlage der Transaktion sind. Zwar können auch diese Mietverträge prinzipiell in Wohn- oder Nutzungsrechte geändert werden. Zu bedenken ist jedoch zum einen, dass eine Vertragsänderung an die Zustimmung der Mieter geknüpft ist. Zum anderen ist dies, insbesondere bei Multi-Tentant-Transaktionen, mit einem hohen administrativen Aufwand verbunden.

Wird eine betriebsneutrale Immobilie verbrieft, mithin *externe* Mieter für die Liegenschaft gewonnen, kann das Nicht-Immobilienunternehmen die als Letztes zu tilgende und somit *risikoreichste First-Loss-Tranche* zur Erhöhung der Bonität der Anleihe *selbst übernehmen*.[667] Dies stellt eine weitere Besicherung für die Investoren dar, da hierdurch das größte Ausfallrisiko vom Originator selbst

[664] Vgl. Rügemer/Siemes (2002), S. 780. Beim Rating wird daher geprüft, ob der Servicer bereits auf diesem Gebiet tätig war. Zudem muss der Servicing-Vertrag so ausgestaltet sein, dass er jederzeit von einer dritten Partei (Back-up-Servicer) übernommen werden kann, wenn der Servicer seinen vertraglichen Verpflichtungen nicht nachkommt. Die Serviceleistungen sind daher marktgerecht zu vergüten; vgl. Rügemer/Siemes (2002), S. 780.

[665] Vgl. Rügemer/Siemes (2002), S. 780.

[666] Vgl. hierzu die Erläuterungen in Kapitel III. B. 2. c).

[667] Vgl. Langner (2002), S. 661.

getragen wird.[668] Bei der Real Estate Securitisation von dispositionsabhängigem Grundbesitz ist das Nicht-Immobilienunternehmen hingegen selbst Mieter der veräußerten Liegenschaften. Die Übernahme der Junior-Tranche durch das Unternehmen ist hierbei nicht sinnvoll. Die Gesellschaft hätte dann eine Forderung gegen das Immobilien-SPV. Die Forderung wird aber aus den Zahlungen beglichen, die das Nicht-Immobilienunternehmen selbst an die Zweckgesellschaft leistet. Hierbei werden also keine zusätzlichen, der Sicherung der Transaktion dienenden Risiken durch das Immobilien verwertende Unternehmen übernommen.

b) Ausgestaltung der Refinanzierungsanleihe

Im Folgenden werden die Ausgestaltung der zur Refinanzierung des Emissions-SPVs eingesetzten Anleihe sowie die mit dieser Schuldverschreibung verbundenen Zahlungsströme exemplarisch für die Modellimmobilie entwickelt. Je nach Art der Nutzungsrestriktion resultieren für das Nicht-Immobilienunternehmen andere Cashflows aus den Handlungsalternativen, Objekte über die Real Estate Securitisation zu verwerten.

Wird der Grundbesitz als *betriebsneutral* unterstellt, gibt die Gesellschaft das Eigentum an diesem auf und veräußert ihn an die Immobilien-Zweckgesellschaft unter Aufgabe aller Verfügungsrechte. Als Kaufpreis wird dabei für die Modellimmobilie weiterhin der objektivierte Veräußerungspreis von 264.563.712 Euro unterstellt.[669] Unter Berücksichtigung der Transaktionsausgaben, der Grunderwerbsteuer und der Besteuerung des Veräußerungsgewinns erhält das Nicht-

[668] Vgl. Röder/Sonnemann (2005), S. 329.

[669] Vgl. zu dessen Ermittlung Abbildung 9.

Immobilienunternehmen den *gleichen Liquiditätszufluss* in Höhe von 207.937.156 Euro wie bei dem Verkauf an die Immobilien-AG.[670]

Für die betriebsneutrale Modellimmobilie ergibt sich sowohl für die Alternative des Verkaufs an die Immobilien-AG als auch an das Immobilien-SPV ein *Kapitalwert* von *207.937.156 Euro* (siehe Tabelle 18). Beide Verkaufsalternativen dominieren damit in diesem exemplarischen Fall die Handlungsoption, die Immobilie im Eigentum zu belassen und extern zu vermieten.[671]

Ob der Verkauf an die Immobilien-AG oder an eine Zweckgesellschaft in der Realität vorteilhafter ist, hängt zum einen von dem erzielten Verkaufspreis ab, zum anderen von den mit der Transaktion verbundenen Ausgaben wie beispielsweise Beratungsleistungen, die vom Nicht-Immobilienunternehmen aus dem Veräußerungserlös zu begleichen sind. Diese Ausgaben sind für die verschiedenen Handlungsalternativen regelmäßig nicht identisch, so dass daraus ein unterschiedlicher Zahlungsstrom für die verwertende Gesellschaft resultieren kann.[672]

---

[670] Vgl. zu dessen Ermittlung Abbildung 10. Hierbei werden die identischen Transaktionsausgaben wie bei der Veräußerung an die Immobilien-AG von 1,5 % des Verkaufspreises und Grunderwerbsteuer von 3,5 % sowie ein analog zu versteuernder Veräußerungsgewinn unterstellt.

[671] Lediglich der Sonderfall der Veräußerung an einen REIT erbringt mit 229.636.341 Euro einen darüber hinaus gehenden Kapitalwert.

[672] Vgl. Kapitel III. A. 2. a) zu den Wirkungen unterschiedlicher Verkaufspreise auf die Vorteilhaftigkeit der verschiedenen Verwertungsvarianten.

Immobilientyp	Halten der Immobilie im Eigentum				Verkauf der Immobilie an Immobilien-AG					Real Estate Securitisation
	Vermietung ab t=0		Verkauf in t=10	Vermietung ab t=10	100 % Verkauf				25 % Verkauf	Verkauf an konzern-externes Immobilien-SPV
					Keine Rückmietung		Rückmietung bis t=10			
	ohne Effizienz-steigerung	mit Effizienz-steigerung			normale AG	REIT	normale AG	REIT	Rück-mietung	
Betriebs-neutrale Immobilie		169.744.191			207.937.156	229.636.341				207.937.156
Dispositions-abhängige Immobilie			66.094.889	65.870.068			95.030.498	116.729.683		
Betriebs-notwendige Immobilie	-23.759.652	-15.345.440							-29.142.590	

Tabelle 18: Kapitalwerte der Handlungsalternativen – Teil 5

Das Immobilien-SPV refinanziert den – für die Modellimmobilie mit 264.563.712 Euro unterstellten – Kaufpreis über den Forderungsverkauf und die Forderungsabtretung an die Emissions-Zweckgesellschaft. Letztere emittiert eine Anleihe in entsprechender Höhe am Kapitalmarkt. Die mit der Anleihe verbundenen Zahlungen im Rahmen der Real Estate Securitisation-Transaktion werden im Folgenden verdeutlicht. Dabei wird unterstellt, dass sich das Emissions-SPV durch die Platzierung von Schuldverschreibungen in drei Tranchen refinanziert. Das Emissionsvolumen der jeweiligen Tranche, deren Rating und die daraus resultierende jährliche Verzinsung[673] sind der Tabelle 19 zu entnehmen.

Die erste Tranche umfasst ein Anleihevolumen von 158.738.227 Euro.[674] Dies entspricht 60 % des an das Nicht-Immobilienunternehmen zu zahlenden Kaufpreises. Für diese Tranche kann eine erstrangige Grundschuld eingeräumt werden. Damit ist sie bezüglich ihres Risikos mit der Investition in einen Hypothekenpfandbrief vergleichbar.[675] Mit der zweiten Tranche werden 30 % und mit

---

[673] Für die Verzinsung wird ein Zinssatz gewählt, den Anleihen mit der gleichen Ratingklasse durchschnittlich erhalten. Ausgangsbasis für die Ermittlung eines adäquaten Zinsfußes für die jeweilige Tranche ist eine Bundesanleihe mit einer Restlaufzeit von dreißig Jahren. Dieser wird mit 4,25 % p.a. beziffert; vgl. Bundesrepublik Deutschland Finanzagentur GmbH (2009). Der jeweilige Credit-Spread basiert auf Angaben der Deutschen Bundesbank zu Zinsaufschlägen europäischer Unternehmensanleihen; vgl. Deutsche Bundesbank (2004), S. 23. Die derart ermittelte und für die Modellrechnung unterstellte fiktive Verzinsung der Senior-Tranche mit 4,45 % sowie der nachrangigen mit 4,6 % und 4,9 % entspricht etwa der Höhe der Kupons, die in 2009 durchschnittlich für Unternehmensanleihen in der jeweiligen Ratingkategorie vergütet wurden. Nach dem Finanzinformationssystem Thomson Reuters belief sich der Kupon für Unternehmensanleihen mit einem AAA-Rating durchschnittlich auf 4,0 %, mit einem AA-Rating auf 4,8 % und mit einem BBB-Rating auf 5,3 %; vgl. Thomson Reuters (2009).

[674] Berechnung: 264.563.712 Euro · 0,6 = 158.738.227 Euro.

[675] Bei einem Hypothekenpfandbrief sind die Forderungen ebenfalls mit erstrangigen Grundschulden gesichert. Die Grundschulden dürfen dabei maximal 60 % des durch das Pfandbriefinstitut ermittelten Beleihungswertes betragen. Bei der Real Estate Securitisation wird hier als Beleihungswert der objektivierte Verkehrswert zugrunde gelegt.

der dritten Tranche 10 % des Kaufpreises refinanziert.[676] Entsprechend werden für diese Schuldverschreibungen nachrangige Grundschulden bestellt.

Tranche	Rating	Anteil des Emissions-volumens der Tranche am gesamten Emissions-volumen	Emissions-volumen in Euro	Credit-Spread	Verzinsung
1	AAA	60 %	158.738.227	0,20 % p.a.	4,45 % p.a.
2	AA	30 %	79.369.114	0,35 % p.a.	4,60 % p.a.
3	BBB	10 %	26.456.371	0,65 % p.a.	4,90 % p.a.

Verzinsung einer Bundesanleihe mit dreißigjähriger Restlaufzeit mit 4,25 % p.a.
Zuführung zum Reservekonto in Höhe von 4 % der jährlichen Mietzahlung.
Verzinsung des Reservekontos mit 2 % p.a.
Tilgungsform Kontokorrent, Zahlung des Kapitaldienstes am Jahresende.
Besteuerung von Mieteinnahmen im Rahmen der Transaktion mit einem Steuersatz von 10 %.

Tabelle 19: Übersicht über die Tranchen der Schuldverschreibung

Als Tilgungsform wird hierbei ein Kontokorrentkredit unterstellt, mithin werden in jedem Jahr die zufließenden Immobilieneinnahmen nach Abzug der mit der Transaktion verbundenen Ausgaben zur Zahlung des Kapitaldienstes eingesetzt, bis der Schuldenstand vollständig getilgt ist. Dabei werden in jeder Periode zunächst die Ansprüche der vorrangigen Tranchen bedient.[677] Können in einem Jahr die Ansprüche aus der ersten oder zweiten Tranche nicht bzw. nicht vollständig beglichen werden, wird diese Zahlung im folgenden Jahr zunächst zu Lasten der nachrangigen Tranchen nachgeholt.

Um Liquiditätsausfällen entgegenzuwirken, werden in jedem Jahr 4 % der eingehenden Mieterträge auf einem Reservekonto angesammelt und zu 2 % p. a.

---

[676] Die dritte Tranche kann gegebenenfalls selbst von dem Nicht-Immobilienunternehmen übernommen werden.

[677] Tranche 1 wird als Senior-Tranche vor den Tranchen 2 und 3 getilgt. Tranche 3 wird als Junior-Tranche grundsätzlich als Letztes bedient.

verzinst.[678] Bei Eintritt eines Zahlungsausfalls kann für die Bedienung der Tranchen auf dieses Konto zurückgegriffen werden. Sofern während der Anleihelaufzeit kein Mietausfall zu verzeichnen ist, wird das Kapital auf dem Reservekonto zum Ende der Laufzeit zur Tilgung eingesetzt.

Für die Bedienung des Kapitaldienstes stehen die von den Liegenschaftsmietern an das Immobilien-SPV geleisteten und von diesem an die Emissions-Zweckgesellschaft weitergeleiteten (konformen) Jahresmietzahlungen in Höhe von 23.977.800 Euro zur Verfügung.[679] Aus diesen Mieteinnahmen müssen die zu zahlenden Bewirtschaftungsausgaben, die Zuführung zum Reservekonto, die einmaligen und laufenden Transaktionsausgaben und die Steuern auf die Mieteinnahmen beglichen werden. Die Bewirtschaftungsausgaben belaufen sich wie bei der Immobilien-AG auf 14 % der Mieteinnahmen, mithin auf 3.356.892 Euro.[680] Dem Reservekonto werden jährlich 4 % der Mieteinnahmen, folglich 959.112 Euro[681] zugeführt. Die Entwicklung des Reservekontostands ist den Tabellen A-9 und A-10 zu entnehmen, sofern keine Mietausfälle auszugleichen sind. Die einmaligen Transaktionsausgaben[682] in Höhe von 2.000.000 Euro sowie die laufenden[683] von 291.020 Euro jährlich sind in der Abbildung 21 zusammengestellt.

---

678 Der Mietausfall wird daher bei der Real Estate Securitisation nicht mit 3 % der Mieteinnahmen, wie bei der Immobilien-AG kalkuliert, sondern mit 4 % der jährlichen Mieteinnahmen über die Reservekontozuführung berücksichtigt. Der Kapitalbestand auf dem Konto wird annahmegemäß mit 2 % verzinst. Dieser Zinssatz kann durch Zinssätze für Tagesgeld oder bis zu einem Jahr laufende Festgelder plausibilisiert werden.

679 Zur Berechnung der konformen Jahresmietzahlungen von 23.977.800 Euro vgl. Kapitel III. A. 2. b).

680 Berechnung: 23.977.800 Euro Mieteinnahmen · 0,14 = 3.356.892 Euro.

681 23.977.800 Euro · 0,04 = 959.112 Euro.

682 Zu einmaligen Transaktionsausgaben zählen u.a. diejenigen für die Vorbereitung der Verbriefung, beispielsweise für staatliche Genehmigungen oder für die mit Verkaufsangeboten verbundenen Ausgaben; vgl. Ohl (1994), S. 263-272; Benner (1988), S. 414.

683 Zu laufenden Kosten zählen die für den Treuhänder und den Servicer; vgl. Benner (1988), S. 414. Für weitere Bankgarantien sind zusätzlich 3 bp p.a. zu zahlen.

Einmalige Ausgaben		
Ratingausgaben		200.000 Euro
+ Ausgaben für die juristische Beratung		200.000 Euro
+ Ausgaben für die Strukturierung durch Arrangeur		800.000 Euro
+ Börseneinführung		800.000 Euro
= Einmalige Ausgaben gesamt		**2.000.000 Euro**
Laufende Ausgaben		
Treuhänder	3 bp p.a.	79.369 Euro
+ Servicer	3 bp p.a.	79.369 Euro
+ Bankgarantie	3 bp p.a.	79.369 Euro
+ Ratingausgaben	2 bp p.a.	52.913 Euro
= Laufende Ausgaben gesamt	**11 bp p.a.**	**291.020 Euro**

Abbildung 21: Einmalige und laufende Transaktionsausgaben[684]

Die im Rahmen der Transaktion erwirtschafteten Mieteinnahmen unterliegen der Besteuerung. Bei der Ermittlung der Steuerbemessungsgrundlage kann die jährliche Abschreibung der Immobilienanschaffungsausgabe von 264.563.712 Euro abgezogen werden.[685] Daher ist von t=1 bis t=33 ein Betrag von 7.936.911 Euro[686] abzuschreiben und in t=34 von 2.645.637 Euro.[687] Ab t=35 sind keine Abschreibungen mehr vorzunehmen. Es ergeben sich somit gemäß Tabelle 20 zum einen der jährliche steuerpflichtige Gewinn, zum anderen darauf aufbauend der Betrag, der maximal für Zins- und Tilgungszahlungen an die Anleiheinvestoren zur Verfügung steht. Hierbei wird unterstellt, dass die Transaktion über eine

684 Die Daten basieren auf Hielscher/Ohl (2004), S. 705, Rosar (2000), S. 33, Benner (1988), S. 414 sowie eigener Einschätzung. Sowohl die einmaligen als auch die laufenden Kosten sind annahmegemäß am Jahresende zu zahlen.

685 Vgl. § 7 Abs. 4 Satz 1 Nr. 1 EStG.

686 Berechnung: 264.563.712 Euro · 0,03 = 7.936.911 Euro.

687 Berechnung: 264.563.712 Euro · 0,01 = 2.645.637 Euro.

ausländische Zweckgesellschaft möglich ist, wodurch eine laufende Besteuerung der Mieterträge im Rahmen der Transaktion von 10 % erfolgt.[688]

Ermittlung des maximalen jährlichen Kapitaldienstes:

	t=1	t=2 bis t=33	t=34	ab t=35
Konforme Jahresmieteinnahme in Euro	23.977.800			
- Bewirtschaftungsausgaben (14 % der Mieteinnahmen) in Euro	3.356.892			
- Zuführung Reservekonto (4 % der Mieteinnahmen vor Bewirtschaftungsausgaben) in Euro	959.112			
- einmalige Transaktionsausgaben in Euro	2.000.000	0	0	0
- laufende Transaktionsausgaben in Euro	291.020	291.020	291.020	291.020
- Steuerzahlung in Euro	1.039.298	1.239.298	1.768.425	2.032.989
= Jährlich maximaler Kapitaldienst in Euro	**16.331.478**	**18.131.478**	**17.602.351**	**17.337.787**

Nebenrechnung zur Ermittlung des steuerpflichtigen Gewinns:

	t=1	t=2 bis t=33	t=34	ab t=35
Konforme Jahresmieteinnahme in Euro	23.977.800			
- Bewirtschaftungsausgaben (14 % der Mieteinnahmen) in Euro	3.356.892			
- Abschreibung in Euro	7.936.911	7.936.911	2.645.637	0
- einmalige Transaktionsausgaben in Euro	2.000.000	0	0	0
- laufende Transaktionsausgaben in Euro	291.020	291.020	291.020	291.020
= Steuerpflichtiger Gewinn in Euro	**10.392.977**	**12.392.977**	**17.684.251**	**20.329.888**

Nebenrechnung zur Ermittlung der Steuerzahlung:

	t=1	t=2 bis t=33	t=34	ab t=35
Steuerpflichtiger Gewinn in Euro	10.392.977	12.392.977	17.684.251	20.329.888
x Steuersatz (10 % des steuerpflichtigen Gewinns)	0,1	0,1	0,1	0,1
= Steuerzahlung in Euro	**1.039.298**	**1.239.298**	**1.768.425**	**2.032.989**

Tabelle 20: Berechnung des maximalen jährlichen Kapitaldienstes bei Steuersatz 10 %

Für das erste Jahr steht als Kapitaldienst für alle Tranchen ein Betrag von 16.331.478 Euro, für t=2 bis t=33 von 18.131.478 Euro, für t=34 von 17.602.351 Euro und ab t=35 von 17.337.787 Euro zur Verfügung.[689] Der geplante Kapitaldienst der jeweiligen Tranche wird gemäß dem Anteil der jeweili-

---

[688] Die Steuerermäßigung durch einen möglichen Mietausfall wird an dieser Stelle vernachlässigt.

[689] Hierbei wird zum einen unterstellt, dass Mietausfälle maximal in Höhe der Reservekontozuführung von 4 % der gesamten Mieteinnahmen zu verzeichnen sind. Zum anderen wird davon ausgegangen, dass auch nach Ablauf der Restnutzungsdauer Mieteinnahmen erzielt werden.

gen Teilemission am Gesamtemissionsvolumen zugeteilt. Dies bedeutet, dass 60 % des gesamten Kapitaldienstes für Tranche 1, 30 % für Tranche 2 und 10 % für Tranche 3 zur Verfügung stehen. Die sich für jedes Jahr und für jede Tranche ergebenden Kapitaldienste sind der Tabelle 21 zu entnehmen.

Aufteilung des Kapitaldienstes auf die Tranchen	**Anteil**	**t=1**	**t=2 bis t=33**	**t=34**	**ab t=35**
Kapitaldienst gesamt in Euro		16.331.478	18.131.478	17.602.351	17.337.787
Kapitaldienst Tranche 1 in Euro	60 %	9.798.887	10.878.887	10.561.411	10.402.672
Kapitaldienst Tranche 2 in Euro	30 %	4.899.443	5.439.443	5.280.705	5.201.336
Kapitaldienst Tranche 3 in Euro	10 %	1.633.148	1.813.148	1.760.235	1.733.779

Tabelle 21: Aufteilung des Kapitaldienstes auf die Tranchen bei Steuersatz 10 %

Durch die Mieteinnahmen werden in jeder Periode *zunächst* die fixierten Ansprüche der Kapitalgeber der *erstrangigen Tranche bedient*, erst dann erfolgt die Zahlung des Kapitaldienstes der zweiten bzw. dritten Teilemission. Die Restschuld nach Tilgung der drei Tranchen am Ende jeden Jahres ist bei Zahlung der gemäß den Tabellen 20 und 21 geplanten Kapitaldiensten den Tabellen A-11 bis A-13 zu entnehmen. Sofern während der Laufzeit der Anleihe kein Mietausfall zu verzeichnen ist, kann das Kapital auf dem Reservekonto zum Ende der Laufzeit zur Tilgung eingesetzt werden. Nach der planmäßig erfolgten Tilgung der Tranchen in t=24 können die Restschulden aller Tranchen daher mit dem bis zu diesem Zeitpunkt auf dem Reservekonto angelaufenen Kapitalbestand beglichen werden, wie Abbildung 22 verdeutlicht. Sind hingegen Mietausfälle in Höhe von 4 % der jährlichen Mieteinnahmen zu verzeichnen, wird kein Kapital auf dem Reservekonto angesammelt. In diesem Fall erfolgt die Rückführung aller Tranchen der Schuldverschreibung erst in t=25, wie Abbildung 23 belegt.[690]

[690] In t=24 entsteht bei Tranche 1 noch kein Überschuss, da die Anleihe selbst noch nicht vollständig getilgt ist. Daher ist in t=25 im Fall eines jährlichen Mietausfalls in Höhe der Reservekontozuführung keine vollständige Rückführung der drei Tranchen möglich.

Kapitalbestand Reservekonto in t=24 in Euro		**29.177.973**
Gesamt zu tilgende Restschuld nach planmäßiger Tilgung in t=24 in Euro		
	Tranche 1	3.661.050
+	Tranche 2	5.353.025
+	Tranche 3	4.298.927
=	**Gesamt zu tilgende Restschuld nach planmäßiger Tilgung in t=24 in Euro**	**13.313.002**
Überschuss nach Tilgung aller Tranchen in t=24 in Euro		
	Kapitalbestand Reservekonto in t=24 in Euro	29.177.973
-	Gesamt zu tilgende Restschuld nach planmäßiger Tilgung in t=24 in Euro	13.313.002
=	**Überschuss in t=24 nach Tilgung aller Tranchen in Euro**	**15.864.971**

Abbildung 22: Tilgung aller Tranchen in t=24 unter Einbezug des Reservekontos[691]

	Überschuss nach planmäßiger Tilgung der Tranche 1 in t=25 in Euro	7.054.920
-	Restschuld der Tranche 2 nach planmäßiger Tilgung in t=25 in Euro	159.820
-	Restschuld der Tranche 3 nach planmäßiger Tilgung in t=25 in Euro	2.696.426
=	**Überschuss nach Tilgung aller Tranchen in t=25 in Euro**	**4.198.674**

Abbildung 23: Tilgung aller Tranchen in t=25 ohne Einbezug des Reservekontos

Tranche 1 ist gemäß Tabelle A-11 in t=25 vollständig getilgt. Von den in t=25 zur Kapitaldienstzahlung für Tranche 1 zur Verfügung stehenden Mieteinnahmen in Höhe von 10.878.887 Euro werden im letzten Jahr jedoch nur 3.823.967 Euro für Zins und Tilgung benötigt.[692] Daher stehen 7.054.920 Euro in der betreffenden Periode zur zusätzlichen Tilgung der zweiten und dritten Tranche zur Verfügung.[693] Die Restschuld der Tranche 2 nach planmäßiger Tilgung in t=25 beläuft sich auf 159.820 Euro[694] und die von Tranche 3 auf 2.696.426 Eu-

691 Die Restschuld nach regulärer Tilgung ist für jedes Jahr für Tranche 1 der Tabelle A-11, für Tranche 2 der Tabelle A-12 und für Tranche 3 der Tabelle A-13 zu entnehmen. Der Überschussbetrag steht dem Immobilien-SPV zu.

692 Berechnung: 3.823.967 Euro benötigter Kapitaldienst = 3.661.050 Euro Tilgung + 162.917 Euro Zinsaufwand. Siehe hierzu auch die Perioden t=24 bzw. t=25 in Tab. A-11.

693 Berechnung: 7.054.920 Euro = 10.878.887 Euro geplanter Kapitaldienst – 3.823.967 Euro in t=24 aufgewendeter Kapitaldienst.

694 Vgl. Tabelle A-12.

ro.[695] Mithin können alle drei Tranchen in t=25 vollständig zurückgeführt werden.[696]

c) Sensitivität der Anleihelaufzeit auf veränderte Rahmenbedingungen

(1) Wirkungen variierter Transaktionsparameter

Um das Risiko von Zahlungsausfällen im Rahmen der Real Estate Securitisation-Transaktion zu vermindern, ist die Angleichung der Laufzeit der Anleihe und des Mietvertrages, welcher der Verbriefung zugrunde liegt, von Bedeutung.[697] Im Rahmen einer *Sensitivitätsanalyse* kann überprüft werden, wie empfindlich die Laufzeit der Schuldverschreibung auf die Variation bestimmter Eingangsparameter reagiert.[698] Ziel kann dabei sein, bestimmte Einflussparameter so weit zu verändern, dass die Laufzeit der Schuldverschreibung derjenigen der Mietverträge entspricht.

Durch die erfolgte Veranschaulichung der Anleihestrukturierung und der Zahlungsstromgestaltung wird deutlich, dass das Emissionsvolumen, die Verzinsung der Tranchen, die Tilgungsmodalitäten sowie der in jedem Jahr maximal zahlbare Kapitaldienst laufzeitsensitive Parameter sind. Letzterer hängt seinerseits von den Mieteinnahmen, den Bewirtschaftungsausgaben, den Abschreibungen, der Reservekontozuführung, den Transaktionsausgaben und der Besteuerung ab.[699]

---

[695] Vgl. Tabelle A-13.

[696] Mietausfälle, die den Bestand des Reservekontos überschreiten, werden im Rahmen dieser Modellrechnung vernachlässigt. Höhere Mietausfälle können über Versicherungen oder durch Übernahme der Junior-Tranche durch den Originator selbst abgesichert werden.

[697] Vgl. hierzu die Ausführungen in Kapitel III. B. 3. b).

[698] Vgl. Kruschwitz (2009), S. 318 sowie Götze (2008), S. 363 f. und Schirmeister (2005), S. 119.

[699] Die angeführten Parameter haben über ihren Einfluss auf die Zahlungsstromstruktur der Anleihe Auswirkungen auf die Attraktivität der Schuldverschreibung für Investoren.

Anhand der einparametrischen Variation des Steuersatzes kann das Vorgehen der Sensitivitätsanalyse exemplarisch erläutert werden. Bislang wurde für die Besteuerung der Mieterträge im Rahmen der Transaktion ein Steuersatz von 10 % unterstellt.[700] Wird die Transaktion nicht mit ausländischen Zweckgesellschaften, sondern über deutsche SPVs strukturiert, kann ein für Deutschland angemessener *Steuersatz von 29,825 %*[701] angenommen werden. Mit diesem erhöhten Steuersatz wird die Tilgung der Tranche 1 erst in t=33, der Tranche 2 in t=34 und der Tranche 3 erst in t=38 erreicht.[702] In t=33 kann ein Teil des für die Rückführung von Tranche 1 geplanten Kapitaldienstes für die der Tranchen 2 und 3 eingesetzt werden.[703] Hierdurch wird die nachrangige Tranche 3 in t=34 komplett zurückgezahlt.[704] Sind keine Mietausfälle zu verzeichnen, so dass das Reservekonto zur Resttilgung eingesetzt wird, erfolgt die Tilgung aller Tranchen in t=31.[705] Durch die Steuererhöhung *verlängert sich* folglich ceteris paribus[706] die *Laufzeit.* In einer Grenzbetrachtung *ohne Besteuerung* der Mieterträge sind

---

700 Vgl. Kapitel III. C. 1. b).

701 Ein Steuersatz von 29,825 % ergibt sich, wenn die Gewinne aus der Transaktion in jedem Jahr mit 15 % Körperschaftsteuer, 14 % Gewerbesteuer und 5,5 % Solidaritätszuschlag (bezogen auf die zu zahlende Körperschaftsteuer) belastet werden.

702 Die Berechnung des jährlich maximalen Kapitaldienstes bei einem gesamten Steuersatz von 29,825 % ist der Tabelle A-14 zu entnehmen. Hierbei und in den folgenden Berechnungen wird von unveränderten laufenden Transaktionsausgaben von 291.020 Euro pro Jahr ausgegangen. Es ergibt sich für t=1 ein Kapitaldienst von 14.271.071 Euro, für t=2 bis t=33 von 15.674.571 Euro, für t=34 14.096.448 Euro und ab t=35 13.307.387 Euro. Die Aufteilung der jährlichen Kapitaldienste auf die Tranchen ist der Tabelle A-15 zu entnehmen. Für den Tilgungsverlauf der Tranche 1 wird auf die Tabelle A-16, der Tranche 2 auf die Tabelle A-17 und der Tranche 3 auf die Tabellen A-18 und A-19 verwiesen.

703 Ebenso wird der für t=34 geplante Kapitaldienst der Tranchen 1 und 2 für die Tilgung der Tranche 3 eingesetzt.

704 Dies verdeutlicht Abbildung A-1.

705 Dies verdeutlicht Abbildung A-2.

706 Hierbei und im Folgenden bezieht sich „ceteris paribus“ auf die Charakteristika der in Kapital III. C. 1. b) entwickelten Anleihe, nicht auf die Rahmenbedingungen der jeweils vorangegangenen Sensitivitätsanalyse.

alle Tranchen bereits in t=23 vollständig zurückgeführt.[707] Wenn das Reservekonto zur Resttilgung eingesetzt wird, ist die gesamte Emission bereits in t=21 getilgt.[708]

Denkbar ist neben der Variation des Steuersatzes, dass sich der *Verkaufspreis* nicht auf den objektivierten Verkehrswert beläuft oder andere *Zinssätze* für die Anleihe gelten.[709] Beträgt der Kaufpreis beispielsweise 85 % des objektivierten Verkehrswertes,[710] wird die Transaktion ceteris paribus[711] in t=20 zurückgeführt.[712] Werden ein *risikoloser Zins von 4,5 %* sowie ein *Zinszuschlag* von

---

707 Die Berechnung des jährlich maximalen Kapitaldienstes ohne Besteuerung der Mieteinnahmen ist der Tabelle A-20 zu entnehmen. Es ergibt sich für t=1 ein Kapitaldienst von 17.370.776 Euro und ab t=2 bis t=33 von 19.370.776 Euro. Die Aufteilung der jeweiligen Kapitaldienste auf die Tranchen verdeutlicht Tabelle A-21. Die Tilgungspläne der Tranchen sind den Tabellen A-22 bis A-24 zu entnehmen. Tranche 1 ist dann bereits in t=22, Tranche 2 in t=23 und Tranche 3 in t=24 vollständig getilgt. Ab t=22 kann der zuvor für die Tilgung von Tranche 1 dienende Kapitaldienst für die Rückführung der Tranchen 2 und 3 eingesetzt werden. In t=23 sind somit alle Tranchen vollständig zurückgeführt. Dies verdeutlicht Abbildung A-3.

708 Dies verdeutlicht Abbildung A-4.

709 Die folgenden Ausführungen beziehen sich jeweils auf die Fallgestaltung, dass das Reservekonto nicht für die Tilgung der Anleihe eingesetzt werden kann, sondern der Begleichung von Mietausfällen dient.

710 Der Kaufpreis beläuft sich dann auf 224.879.155 Euro. Berechnung: 264.563.712 Euro · 0,85 = 224.879.155 Euro. Das Nicht-Immobilienunternehmen erhält dann einen Kapitalzufluss von 181.480.951 Euro; vgl. Abbildung A-5.

711 Abgesehen von der Kaufpreisänderung werden auch hier die Rahmenbedingungen der in Kapitel III. C. 1. b) gestalteten Anleihe unterstellt. Es wird bei dieser Sensitivitätsanalyse insbesondere die Annahme aufrechterhalten, dass eine Mieteinnahme von 15 Euro pro Quadratmeter erwirtschaftet wird.

712 Das Emissionsvolumen beträgt in diesem Fall gemäß dem Kaufpreis 224.879.155 Euro. Entsprechend ergibt sich eine Aufteilung des Finanzierungsvolumens auf die Tranchen von 134.927.493 Euro (60 %) auf Tranche 1, 67.463.747 Euro (30 %) auf Tranche 2 und 22.487.916 Euro (10 %) auf Tranche 3. Für die Tilgung der Schuldverschreibung stehen die in den Tabellen A-25 und A-26 ermittelten Kapitaldienste zur Verfügung. Von Bedeutung für die Ermittlung des jährlichen maximalen Kapitaldienstes (Tabelle A-25) ist, dass aufgrund des geringeren Kaufpreises nun geringere Abschreibungen angesetzt werden, mithin 6.746.375 Euro (= 224.879.155 Euro · 0,03) von t=1 bis t=33 und in t=34 2.248.792 Euro (= 224.879.155 Euro · 0,01). Danach fallen keine weiteren Abschreibungen an. Die Entwicklung der Tranchen ist den Tabellen A-27 bis A-29 zu entnehmen. Separat für jede Tranche betrachtet, ist Tranche 1 dabei in t=19, Tranche 2 in t=20 und Tranche 3 in t=21 vollständig getilgt. Die Rückführung aller Tranchen in t=20 ohne Einbezug des Reservekontos wird in Abbildung A-6 belegt. Kann das Reservekonto hingegen

0,4 % für die erste Tranche, von *0,8 %* für die zweite und von *1,5 %* für die dritte unterstellt,[713] kann die Anleihe erst in t=29 getilgt werden.[714] Die Ergebnisse der einparametrischen Sensitivitätsanalysen sind in der Tabelle 22 zusammengefasst.

Variations-parameter	Steuersatz in %	Kaufpreis	Zinssatz der Tranche 1/2/3 in %	Tilgungsdauer in Jahren mit ... Einbezug des Reservekontos zur Tranchentilgung	Tilgungsdauer in Jahren ohne ... Einbezug des Reservekontos zur Tranchentilgung
Variation des Steuersatzes	0	265 Mio. Euro	4,45/4,6/4,9	21	23
	10	265 Mio. Euro	4,45/4,6/4,9	24	25
	29,825	265 Mio. Euro	4,45/4,6/4,9	31	34
Reduktion des Kaufpreises	10	265 Mio. Euro	4,45/4,6/4,9	24	25
	10	225 Mio. Euro	4,45/4,6/4,9	18	20
	29,825	265 Mio. Euro	4,45/4,6/4,9	31	34
	29,825	225 Mio. Euro	4,45/4,6/4,9	24	26
Erhöhung der Zinssätze	10	265 Mio. Euro	4,45/4,6/4,9	24	25
	10	265 Mio. Euro	4,9/5,3/6,0	27	29
	29,825	225 Mio. Euro	4,45/4,6/4,9	24	26
	29,825	225 Mio. Euro	4,9/5,3/6,0	27	29

Tabelle 22: Tilgungsdauer bei Variation der Eingangsparameter

Daneben sind in dieser Tabelle die Ergebnisse *mehrparametrischer Sensitivitätsanalysen* (*Szenarioanalysen*) verzeichnet, bei denen die gleichzeitige Varia-

am Laufzeitende für die Tilgung genutzt werden, erfolgt die Rückführung aller Tranchen bereits in t=18; vgl. Abbildung A-7.

713 Die Grenzbetrachtung eines Zinssatzes von 0 % erscheint nutzlos, da die Investoren aufgrund des eingegangenen Risikos eine gewisse Renditeforderung stellen.

714 Der maximal mögliche Kapitaldienst entspricht hierbei den Werten aus den Tabellen 20 bzw. 21. Die Tilgungspläne der Tranchen unter Berücksichtigung der veränderten Verzinsung sind den Tabellen A-35 bis A-38 zu entnehmen, die Rückführung in t=29 wird mit Abbildung A-10 belegt. Wird hingegen das Reservekonto zum Ausgleich von Mietausfällen eingesetzt, erfolgt die Tilgung erst in t=27; vgl. Abbildung A-11.

tion mehrerer Eingangsdaten erfolgt, mithin verschiedene Szenarien abgebildet werden.[715]

Durch diese exemplarischen Auswertungen lassen sich Sachverhalte, für die intuitiv Ursache-Wirkungs-Zusammenhänge unterstellt werden können, *quantifizieren*: Es ist beispielsweise zu vermuten, dass sich die erforderliche Laufzeit der Anleihe verlängert, je höher der Immobilienkaufpreis,[716] der Anleihezins und der Steuersatz, der für die Besteuerung der Mieterträge zugrunde gelegt wird, ausfallen. Sinkende Mieteinnahmen sowie steigende Bewirtschaftungs- und Transaktionsausgaben verringern zudem den maximal für den Kapitaldienst zur Verfügung stehenden Betrag. Durch dessen Reduktion wird die Laufzeit der Schuldverschreibung ebenfalls ausgedehnt. Die Modellrechnungen ermöglichen die *konkrete* Ermittlung der Laufzeitveränderung der Schuldverschreibung, die aus der Variation eines oder mehrerer Eingangsparameter resultiert. Sie erlauben folglich, die Wirkungen von bestimmten Rahmenbedingungen und Maßnahmen, die die Parameter beeinflussen, in Hinblick auf die Anleihelaufzeit zu belegen und damit zu beurteilen. Dies ist für die Entscheidungsfindung im Rahmen der Verwertung von Unternehmensimmobilien erforderlich.

---

[715] Vgl. zur mehrparametrischen Sensitivitätsanalyse Kruschwitz (2009), S. 321 f. sowie Rebnitz (1989), Sp. 1980 ff. Beispielsweise beläuft sich die gesamte Tilgungsdauer bei Reduktion des Kaufpreises auf 85 % des objektivierten Verkehrswertes bei einem Steuersatz von 29,825 % auf 26 Jahre; vgl. hierzu Abbildung A-8. Die Berechnung der Kapitaldienste ist den Tabellen A-30 und A-31, die Tilgungspläne der Tranchen sind den Tabellen A-32 bis A-34 zu entnehmen. Bei Einsatz des Reservekontos für Mietausfälle wird die Anleihe in t=26 zurückgeführt; vgl. A-8. Besteht kein Mietausfall und kann das Reservekonto zur Tilgung eingesetzt werden, ist die Schuldverschreibung bereits zwei Perioden zuvor zurückgeführt; vgl. hierzu Abbildung A-9. Bei der mehrparametrischen Sensitivitätsanalyse können Best- und Worst-Case-Szenarien entwickelt werden.

[716] Von einer Änderung des Immobilienkaufpreises hängt ceteris paribus auch die Höhe der Abschreibungen und damit auch der Umfang der daraus resultierenden Steuerersparnis ab. Auch die Variation der Abschreibungsmethodik kann Einfluss auf die Höhe des in jedem Jahr zur Tilgung zur Verfügung stehenden Kapitaldienstes und damit auf die Laufzeit der Anleihe haben.

Durch die Ausnutzung *steuerlicher Gestaltungsspielräume*, wie der Ansiedlung von Zweckgesellschaften im Ausland, kann eine angemessene Laufzeit für die Anleihe erzielt werden.

Die Höhe des *Kupons* ist in der Praxis nur über das Rating der Transaktion zu beeinflussen. Letzteres – und damit auch die Konstruktion der Anleihe – wird insbesondere durch die Mieterbonität, die Eigenschaften der Immobilien, die Zuverlässigkeit der Akteure und die Besicherung der Transaktion bestimmt. Nicht umsetzbar ist zudem eine Verbriefung, bei der der Zinsaufwand einer Tranche vom Beginn der Laufzeit an höher als der zur Verfügung stehende Kapitaldienst ist. In diesem Fall werden in jedem Jahr nur anteilige Zinsen an die Investoren gezahlt. Ein Teil der Zinsen erhöht als Kapitalaufnahme den Schuldenstand der Tranche. Dies ist beispielsweise bei der First-Loss-Tranche für die Modellimmobilie in dem Szenario nachzuvollziehen, wenn bei einem objektivierten Verkaufspreis zugleich von einer höheren Besteuerung und Verzinsung ausgegangen wird.[717] Unter diesen Rahmenbedingungen beginnt die Tilgung der nachrangigen Tranche 3 erst nach Rückzahlung der Senior-Tranche.[718]

Eine Reduktion des *Verkaufspreises* und des damit verbundenen Emissionsvolumens verkürzt die Tilgungsdauer. Das verwertende Nicht-Immobilienunternehmen nimmt mit seiner Preisforderung folglich darauf Einfluss, ob eine derartige Transaktion gestaltbar ist und damit ein neues Veräußerungspotenzial eröff-

---

[717] Für die Modellimmobilie wäre dies beispielsweise der Fall, wenn bei dem Immobilienverkauf zum objektivierten Kaufpreis eine höhere Verzinsung der Tranchen von 4,9 % für Tranche 1, 5,3 % für Tranche 2 und 6 % für Tranche 3 bei zugleich geltendem Steuersatz von 29,825 % erfolgt. Die Berechnung des maximal zahlbaren Kapitaldienstes erfolgt in den Tabellen A-14 und A-15. Tranche 1 wird dann erst in t=38 und Tranche 2 in t=48 vollständig getilgt; vgl. Tabelle A-39 bis A-42. Die Dauer der Gesamttilgung würde die ohnehin lange Restnutzungsdauer der Immobilie übertreffen.

[718] Für die Entwicklung der Tranche 3 vgl. Tabelle A-43 und Tabelle A-44.

net wird. Dies ist insbesondere dann von Bedeutung, wenn die Anleihelaufzeit die wirtschaftliche Restnutzungsdauer der Modellimmobilie übersteigt.[719]

Die Wirkung verschiedener Einflussparameter zur Verringerung der Anleihelaufzeit soll im Folgenden exemplarisch verdeutlicht werden: Beispielsweise beträgt die Anleihelaufzeit für die Modellimmobilie bei Steuersatz von 29,825 % und einem Verkaufspreis in Höhe des objektivierten Verkehrswertes 34 Jahre, wenn das Reservekonto nicht für die Tilgung eingesetzt werden kann. Wird hingegen ein Verkaufspreis in Höhe von 85 % des objektivierten Verkehrswertes gefordert, verringert sich die Tilgungsdauer auf 26 Jahre.[720] Eine Verlagerung der Zweckgesellschaften ins Ausland mit einer Besteuerung der Mieterträge von 10 % verkürzt die Laufzeit weiterhin auf 20 Jahre.[721] Dieses Beispiel verdeutlicht, dass das Nicht-Immobilienunternehmen durch bestimmte Transaktionsgestaltungen auf die Laufzeit der Anleihe zur Anpassung an die Laufzeit des zugrunde liegenden Mietvertrags Einfluss nehmen kann.

(2) Auswirkung der Anleihelaufzeit auf die Vorteilhaftigkeit

Die Anpassung der Anleiheparameter zur Erreichung der Fristenkongruenz von Schuldverschreibung und Mietvertrag kann einen Einfluss auf die *Vorteilhaftig-*

---

719 Grundsätzlich wird die Werthaltigkeit einer Liegenschaft für die Besicherung mit fortschreitender Anleihelaufzeit geringer. Für eine betriebsneutrale Modellimmobilie ist eine Schuldverschreibung ungeeignet, deren Laufzeit die Restnutzungsdauer des Grundbesitzes übertrifft. Diese Voraussetzung wird mit einer Laufzeit von 24 Jahren mit Einbezug des Reservekontos in die Tilgung bzw. von 25 Jahren ohne Einbezug im gegebenen Prämissenrahmen für die Basisvariante der Schuldverschreibung für die Modellimmobilie eingehalten.

720 Vgl. hierzu Abbildung A-8. Die Tranche 1 ist dann in t=25, die Tranche 2 in t=26 und die Tranche 3 in t=27 zurückgeführt. Die Tilgungspläne der Tranchen sind den Tabellen A-32 bis A-34 zu entnehmen. Zur Berechnung des jeweiligen Kapitaldienstes für die Tranchen vgl. Tabellen A-30 und A-31. Besteht kein Mietausfall und kann das Reservekonto zur Tilgung eingesetzt werden, ist die Anleihe bereits in t=24 zurückgeführt; vgl. hierzu Abbildung A-9.

721 Vgl. hierzu Tabelle 22.

keit dieser Handlungsalternative für die verwertende Gesellschaft haben. Die Wirkung einer Laufzeitangleichung wird im Folgenden exemplarisch anhand der *dispositionsabhängig* unterstellten Modellimmobilie überprüft, die annahmegemäß für zehn Jahre durch das Nicht-Immobilienunternehmen zurückgemietet wird.

Aus der Veräußerung des Grundbesitzes an das Immobilien-SPV zum Verkaufspreis von 265.563.712 Euro und zehnjähriger Rückmietung durch das Nicht-Immobilienunternehmen resultiert der gleiche Kapitalwert in Höhe von 95.030.498 Euro wie bei dem Verkauf an eine Immobilien-AG und gleicher Dauer der Rückmietung,[722] da hierbei für die Gesellschaft der gleiche Zahlungsstrom generiert wird. In diesem Fall würde bei der Real Estate Securitisation eine Schuldverschreibung über 265.563.712 Euro begeben werden, die – wie bereits ermittelt – über 24 bzw. 25 Jahre getilgt wird.

Für die *dispositionsabhängige* Modellimmobilie besteht jedoch die Unsicherheit, dass das Nicht-Immobilienunternehmen die Liegenschaft ab t=10 nicht weiter mietet bzw. kein Nachmieter gefunden wird. Wenn die Schuldverschreibung in t=10 vollständig getilgt ist, wird dieses Risiko umgangen.[723] Es ist daher zu überprüfen, wie sich eine Anleihelaufzeit von 10 Jahren auf die Vorteilhaftigkeit der Verwertung dieses Objektes über die Real Estate Securitisation für das Nicht-Immobilienunternehmen auswirkt.

Sofern die Verzinsung und die Besteuerung nicht beeinflussbar sind, kann die Gesellschaft die Transaktionslaufzeit über den von ihr geforderten Kaufpreis und das daraus resultierende Emissionsvolumen beeinflussen. Soll eine der Mietvertraglaufzeit entsprechende Tilgungsdauer von zehn Jahren erreicht wer-

[722] Vgl. hierzu Kapitel III. A. 2. b).

[723] Nur wenn das Nicht-Immobilienunternehmen die Immobilie mit hoher Wahrscheinlichkeit nach t=10 weiter mietet oder ein Nachmieter gefunden wird, kann die Anleihelaufzeit auf einen Zeitraum zwischen t=10 und t=30 ausgedehnt werden.

den, darf der Verkaufspreis maximal 140.000.000 Euro betragen.[724] Unter Einsatz des Reservekontos ist die Transaktion in t=10 zurückgeführt.[725] Das Nicht-Immobilienunternehmen würde hierbei in t=0 einen Liquiditätszufluss in Höhe von 124.985.201 Euro[726] erhalten. Abzüglich der Summe der Barwerte der Mietausgaben nach Steuerersparnis von t=1 bis t=10 in Höhe von 112.906.658 Euro[727] ergibt sich in diesem Fall ein *Kapitalwert* in Höhe von *12.078.543 Euro*.[728] Die Möglichkeit des Verkaufs der drittverwendungsfähigen Modellliegenschaft an das Immobilien-SPV zu 140.000.000 Euro ist damit in diesem exemplarischen Fall keine vorteilhafte Alternative für diesen Immobilientyp, da hierbei der Kapitalwert deutlich unter dem der Handlungsoption liegt, den Grundbesitz im Eigentum zu halten und nach der eigenen Nutzung zu vermieten oder zu verkaufen, wie Tabelle 23 verdeutlicht. Erkennbar wird hierdurch, dass ein Nicht-Immobilienunternehmen seine Kaufpreisforderungen deutlich einschränken muss,[729] damit bei einer bestimmten Verzinsung und Besteuerung eine Fristenkongruenz von Anleihe und Mietvertrag hergestellt wird. Die Modellrechnungen erlauben jedoch nicht nur die Höhe des notwendigen Kaufpreisabschlages zu ermitteln, die zu einer Übereinstimmung der Laufzeit von Schuldver-

---

[724] In dieser Ausgestaltung besteht kein Mietanschlussrisiko mehr. Die Berechnung des maximalen Kapitaldienstes bei einer Besteuerung der Mieterträge mit 10 % erfolgt in den Tabellen A-49 und A-50. Bei einem Kaufpreis von 140.000.000 Euro betragen die Abschreibung von t=1 bis t=33 4.200.000 Euro (= 0,03 · 140.000.000 Euro), in t=34 1.400.000 Euro (= 0,01 · 140.000.000 Euro). Danach fallen keine Abschreibungen mehr an. Das Emissionsvolumen der Tranche 1 umfasst 84.000.000 Euro (= 140.000.000 Euro · 0,6), der Tranche 2 42.000.000 Euro (= 140.000.000 Euro · 0,3) und der Tranche 3 14.000.000 Euro (= 140.000.000 Euro · 0,1). Die Tilgungspläne der Tranchen sind den Tabellen A-51 bis A-53 zu entnehmen. Dabei sind Zinssätze von 4,45 % für Tranche 1, 4,6 % für Tranche 2 und 4,9 % für Tranche 3 unterstellt.

[725] Vgl. Abbildung A-14.

[726] Zur Berechnung vgl. Abbildung A-15.

[727] Zu derer Berechnung vgl. Tabelle A-5 sowie die Ausführungen in Kapitel III. A. 2. b).

[728] 124.985.201 Euro – 112.906.658 Euro = 12.078.543 Euro.

[729] Bei einer Anleihelaufzeit von zehn Jahren ist ein Kaufpreisabschlag von 47,3 % des objektivierten Verkehrswertes erforderlich. Berechnung: [1 - (140.000.000 Euro : 265.563.712 Euro)] · 100 = 47,3 %.

schreibung und Mietvertrag führt. Auch wechselseitige Effekte – beispielsweise eine Zinssenkung, die aus einem verbesserten Rating aufgrund der Fristenkongruenz resultiert – können bei den Rechnungen simultan berücksichtigt werden. Bei gleicher Laufzeit kann bei geringerem Zins ceteris paribus ein höherer Kaufpreis gefordert werden.

Der Verkauf von betriebsneutralem und dispositionsabhängigem Grundbesitz zum objektivierten Verkaufspreis an ein Immobilien-SPV wie auch an eine Immobilien-AG ist – abgesehen vom Verkauf an einen REIT unter Ausnutzung der Exit Tax – für ein Nicht-Immobilienunternehmen gleich vorteilhaft, sofern beide Immobilienintermediäre den gleichen Kaufpreis zahlen. Für die exemplarische Modellimmobilie sind diese beiden Handlungsoptionen zudem vorteilhafter als das Halten der Immobilie im Eigentum.

Die Unsicherheit bezüglich der Anschlussmietverträge – insbesondere bei dispositionsabhängigem Grundbesitz – führt tendenziell dazu, dass das Immobilien-SPV bei gleicher Einschätzung eines Objektes für dieses einen geringeren Kaufpreis zu zahlen bereit ist als eine Immobilien-AG. Denn im Rahmen der Real Estate Securitisation müssen den Investoren fixierte Kapitaldienste geleistet werden, die einen fortlaufenden Mietzahlungsstrom aus dem Grundbesitz erfordern.[730]

---

[730] Es ist jedoch fraglich, ob bei Verkauf an ein konzernexternes Immobilien-SPV der gleiche Verkaufspreis erzielt wird wie bei der Veräußerung an eine Immobilien-AG.

Immobilientyp	Halten der Immobilie im Eigentum				Verkauf der Immobilie an Immobilien-AG					Real Estate Securitisation
	Vermietung ab t=0		Verkauf in t=10	Vermietung ab t=10	100 % Verkauf				25 % Verkauf	Verkauf an konzern-externes Immobilien-SPV
	ohne Effizienz-steigerung	mit Effizienz-steigerung			Keine Rückmietung		Rückmietung bis t=10		Rück-mietung	
					normale AG	REIT	normale AG	REIT		
Betriebs-neutrale Immobilie		169.744.191			207.937.156	229.636.341				207.937.156
Dispositions-abhängige Immobilie			66.094.889	65.870.068			95.030.498	116.729.683		95.030.498 (Anleihe 265 Mio.) 12.078.543 (Anleihe 140 Mio.)
Betriebs-notwendige Immobilie	-23.759.652	-15.345.440							-29.142.590	

Tabelle 23: Kapitalwerte der Handlungsalternativen – Teil 6

Gegebenenfalls kann die verwertende Gesellschaft bei der Verbriefung einen geringeren Verkaufspreis akzeptieren, um eine Fristenkongruenz von Anleihe und Mietvertrag zu gewährleisten und sich damit ein weiteres Verwertungspotenzial zu eröffnen. Die Höhe des erforderlichen Verkaufspreisverzichts hängt neben der Fristenkongruenz von Schuldverschreibung und Mietvertrag von der Drittverwendungsfähigkeit der Liegenschaften ab. Der Preisabschlag ist folglich umso höher, je weniger die Immobilie den Anforderungen der potenziellen Käufer entspricht. Mithin werden Immobilien mit geringer Drittverwendungsfähigkeit tendenziell eher an eine Immobilien-AG als an eine Immobilien-Zweckgesellschaft veräußert.

2. Verwertung betriebsnotwendiger Immobilien über ein konzerninternes Immobilien-SPV

a) Gestaltungsvariante zur Verwertung betriebsnotwendiger Immobilien

Die Verbriefung *betriebsneutraler und dispositionsabhängiger* Liegenschaften wird derart strukturiert, dass das Nicht-Immobilienunternehmen den Grundbesitz an eine Immobilien-Zweckgesellschaft verkauft, die von einem externen Akteur gegründet wird. Da diese Zweckgesellschaft nicht zum Konsolidierungskreis der verwertenden Gesellschaft zählt, handelt es sich bei dieser Gestaltung um ein *konzernexternes Immobilien-SPV*. Die Veräußerung betriebsnotwendiger Objekte an diese Gesellschaft kommt – wie der Verkauf an eine Immobilien-AG – für Nicht-Immobilienunternehmen nicht in Betracht, da letztere hierdurch nicht unbeschränkt über diesen Grundbesitz verfügen können.[731]

731 Vgl. hierzu Kapitel II. C. 1. a).

Für die Verwertung *betriebsnotwendiger* Liegenschaften muss folglich eine *neue Gestaltungsvariante* entwickelt werden, die einen Kapitalzufluss bewirkt und zugleich die Verfügungsrechte für das Nicht-Immobilienunternehmen erhält.[732] Da der Grundbesitz – im Gegensatz zur Verbriefung von Darlehen zum Zweck der Haftungsseparation bei Kreditinstituten – nicht aus der Bilanz des Nicht-Immobilienunternehmens ausgesondert werden soll, ist zu überprüfen, ob die verwertende Gesellschaft selbst ohne Zwischenschaltung von Zweckgesellschaften eine Anleihe am Kapitalmarkt begeben kann, die durch die Zahlungsströme aus den betriebsnotwendigen Liegenschaften getilgt wird. Die Bestellung von Grundpfandrechten zu Gunsten der Investoren kann hierbei durch bestimmte Anleihevertragskomponenten erfolgen.

Weil das Nicht-Immobilienunternehmen Eigentümer der Objekte bleibt und an sich selbst keine Mietzahlungen leistet, existieren keine Mietzinsansprüche, die dem Kapitaldienst explizit zugrunde gelegt werden können. Eine Begleichung der Investorenansprüche erfolgt in dieser Konstellation ausschließlich aus dem *Zahlungsstrom*, der aus der *Unternehmenstätigkeit* resultiert. Diese Fallgestaltung stellt damit keine Verbriefung der direkten Zahlungsströme aus Immobilien dar, da die Investoren keinen Rückzahlungsanspruch aus dem Grundbesitz selbst haben. Ihr Vergütungsanspruch, der zusätzlich durch Grundpfandrechte gesichert ist, richtet sich gegen das die Schuldverschreibung emittierende Unternehmen. Derartig besicherte Unternehmensschuldverschreibungen werden als *Hypothekenanleihen* bezeichnet.[733] Auch wenn ein Immobilienunternehmen eine Hypothekenanleihe emittiert, erfolgt die Zahlung des Kapitaldienstes lediglich

---

732 Die Bilanzentlastung, wie es oft bei der Verbriefung von Darlehensforderungen der Fall ist, steht hierbei nicht im Vordergrund; vgl. Kammerer (2007), S. 60.

733 Vgl. hierzu Friedrich (2008), S. 536 ff. sowie Jenkis (2008), S. 133 f. und Fritz (2007), S. 4 f.

indirekt aus Immobilien, weil die Liegenschaften Geschäftsgegenstand dieser Gesellschaftsgattung sind.[734]

Die Verbriefung *direkter* Zahlungsströme aus betriebsnotwendigen Immobilien kann erreicht werden, wenn das Nicht-Immobilienunternehmen das *Immobilien-SPV* als *Tochtergesellschaft* gründet. Beide Gesellschaften bilden zusammen einen Konzern. Bei dieser Zweckgesellschaft handelt es sich damit um ein *konzerninternes Immobilien-SPV*, wie Abbildung 24 verdeutlicht.[735]

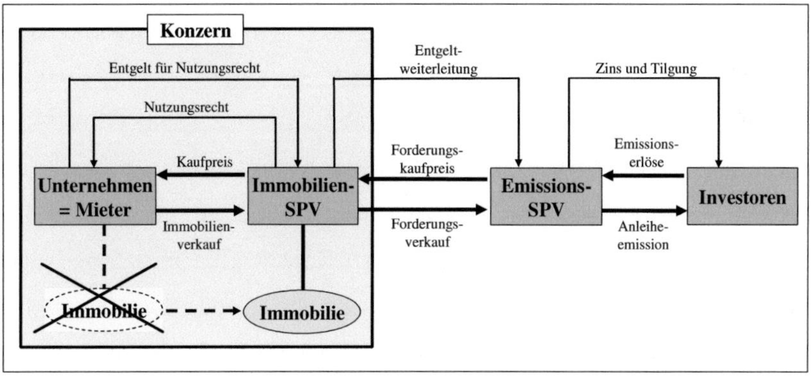

Abbildung 24: Struktur der Real Estate Securitisation betriebsnotwendiger Liegenschaften mit konzerninternem Immobilien-SPV

Nach Gründung des Immobilien-SPVs[736] veräußert die Muttergesellschaft die Liegenschaft – exemplarisch für die Modellimmobilie zum objektivierten Ver-

---

[734] Beispiele für Immobilienunternehmen, die Hypothekenanleihen begeben haben, sind der Einzelhandelsinvestor Deikon GmbH (vormals Boetzelen Real Estate AG) und der Bestandshalter Gebhard Real Estate AG sowie das Immobilienhandelshaus WFG Westfälische Grundbesitz und Finanzverwaltung AG; vgl. Deikon GmbH (2010) sowie Gebhard Real Estate AG (2010) und WFG Westfälische Grundbesitz und Finanzverwaltung AG (2010).

[735] In diesem Zusammenhang kann das Nicht-Immobilienunternehmen auch als „Nicht-Immobilienmutterunternehmen" bezeichnet werden.

[736] Hierbei wird unterstellt, dass für die Gründung der Tochtergesellschaft ein geringer Eigenkapitalbetrag zur Verfügung gestellt werden muss.

kehrswert in Höhe von 264.563.712 Euro – an dieses Tochterunternehmen.[737] Da es sich um betriebsnotwendigen, auch künftig vom Nicht-Immobilienunternehmen genutzten Grundbesitz handelt, werden durch die Veräußerung der Objekte an das Immobilien-SPV und die darauf folgende Rückmietung die für die Verbriefung erforderlichen originären Zahlungsansprüche begründet,[738] die Voraussetzung für die Zins- und Tilgungsleistung für die im Rahmen der Real Estate Securitisation-Transaktion emittierten Wertpapiere sind.[739]

Verfügt eine Gesellschaft nur über einen geringen Bestand betriebsnotwendiger Liegenschaften, beeinflussen die mit der Verbriefung einhergehenden Fixkosten die Vorteilhaftigkeit der Transaktion erheblich. Sie werden in diesem Fall nur auf ein geringes Emissionsvolumen umgelegt. Die Gründung eines Multi-Tenant-Immobilien-SPVs durch mehrere Nicht-Immobilienunternehmen ist für den betriebsnotwendigen Grundbesitz nicht in Betracht zu ziehen. Kritisch ist hierbei, dass der derart geschaffene Immobilienpool nicht mehr dem Verfügungsrecht eines Unternehmens obliegt, sondern den verschiedenen Gesellschaften gemeinsam. Aufgrund der strategischen Relevanz des Realvermögens birgt dies für die beteiligten Unternehmen zu große Risiken.[740] Die Verbriefung betriebsnotwendiger Liegenschaften ist folglich nur als *Single-Tenant-Transaktion*

---

[737] Die Einzelbilanzen der Gesellschaften verändern sich wie bei einem Einsatz einer konzernexternen Immobilien-Zweckgesellschaft. Der Liegenschaftsbuchwert beim Nicht-Immobilienmutterunternehmen sinkt damit auf 0 Euro. Bei der Immobilien-Zweckgesellschaft wird die Liegenschaft zu ihren Anschaffungskosten bilanziert. Siehe hierzu auch Abbildung 19 und die dazugehörigen Ausführungen. Die Refinanzierung verläuft ebenfalls unverändert. Im Rahmen des Konzernabschlusses wird die Beteiligung des Nicht-Immobilienmutterunternehmens mit dem Eigenkapital der Tochtergesellschaft konsolidiert.

[738] Vgl. Lehmann/Danielewsky (2003), S. 64.

[739] Vgl. Breidenbach (2008), S. 620 sowie Lehmann/Danielewsky (2003), S. 63. Zudem wird das Nicht-Immobilienunternehmen bei der Verbriefung betriebsnotwendiger Liegenschaften der vertraglichen Vereinbarung eines Dauernutzungsrechts statt eines Mietvertrages nicht widersprechen. Eine Ablehnung des Dauernutzungsrechts würde sich negativ auf das Rating auswirken, was in der Folge die Attraktivität der Schuldverschreibung und damit das Finanzierungspotenzial für die verwertende Gesellschaft einschränken würde.

[740] Die Unternehmen müssten sich auf eine Führung des Immobilien-SPVs einigen.

mit einem Immobilien-SPV als hundertprozentiger Tochtergesellschaft zu realisieren. Zudem wird deutlich, dass der Mietzahlungsstrom ausschließlich auf der *Bonität des Nicht-Immobilienunternehmens* als einzigem Mieter basiert. Das Gesamtrating hängt folglich vom Rating der Gesellschaft ab, kann aber aufgrund der Sicherungsmechanismen und der eingeräumten Grundpfandrechte deutlich über diesem liegen. Die Servicefunktion kann durch den Treuhänder statt durch eine weitere Partei übernommen werden, da als Mieter lediglich das Nicht-Immobilienunternehmen auftritt und keine aufwändige Umstrukturierung des Mietzahlungsstroms erforderlich ist.[741]

Da das Nicht-Immobilienunternehmen nach Rückzahlung der Anleihe weiterhin mittelbarer Eigentümer des Grundbesitzes ist, kann die erneute Verbriefung der Zahlungsströme aus den Immobilien erfolgen. Folglich eröffnet die Real Estate Securitisation Gesellschaften mit betriebsnotwendigen Immobilien ein *weiteres Finanzierungspotenzial,* neben beispielsweise der revolvierenden Kreditaufnahme bei Kreditinstituten. Das Unternehmen ist bei der Real Estate Securitisation von der Kreditvergabepolitik der Banken unabhängig. Für die Gesellschaft besteht damit auch in Zeiten restriktiver Kreditvergabe das Potenzial, liquide Mittel für das Unternehmen zu beschaffen.[742] Außerdem kann der an die Anleger zu zahlende Zins bei der Real Estate Securitisation für einen relativ langen Zeitraum festgelegt werden, während dies bei Kreditinstituten zumeist nur für einen kurz- bis mittelfristigen Zeitraum möglich ist.[743] Vorteilhaft ist für das Nicht-Immobilienunternehmen zudem, dass es die Tilgungsmodalitäten sowie die Laufzeit der Real Estate Securitisation-Anleihe selbst bestimmen kann. Nicht zu vernachlässigen ist jedoch, dass für eine derartige Strukturierung ein

---

741 Vgl. Weller/Klüwer (2004), S. 851.

742 Vgl. zur Begründung einer restriktiven Kreditvergabe durch Kreditinstitute auch Kapitel II. B. 2. b) (1).

743 Im Rahmen einer Kreditprolongation wird nach Ablauf der Zinsbindung erneut über eine Kreditverlängerung und die damit verbundenen Konditionen verhandelt.

umfangreiches Know-how erforderlich ist und aufgrund der einmaligen Kosten auch ein hohes Immobilienvermögen in einer Transaktion zu verbriefen ist.

Mit der Real Estate Securitisation durch Nicht-Immobilienunternehmen wird ein anderer Investorenkreis angesprochen als durch die bislang von Immobilienunternehmen emittierten Hypothekenanleihen. Bei letzteren investieren die Fremdkapitalgeber in das Geschäftsmodell eines Immobilienunternehmens und sind dabei durch die Immobilien, die zugleich das Kerngeschäft der Gesellschaft darstellen, gesichert. Es handelt sich also um ein indirektes Immobilieninvestment. Bei der Real Estate Securitisation der Liegenschaften von Nicht-Immobilienunternehmen hängt der Kapitaldienst von *dessen Bonität* ab, mithin von der immobilienfremden Geschäftstätigkeit der Gesellschaft. Es handelt sich in dieser Konstellation des selbst nutzenden Nicht-Immobilienunternehmens nicht um eine Immobilienanlage für die Investoren, sondern um eine Unternehmensanlage, die durch Immobilien besichert ist.

Es ist bei dieser Strukturierung zu überprüfen, ob die Einbindung des Immobilien-SPVs in eine Konzernstruktur Auswirkungen auf die Sicherheit der Transaktion für Investoren der Real Estate Securitisation-Anleihe hat. Hierbei sind insbesondere die Effekte einer *Insolvenz des Nicht-Immobilienunternehmens* zu analysieren,[744] da die an die Real Estate Securitisation-Investoren zu zahlenden Kapitaldienste ausschließlich auf den Mietzahlungen dieser Gesellschaft beruhen.[745] Dessen Insolvenz kann durch die eigene Geschäftstätigkeit oder auf-

---

[744] Die Insolvenzordnung bezieht ihre Regelungen ausschließlich auf einzelne insolvente Unternehmen. Auch bei zeitgleicher Insolvenz mehrerer oder aller Konzernunternehmen ist kein einheitliches Konzerninsolvenzverfahren vorgesehen; vgl. Schirmeister/Siebold (2010) sowie Vormstein (2005), S. 7. Der Konzern selbst kann trotz seiner wirtschaftlichen Einheit mangels eigener Rechtspersönlichkeit nicht Gegenstand eines Insolvenzverfahrens sein. Es kann jeweils nur ein rechtlich selbständiges Konzernunternehmen insolvent werden; vgl. Vormstein (2005), S. 2 f. sowie Theisen (2000), S. 680 f.

[745] Die Insolvenz des Immobilien-SPVs ist aufgrund der Beschränkung der Geschäftstätigkeit auf das Halten des Grundbesitzes nicht zu befürchten; vgl. hierzu die Ausführungen in Kapitel III. B. 2. b).

grund einer Durchbrechung der Haftungsseparation[746] im Rahmen des Konzerns verursacht werden.

Wird ein Insolvenzantrag für das Nicht-Immobilienunternehmen gestellt, geht die Leitungsmacht über diese Gesellschaft auf den (vorläufigen) Insolvenzverwalter, somit indirekt auf die Gläubiger des Unternehmens, über.[747] Der Insolvenzverwalter hat zwar *keinen direkten* Zugriff auf die Liegenschaften, die im Eigentum des Immobilien-SPVs stehen,[748] übt aber Einfluss durch die Beteiligung an der Zweckgesellschaft aus. Er kann beispielsweise Mietzahlungen an das Immobilien-SPV einstellen, um damit Forderungen der (vorrangigen) Gläubiger des Nicht-Immobilienunternehmens zu befriedigen. Dies kann zur Folge haben, dass die Gesellschaft die Mieten, die für die Bedienung der Zahlungsansprüche der Real Estate Securitisation-Investoren erforderlich sind, nicht mehr leisten kann. Bei einem Zahlungsausfall kann das konzernexterne Emissions-SPV jedoch *stets* einen *Aussonderungsanspruch* an den Immobilien aufgrund

---

746 Die Insolvenz der Nicht-Immobilienmuttergesellschaft kann auch durch die Insolvenz anderer Tochtergesellschaften ausgelöst werden. Grundsätzlich besteht eine Haftungsseparation (Haftungssegmentierung) im Konzern (Trennungsprinzip), d.h., dass für Verbindlichkeiten einer juristischen Person nur das Gesellschaftsvermögen haftet, nicht das deren Gesellschafter. Gegebenenfalls können jedoch bestimmte Haftungstatbestände zu einem Haftungsdurchgriff der Gläubiger eines Tochterunternehmens auf die Muttergesellschaft führen; vgl. Krieger (1998), S. 81. Eine rechtsgeschäftliche Haftung wird beispielsweise durch Einstandspflichten für andere Konzernunternehmen, wie Bürgschaften, Garantien oder Liquiditätszusagen begründet; vgl. Krieger (1998), S. 82 sowie Merkel (1998), S. 561-565. Eine deliktische Produkt- oder Umwelthaftung durch das Nicht-Immobilienunternehmen ist möglich, wenn diese Gesellschaft als Hersteller anzusehen ist. Dies ist der Fall, wenn die Steuerung weitgehend von dem Nicht-Immobilienunternehmen erfolgt. Zudem begründen auch die Unterkapitalisierung einer AG oder GmbH, der Institutsmissbrauch, verdeckte Gewinnausschüttungen und Nachgründungen sowie der Einsatz von Cash Management-Systemen eine Durchgriffshaftung; vgl. Krieger (1998), S. 83-89.

747 Vgl. Zimmermann (2006), S. 130.

748 Da sich die Immobilien im unmittelbaren Eigentum der Tochter befinden, können sie dem Nicht-Immobilienunternehmen nur mittelbar über dessen Beteiligung zugerechnet werden. Aufgrund des weiterhin bestehenden mittelbaren Eigentums an der Liegenschaft erfolgt aus Konzernperspektive keine Bilanzentlastung; vgl. Kammerer (2007), S. 60-63.

der bestellen Grundpfandrechte geltend machen.[749] Ein deutlich erhöhtes Risiko für die Investoren existiert – abgesehen von der nicht erfolgenden Diversifikation – daher für die Real Estate Securitisation über eine konzerninterne Immobilien-Zweckgesellschaft nicht.

b) Vorteilhaftigkeit der Verwertung über ein konzerninternes Immobilien-SPV

Exemplarisch kann die Vorteilhaftigkeit der Real Estate Securitisation betriebsnotwendiger Liegenschaften über eine konzerninterne Immobilien-Zweckgesellschaft anhand des Modellobjektes beurteilt werden. Hierzu ist der Kapitalwert der Handlungsoption *„Verbriefung selbst durchführen"* für diesen Liegenschaftstyp zu ermitteln.

Für die als *betriebsnotwendig* unterstellte Modellimmobilie ist bei der Real Estate Securitisation über eine konzerninterne Immobilien-Zweckgesellschaft in t=0 ein Kapitalzufluss aus der Emission in Höhe von 207.937.156 Euro als Einnahme zu verbuchen, analog zur Veräußerung an das konzernexterne Immobilien-SPV oder die Immobilien-AG.[750] Zugleich leistet das Nicht-Immobilienmutterunternehmen an das Immobilien-SPV während der Anleihelaufzeit die jährliche Mietzahlung nach Steuerersparnis von 16.826.421 Euro.[751] Erfolgt die Besteuerung der Mieterträge beim Immobilien-SPV mit 10 % und werden Zinsen von 4,45 % für Tranche A, von 4,6 % für Tranche B und von 4,9 % für Tranche C unterstellt, ergibt sich eine *Anleihelaufzeit von 24 Jahren*.[752] Hierbei wird davon ausgegangen, dass das Nicht-Immobilienunternehmen die Miete planmäßig zahlt

---

[749] Vgl. zur Aussonderung der Immobilien bei Insolvenz des Immobilien-SPVs Kapitel III. B. 1. b).

[750] Vgl. Abbildung 10.

[751] Vgl. Abbildung 11.

[752] Vgl. Abbildung 22 sowie Tabelle 22 und die Ausführungen dazu in den Kapitel III. C. 1. b) und III. C. 1. c) (1).

und keine Mietausfälle entstehen. Das Reservekonto kann daher am Ende der Laufzeit für die Tilgung eingesetzt werden. Für die Laufzeit der Anleihe bis t=24 ergibt sich eine Summe der Barwerte der Mietzahlung nach Steuerersparnis von 177.161.323 Euro.[753] Ab t=25 muss das Nicht-Immobilienunternehmen für seine Immobilie jährliche Bewirtschaftungsausgaben von 4.316.004 Euro[754] zahlen. Der Barwert der daraus errechneten ewigen Rente beläuft sich auf 8.507.887 Euro.[755] Saldiert mit dem Liquiditätszufluss in t=0 und dem Barwert der Mietzahlung von t=1 bis t=24 ergibt sich für die betriebsnotwendige Modellimmobilie ein Kapitalwert der Alternative *„Verbriefung selbst durchführen"* von *22.267.946 Euro.*[756] Nach diesem Kriterium ist die Verbriefung über ein internes Immobilien-SPV vorteilhafter als die anderen Verwertungsalternativen für diesen Immobilientyp (vgl. Tabelle 24).

Diese Transaktionsstruktur eignet sich ebenso für die Verbriefung *dispositionsabhängiger* Liegenschaften, deren Verwertung über eine externe Immobilien-Zweckgesellschaft aufgrund der nur schwierig zu erreichenden Fristenkongruenz von Mietvertrag und Anleihelaufzeit tendenziell nicht umzusetzen ist. Hierbei ist die Begebung einer Schuldverschreibung über 140.000.000 Euro mit einer Laufzeit von zehn Jahren möglich.

Das Nicht-Immobilienunternehmen erhält dabei in t=0 den Liquiditätszufluss von 124.895.201 Euro[757] und zahlt von t=0 bis t=10 die Miete an das Immobilien-SPV. Die Summe der Barwerte der Mietausgaben nach Steuerersparnis be-

---

753 Vgl. Tabelle A-5.

754 Bewirtschaftungsausgaben pro Monat: 1.980.000 Euro Mieteinnahmen pro Monat · 0,18 = 356.400 Euro. Bewirtschaftungsausgaben pro Jahr: 356.400 Euro · (12 + 0,02 : 2 · 11) = 4.316.004 Euro.

755 4.316.004 Euro : 0,08 = 53.950.050 Euro.
53.950.050 : $1{,}08^{24}$ = 8.507.887 Euro.

756 207.937.156 Euro – 177.161.323 Euro – 8.507.887 Euro = 22.267.946 Euro.

757 Vgl. zur Berechnung die Abbildung A-15.

trägt für diesen Zeitraum 112.906.658 Euro.[758] Nach t=10 kann der Grundbesitz verkauft oder vermietet werden. Im Verkaufsfall beträgt der Barwert des Liquiditätszuflusses durch den Verkaufspreis 77.341.516 Euro.[759] Damit ergibt sich für die dispositionsabhängige Immobilie ein *Kapitalwert* der Handlungsalternative *„Verbriefung selbst durchführen und anschließend verkaufen"* von *89.330.059 Euro*.[760] Wird die Liegenschaft ab t=11 vermietet, beläuft sich die Summe der Barwerte der Netto-Jahresmieteinahmen nach Steuern für das Nicht-Immobilienunternehmen auf 77.116.695 Euro.[761] Es wird damit ein Kapitalwert der Alternative *„Verbriefung selbst durchführen und anschließend vermieten"* von *89.105.238 Euro* ermittelt.[762] Die Ergebnisse für diese exemplarische Fallgestaltung sind in der Tabelle 24 zusammengefasst.

Der Kapitalwert im Fall der Veräußerung an eine Immobilien-AG oder ein konzernexternes Immobilien-SPV zu einem Kaufpreis von 264.563.712 Euro ist für die dispositionsabhängige Liegenschaft zwar um ca. 6 Mio. Euro höher als der Wert für die interne Real Estate Securitisation mit einer Schuldverschreibung über 140.000.000 Euro.[763] Bei letzterer Handlungsoption verbleibt das Realvermögen jedoch im Eigentum des Unternehmens. Erst in t=10 muss eine weitere Entscheidung über die Verwertung getroffen werden. Gegebenenfalls kann daran anschließend eine weitere Transaktion durchgeführt werden. Alternativ wird

[758] Vgl. Tabelle A-5.

[759] Vgl. Kapitel III. A. 2. b) zu den dispositionsabhängigen Immobilien.

[760] Berechnung: 124.895.201 Euro Liquiditätszufluss – 112.906.658 Euro Mietausgaben von t=0 bis t=10 nach Steuerersparnis + Barwert des Verkaufserlöses in t=10 77.341.516 Euro = 89.330.059 Euro.

[761] Vgl. zu dieser Berechnung die Ausführungen in Kapitel III. A. 2. b).

[762] Berechnung: 124.895.201 Euro Liquiditätszufluss – 112.906.658 Euro Mietausgaben von t=0 bis t=10 nach Steuerersparnis + Summe der Barwerte der Mieteinnahmen ab t=11 77.116.695 Euro = 89.105.238 Euro.

[763] Ein darüber hinausgehender Kapitalwert ergibt sich bei der Veräußerung an einen REIT. Im Rahmen der weiteren Untersuchung wird darauf jedoch nicht in jedem Einzelfall verwiesen.

der Grundbesitz dann verkauft. Der grundsätzlich geforderten vertraglichen Flexibilität für diesen Immobilienbestand wird damit Rechnung getragen.[764]

Immobilientyp	Halten der Immobilie im Eigentum				Verkauf der Immobilie an Immobilien-AG				
	Vermietung ab t=0		Verkauf in t=10	Vermietung ab t=10	100 % Verkauf				25 % Verkauf
					Keine Rückmietung		Rückmietung bis t=10		
	ohne Effizienzsteigerung	mit Effizienzsteigerung			normale AG	REIT	normale AG	REIT	Rückmietung
Betriebsneutrale Immobilie		169.744.191			207.937.156	229.636.341			
Dispositionsabhängige Immobilie			66.094.889	65.870.068			95.030.498	116.729.683	
Betriebsnotwendige Immobilie	-23.759.652	-15.345.440							-29.142.590

Immobilientyp	Real Estate Securitisation			
	Verkauf an konzern-externes Immobilien-SPV	Verkauf an konzern-internes Immobilien-SPV		
		Vermietung ab t=0	Verkauf in t=10	Vermietung ab t=10
Betriebsneutrale Immobilie	207.937.156			
Dispositionsabhängige Immobilie	95.030.498 (Anleihe 265 Mio.) 12.078.543 (Anleihe 140 Mio.)		89.330.059 (Anleihe 140 Mio.)	89.105.238 (Anleihe 140 Mio.)
Betriebsnotwendige Immobilie		22.267.946		

Tabelle 24: Kapitalwerte der Handlungsalternativen – Teil 7

[764] Vgl. hierzu Kapitel II. C. 1. b).

Aufgrund der Unsicherheiten in Bezug auf potenzielle Anschlussmieter ist bei der Veräußerung von dispositionsabhängigem Grundbesitz ungewiss, welchen Kaufpreis ein konzernexternes Immobilien-SPV zu zahlen bereit ist.[765] Deutlich wird daher, dass die Verbriefung *betriebsnotwendiger und dispositionsabhängiger* Immobilien je nach spezifischer Fallgestaltung möglicherweise ausschließlich über ein *internes Immobilien-SPV* durchführbar ist. Insbesondere erlaubt diese Struktur das Halten des Grundbesitzes im unmittelbaren Konzerneigentum, was für die betriebsnotwendigen Liegenschaften von hoher Bedeutung ist.

Es ist zu analysieren, ob diese Strukturierung auch für die Verwertung *betriebsneutraler* Unternehmensimmobilien eingesetzt werden kann. Für diese Liegenschaften kann prinzipiell eine Anleihe über 264.563.712 Euro mit einer Laufzeit von 24 Jahren begeben werden, die dem Nicht-Immobilienunternehmen einen Kapitalzufluss von 207.937.156 Euro erbringt.[766] Nach dem Ende der Real Estate Securitisation-Transaktion erzielt die konzerninterne Immobilien-Zweckgesellschaft weiterhin Mieteinnahmen, die aus Konzernperspektive dem Nicht-Immobilienmutterunternehmen zuzurechnen sind.[767] Der Barwert der Mieteinnahmen beträgt 30.914.913 Euro.[768] Es ergibt sich damit ein Kapitalwert dieser Handlungsoption von *238.852.069 Euro*.[769] Alternativ kann die Immobilie in t=25 verkauft werden, wobei ein Kaufpreis von 105.698.304 Euro erzielt werden

---

[765] Vgl. hierzu Kapitel III. C. 1. c) (2).

[766] Vgl. hierzu Abbildung 10.

[767] Hierbei wird unterstellt, dass die Immobilie ab t=25 weiterhin durch das Nicht-Immobilienunternehmen vermietet wird.

[768] Die zu Verfügung stehenden Mieteinnahmen von 23.977.800 Euro, die Bewirtschaftungsausgaben von 3.356.892 Euro sowie die Abschreibungen können der Tabelle 20 entnommen werden. Als Steuersatz muss jedoch ab t=25 der für Deutschland geltende von 29,825 % berücksichtigt werden. Damit ergeben sich gemäß Tabelle A-54 für t=25 bis t=33 Netto-Jahresmieteinnahmen nach Steuern in Höhe von 16.837.906 Euro, für t=34 von 15.259.783 Euro und ab t=35 von 14.470.722 Euro. Der Tabelle A-55 sind die Barwerte der Mieteinnahmen zu entnehmen.

[769] 207.937.156 Euro + 30.914.913 Euro = 238.852.069 Euro.

könnte.[770] Der Barwert dieses Kaufpreises beträgt 16.668.553 Euro.[771] Der Kapitalwert dieser Alternative beläuft sich mithin auf *224.605.709 Euro*.[772] Die Kapitalwerte der Handlungsalternativen sind der Tabelle 25 zu entnehmen.

Die Kapitalwerte belegen, dass die Verbriefung betriebsneutraler Immobilien über eine konzerninterne Immobilien-Zweckgesellschaft nach diesem finanzwirtschaftlichen Kriterium für die Modellimmobilie vorteilhafter ist als das Halten im Eigentum oder der Verkauf an eine Immobilien-AG bzw. an ein konzernexternes Immobilien-SPV. Der Grund hierfür ist in diesem exemplarischen Fall, dass das Nicht-Immobilienunternehmen sowohl bei einer Veräußerung des Grundbesitzes wie auch bei der Real Estate Securitisation über ein konzerninternes Immobilien-SPV den gleichen Liquiditätszufluss in t=0 erhält.[773] Bei der selbst durchgeführten Verbriefung erzielt die Gesellschaft jedoch nach der Anleihelaufzeit zusätzlich Mieteinnahmen oder einen Verkaufserlös aus dem Grundbesitz, deren Barwerte in den Kapitalwert eingehen und diesen gegenüber der reinen Veräußerungsalternative in t=0 erhöhen. Somit ist die Handlungsoption der Real Estate Securitisation über ein konzerninternes Immobilien-SPV stets vorteilhafter, wenn zum Entscheidungszeitpunkt der gleiche Kapitalzufluss wie bei der Veräußerung an andere Immobilieninvestoren erfolgt und zusätzlich nach der Anleihelaufzeit weitere Mieteinnahmen oder ein Verkaufserlös erzielt werden.

---

770 Unter der Annahme, dass sich der Reinertrag der baulichen Anlagen (17.971.200 Euro, vgl. Abbildung 9) und der Bodenwert (17.280.000 Mio. Euro, vgl. Abbildung 9) nicht verändert haben, ist lediglich der Vervielfältiger neu zu bestimmen. Dieser beträgt laut Anlage 1 WertV bei sechsjähriger Restnutzungsdauer und einem Liegenschaftszins von 6 % 4,92. Mithin ergibt sich ein Ertragswert der baulichen Anlagen mit 17.971.200 Euro · 4,92 = 88.418.304 Euro, der Verkehrswert mit 105.698.304 Euro (= 88.418.304 Euro (Ertragswert der baulichen Anlagen) + 17.280.000 Euro (Bodenwert)).

771 105.698.304 Euro : $1{,}08^{24}$ = 16.668.553 Euro.

772 207.937.156 Euro + 16.668.553 Euro = 224.605.709 Euro.

773 Für die Beispielrechnung beträgt dieser Liquiditätszufluss 207.937.156 Euro.

Immobilientyp	Halten der Immobilie im Eigentum				Verkauf der Immobilie an Immobilien-AG				
	Vermietung ab t=0		Verkauf in t=10	Vermietung ab t=10	100 % Verkauf				25 % Verkauf
					Keine Rückmietung		Rückmietung bis t=10		Rückmietung
	ohne Effizienzsteigerung	mit Effizienzsteigerung			normale AG	REIT	normale AG	REIT	
Betriebsneutrale Immobilie		169.744.191			207.937.156	229.636.341			
Dispositionsabhängige Immobilie			66.094.889	65.870.068			95.030.498	116.729.683	
Betriebsnotwendige Immobilie	-23.759.652	-15.345.440							-29.142.590

Immobilientyp	Real Estate Securitisation			
	Verkauf an konzernexternes Immobilien-SPV	Verkauf an konzerninternes Immobilien-SPV		
		Vermietung ab t=0	Verkauf in t=10 bzw. t=24	Vermietung ab t=10 bzw. t=24
Betriebsneutrale Immobilie	207.937.156		224.605.709	238.852.069
Dispositionsabhängige Immobilie	95.030.498 (Anleihe 265 Mio.) 12.078.543 (Anleihe 140 Mio.)		89.330.059 (Anleihe 140 Mio.)	89.105.238 (Anleihe 140 Mio.)
Betriebsnotwendige Immobilie		22.267.946		

Tabelle 25: Kapitalwerte der Handlungsalternativen – Teil 8

Grundsätzlich ist die Real Estate Securitisation über ein eigenes Immobilien-SPV für *betriebsneutrale Immobilien nicht in Erwägung* zu ziehen, da das in den Liegenschaften gebundene Kapital rentabler ins Kerngeschäft investiert werden kann.[774] Nur Gesellschaften mit umfangreichem Immobilienvermögen, wie beispielsweise die DAX-Unternehmen, die ein Corporate Real Estate Management einsetzen, kann die Nutzung dieses Finanzinstruments zusätzliche Finanzierungsmöglichkeiten bieten.

c) Ausschöpfung steuerlicher Gestaltungsoptionen

Die Vorteilhaftigkeit der Real Estate Securitisation über ein konzerninternes Immobilien-SPV steigt, wenn die Übertragung der Immobilien grunderwerbsteuerneutral erfolgt. Nach § 5 Abs. 2 GrEStG kann eine *grunderwerbsteuerpflichtige Übertragung vermieden* werden, sofern die Liegenschaften von dem Nicht-Immobilienunternehmen als Alleineigentümer auf eine Gesamthand übergehen. Die Grunderwerbsteuer wird in diesem Fall nicht in der Höhe des Anteils erhoben, zu dem das Nicht-Immobilienunternehmen an der Gesamthand beteiligt ist.[775]

Die Zahlung der Grunderwerbsteuer kann damit durch Gründung einer Immobilien-SPV-Tochtergesellschaft in der Rechtsform der GmbH & Co. KG vermieden werden, sofern das Nicht-Immobilienunternehmen Alleineigentümer der Zweckgesellschaft ist und die Unternehmensanteile fünf Jahre behält.[776] Sowohl die Komplementär-GmbH als auch die Kommanditistenanteile müssen sich bei dieser Konstellation im Eigentum des Nicht-Immobilienunternehmens befinden, wie Abbildung 25 verdeutlicht.

---

774 Vgl. hierzu die Argumentation im Kapitel II. B. 2. a) (1).

775 Knab weist auf die Möglichkeit der Übertragung auf eine inländische Kommanditgesellschaft als Immobilien-SPV hin, an der der Originator selbst beteiligt ist, wobei bei der Übertragung der Immobilien anteilig entsprechend der Beteiligung des Originators die ausgelöste Grunderwerbsteuer entfällt; vgl. Knab (2004), S. 813.

776 Vgl. Lehmann/Danielewsky (2003), S. 64. Zur Frist von fünf Jahren vgl. § 5 Abs. 3 GrEStG.

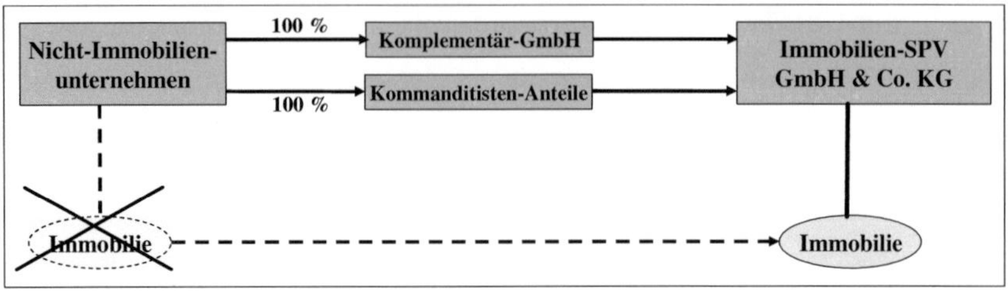

Abbildung 25: Immobilien-SPV-Tochterunternehmen als Personengesellschaft

Zudem kann im Falle der Immobilienveräußerung an eine Immobilien-SPV-Tochtergesellschaft möglicherweise ein *ertragssteuerpflichtiger Veräußerungsgewinn vermieden* werden, wenn der Grundbesitz zu Buchwerten an die Zweckgesellschaft veräußert wird.[777] Diese Gestaltung ist regelmäßig ausschließlich über eine *konzerninterne* Immobilienzweckgesellschaft denkbar. Denn liegt der Marktwert der zu veräußernden Liegenschaften über deren Buchwert, würde das Nicht-Immobilienunternehmen von einem konzernexternen Immobilien-SPV einen marktwertadäquaten Kaufpreis fordern.[778] Ebenso würde die Einbringung des Grundbesitzes in das konzerninterne Immobilien-SPV gegen Gewährung von Gesellschaftsanteilen zwingend zu Buchwerten erfolgen,[779] so dass eine Gewinnrealisierung beim Nicht-Immobilienunternehmen unterbleibt.[780]

---

[777] Es ist im jeweiligen Einzelfall zu prüfen, wie die Steuerbehörden den Verkauf zu Buchwerten beurteilen werden. Zu berücksichtigen ist beispielsweise, dass der Konzern keine steuerliche Organschaft in Anspruch nehmen kann, weil das Immobilien-SPV aufgrund der Rechtsform der Personengesellschaft nicht als Organgesellschaft gilt; vgl. § 14 Abs. 1. S. 1 KStG. Durch die Organschaft könnte das Einkommen der Organgesellschaft (Immobilien-SPV) dem Organträger (Nicht-Immobilienmutterunternehmen) zugerechnet. Zudem ist auch zu analysieren, ob der Tatbestand einer verdeckten Einlage vorliegt.

[778] Beim Verkauf an das konzerninterne Immobilien-SPV wird die Immobilie zum Buchwert von 105.825.486 Euro veräußert, so dass der Immobilienwert beim Nicht-Immobilienunternehmen 0 Euro und beim Immobilien-SPV 105.825.486 Euro beträgt. Für das Nicht-Immobilienunternehmen entsteht hierdurch kein Veräußerungsgewinn.

[779] Vgl. § 6 Abs. 5 Satz 3 EStG. Die Einbringung bewirkt bei dem Nicht-Immobilienunternehmen bilanziell einen Aktivtausch von Immobilie gegen Beteiligung.

[780] Darauf weisen auch Lehmann/Danielewsky (2003), S. 64 hin.

Exemplarisch lassen sich diese Wirkungen für die Modellimmobilie nachvollziehen: Sofern eine Anleihe über 264.563.712 Euro begeben wird, ergibt sich *mit 260.580.256 Euro* ein *höherer Liquiditätszufluss* in t=0 für das Nicht-Immobilienunternehmen, weil keine Grunderwerbsteuer anfällt und der Veräußerungsgewinn nicht besteuert wird. Von dem Emissionsvolumen sind lediglich die Transaktionsausgaben von 3.983.456 Euro zu zahlen.[781] Das Immobilien-SPV refinanziert sich nun über einen Kauf- und Abtretungsvertrag bei der Emissions-Zweckgesellschaft und letztere durch die Begebung der Anleihe am Kapitalmarkt.

Der Kapitalwert für die Alternative der Verwertung *betriebsnotwendiger Immobilien* über ein internes Immobilien-SPV ist aufgrund des höheren Liquiditätszuflusses in t=0 ebenfalls um 52.643.100 Euro[782] höher als der Kapitalwert mit besteuertem Veräußerungsgewinn und zu zahlender Grunderwerbsteuer. Es ergibt sich damit ein *Kapitalwert* der Alternative *„Verbriefung selbst durchführen mit Steueroptimierung"* in Höhe von *74.911.046 Euro*.[783]

Wird für die *dispositionsabhängige Immobilie* eine Anleihe von 140.000.000 Euro begeben, so ergibt sich mit Steueroptimierung mit 137.900.000 Euro[784] ein um 13.004.799[785] Euro höherer Liquiditätszufluss als ohne Ausschöpfung steuerlicher Gestaltungsmöglichkeiten. Der Kapitalwert steigt damit für diese Vari-

---

781 0,015 · 264.563.712 Euro = 3.968.456 Euro.
264.563.712 Euro – 3.968.456 Euro = 260.580.256 Euro.

782 260.580.256 Euro Liquiditätszufluss mit Steueroptimierung – 207.937.156 Euro Liquiditätszufluss ohne Steueroptimierung = 52.643.100 Euro Erhöhung des Kapitalwertes.

783 22.267.946 Euro Kapitalwert ohne Steueroptimierung + 52.643.100 Euro Erhöhung des Kapitalwertes = 74.911.046 Euro Kapitalwert mit Steueroptimierung. Der höhere Liquiditätszufluss von 260.580.256 Euro muss mit den zu leistenden Mietzahlungen von t=1 bis t=24 von 177.161.323 Euro sowie dem Barwert der jährlichen Bewirtschaftungsausgaben ab t=25 für die Weiternutzung von 8.507.887 Euro saldiert werden, so dass sich für die Alternative ein Kapitalwert von 74.911.046 Euro ergibt.

784 140.000.000 Euro – 0,015 · 140.000.000 Euro (Transaktionsausgaben) = 137.900.000 Euro.

785 137.900.000 Euro Liquiditätszufluss mit Steueroptimierung – 124.895.201 Euro Liquiditätszufluss ohne Steueroptimierung = 13.004.799 Euro Erhöhung des Kapitalwertes.

ante bei Verkauf der Modellimmobilie in t=10 auf 102.334.858 Euro[786] bzw. bei Vermietung in t=10 auf 102.110.037 Euro.[787]

Für die *betriebsneutrale Liegenschaft* beläuft sich der Liquiditätszufluss bei der GmbH und & Co. KG als Rechtsform für das Immobilien-SPV-Tochterunternehmen auf 260.580.256 Euro, mithin wird auch hier ein höherer finanzieller Zufluss in Höhe von 52.643.100 Euro erzielt. Der Kapitalwert bei Verkauf in t=24 beläuft sich damit auf 277.248.809 Euro,[788] bei Vermietung ab t=24 auf 291.495.169 Euro.[789]

Einen Überblick über diese Auswertungen bietet Tabelle 26. Basierend auf diesen exemplarischen Berechnungen zeigt sich, dass aufgrund der Ausschöpfung steuerlicher Gestaltungsoptionen die Verwertung über ein konzerninternes Immobilien-SPV deutlich vorteilhafter für das Nicht-Immobilienunternehmen strukturiert werden kann.

---

[786] 89.330.059 Euro Kapitalwert ohne Steueroptimierung + 13.004.799 Euro Erhöhung des Kapitalwertes = 102.334.858 Euro Kapitalwert mit Steueroptimierung.

[787] 89.105.238 Euro Kapitalwert ohne Steueroptimierung + 13.004.799 Euro Erhöhung des Kapitalwertes = 102.110.037 Euro Kapitalwert mit Steueroptimierung.

[788] 224.605.709 Euro Kapitalwert ohne Steueroptimierung + 52.643.100 Euro Erhöhung des Kapitalwertes = 277.248.809 Euro Kapitalwert mit Steueroptimierung.

[789] 238.852.069 Euro Kapitalwert ohne Steueroptimierung + 52.643.100 Euro Erhöhung des Kapitalwertes = 291.495.196 Euro Kapitalwert mit Steueroptimierung.

Immobilientyp	Halten der Immobilie im Eigentum				Verkauf der Immobilie an Immobilien-AG				
	Vermietung ab t=0		Verkauf in t=10	Vermietung ab t=10	100 % Verkauf				25 % Verkauf
					Keine Rückmietung		Rückmietung ab t=10		Rück-mietung
	ohne Effizienz-steigerung	mit Effizienz-steigerung			normale AG	REIT	normale AG	REIT	
Betriebs-neutrale Immobilie		169.744.191			207.937.156	229.636.341			
Dispositions-abhängige Immobilie			66.094.889	65.870.068			95.030.498	116.729.683	
Betriebs-notwendige Immobilie	-23.759.652	-15.345.440							-29.142.590

Immobilientyp	Real Estate Securitisation						
	Verkauf an konzern-externes Immobilien-SPV	Verkauf an konzerninternes Immobilien-SPV					
		Ohne Steueroptimierung			Mit Steueroptimierung		
		Vermietung ab t=0	Verkauf in t=10 bzw. t=24	Vermietung ab t=10 bzw. t=24	Vermietung ab t=0	Verkauf in t=10 bzw. t=24	Vermietung ab t=10 bzw. t=24
Betriebs-neutrale Immobilie	207.937.156		224.605.709	238.852.069		277.248.809	291.495.169
Dispositions-abhängige Immobilie	95.030.498 (Anleihe 265 Mio.) 12.078.543 (Anleihe 140 Mio.)		89.330.059 (Anleihe 140 Mio.)	89.105.238 (Anleihe 140 Mio.)		102.334.858 (Anleihe 140 Mio.)	102.110.037 (Anleihe 140 Mio.)
Betriebs-notwendige Immobilie		22.267.946			74.911.046		

Tabelle 26: Kapitalwerte der Handlungsalternativen – Teil 9

IV. Real Estate Securitisation und Immobilien-AG als Ergänzung traditioneller Verwertungsalternativen

Entscheidungen im Rahmen des Immobilienmanagements von Nicht-Immobilienunternehmen erfordern eine Ausrichtung auf die Steigerung des Shareholder Values. Motiviert durch den umfangreichen Grundbesitz deutscher Gesellschaften, erforderliche Flächenreduktionen aufgrund der Globalisierung und die bislang vernachlässigte Finanzierung von Liegenschaften über den Kapitalmarkt, ist die Fragestellung dieser Untersuchung, ob die Verwertung von Unternehmensimmobilien über die Institutionen Immobilien-AG und Real Estate Securitisation die Steigerung des Shareholder Values bewirken kann.

Die Liegenschaftsverwertung über die Immobilien-AG und die Real Estate Securitisation beeinflusst den Shareholder Value in vielfältiger Weise. Neben dem Free Cashflow wirkt sie auf den Kapitalkostensatz, den Wert des nicht betriebsnotwendigen Vermögens und den Marktwert des Fremdkapitals, folglich auf alle Komponenten, die der Unternehmensbewertung zugrunde liegen.

Eine *Steigerung* des Shareholder Values ist insbesondere auf die Erhöhung der Free Cashflows und/oder die Reduktion des Kapitalkostensatzes zurückzuführen. Da die im Kerngeschäft eines Nicht-Immobilienunternehmens investierten finanziellen Mittel regelmäßig eine höhere Rendite erwirtschaften als das in den Liegenschaften gebundene Kapital, können durch eine Konzentration der Management- und Kapitalressourcen auf die Kernelemente der Unternehmenstätigkeit *mittelbar* höhere Free Cashflows erwirtschaftet werden. Daneben ermöglicht die Senkung von Kosten für die Liegenschaftsbereitstellung *unmittelbar* die Erhöhung der den Kapitalgebern zustehenden Zahlungsströme. Die aus der Immobilienverwertung resultierende Verbesserung der finanzwirtschaftlichen Situation des Unternehmens sowie die Risikoreduktion durch bestimmte Bereitstellungsvarianten für ein Objekt können eine Senkung des Kapitalkostensatzes bewirken.

Da sowohl die Immobilien-AG als auch die Real Estate Securitisation den Shareholder Value durch die Verwertung von Unternehmensliegenschaften steigern können, sind beide in eine diesbezügliche Vorteilhaftigkeitsanalyse einzubeziehen. Als Immobilienintermediäre tragen beide Institutionen jedoch in unterschiedlichem Ausmaß zur Steigerung des Unternehmenswertes bei und begründen damit für das Nicht-Immobilienunternehmen eine unterschiedliche Vorteilhaftigkeit.

Der nicht identische Einfluss auf den Shareholder Value ist darin begründet, dass beide Immobilienintermediäre für die einzelnen Handlungsalternativen unterschiedliche Zahlungsströme für die betrachtete Gesellschaft generieren. Die Höhe und der zeitliche Anfall der Zahlungen werden zum einen von den Eigenschaften der Immobilien-AG und der Real Estate Securitisation selbst beeinflusst, zum anderen aber auch von den Eigenschaften des Grundbesitzes, da nicht jeder Liegenschaftstyp für die Verwertung über beide Institutionen geeignet ist. Gemeinsam ist beiden Institutionen, dass sie ihre Leistungen erbringen, indem sie den durch Unvollkommenheiten geprägten Immobilienmarkt mit dem liquideren Kapitalmarkt über Losgrößen, Fristen-, Risiko- und Informationstransformation verbinden.

Durch den Kapitalwert werden die Wirkungen der verschiedenen Handlungsalternativen in Hinblick auf den Shareholder Value quantifiziert, da zu seiner Ermittlung die zu verschiedenen Zeitpunkten anfallenden Zahlungsströme auf den Entscheidungszeitpunkt umgerechnet werden. Für die Diskontierung der Zahlungen bietet sich der gewogene durchschnittliche Kapitalkostensatz des Unternehmens an, der über die Renditeforderung der Kapitalgeber operationalisiert wird. Dieser stellt zum einen ein Kernelement bei der Ermittlung des Shareholder Values dar. Zum anderen verkörpert dieser gerade den Zinssatz, zu dem die aus den Liegenschaften freigesetzten Mittel im Kerngeschäft des Unternehmens reinvestiert werden.

Die *Immobilien-AG* eignet sich aufgrund ihrer vielfältigen Ausgestaltungsmöglichkeiten sowohl für die Verwertung drittverwendungsfähiger als auch nicht drittverwendungsfähiger, betriebsneutraler und dispositionsabhängiger Immobilien. Durch die Veräußerung an einen REIT als Sonderform der Immobilien-AG kann die verwertende Gesellschaft aufgrund der Exit Tax eine Vergünstigung bei der Besteuerung des Veräußerungsgewinns erzielen. Nachteilig für die Verwertung von Unternehmensimmobilien ist, dass der REIT keine Bestandsmietwohnimmobilien erwerben darf. Aufgrund dessen unterbleibt eine Belebung des Immobilienmarktes für diese Objektkategorie, so dass Nicht-Immobilienunternehmen hierbei nicht von höheren Verkaufspreisen profitieren. Betriebsnotwendige, strategisch relevante Liegenschaften sollten nicht an eine Immobilien-AG veräußert werden, da das Nicht-Immobilienunternehmen seine Verfügungsrechte an diesem Grundbesitz dauerhaft sichern muss.

Die *Real Estate Securitisation* ist ein innovatives Verwertungsinstrument für Unternehmensliegenschaften, das auf der Weiterentwicklung der Asset Backed Securitisation aufbaut. Durch den Verkauf an eine konzern*externe* Immobilien-Zweckgesellschaft können ebenfalls betriebsneutrale und dispositionsabhängige Immobilien verwertet werden. Wie beim Verkauf an die Immobilien-AG erhält das Nicht-Immobilienunternehmen hierbei den Veräußerungspreis. Im Falle dispositionsabhängiger Immobilien mietet die Gesellschaft die Liegenschaften zurück. Die Immobilien-AG und die Immobilien-Zweckgesellschaft erweitern folglich das Spektrum möglicher Investoren für die Unternehmensimmobilien.

Für die Strukturierung der Verbriefungstransaktion ist die Drittverwendungsfähigkeit der Immobilien erforderlich, damit die Liegenschaften bei einem Zahlungsausfall der Mieter weitervermietet oder veräußert werden können, um die Ansprüche der Anleiheinvestoren zu verbriefen. Daneben ist eine Fristenkongruenz von Laufzeit der Real Estate Securitisation-Anleihe und Nutzungsdauer des Objektes durch die Mieter herzustellen. Dies gilt verstärkt, wenn die Bonität der Nutzer der Immobilien schlecht und die Drittverwendungsfähigkeit der Immobilie gering ist.

Die Real Estate Securitisation über eine konzern*interne* Immobilien-Zweckgesellschaft ist für die Verwertung jeglicher Immobilienarten, insbesondere aber für die des betriebs*notwendigen* Grundbesitzes geeignet. Aufgrund des Konzernverbundes mit dem Nicht-Immobilienunternehmen werden potenzielle Nutzungseinschränkungen für die Gesellschaft verhindert und somit der Sicherung der Verfügungsrechte für diesen Immobilientyp Rechnung getragen. Hierdurch ist eine mittelbare Steuerung und Kontrolle der Liegenschaften gewährleistet. Eine derartige Verwertung ist jedoch nur durchführbar, wenn für die Transaktion ein ausreichendes Immobilienvolumen existiert und die Gesellschaft über das erforderliche Know-how, beispielsweise im Rahmen eines Corporate Real Estate Managements, verfügt. Andernfalls sollte auf diese Handlungsalternative verzichtet werden.

Die Konstruktion über ein konzerninternes Immobilien-SPV erlaubt, die Laufzeit der Anleihe an den Zeithorizont der der Real Estate Securitisation zugrunde liegenden Mietverträge anzupassen. Nach Beendigung der Real Estate Securitisation-Transaktion kann über die weitere Verwendung des Grundbesitzes entschieden werden. Hiermit wird beispielsweise der für den dispositionsabhängigen Liegenschaftsbestand erforderlichen vertraglichen Flexibilität Rechnung getragen werden. Die Verbriefung über eine konzerninterne Immobilien-Zweckgesellschaft ermöglicht zudem, dass das Nicht-Immobilienunternehmen nach Rückzahlung der Anleihe mittelbarer Eigentümer des Grundbesitzes ist und nach Beendigung der ersten Transaktion eine weitere durchführen kann.

Im Rahmen der Strukturierung über eine konzerninterne Immobilien-Zweckgesellschaft kann zudem die Höhe des Veräußerungsgewinns beeinflusst und die Zahlung der Grunderwerbsteuer umgangen werden. Durch die Ausschöpfung dieser *steuerlichen Gestaltungsoptionen* wird die Vorteilhaftigkeit der Real Estate Securitisation über ein konzerninternes Immobilien-SPV erhöht.

Es konnte damit nachgewiesen werden, dass die über die Institutionen der Immobilien-AG und der Real Estate Securitisation vorgenommene Liegenschaftsverwertung den Shareholder Value steigern kann. Daher sollten Nicht-Immobilienunternehmen diese beiden Verwertungsalternativen in Entscheidungen im Rahmen des unternehmerischen Immobilienmanagements einbeziehen. Da jede Handlungsoption von verschiedenen Zahlungen geprägt ist, muss letztlich für jede Immobilie im Einzelfall geprüft werden, welche Verwertungsvariante am vorteilhaftesten ist.

Anhang

Name des Unternehmens	Zur Veräußerung gehaltene Liegenschaften (Buchwert in Mio. Euro)
adidas AG	40,0
Allianz SE	1.950,0
Daimler AG	920,0
Deutsche Post AG	18,0
Deutsche Telekom AG	462,0
Metro AG	200,0
Gesamt	**3.590,0**

Tabelle A-1: Zur Veräußerung gehaltene Liegenschaften der DAX-Unternehmen[790]

Name des Unternehmens	Als Finanzinvestition gehaltene Immobilien (Buchwert in Mio. Euro)
Commerzbank AG	266,0
Deutsche Lufthansa AG	3,0
Deutsche Post AG	187,0
Deutsche Postbank AG	73,0
Hypo Real Estate Holding AG	26,0
MAN AG	37,0
Metro AG	116,0
RWE AG	153,0
ThyssenKrupp AG	389,0
TUI AG	90,5
Volkswagen AG	152,0
Gesamt	**1.492,5**

Tabelle A-2: Als Finanzinvestition gehaltene Immobilien der DAX-Unternehmen[791]

[790] Eigene Recherche auf Basis der Konzerngeschäftsberichte 2007. Stand der DAX-Zusammensetzung 21. Juli 2008.

[791] Eigene Recherche auf Basis der Konzerngeschäftsberichte 2007. Stand der DAX-Zusammensetzung 21. Juli 2008.

Name des Unternehmens	Grundstücke und Gebäude (Buchwert in Mio. Euro)	Finanzierungs-leasing der Liegenschaften (Buchwert in Mio. Euro)	Anteil des Immobilien-vermögens, das durch Finanzierungs-leasing bereitgestellt wird in %
BASF AG	2.998,6	18,3	0,61
Bayer AG	3.422,0	77,0	2,25
BMW AG	3.945,0	60,0	1,52
Continental AG	1.633,3	49,0	3,00
Deutsche Bank AG	981,0	97,0	9,89
Deutsche Lufthansa AG	1.073,0	106,0	9,88
Deutsche Post AG	4.685,0	52,0	1,11
Deutsche Telekom AG	9.329,0	1.207,0	12,94
E.ON AG	8.560,0	2,0	0,02
Volkswagen AG	6.879,0	197,0	2,86
Gesamt		**1.865,3**	

Tabelle A-3: Finanzierungsleasing von Immobilien in DAX-Unternehmen[792]

792 Eigene Recherche auf Basis der Konzerngeschäftsberichte 2007. Stand der DAX-Zusammensetzung 21. Juli 2008.

	t=1	t=2	t=3	t=4	t=5
Konforme Netto-Jahresmieteinnahme nach Steuern in Euro	13.804.228	13.804.228	13.804.228	13.804.228	13.804.228
Barwert der konformen Netto-Jahresmieteinnahme nach Steuern in Euro	12.781.693	11.834.901	10.958.241	10.146.520	9.394.926

	t=6	t=7	t=8	t=9	t=10
Konforme Netto-Jahresmieteinnahme nach Steuern in Euro	13.804.228	13.804.228	13.804.228	13.804.228	13.804.228
Barwert der konformen Netto-Jahresmieteinnahme nach Steuern in Euro	8.699.005	8.054.635	7.457.995	6.905.551	6.394.029

	t=11	t=12	t=13	t=14	t=15
Konforme Netto-Jahresmieteinnahme nach Steuern in Euro	13.804.228	13.804.228	13.804.228	13.804.228	13.804.228
Barwert der konformen Netto-Jahresmieteinnahme nach Steuern in Euro	5.920.397	5.481.849	5.075.786	4.699.802	4.351.668

	t=16	t=17	t=18	t=19	t=20
Konforme Netto-Jahresmieteinnahme nach Steuern in Euro	13.804.228	13.804.228	13.804.228	13.804.228	13.804.228
Barwert der konformen Netto-Jahresmieteinnahme nach Steuern in Euro	4.029.323	3.730.854	3.454.495	3.198.606	2.961.672

	t=21	t=22	t=23	t=24	t=25
Konforme Netto-Jahresmieteinnahme nach Steuern in Euro	13.804.228	13.804.228	13.804.228	12.902.444	12.451.552
Barwert der konformen Netto-Jahresmieteinnahme nach Steuern in Euro	2.742.289	2.539.157	2.351.071	2.034.707	1.818.149

	t=26	t=27	t=28	t=29	t=30
Konforme Netto-Jahresmieteinnahme nach Steuern in Euro	12.451.552	12.451.552	12.451.552	12.451.552	12.451.552
Barwert der konformen Netto-Jahresmieteinnahme nach Steuern in Euro	1.683.472	1.558.770	1.443.306	1.336.394	1.237.402

Tabelle A-4: Barwerte der konformen Netto-Jahresmieteinnahmen nach Steuern

Summe der Barwerte der konformen Netto-Jahresmieteinnahmen von t=1 bis t=24: 145.199.172 Euro.[793]

Berechnung der ewigen Rente ab t=25:

12.451.552 Euro : 0,08 = 155.644.400 Euro

793 Die in der Tabelle A-4 und den folgenden Tabellen ausgewiesenen Werte sind jeweils auf volle Euro gerundet. Bei der Berechnung der Barwerte wurden jeweils die Nachkommastellen der Mieteinnahmen bzw. -ausgaben berücksichtigt.

Barwert der ewigen Rente ab t=25:

$$155.644.400 \text{ Euro} : 1{,}08^{24} = 24.545.019 \text{ Euro}$$

Summe aus Barwert der ewigen Rente und den Barwerten der konformen Netto-Jahresmieteinnahmen von t=1 bis t=24:

$$24.545.019 \text{ Euro} + 145.199.172 \text{ Euro} = 169.744.191 \text{ Euro}$$

Summe der Barwerte der konformen Netto-Jahresmieteinnahmen von t=1 bis t=30: 154.276.664 Euro

Summe der Barwerte der konformen Netto-Jahresmieteinnahmen von t=11 bis t=24: 52.571.676 Euro

Summe der Barwerte der konformen Netto-Jahresmieteinnahmen von t=4 bis t=24: 109.624.337 Euro

	t=1	t=2	t=3	t=4	t=5
Jährliche Mietausgaben nach Steuerersparnis	16.826.421	16.826.421	16.826.421	16.826.421	16.826.421
Barwert der jährlichen Mietausgaben nach Steuerersparnis	15.580.020	14.425.944	13.357.356	12.367.922	11.451.780

	t=6	t=7	t=8	t=9	t=10
Jährliche Mietausgaben nach Steuerersparnis	16.826.421	16.826.421	16.826.421	16.826.421	16.826.421
Barwert der jährlichen Mietausgaben nach Steuerersparnis	10.603.500	9.818.055	9.090.792	8.417.400	7.793.889

	t=11	t=12	t=13	t=14	t=15
Jährliche Mietausgaben nach Steuerersparnis	16.826.421	16.826.421	16.826.421	16.826.421	16.826.421
Barwert der jährlichen Mietausgaben nach Steuerersparnis	7.216.564	6.682.003	6.187.040	5.728.741	5.304.390

	t=16	t=17	t=18	t=19	t=20
Jährliche Mietausgaben nach Steuerersparnis	16.826.421	16.826.421	16.826.421	16.826.421	16.826.421
Barwert der jährlichen Mietausgaben nach Steuerersparnis	4.911.472	4.547.659	4.210.796	3.898.885	3.610.078

	t=21	t=22	t=23	t=24	t=25
Jährliche Mietausgaben nach Steuerersparnis	16.826.421	16.826.421	16.826.421	16.826.421	16.826.421
Barwert der jährlichen Mietausgaben nach Steuerersparnis	3.342.665	3.095.060	2.865.797	2.653.515	2.456.959

	t=26	t=27	t=28	t=29	t=30
Jährliche Mietausgaben nach Steuerersparnis	16.826.421	16.826.421	16.826.421	16.826.421	16.826.421
Barwert der jährlichen Mietausgaben nach Steuerersparnis	2.274.962	2.106.446	1.950.413	1.805.938	1.672.165

Tabelle A-5: Barwerte der jährlichen Mietausgaben nach Steuerersparnis

Summe der Barwerte der jährlichen Mietausgaben nach Steuerersparnis von t=1 bis t=3: 43.363.320 Euro

Summe der Barwerte der jährlichen Mietausgaben nach Steuerersparnis von t=1 bis t=10: 112.906.658 Euro

Summe der Barwerte der jährlichen Mietausgaben nach Steuerersparnis von t=1 bis t=24: 177.161.323 Euro

	t=1	t=2	t=3	t=4	t=5
Jährliche Bewirtschaftungsausgaben nach Steuerersparnis in Euro	1.676.079	1.676.079	1.676.079	1.676.079	1.676.079
Barwert der jährlichen Bewirtschaftungsausgaben nach Steuerersparnis in Euro	1.551.925	1.436.968	1.330.526	1.231.968	1.140.711

	t=6	t=7	t=8	t=9	t=10
Jährliche Bewirtschaftungsausgaben nach Steuerersparnis in Euro	1.676.079	1.676.079	1.676.079	1.676.079	1.676.079
Barwert der jährlichen Bewirtschaftungsausgaben nach Steuerersparnis in Euro	1.056.214	977.976	905.533	838.457	776.349

	t=11	t=12	t=13	t=14	t=15
Jährliche Bewirtschaftungsausgaben nach Steuerersparnis in Euro	1.676.079	1.676.079	1.676.079	1.676.079	1.676.079
Barwert der jährlichen Bewirtschaftungsausgaben nach Steuerersparnis in Euro	718.842	665.594	616.291	570.640	528.370

	t=16	t=17	t=18	t=19	t=20
Jährliche Bewirtschaftungsausgaben nach Steuerersparnis in Euro	1.676.079	1.676.079	1.676.079	1.676.079	1.676.079
Barwert der jährlichen Bewirtschaftungsausgaben nach Steuerersparnis in Euro	489.231	452.992	419.437	388.368	359.600

	t=21	t=22	t=23	t=24	t=25
Jährliche Bewirtschaftungsausgaben nach Steuerersparnis in Euro	1.676.079	1.676.079	1.676.079	2.577.864	3.028.756
Barwert der jährlichen Bewirtschaftungsausgaben nach Steuerersparnis in Euro	332.963	308.299	285.462	406.527	442.253

	t=26	t=27	t=28	t=29	t=30
Jährliche Bewirtschaftungsausgaben nach Steuerersparnis in Euro	3.028.756	3.028.756	3.028.756	3.028.756	3.028.756
Barwert der jährlichen Bewirtschaftungsausgaben nach Steuerersparnis in Euro	409.493	379.160	351.074	325.069	300.990

Tabelle A-6: Barwerte der jährlichen Bewirtschaftungsausgaben nach Steuerersparnis

Summe der Barwerte der jährlichen Bewirtschaftungsausgaben nach Steuerersparnis von t=1 bis t=3: 4.319.419 Euro

Summe der Barwerte der jährlichen Bewirtschaftungsausgaben nach Steuerersparnis von t=1 bis t=10: 11.246.627 Euro

Summe der Barwerte der jährlichen Bewirtschaftungsausgaben nach Steuerersparnis von t=1 bis t=24: 17.789.242 Euro

Berechnung der ewigen Rente ab t=25: 3.028.756 Euro : 0,08 = 37.859.450 Euro

Barwert der ewigen Rente ab t=25: 37.859.450 Euro : $1{,}08^{24}$ = 5.970.410 Euro

	t=1	t=2	t=3	t=4	t=5
Jährliche Bewirtschaftungsausgaben nach Steuerersparnis in Euro	1.003.022	1.003.022	1.003.022	1.003.022	1.003.022
Barwert der jährlichen Bewirtschaftungsausgaben nach Steuerersparnis in Euro	928.724	859.930	796.231	737.251	682.640

	t=6	t=7	t=8	t=9	t=10
Jährliche Bewirtschaftungsausgaben nach Steuerersparnis in Euro	1.003.022	1.003.022	1.003.022	1.003.022	1.003.022
Barwert der jährlichen Bewirtschaftungsausgaben nach Steuerersparnis in Euro	632.074	585.254	541.902	501.761	464.593

	t=11	t=12	t=13	t=14	t=15
Jährliche Bewirtschaftungsausgaben nach Steuerersparnis in Euro	1.003.022	1.003.022	1.003.022	1.003.022	1.003.022
Barwert der jährlichen Bewirtschaftungsausgaben nach Steuerersparnis in Euro	430.179	398.314	368.809	341.490	316.194

	t=16	t=17	t=18	t=19	t=20
Jährliche Bewirtschaftungsausgaben nach Steuerersparnis in Euro	1.003.022	1.003.022	1.003.022	1.003.022	1.003.022
Barwert der jährlichen Bewirtschaftungsausgaben nach Steuerersparnis in Euro	292.773	271.086	251.005	232.412	215.197

	t=21	t=22	t=23	t=24	t=25
Jährliche Bewirtschaftungsausgaben nach Steuerersparnis in Euro	1.003.022	1.003.022	1.003.022	1.904.807	2.355.699
Barwert der jährlichen Bewirtschaftungsausgaben nach Steuerersparnis in Euro	199.256	184.496	170.830	300.387	343.974

	t=26	t=27	t=28	t=29	t=30
Jährliche Bewirtschaftungsausgaben nach Steuerersparnis in Euro	2.355.699	2.355.699	2.355.699	2.355.699	2.355.699
Barwert der jährlichen Bewirtschaftungsausgaben nach Steuerersparnis in Euro	318.495	294.902	273.058	252.831	234.103

Tabelle A-7: Barwerte der jährlichen Bewirtschaftungsausgaben nach Steuerersparnis bei Effizienzsteigerung

Summe der Barwerte der jährlichen Bewirtschaftungsausgaben nach Steuerersparnis von t=1 bis t=24: 10.702.788 Euro

Berechnung der ewigen Rente ab t=25:

2.355.699 Euro : 0,08 = 29.446.238 Euro

Barwert der ewigen Rente:

29.446.238 Euro : $1{,}08^{24}$ = 4.643.652 Euro

	t=1	t=2	t=3	t=4	t=5
Jährliche Mietzahlung an die Immobilien-AG nach Steuerersparnis in Euro	-16.826.421	-16.826.421	-16.826.421	-16.826.421	-16.826.421
Jährlicher Gewinnanteil aus der Immobilien-AG in Euro	11.184.602	11.184.602	11.184.602	11.184.602	11.184.602
Saldo aus Aus- und Einzahlung in Euro	-5.641.819	-5.641.819	-5.641.819	-5.641.819	-5.641.819
Barwert des Saldos aus Aus- und Einzahlung in Euro	-5.223.907	-4.836.951	-4.478.658	-4.146.905	-3.839.727

	t=6	t=7	t=8	t=9	t=10
Jährliche Mietzahlung an die Immobilien-AG nach Steuerersparnis in Euro	-16.826.421	-16.826.421	-16.826.421	-16.826.421	-16.826.421
Jährlicher Gewinn aus der Immobilien-AG in Euro	11.184.602	11.184.602	11.184.602	11.184.602	11.184.602
Saldo aus Aus- und Einzahlung in Euro	-5.641.819	-5.641.819	-5.641.819	-5.641.819	-5.641.819
Barwert des Saldos aus Aus- und Einzahlung in Euro	-3.555.303	-3.291.947	-3.048.099	-2.822.314	-2.613.254

	t=11	t=12	t=13	t=14	t=15
Jährliche Mietzahlung an die Immobilien-AG nach Steuerersparnis in Euro	-16.826.421	-16.826.421	-16.826.421	-16.826.421	-16.826.421
Jährlicher Gewinn aus der Immobilien-AG in Euro	11.184.602	11.184.602	11.184.602	11.184.602	11.184.602
Saldo aus Aus- und Einzahlung in Euro	-5.641.819	-5.641.819	-5.641.819	-5.641.819	-5.641.819
Barwert des Saldos aus Aus- und Einzahlung in Euro	-2.419.680	-2.240.444	-2.074.485	-1.920.820	-1.778.537

	t=16	t=17	t=18	t=19	t=20
Jährliche Mietzahlung an die Immobilien-AG nach Steuerersparnis in Euro	-16.826.421	-16.826.421	-16.826.421	-16.826.421	-16.826.421
Jährlicher Gewinn aus der Immobilien-AG in Euro	11.184.602	11.184.602	11.184.602	11.184.602	11.184.602
Saldo aus Aus- und Einzahlung in Euro	-5.641.819	-5.641.819	-5.641.819	-5.641.819	-5.641.819
Barwert des Saldos aus Aus- und Einzahlung in Euro	-1.646.793	-1.524.809	-1.411.860	-1.307.278	-1.210.442

	t=21	t=22	t=23	t=24	t=25
Jährliche Mietzahlung an die Immobilien-AG nach Steuerersparnis in Euro	-16.826.421	-16.826.421	-16.826.421	-16.826.421	-16.826.421
Jährlicher Gewinn aus der Immobilien-AG in Euro	11.184.602	11.184.602	11.184.602	11.184.602	11.184.602
Saldo aus Aus- und Einzahlung in Euro	-5.641.819	-5.641.819	-5.641.819	-5.641.819	-5.641.819
Barwert des Saldos aus Aus- und Einzahlung in Euro	-1.120.780	-1.037.759	-960.888	-889.711	-823.807

	t=26	t=27	t=28	t=29	t=30
Jährliche Mietzahlung an die Immobilien-AG nach Steuerersparnis in Euro	-16.826.421	-16.826.421	-16.826.421	-16.826.421	-16.826.421
Jährlicher Gewinn aus der Immobilien-AG in Euro	11.184.602	11.184.602	11.184.602	11.184.602	11.184.602
Saldo aus Aus- und Einzahlung in Euro	-5.641.819	-5.641.819	-5.641.819	-5.641.819	-5.641.819
Barwert des Saldos aus Aus- und Einzahlung in Euro	-762.784	-706.281	-653.964	-605.522	-560.669

	t=31	t=32	t=33	t=34	t=35
Jährliche Mietzahlung an die Immobilien-AG nach Steuerersparnis in Euro	-16.826.421	-16.826.421	-16.826.421	-16.826.421	-16.826.421
Jährlicher Gewinn aus der Immobilien-AG in Euro	11.184.602	11.184.602	11.184.602	10.711.166	10.474.448
Saldo aus Aus- und Einzahlung in Euro	-5.641.819	-5.641.819	-5.641.819	-6.115.255	-6.351.973
Barwert des Saldos aus Aus- und Einzahlung in Euro	-519.138	-480.683	-445.077	-446.691	-429.613

Tabelle A-8: Barwerte der Ein- und Auszahlungen bei Immobilien-AG als Tochterunternehmen und externen Investoren

Summe der Barwerte der Salden aus Aus- und Einzahlung von t=1 bis t=34:

-65.405.967 Euro

Berechnung der ewigen Rente ab t=35:

-6.351.973 Euro : 0,08 = -79.399.663 Euro

Barwert der ewigen Rente:

-79.399.663 Euro : $1{,}08^{34}$ = -5.799.773 Euro

Summe aus Barwert der ewigen Rente und Barwerten der konformen Netto-Jahresmieteinnahmen:

(-65.405.967 Euro) + (-5.799.773 Euro) = -71.205.740 Euro

Entwicklung des Reservekontostands	t=1	t=2	t=3	t=4	t=5
Zuführung zum Reservekonto in Euro	959.112	959.112	959.112	959.112	959.112
Zinsertrag auf Reservekontostand des Vorjahres in Euro (2 % p.a.)	0	19.182	38.748	58.705	79.062
Reservekontostand inkl. Zinsen in Euro	**959.112**	**1.937.406**	**2.935.266**	**3.953.084**	**4.991.257**

Entwicklung des Reservekontostands	t=6	t=7	t=8	t=9	t=10
Zuführung zum Reservekonto in Euro	959.112	959.112	959.112	959.112	959.112
Zinsertrag auf Reservekontostand des Vorjahres in Euro (2 % p.a.)	99.825	121.004	142.606	164.641	187.116
Reservekontostand inkl. Zinsen in Euro	**6.050.195**	**7.130.310**	**8.232.029**	**9.355.781**	**10.502.009**

Entwicklung des Reservekontostands	t=11	t=12	t=13	t=14	t=15
Zuführung zum Reservekonto in Euro	959.112	959.112	959.112	959.112	959.112
Zinsertrag auf Reservekontostand des Vorjahres in Euro (2 % p.a.)	210.040	233.423	257.274	281.602	306.416
Reservekontostand inkl. Zinsen in Euro	**11.671.161**	**12.863.696**	**14.080.082**	**15.320.796**	**16.586.324**

Entwicklung des Reservekontostands	t=16	t=17	t=18	t=19	t=20
Zuführung zum Reservekonto in Euro	959.112	959.112	959.112	959.112	959.112
Zinsertrag auf Reservekontostand des Vorjahres in Euro (2 % p.a.)	331.726	357.543	383.876	410.736	438.133
Reservekontostand inkl. Zinsen in Euro	**17.877.162**	**19.193.817**	**20.536.806**	**21.906.654**	**23.303.899**

Entwicklung des Reservekontostands	t=21	t=22	t=23	t=24	t=25
Zuführung zum Reservekonto in Euro	959.112	959.112	959.112	959.112	959.112
Zinsertrag auf Reservekontostand des Vorjahres in Euro (2 % p.a.)	466.078	494.582	523.656	553.311	583.559
Reservekontostand inkl. Zinsen in Euro	**24.729.089**	**26.182.783**	**27.665.550**	**29.177.973**	**30.720.645**

Entwicklung des Reservekontostands	t=26	t=27	t=28	t=29	t=30
Zuführung zum Reservekonto in Euro	959.112	959.112	959.112	959.112	959.112
Zinsertrag auf Reservekontostand des Vorjahres in Euro (2 % p.a.)	614.413	645.883	677.983	710.725	744.122
Reservekontostand inkl. Zinsen in Euro	**32.294.170**	**33.899.165**	**35.536.260**	**37.206.098**	**38.909.332**

Entwicklung des Reservekontostands	t=31	t=32	t=33	t=34	t=35
Zuführung zum Reservekonto in Euro	959.112	959.112	959.112	959.112	959.112
Zinsertrag auf Reservekontostand des Vorjahres in Euro (2 % p.a.)	778.187	812.933	848.373	884.523	921.396
Reservekontostand inkl. Zinsen in Euro	**40.646.630**	**42.418.675**	**44.226.160**	**46.069.796**	**47.950.303**

Entwicklung des Reservekontostands	t=36	t=37	t=38	t=39	t=40
Zuführung zum Reservekonto in Euro	959.112	959.112	959.112	959.112	959.112
Zinsertrag auf Reservekontostand des Vorjahres in Euro (2 % p.a.)	959.006	997.368	1.036.498	1.076.410	1.117.121
Reservekontostand inkl. Zinsen in Euro	**49.868.422**	**51.824.902**	**53.820.512**	**55.856.034**	**57.932.267**

Entwicklung des Reservekontostands	t=41	t=42	t=43	t=44	t=45
Zuführung zum Reservekonto in Euro	959.112	959.112	959.112	959.112	959.112
Zinsertrag auf Reservekontostand des Vorjahres in Euro (2 % p.a.)	1.158.645	1.201.000	1.244.203	1.288.269	1.333.217
Reservekontostand inkl. Zinsen in Euro	**60.050.024**	**62.210.137**	**64.413.451**	**66.660.832**	**68.953.161**

Tabelle A-9: Entwicklung des Reservekontostands (Teil 1)

Entwicklung des Reservekontostands	t=46	t=47	t=48	t=49	t=50
Zuführung zum Reservekonto in Euro	959.112	959.112	959.112	959.112	959.112
Zinsertrag auf Reservekontostand des Vorjahres in Euro (2 % p.a.)	1.379.063	1.425.827	1.473.526	1.522.178	1.571.804
Reservekontostand inkl. Zinsen in Euro	71.291.336	73.676.275	76.108.913	78.590.203	81.121.119

Entwicklung des Reservekontostands	t=51	t=52	t=53	t=54	t=55
Zuführung zum Reservekonto in Euro	959.112	959.112	959.112	959.112	959.112
Zinsertrag auf Reservekontostand des Vorjahres in Euro (2 % p.a.)	1.622.422	1.674.053	1.726.716	1.780.433	1.835.224
Reservekontostand inkl. Zinsen in Euro	83.702.653	86.335.818	89.021.647	91.761.192	94.555.527

Entwicklung des Reservekontostands	t=56	t=57	t=58	t=59	t=60
Zuführung zum Reservekonto in Euro	959.112	959.112	959.112	959.112	959.112
Zinsertrag auf Reservekontostand des Vorjahres in Euro (2 % p.a.)	1.891.111	1.948.115	2.006.260	2.065.567	2.126.061
Reservekontostand inkl. Zinsen in Euro	97.405.750	100.312.977	103.278.349	106.303.028	109.388.200

Entwicklung des Reservekontostands	t=61	t=62	t=63	t=64	t=65
Zuführung zum Reservekonto in Euro	959.112	959.112	959.112	959.112	959.112
Zinsertrag auf Reservekontostand des Vorjahres in Euro (2 % p.a.)	2.187.764	2.250.702	2.314.898	2.380.378	2.447.168
Reservekontostand inkl. Zinsen in Euro	112.535.076	115.744.890	119.018.899	122.358.389	125.764.669

Entwicklung des Reservekontostands	t=66	t=67	t=68	t=69	t=70
Zuführung zum Reservekonto in Euro	959.112	959.112	959.112	959.112	959.112
Zinsertrag auf Reservekontostand des Vorjahres in Euro (2 % p.a.)	2.515.293	2.584.781	2.655.659	2.727.955	2.801.696
Reservekontostand inkl. Zinsen in Euro	129.239.075	132.782.968	136.397.739	140.084.806	143.845.614

Entwicklung des Reservekontostands	t=71	t=72	t=73	t=74	t=75
Zuführung zum Reservekonto in Euro	959.112	959.112	959.112	959.112	959.112
Zinsertrag auf Reservekontostand des Vorjahres in Euro (2 % p.a.)	2.876.912	2.953.633	3.031.888	3.111.708	3.193.124
Reservekontostand inkl. Zinsen in Euro	147.681.639	151.594.383	155.585.383	159.656.203	163.808.439

Entwicklung des Reservekontostands	t=76	t=77	t=78	t=79	t=80
Zuführung zum Reservekonto in Euro	959.112	959.112	959.112	959.112	959.112
Zinsertrag auf Reservekontostand des Vorjahres in Euro (2 % p.a.)	3.276.169	3.360.874	3.447.274	3.535.402	3.625.292
Reservekontostand inkl. Zinsen in Euro	168.043.720	172.363.706	176.770.092	181.264.606	185.849.010

Entwicklung des Reservekontostands	t=81	t=82	t=83	t=84	t=85
Zuführung zum Reservekonto in Euro	959.112	959.112	959.112	959.112	959.112
Zinsertrag auf Reservekontostand des Vorjahres in Euro (2 % p.a.)	3.716.980	3.810.502	3.905.894	4.003.194	4.102.441
Reservekontostand inkl. Zinsen in Euro	190.525.102	195.294.716	200.159.723	205.122.029	210.183.582

Entwicklung des Reservekontostands	t=86	t=87	t=88	t=89	t=90
Zuführung zum Reservekonto in Euro	959.112	959.112	959.112	959.112	959.112
Zinsertrag auf Reservekontostand des Vorjahres in Euro (2 % p.a.)	4.203.672	4.306.927	4.412.248	4.519.675	4.629.251
Reservekontostand inkl. Zinsen in Euro	215.346.365	220.612.405	225.983.765	231.462.552	237.050.915

Entwicklung des Reservekontostands	t=91	t=92	t=93	t=94	t=95
Zuführung zum Reservekonto in Euro	959.112	959.112	959.112	959.112	959.112
Zinsertrag auf Reservekontostand des Vorjahres in Euro (2 % p.a.)	4.741.018	4.855.021	4.971.304	5.089.912	5.210.892
Reservekontostand inkl. Zinsen in Euro	242.751.045	248.565.178	254.495.594	260.544.618	266.714.622

Tabelle A-10: Entwicklung des Reservekontostands (Teil 2)

Tranche 1	t=1	t=2	t=3	t=4	t=5
Restschuld vor Tilgung in Euro	158.738.227	156.003.191	152.066.446	147.954.516	143.659.605
Kapitaldienst in Euro	9.798.887	10.878.887	10.878.887	10.878.887	10.878.887
Zinsaufwand in Euro	7.063.851	6.942.142	6.766.957	6.583.976	6.392.852
Tilgung in Euro	2.735.036	3.936.745	4.111.930	4.294.911	4.486.035
Restschuld nach Tilgung in Euro	156.003.191	152.066.446	147.954.516	143.659.605	139.173.571
Gesamte erfolgte Tilgung in Euro	2.735.036	6.671.781	10.783.711	15.078.622	19.564.657

Tranche 1	t=6	t=7	t=8	t=9	t=10
Restschuld vor Tilgung in Euro	139.173.571	134.487.908	129.593.733	124.481.767	119.142.318
Kapitaldienst in Euro	10.878.887	10.878.887	10.878.887	10.878.887	10.878.887
Zinsaufwand in Euro	6.193.224	5.984.712	5.766.921	5.539.439	5.301.833
Tilgung in Euro	4.685.663	4.894.175	5.111.966	5.339.448	5.577.054
Restschuld nach Tilgung in Euro	134.487.908	129.593.733	124.481.767	119.142.318	113.565.264
Gesamte erfolgte Tilgung in Euro	24.250.320	29.144.495	34.256.461	39.595.909	45.172.963

Tranche 1	t=11	t=12	t=13	t=14	t=15
Restschuld vor Tilgung in Euro	113.565.264	107.740.032	101.655.576	95.300.362	88.662.341
Kapitaldienst in Euro	10.878.887	10.878.887	10.878.887	10.878.887	10.878.887
Zinsaufwand in Euro	5.053.654	4.794.431	4.523.673	4.240.866	3.945.474
Tilgung in Euro	5.825.233	6.084.456	6.355.214	6.638.021	6.933.413
Restschuld nach Tilgung in Euro	107.740.032	101.655.576	95.300.362	88.662.341	81.728.929
Gesamte erfolgte Tilgung in Euro	50.998.195	57.082.651	63.437.865	70.075.886	77.009.299

Tranche 1	t=16	t=17	t=18	t=19	t=20
Restschuld vor Tilgung in Euro	81.728.929	74.486.979	66.922.763	59.021.939	50.769.528
Kapitaldienst in Euro	10.878.887	10.878.887	10.878.887	10.878.887	10.878.887
Zinsaufwand in Euro	3.636.937	3.314.671	2.978.063	2.626.476	2.259.244
Tilgung in Euro	7.241.950	7.564.216	7.900.824	8.252.411	8.619.643
Restschuld nach Tilgung in Euro	74.486.979	66.922.763	59.021.939	50.769.528	42.149.885
Gesamte erfolgte Tilgung in Euro	84.251.248	91.815.465	99.716.289	107.968.699	116.588.342

Tranche 1	t=21	t=22	t=23	t=24	t=25
Restschuld vor Tilgung in Euro	42.149.885	33.146.668	23.742.808	13.920.475	3.661.050
Kapitaldienst in Euro	10.878.887	10.878.887	10.878.887	10.878.887	10.878.887
Zinsaufwand in Euro	1.875.670	1.475.027	1.056.555	619.461	162.917
Tilgung in Euro	9.003.217	9.403.860	9.822.332	10.259.426	3.661.050
Restschuld nach Tilgung in Euro (bzw. Überschuss nach Tilgung bei negativem Vorzeichen)	33.146.668	23.742.808	13.920.475	3.661.050	-7.054.920
Gesamte erfolgte Tilgung in Euro	125.591.559	134.995.420	144.817.752	155.077.178	158.738.227

Tabelle A-11: Tilgungsplan Tranche 1 bei 10 % Steuersatz

Tranche 2	t=1	t=2	t=3	t=4	t=5
Restschuld vor Tilgung in Euro	79.369.114	78.120.649	76.274.756	74.343.951	72.324.329
Kapitaldienst in Euro	4.899.443	5.439.443	5.439.443	5.439.443	5.439.443
Zinsaufwand in Euro	3.650.979	3.593.550	3.508.639	3.419.822	3.326.919
Tilgung in Euro	1.248.464	1.845.894	1.930.805	2.019.622	2.112.524
Restschuld nach Tilgung in Euro	78.120.649	76.274.756	74.343.951	72.324.329	70.211.805
Gesamte erfolgte Tilgung in Euro	1.248.464	3.094.358	5.025.163	7.044.784	9.157.309

Tranche 2	t=6	t=7	t=8	t=9	t=10
Restschuld vor Tilgung in Euro	70.211.805	68.002.104	65.690.758	63.273.089	60.744.208
Kapitaldienst in Euro	5.439.443	5.439.443	5.439.443	5.439.443	5.439.443
Zinsaufwand in Euro	3.229.743	3.128.097	3.021.775	2.910.562	2.794.234
Tilgung in Euro	2.209.700	2.311.347	2.417.669	2.528.881	2.645.210
Restschuld nach Tilgung in Euro	68.002.104	65.690.758	63.273.089	60.744.208	58.098.998
Gesamte erfolgte Tilgung in Euro	11.367.009	13.678.356	16.096.024	18.624.906	21.270.116

Tranche 2	t=11	t=12	t=13	t=14	t=15
Restschuld vor Tilgung in Euro	58.098.998	55.332.108	52.437.942	49.410.644	46.244.090
Kapitaldienst in Euro	5.439.443	5.439.443	5.439.443	5.439.443	5.439.443
Zinsaufwand in Euro	2.672.554	2.545.277	2.412.145	2.272.890	2.127.228
Tilgung in Euro	2.766.890	2.894.167	3.027.298	3.166.554	3.312.215
Restschuld nach Tilgung in Euro	55.332.108	52.437.942	49.410.644	46.244.090	42.931.874
Gesamte erfolgte Tilgung in Euro	24.037.005	26.931.172	29.958.470	33.125.024	36.437.239

Tranche 2	t=16	t=17	t=18	t=19	t=20
Restschuld vor Tilgung in Euro	42.931.874	39.467.297	35.843.349	32.052.700	28.087.680
Kapitaldienst in Euro	5.439.443	5.439.443	5.439.443	5.439.443	5.439.443
Zinsaufwand in Euro	1.974.866	1.815.496	1.648.794	1.474.424	1.292.033
Tilgung in Euro	3.464.577	3.623.948	3.790.649	3.965.019	4.147.410
Restschuld nach Tilgung in Euro	39.467.297	35.843.349	32.052.700	28.087.680	23.940.270
Gesamte erfolgte Tilgung in Euro	39.901.817	43.525.764	47.316.414	51.281.433	55.428.843

Tranche 2	t=21	t=22	t=23	t=24	t=25
Restschuld vor Tilgung in Euro	23.940.270	19.602.079	15.064.331	10.317.847	5.353.025
Kapitaldienst in Euro	5.439.443	5.439.443	5.439.443	5.439.443	5.439.443
Zinsaufwand in Euro	1.101.252	901.696	692.959	474.621	246.239
Tilgung in Euro	4.338.191	4.537.748	4.746.484	4.964.823	5.193.204
Restschuld nach Tilgung in Euro	19.602.079	15.064.331	10.317.847	5.353.025	159.820
Gesamte erfolgte Tilgung in Euro	59.767.034	64.304.782	69.051.267	74.016.089	79.209.293

Tranche 2	t=26
Restschuld vor Tilgung in Euro	159.820
Kapitaldienst in Euro	5.439.443
Zinsaufwand in Euro	7.352
Tilgung in Euro	159.820
Restschuld nach Tilgung in Euro (bzw. Überschuss nach Tilgung bei negativem Vorzeichen)	-5.272.272
Gesamte erfolgte Tilgung in Euro	79.369.114

Tabelle A-12: Tilgungsplan Tranche 2 bei 10 % Steuersatz

Tranche 3	t=1	t=2	t=3	t=4	t=5
Restschuld vor Tilgung in Euro	26.456.371	26.119.586	25.586.297	25.026.878	24.440.047
Kapitaldienst in Euro	1.633.148	1.813.148	1.813.148	1.813.148	1.813.148
Zinsaufwand in Euro	1.296.362	1.279.860	1.253.729	1.226.317	1.197.562
Tilgung in Euro	336.786	533.288	559.419	586.831	615.586
Restschuld nach Tilgung in Euro	26.119.586	25.586.297	25.026.878	24.440.047	23.824.462
Gesamte erfolgte Tilgung in Euro	336.786	870.074	1.429.493	2.016.324	2.631.909

Tranche 3	t=6	t=7	t=8	t=9	t=10
Restschuld vor Tilgung in Euro	23.824.462	23.178.713	22.501.322	21.790.739	21.045.337
Kapitaldienst in Euro	1.813.148	1.813.148	1.813.148	1.813.148	1.813.148
Zinsaufwand in Euro	1.167.399	1.135.757	1.102.565	1.067.746	1.031.222
Tilgung in Euro	645.749	677.391	710.583	745.402	781.926
Restschuld nach Tilgung in Euro	23.178.713	22.501.322	21.790.739	21.045.337	20.263.411
Gesamte erfolgte Tilgung in Euro	3.277.659	3.955.049	4.665.633	5.411.034	6.192.960

Tranche 3	t=11	t=12	t=13	t=14	t=15
Restschuld vor Tilgung in Euro	20.263.411	19.443.170	18.582.738	17.680.144	16.733.323
Kapitaldienst in Euro	1.813.148	1.813.148	1.813.148	1.813.148	1.813.148
Zinsaufwand in Euro	992.907	952.715	910.554	866.327	819.933
Tilgung in Euro	820.241	860.432	902.594	946.821	993.215
Restschuld nach Tilgung in Euro	19.443.170	18.582.738	17.680.144	16.733.323	15.740.108
Gesamte erfolgte Tilgung in Euro	7.013.201	7.873.634	8.776.227	9.723.048	10.716.263

Tranche 3	t=16	t=17	t=18	t=19	t=20
Restschuld vor Tilgung in Euro	15.740.108	14.698.226	13.605.291	12.458.802	11.256.136
Kapitaldienst in Euro	1.813.148	1.813.148	1.813.148	1.813.148	1.813.148
Zinsaufwand in Euro	771.265	720.213	666.659	610.481	551.551
Tilgung in Euro	1.041.883	1.092.935	1.146.489	1.202.667	1.261.597
Restschuld nach Tilgung in Euro	14.698.226	13.605.291	12.458.802	11.256.136	9.994.538
Gesamte erfolgte Tilgung in Euro	11.758.146	12.851.080	13.997.569	15.200.236	16.461.833

Tranche 3	t=21	t=22	t=23	t=24	t=25
Restschuld vor Tilgung in Euro	9.994.538	8.671.123	7.282.860	5.826.573	4.298.927
Kapitaldienst in Euro	1.813.148	1.813.148	1.813.148	1.813.148	1.813.148
Zinsaufwand in Euro	489.732	424.885	356.860	285.502	210.647
Tilgung in Euro	1.323.415	1.388.263	1.456.288	1.527.646	1.602.500
Restschuld nach Tilgung in Euro	8.671.123	7.282.860	5.826.573	4.298.927	2.696.426
Gesamte erfolgte Tilgung in Euro	17.785.248	19.173.511	20.629.799	22.157.444	23.759.945

Tranche 3	t=26	t=27
Restschuld vor Tilgung in Euro	2.696.426	1.015.403
Kapitaldienst in Euro	1.813.148	1.813.148
Zinsaufwand in Euro	132.125	49.755
Tilgung in Euro	1.681.023	1.015.403
Restschuld nach Tilgung in Euro (bzw. Überschuss nach Tilgung bei negativem Vorzeichen)	1.015.403	-747.990
Gesamte erfolgte Tilgung in Euro	25.440.968	26.456.371

Tabelle A-13: Tilgungsplan Tranche 3 bei 10 % Steuersatz

Ermittlung des maximalen jährlichen Kapitaldienstes:

		t=1	t=2 bis t=33	t=34	ab t=35
	Konforme Jahresmieteinnahme in Euro	23.977.800			
-	Bewirtschaftungsausgaben (14 % der Mieteinnahmen) in Euro	3.356.892			
-	Zuführung Reservekonto (4 % der Mieteinnahmen vor Bewirtschaftungsausgaben) in Euro	959.112			
-	einmalige Transaktionsausgaben in Euro	2.000.000	0	0	0
-	laufende Transaktionsausgaben in Euro	291.020	291.020	291.020	291.020
-	Steuerzahlung in Euro	3.099.705	3.696.205	5.274.328	6.063.389
=	**Jährlich maximaler Kapitaldienst in Euro**	**14.271.071**	**15.674.571**	**14.096.448**	**13.307.387**

Nebenrechnung zur Ermittlung des steuerpflichtigen Gewinns:

		t=1	t=2 bis t=33	t=34	ab t=35
	Konforme Jahresmieteinnahme in Euro	23.977.800			
-	Bewirtschaftungsausgaben (14 % der Mieteinnahmen) in Euro	3.356.892			
-	Abschreibung in Euro	7.936.911	7.936.911	2.645.637	0
-	einmalige Transaktionsausgaben in Euro	2.000.000	0	0	0
-	laufende Transaktionsausgaben in Euro	291.020	291.020	291.020	291.020
=	**Steuerpflichtiger Gewinn in Euro**	**10.392.977**	**12.392.977**	**17.684.251**	**20.329.888**

Nebenrechnung zur Ermittlung der Steuerzahlung:

		t=1	t=2 bis t=33	t=34	ab t=35
	Steuerpflichtiger Gewinn in Euro	10.392.977	12.392.977	17.684.251	20.329.888
x	Steuersatz (29,825 % des steuerpflichtigen Gewinns)	0,29825	0,29825	0,29825	0,29825
=	**Steuerzahlung in Euro**	**3.099.705**	**3.696.205**	**5.274.328**	**6.063.389**

Tabelle A-14: Berechnung des maximalen jährlichen Kapitaldienstes bei Steuersatz 29,825 %

Aufteilung des Kapitaldienstes auf die Tranchen	**Anteil**	**t=1**	**t=2 bis t=33**	**t=34**	**ab t=35**
Kapitaldienst gesamt in Euro		14.271.071	15.674.571	14.096.448	13.307.387
Kapitaldienst Tranche 1 in Euro	60 %	8.562.643	9.404.743	8.457.869	7.984.432
Kapitaldienst Tranche 2 in Euro	30 %	4.281.321	4.702.371	4.228.934	3.992.216
Kapitaldienst Tranche 3 in Euro	10 %	1.427.107	1.567.457	1.409.645	1.330.739

Tabelle A-15: Aufteilung des Kapitaldienstes auf die Tranchen bei Steuersatz 29,825 %

Tranche 1	t=1	t=2	t=3	t=4	t=5
Restschuld vor Tilgung in Euro	158.738.227	157.239.435	154.831.846	152.317.120	149.690.489
Kapitaldienst in Euro	8.562.643	9.404.743	9.404.743	9.404.743	9.404.743
Zinsaufwand in Euro	7.063.851	6.997.155	6.890.017	6.778.112	6.661.227
Tilgung in Euro	1.498.792	2.407.589	2.514.726	2.626.632	2.743.517
Restschuld nach Tilgung in Euro	157.239.435	154.831.846	152.317.120	149.690.489	146.946.972
Gesamte erfolgte Tilgung in Euro	1.498.792	3.906.381	6.421.107	9.047.738	11.791.255

Tranche 1	t=6	t=7	t=8	t=9	t=10
Restschuld vor Tilgung in Euro	146.946.972	144.081.369	141.088.247	137.961.930	134.696.493
Kapitaldienst in Euro	9.404.743	9.404.743	9.404.743	9.404.743	9.404.743
Zinsaufwand in Euro	6.539.140	6.411.621	6.278.427	6.139.306	5.993.994
Tilgung in Euro	2.865.603	2.993.122	3.126.316	3.265.437	3.410.749
Restschuld nach Tilgung in Euro	144.081.369	141.088.247	137.961.930	134.696.493	131.285.743
Gesamte erfolgte Tilgung in Euro	14.656.858	17.649.981	20.776.297	24.041.735	27.452.484

Tranche 1	t=11	t=12	t=13	t=14	t=15
Restschuld vor Tilgung in Euro	131.285.743	127.723.215	124.002.155	120.115.508	116.055.904
Kapitaldienst in Euro	9.404.743	9.404.743	9.404.743	9.404.743	9.404.743
Zinsaufwand in Euro	5.842.216	5.683.683	5.518.096	5.345.140	5.164.488
Tilgung in Euro	3.562.528	3.721.060	3.886.647	4.059.603	4.240.256
Restschuld nach Tilgung in Euro	127.723.215	124.002.155	120.115.508	116.055.904	111.815.649
Gesamte erfolgte Tilgung in Euro	31.015.012	34.736.072	38.622.719	42.682.323	46.922.578

Tranche 1	t=16	t=17	t=18	t=19	t=20
Restschuld vor Tilgung in Euro	111.815.649	107.386.702	102.760.667	97.928.773	92.881.860
Kapitaldienst in Euro	9.404.743	9.404.743	9.404.743	9.404.743	9.404.743
Zinsaufwand in Euro	4.975.796	4.778.708	4.572.850	4.357.830	4.133.243
Tilgung in Euro	4.428.947	4.626.035	4.831.894	5.046.913	5.271.501
Restschuld nach Tilgung in Euro	107.386.702	102.760.667	97.928.773	92.881.860	87.610.359
Gesamte erfolgte Tilgung in Euro	51.351.525	55.977.561	60.809.454	65.856.367	71.127.868

Tranche 1	t=21	t=22	t=23	t=24	t=25
Restschuld vor Tilgung in Euro	87.610.359	82.104.277	76.353.174	70.346.147	64.071.807
Kapitaldienst in Euro	9.404.743	9.404.743	9.404.743	9.404.743	9.404.743
Zinsaufwand in Euro	3.898.661	3.653.640	3.397.716	3.130.404	2.851.195
Tilgung in Euro	5.506.082	5.751.103	6.007.027	6.274.340	6.553.548
Restschuld nach Tilgung in Euro	82.104.277	76.353.174	70.346.147	64.071.807	57.518.259
Gesamte erfolgte Tilgung in Euro	76.633.950	82.385.053	88.392.080	94.666.420	101.219.968

Tranche 1	t=26	t=27	t=28	t=29	t=30
Restschuld vor Tilgung in Euro	57.518.259	50.673.078	43.523.287	36.055.330	28.255.049
Kapitaldienst in Euro	9.404.743	9.404.743	9.404.743	9.404.743	9.404.743
Zinsaufwand in Euro	2.559.563	2.254.952	1.936.786	1.604.462	1.257.350
Tilgung in Euro	6.845.181	7.149.791	7.467.957	7.800.281	8.147.394
Restschuld nach Tilgung in Euro	50.673.078	43.523.287	36.055.330	28.255.049	20.107.655
Gesamte erfolgte Tilgung in Euro	108.065.149	115.214.940	122.682.897	130.483.179	138.630.572

Tranche 1	t=31	t=32	t=33
Restschuld vor Tilgung in Euro	20.107.655	11.597.702	2.709.057
Kapitaldienst in Euro	9.404.743	9.404.743	9.404.743
Zinsaufwand in Euro	894.791	516.098	120.553
Tilgung in Euro	8.509.953	8.888.646	2.709.057
Restschuld nach Tilgung in Euro (bzw. Überschuss nach Tilgung bei negativem Vorzeichen)	11.597.702	2.709.057	-6.575.134
Gesamte erfolgte Tilgung in Euro	147.140.525	156.029.171	158.738.227

Tabelle A-16: Tilgungsplan Tranche 1 bei 29,825 % Steuersatz

Tranche 2	t=1	t=2	t=3	t=4	t=5
Restschuld vor Tilgung in Euro	79.369.114	78.738.772	77.658.384	76.528.298	75.346.229
Kapitaldienst in Euro	4.281.321	4.702.371	4.702.371	4.702.371	4.702.371
Zinsaufwand in Euro	3.650.979	3.621.983	3.572.286	3.520.302	3.465.927
Tilgung in Euro	630.342	1.080.388	1.130.086	1.182.069	1.236.445
Restschuld nach Tilgung in Euro	78.738.772	77.658.384	76.528.298	75.346.229	74.109.784
Gesamte erfolgte Tilgung in Euro	630.342	1.710.730	2.840.815	4.022.885	5.259.329

Tranche 2	t=6	t=7	t=8	t=9	t=10
Restschuld vor Tilgung in Euro	74.109.784	72.816.463	71.463.649	70.048.606	68.568.471
Kapitaldienst in Euro	4.702.371	4.702.371	4.702.371	4.702.371	4.702.371
Zinsaufwand in Euro	3.409.050	3.349.557	3.287.328	3.222.236	3.154.150
Tilgung in Euro	1.293.321	1.352.814	1.415.043	1.480.135	1.548.222
Restschuld nach Tilgung in Euro	72.816.463	71.463.649	70.048.606	68.568.471	67.020.249
Gesamte erfolgte Tilgung in Euro	6.552.650	7.905.464	9.320.508	10.800.643	12.348.864

Tranche 2	t=11	t=12	t=13	t=14	t=15
Restschuld vor Tilgung in Euro	67.020.249	65.400.809	63.706.876	61.935.021	60.081.660
Kapitaldienst in Euro	4.702.371	4.702.371	4.702.371	4.702.371	4.702.371
Zinsaufwand in Euro	3.082.931	3.008.437	2.930.516	2.849.011	2.763.756
Tilgung in Euro	1.619.440	1.693.934	1.771.855	1.853.360	1.938.615
Restschuld nach Tilgung in Euro	65.400.809	63.706.876	61.935.021	60.081.660	58.143.046
Gesamte erfolgte Tilgung in Euro	13.968.304	15.662.238	17.434.093	19.287.453	21.226.068

Tranche 2	t=16	t=17	t=18	t=19	t=20
Restschuld vor Tilgung in Euro	58.143.046	56.115.255	53.994.185	51.775.546	49.454.850
Kapitaldienst in Euro	4.702.371	4.702.371	4.702.371	4.702.371	4.702.371
Zinsaufwand in Euro	2.674.580	2.581.302	2.483.733	2.381.675	2.274.923
Tilgung in Euro	2.027.791	2.121.069	2.218.639	2.320.696	2.427.448
Restschuld nach Tilgung in Euro	56.115.255	53.994.185	51.775.546	49.454.850	47.027.402
Gesamte erfolgte Tilgung in Euro	23.253.859	25.374.929	27.593.567	29.914.263	32.341.711

Tranche 2	t=21	t=22	t=23	t=24	t=25
Restschuld vor Tilgung in Euro	47.027.402	44.488.292	41.832.382	39.054.300	36.148.427
Kapitaldienst in Euro	4.702.371	4.702.371	4.702.371	4.702.371	4.702.371
Zinsaufwand in Euro	2.163.261	2.046.461	1.924.290	1.796.498	1.662.828
Tilgung in Euro	2.539.111	2.655.910	2.778.082	2.905.873	3.039.544
Restschuld nach Tilgung in Euro	44.488.292	41.832.382	39.054.300	36.148.427	33.108.883
Gesamte erfolgte Tilgung in Euro	34.880.822	37.536.732	40.314.813	43.220.687	46.260.230

Tranche 2	t=26	t=27	t=28	t=29	t=30
Restschuld vor Tilgung in Euro	33.108.883	29.929.521	26.603.907	23.125.316	19.486.709
Kapitaldienst in Euro	4.702.371	4.702.371	4.702.371	4.702.371	4.702.371
Zinsaufwand in Euro	1.523.009	1.376.758	1.223.780	1.063.765	896.389
Tilgung in Euro	3.179.363	3.325.613	3.478.591	3.638.607	3.805.983
Restschuld nach Tilgung in Euro	29.929.521	26.603.907	23.125.316	19.486.709	15.680.727
Gesamte erfolgte Tilgung in Euro	49.439.593	52.765.206	56.243.798	59.882.404	63.688.387

Tranche 2	t=31	t=32	t=33	t=34
Restschuld vor Tilgung in Euro	15.680.727	11.699.669	7.535.483	3.179.744
Kapitaldienst in Euro	4.702.371	4.702.371	4.702.371	4.228.934
Zinsaufwand in Euro	721.313	538.185	346.632	146.268
Tilgung in Euro	3.981.058	4.164.186	4.355.739	3.179.744
Restschuld nach Tilgung in Euro (bzw. Überschuss nach Tilgung bei negativem Vorzeichen)	11.699.669	7.535.483	3.179.744	-902.922
Gesamte erfolgte Tilgung in Euro	67.669.445	71.833.631	76.189.370	79.369.114

Tabelle A-17: Tilgungsplan Tranche 2 bei 29,825 % Steuersatz

Tranche 3	t=1	t=2	t=3	t=4	t=5
Restschuld vor Tilgung in Euro	26.456.371	26.325.626	26.048.125	25.757.026	25.451.663
Kapitaldienst in Euro	1.427.107	1.567.457	1.567.457	1.567.457	1.567.457
Zinsaufwand in Euro	1.296.362	1.289.956	1.276.358	1.262.094	1.247.131
Tilgung in Euro	130.745	277.501	291.099	305.363	320.326
Restschuld nach Tilgung in Euro	26.325.626	26.048.125	25.757.026	25.451.663	25.131.338
Gesamte erfolgte Tilgung in Euro	130.745	408.246	699.345	1.004.708	1.325.034

Tranche 3	t=6	t=7	t=8	t=9	t=10
Restschuld vor Tilgung in Euro	25.131.338	24.795.316	24.442.830	24.073.071	23.685.195
Kapitaldienst in Euro	1.567.457	1.567.457	1.567.457	1.567.457	1.567.457
Zinsaufwand in Euro	1.231.436	1.214.970	1.197.699	1.179.580	1.160.575
Tilgung in Euro	336.022	352.487	369.758	387.877	406.883
Restschuld nach Tilgung in Euro	24.795.316	24.442.830	24.073.071	23.685.195	23.278.312
Gesamte erfolgte Tilgung in Euro	1.661.055	2.013.542	2.383.300	2.771.177	3.178.059

Tranche 3	t=11	t=12	t=13	t=14	t=15
Restschuld vor Tilgung in Euro	23.278.312	22.851.492	22.403.758	21.934.085	21.441.399
Kapitaldienst in Euro	1.567.457	1.567.457	1.567.457	1.567.457	1.567.457
Zinsaufwand in Euro	1.140.637	1.119.723	1.097.784	1.074.770	1.050.629
Tilgung in Euro	426.820	447.734	469.673	492.687	516.829
Restschuld nach Tilgung in Euro	22.851.492	22.403.758	21.934.085	21.441.399	20.924.570
Gesamte erfolgte Tilgung in Euro	3.604.879	4.052.613	4.522.286	5.014.973	5.531.801

Tranche 3	t=16	t=17	t=18	t=19	t=20
Restschuld vor Tilgung in Euro	20.924.570	20.382.417	19.813.698	19.217.112	18.591.294
Kapitaldienst in Euro	1.567.457	1.567.457	1.567.457	1.567.457	1.567.457
Zinsaufwand in Euro	1.025.304	998.738	970.871	941.639	910.973
Tilgung in Euro	542.153	568.719	596.586	625.819	656.484
Restschuld nach Tilgung in Euro	20.382.417	19.813.698	19.217.112	18.591.294	17.934.810
Gesamte erfolgte Tilgung in Euro	6.073.954	6.642.673	7.239.259	7.865.077	8.521.561

Tranche 3	t=21	t=22	t=23	t=24	t=25
Restschuld vor Tilgung in Euro	17.934.810	17.246.159	16.523.764	15.765.971	14.971.046
Kapitaldienst in Euro	1.567.457	1.567.457	1.567.457	1.567.457	1.567.457
Zinsaufwand in Euro	878.806	845.062	809.664	772.533	733.581
Tilgung in Euro	688.651	722.395	757.793	794.924	833.876
Restschuld nach Tilgung in Euro	17.246.159	16.523.764	15.765.971	14.971.046	14.137.171
Gesamte erfolgte Tilgung in Euro	9.210.212	9.932.608	10.690.400	11.485.325	12.319.200

Tranche 3	t=26	t=27	t=28	t=29	t=30
Restschuld vor Tilgung in Euro	14.137.171	13.262.435	12.344.837	11.382.277	10.372.552
Kapitaldienst in Euro	1.567.457	1.567.457	1.567.457	1.567.457	1.567.457
Zinsaufwand in Euro	692.721	649.859	604.897	557.732	508.255
Tilgung in Euro	874.736	917.598	962.560	1.009.725	1.059.202
Restschuld nach Tilgung in Euro	13.262.435	12.344.837	11.382.277	10.372.552	9.313.350
Gesamte erfolgte Tilgung in Euro	13.193.936	14.111.534	15.074.094	16.083.819	17.143.021

Tranche 3	t=31	t=32	t=33	t=34	t=35
Restschuld vor Tilgung in Euro	9.313.350	8.202.247	7.036.700	5.814.041	4.689.284
Kapitaldienst in Euro	1.567.457	1.567.457	1.567.457	1.409.645	1.330.739
Zinsaufwand in Euro	456.354	401.910	344.798	284.888	229.775
Tilgung in Euro	1.111.103	1.165.547	1.222.659	1.124.757	1.100.964
Restschuld nach Tilgung in Euro	8.202.247	7.036.700	5.814.041	4.689.284	3.588.321
Gesamte erfolgte Tilgung in Euro	18.254.124	19.419.671	20.642.330	21.767.087	22.868.051

Tabelle A-18: Tilgungsplan Tranche 3 bei 29,825 % Steuersatz (Teil 1)

Tranche 3	t=36	t=37	t=38
Restschuld vor Tilgung in Euro	3.588.321	2.433.410	1.221.908
Kapitaldienst in Euro	1.330.739	1.330.739	1.330.739
Zinsaufwand in Euro	175.828	119.237	59.873
Tilgung in Euro	1.154.911	1.211.502	1.221.908
Restschuld nach Tilgung in Euro (bzw. Überschuss nach Tilgung bei negativem Vorzeichen)	2.433.410	1.221.908	-48.958
Gesamte erfolgte Tilgung in Euro	24.022.962	25.234.463	26.456.371

Tabelle A-19: Tilgungsplan Tranche 3 bei 29,825 % Steuersatz (Teil 2)

	Überschuss nach planmäßiger Tilgung der Tranche 1 in t=33 in Euro	6.575.134
-	Restschuld der Tranche 2 nach planmäßiger Tilgung in t=33 in Euro	3.179.744
=	**Überschuss nach Tilgung der Tranchen 1 und 2 in t=33 in Euro**	**3.395.390**
	Restschuld der Tranche 3 nach planmäßiger Tilgung in t=33 in Euro	5.814.041
-	Überschuss nach Tilgung der Tranchen 1 und 2 in t=33 in Euro	3.395.390
=	Restschuld der Tranche 3 nach gesamter Tilgung in t=33 in Euro	2.418.651
+	Zu zahlender Zinsaufwand (4,9 %) auf die Restschuld der Tranche 3 in t=34 in Euro	118.514
=	**Restschuld der Tranche 3 vor Tilgung in t=34 in Euro**	**2.537.165**
	Planmäßiger Kapitaldienst der Tranche 3 in t=34 in Euro	1.409.645
+	Zusätzlicher Kapitaldienst aus der Tranche 1 in t=34 in Euro	8.457.869
+	Zusätzlicher Kapitaldienst aus der Tranche 2 in t=34 in Euro	4.228.934
=	**Gesamter zur Verfügung stehender Kapitaldienst zur Tilgung von Tranche 3 in t=34 in Euro**	**14.096.448**
	Gesamter zur Verfügung stehender Kapitaldienst zur Tilgung von Tranche 3 in t=34 in Euro	14.096.448
-	Restschuld der Tranche 3 vor Tilgung in t=34 in Euro	2.537.165
=	**Überschuss nach Tilgung aller Tranchen in t=34 in Euro**	**11.559.283**

Abbildung A-1: Tilgung aller Tranchen in t=34 bei Steuersatz 29,825 % ohne Einbezug Reservekonto

Kapitalbestand Reservekonto in t=31 in Euro		**40.646.630**
Gesamt zu tilgende Restschuld nach planmäßiger Tilgung in t=31 in Euro		
	Tranche 1	11.597.702
+	Tranche 2	11.699.669
+	Tranche 3	8.202.247
=	**Gesamt zu tilgende Restschuld nach planmäßiger Tilgung in t=31 in Euro**	**31.499.618**
Überschuss nach Tilgung aller Tranchen in t=31 in Euro		
	Kapitalbestand Reservekonto in t=31 in Euro	40.646.630
-	Gesamt zu tilgende Restschuld nach planmäßiger Tilgung in t=31 in Euro	31.499.618
=	**Überschuss in t=31 nach Tilgung aller Tranchen in Euro**	**9.147.012**

Abbildung A-2: Tilgung aller Tranchen in t=31 bei Steuersatz 29,825 % unter Einbezug Reservekonto

Ermittlung des maximalen jährlichen Kapitaldienstes:

	t=1	t=2 bis t=33	t=34	ab t=35
Konforme Jahresmieteinnahme in Euro	23.977.800			
- Bewirtschaftungsausgaben (14 % der Mieteinnahmen) in Euro	3.356.892			
- Zuführung Reservekonto (4 % der Mieteinnahmen vor Bewirtschaftungsausgaben) in Euro	959.112			
- einmalige Transaktionsausgaben in Euro	2.000.000	0	0	0
- laufende Transaktionsausgaben in Euro	291.020	291.020	291.020	291.020
- Steuerzahlung in Euro	0	0	0	0
= Jährlich maximaler Kapitaldienst in Euro	**17.370.776**	**19.370.776**	**19.370.776**	**19.370.776**

Nebenrechnung zur Ermittlung des steuerpflichtigen Gewinns:

	t=1	t=2 bis t=33	t=34	ab t=35
Konforme Jahresmieteinnahme in Euro	23.977.800			
- Bewirtschaftungsausgaben (14 % der Mieteinnahmen) in Euro	3.356.892			
- Abschreibung in Euro	7.936.911	7.936.911	2.645.637	0
- einmalige Transaktionsausgaben in Euro	2.000.000	0	0	0
- laufende Transaktionsausgaben in Euro	291.020	291.020	291.020	291.020
= Steuerpflichtiger Gewinn in Euro	**10.392.977**	**12.392.977**	**17.684.251**	**20.329.888**

Nebenrechnung zur Ermittlung der Steuerzahlung:

	t=1	t=2 bis t=33	t=34	ab t=35
Steuerpflichtiger Gewinn in Euro	10.392.977	12.392.977	17.684.251	20.329.888
x Steuersatz (0 % des steuerpflichtigen Gewinns)	0,0	0,0	0,0	0,0
= Steuerzahlung in Euro	**0**	**0**	**0**	**0**

Tabelle A-20: Berechnung des maximalen jährlichen Kapitaldienstes bei Steuersatz 0 %

Aufteilung des Kapitaldienstes auf die Tranchen	**Anteil**	**t=1**	**t=2 bis t=33**	**t=34**	**ab t=35**
Kapitaldienst gesamt in Euro		17.370.776	19.370.776	19.370.776	19.370.776
Kapitaldienst Tranche 1 in Euro	60 %	10.422.466	11.622.466	11.622.466	11.622.466
Kapitaldienst Tranche 2 in Euro	30 %	5.211.233	5.811.233	5.811.233	5.811.233
Kapitaldienst Tranche 3 in Euro	10 %	1.737.078	1.937.078	1.937.078	1.937.078

Tabelle A-21: Aufteilung des Kapitaldienstes auf die Tranchen bei Steuersatz 0 %

Tranche 1	t=1	t=2	t=3	t=4	t=5
Restschuld vor Tilgung in Euro	158.738.227	155.379.613	150.671.540	145.753.958	140.617.543
Kapitaldienst in Euro	10.422.466	11.622.466	11.622.466	11.622.466	11.622.466
Zinsaufwand in Euro	7.063.851	6.914.393	6.704.884	6.486.051	6.257.481
Tilgung in Euro	3.358.614	4.708.073	4.917.582	5.136.414	5.364.985
Restschuld nach Tilgung in Euro	155.379.613	150.671.540	145.753.958	140.617.543	135.252.558
Gesamte erfolgte Tilgung in Euro	3.358.614	8.066.687	12.984.269	18.120.684	23.485.669

Tranche 1	t=6	t=7	t=8	t=9	t=10
Restschuld vor Tilgung in Euro	135.252.558	129.648.832	123.795.739	117.682.184	111.296.575
Kapitaldienst in Euro	11.622.466	11.622.466	11.622.466	11.622.466	11.622.466
Zinsaufwand in Euro	6.018.739	5.769.373	5.508.910	5.236.857	4.952.698
Tilgung in Euro	5.603.727	5.853.093	6.113.555	6.385.608	6.669.768
Restschuld nach Tilgung in Euro	129.648.832	123.795.739	117.682.184	111.296.575	104.626.807
Gesamte erfolgte Tilgung in Euro	29.089.396	34.942.488	41.056.043	47.441.652	54.111.420

Tranche 1	t=11	t=12	t=13	t=14	t=15
Restschuld vor Tilgung in Euro	104.626.807	97.660.235	90.383.650	82.783.256	74.844.646
Kapitaldienst in Euro	11.622.466	11.622.466	11.622.466	11.622.466	11.622.466
Zinsaufwand in Euro	4.655.893	4.345.880	4.022.072	3.683.855	3.330.587
Tilgung in Euro	6.966.573	7.276.585	7.600.393	7.938.611	8.291.879
Restschuld nach Tilgung in Euro	97.660.235	90.383.650	82.783.256	74.844.646	66.552.767
Gesamte erfolgte Tilgung in Euro	61.077.992	68.354.578	75.954.971	83.893.581	92.185.460

Tranche 1	t=16	t=17	t=18	t=19	t=20
Restschuld vor Tilgung in Euro	66.552.767	57.891.899	48.845.623	39.396.788	29.527.479
Kapitaldienst in Euro	11.622.466	11.622.466	11.622.466	11.622.466	11.622.466
Zinsaufwand in Euro	2.961.598	2.576.190	2.173.630	1.753.157	1.313.973
Tilgung in Euro	8.660.867	9.046.276	9.448.835	9.869.309	10.308.493
Restschuld nach Tilgung in Euro	57.891.899	48.845.623	39.396.788	29.527.479	19.218.987
Gesamte erfolgte Tilgung in Euro	100.846.328	109.892.604	119.341.439	129.210.748	139.519.241

Tranche 1	t=21	t=22
Restschuld vor Tilgung in Euro	19.218.987	8.451.766
Kapitaldienst in Euro	11.622.466	11.622.466
Zinsaufwand in Euro	855.245	376.104
Tilgung in Euro	10.767.221	8.451.766
Restschuld nach Tilgung in Euro (bzw. Überschuss nach Tilgung bei negativem Vorzeichen)	8.451.766	-2.794.596
Gesamte erfolgte Tilgung in Euro	150.286.461	158.738.227

Tabelle A-22: Tilgungsplan Tranche 1 bei 0 % Steuersatz

Tranche 2	t=1	t=2	t=3	t=4	t=5
Restschuld vor Tilgung in Euro	79.369.114	77.808.860	75.576.835	73.242.136	70.800.042
Kapitaldienst in Euro	5.211.233	5.811.233	5.811.233	5.811.233	5.811.233
Zinsaufwand in Euro	3.650.979	3.579.208	3.476.534	3.369.138	3.256.802
Tilgung in Euro	1.560.254	2.232.025	2.334.698	2.442.095	2.554.431
Restschuld nach Tilgung in Euro	77.808.860	75.576.835	73.242.136	70.800.042	68.245.611
Gesamte erfolgte Tilgung in Euro	1.560.254	3.792.279	6.126.977	8.569.072	11.123.503

Tranche 2	t=6	t=7	t=8	t=9	t=10
Restschuld vor Tilgung in Euro	68.245.611	65.573.676	62.778.833	59.855.426	56.797.543
Kapitaldienst in Euro	5.811.233	5.811.233	5.811.233	5.811.233	5.811.233
Zinsaufwand in Euro	3.139.298	3.016.389	2.887.826	2.753.350	2.612.687
Tilgung in Euro	2.671.935	2.794.844	2.923.407	3.057.883	3.198.546
Restschuld nach Tilgung in Euro	65.573.676	62.778.833	59.855.426	56.797.543	53.598.997
Gesamte erfolgte Tilgung in Euro	13.795.437	16.590.281	19.513.687	22.571.571	25.770.117

Tranche 2	t=11	t=12	t=13	t=14	t=15
Restschuld vor Tilgung in Euro	53.598.997	50.253.318	46.753.738	43.093.177	39.264.230
Kapitaldienst in Euro	5.811.233	5.811.233	5.811.233	5.811.233	5.811.233
Zinsaufwand in Euro	2.465.554	2.311.653	2.150.672	1.982.286	1.806.155
Tilgung in Euro	3.345.679	3.499.580	3.660.561	3.828.947	4.005.078
Restschuld nach Tilgung in Euro	50.253.318	46.753.738	43.093.177	39.264.230	35.259.152
Gesamte erfolgte Tilgung in Euro	29.115.795	32.615.376	36.275.936	40.104.883	44.109.961

Tranche 2	t=16	t=17	t=18	t=19	t=20
Restschuld vor Tilgung in Euro	35.259.152	31.069.840	26.687.820	22.104.227	17.309.789
Kapitaldienst in Euro	5.811.233	5.811.233	5.811.233	5.811.233	5.811.233
Zinsaufwand in Euro	1.621.921	1.429.213	1.227.640	1.016.794	796.250
Tilgung in Euro	4.189.312	4.382.020	4.583.593	4.794.438	5.014.983
Restschuld nach Tilgung in Euro	31.069.840	26.687.820	22.104.227	17.309.789	12.294.806
Gesamte erfolgte Tilgung in Euro	48.299.273	52.681.293	57.264.886	62.059.325	67.074.307

Tranche 2	t=21	t=22	t=23
Restschuld vor Tilgung in Euro	12.294.806	7.049.135	1.562.162
Kapitaldienst in Euro	5.811.233	5.811.233	5.811.233
Zinsaufwand in Euro	565.561	324.260	71.859
Tilgung in Euro	5.245.672	5.486.973	1.562.162
Restschuld nach Tilgung in Euro (bzw. Überschuss nach Tilgung bei negativem Vorzeichen)	7.049.135	1.562.162	-4.177.212
Gesamte erfolgte Tilgung in Euro	72.319.979	77.806.951	79.369.114

Tabelle A-23: Tilgungsplan Tranche 2 bei 0 % Steuersatz

Tranche 3	t=1	t=2	t=3	t=4	t=5
Restschuld vor Tilgung in Euro	26.456.371	26.015.656	25.353.345	24.658.582	23.929.775
Kapitaldienst in Euro	1.737.078	1.937.078	1.937.078	1.937.078	1.937.078
Zinsaufwand in Euro	1.296.362	1.274.767	1.242.314	1.208.271	1.172.559
Tilgung in Euro	440.715	662.310	694.764	728.807	764.519
Restschuld nach Tilgung in Euro	26.015.656	25.353.345	24.658.582	23.929.775	23.165.256
Gesamte erfolgte Tilgung in Euro	440.715	1.103.026	1.797.790	2.526.597	3.291.115

Tranche 3	t=6	t=7	t=8	t=9	t=10
Restschuld vor Tilgung in Euro	23.165.256	22.363.276	21.521.999	20.639.499	19.713.757
Kapitaldienst in Euro	1.937.078	1.937.078	1.937.078	1.937.078	1.937.078
Zinsaufwand in Euro	1.135.098	1.095.801	1.054.578	1.011.335	965.974
Tilgung in Euro	801.980	841.277	882.500	925.742	971.104
Restschuld nach Tilgung in Euro	22.363.276	21.521.999	20.639.499	19.713.757	18.742.653
Gesamte erfolgte Tilgung in Euro	4.093.095	4.934.372	5.816.872	6.742.614	7.713.718

Tranche 3	t=11	t=12	t=13	t=14	t=15
Restschuld vor Tilgung in Euro	18.742.653	17.723.966	16.655.363	15.534.398	14.358.506
Kapitaldienst in Euro	1.937.078	1.937.078	1.937.078	1.937.078	1.937.078
Zinsaufwand in Euro	918.390	868.474	816.113	761.185	703.567
Tilgung in Euro	1.018.688	1.068.603	1.120.965	1.175.892	1.233.511
Restschuld nach Tilgung in Euro	17.723.966	16.655.363	15.534.398	14.358.506	13.124.995
Gesamte erfolgte Tilgung in Euro	8.732.405	9.801.009	10.921.973	12.097.866	13.331.376

Tranche 3	t=16	t=17	t=18	t=19	t=20
Restschuld vor Tilgung in Euro	13.124.995	11.831.042	10.473.685	9.049.818	7.556.182
Kapitaldienst in Euro	1.937.078	1.937.078	1.937.078	1.937.078	1.937.078
Zinsaufwand in Euro	643.125	579.721	513.211	443.441	370.253
Tilgung in Euro	1.293.953	1.357.357	1.423.867	1.493.636	1.566.825
Restschuld nach Tilgung in Euro	11.831.042	10.473.685	9.049.818	7.556.182	5.989.357
Gesamte erfolgte Tilgung in Euro	14.625.329	15.982.686	17.406.553	18.900.189	20.467.014

Tranche 3	t=21	t=22	t=23	t=24
Restschuld vor Tilgung in Euro	5.989.357	4.345.758	2.621.623	813.005
Kapitaldienst in Euro	1.937.078	1.937.078	1.937.078	1.937.078
Zinsaufwand in Euro	293.479	212.942	128.460	39.837
Tilgung in Euro	1.643.599	1.724.135	1.808.618	813.005
Restschuld nach Tilgung in Euro (bzw. Überschuss nach Tilgung bei negativem Vorzeichen)	4.345.758	2.621.623	813.005	-1.084.236
Gesamte erfolgte Tilgung in Euro	22.110.613	23.834.749	25.643.367	26.456.371

Tabelle A-24: Tilgungsplan Tranche 3 bei 0 % Steuersatz

	Überschuss nach planmäßiger Tilgung der Tranche 1 in t=22 in Euro	2.794.596
-	Restschuld der Tranche 2 nach planmäßiger Tilgung in t=22 in Euro	1.562.162
=	**Überschuss nach Tilgung der Tranchen 1 und 2 in t=22 in Euro**	**1.232.434**
	Restschuld der Tranche 3 nach planmäßiger Tilgung in t=22 in Euro	2.621.623
-	Überschuss nach Tilgung der Tranchen 1 und 2 in t=22 in Euro	1.232.434
=	Restschuld der Tranche 3 nach gesamter Tilgung in t=22 in Euro	1.389.189
+	Zu zahlender Zinsaufwand (4,9 %) auf die Restschuld der Tranche 3 in t=23 in Euro	68.070
=	**Restschuld der Tranche 3 vor Tilgung in t=23 in Euro**	**1.457.259**
	Planmäßiger Kapitaldienst der Tranche 3 in t=23 in Euro	1.937.078
+	Zusätzlicher Kapitaldienst aus der Tranche 2 in t=23 in Euro	5.811.233
+	Zusätzlicher Kapitaldienst aus der Tranche 1 in t=23 in Euro	11.622.466
=	**Gesamter zur Verfügung stehender Kapitaldienst zur Tilgung von Tranche 3 in t=23 in Euro**	**19.370.777**
	Gesamter zur Verfügung stehender Kapitaldienst zur Tilgung von Tranche 3 in t=23 in Euro	19.370.777
-	Restschuld der Tranche 3 vor Tilgung in t=23 in Euro	1.457.259
=	**Überschuss nach Tilgung aller Tranchen in t=23 in Euro**	**17.913.518**

Abbildung A-3: Tilgung aller Tranchen in t=23 bei Steuersatz 0 % ohne Einbezug Reservekonto

Kapitalbestand Reservekonto in t=21 in Euro		**24.729.089**
Gesamt zu tilgende Restschuld nach planmäßiger Tilgung in t=21 in Euro		
	Tranche 1	8.451.766
+	Tranche 2	7.049.135
+	Tranche 3	4.345.758
=	**Gesamt zu tilgende Restschuld nach planmäßiger Tilgung in t=21 in Euro**	**19.846.659**
Überschuss in t=21 nach Tilgung aller Tranchen in t=21 in Euro		
	Kapitalbestand Reservekonto in t=21 in Euro	24.729.089
-	Gesamt zu tilgende Restschuld nach planmäßiger Tilgung in t=21 in Euro	19.846.659
=	**Überschuss in t=21 nach Tilgung aller Tranchen in Euro**	**4.882.430**

Abbildung A-4: Tilgung aller Tranchen in t=21 bei Steuersatz 0 % unter Einbezug Reservekonto

Berechnung des zu versteuernden Veräußerungsgewinns

	Verkaufspreis	224.879.155 Euro
-	Transaktionsausgaben 1,5 % des Verkaufspreises	3.373.187 Euro
-	Grunderwerbsteuer 3,5 % des Verkaufspreises	7.870.770 Euro
-	Buchwert	105.825.486 Euro
=	**Veräußerungsgewinn**	**107.809.712 Euro**

Berechnung der Steuerzahlung

Körperschaftsteuer:	0,15 · 107.809.712	16.171.457 Euro
Solidaritätszuschlag:	0,055 · 16.717.457	889.430 Euro
Gewerbesteuer:	0,14 · 107.809.712	15.093.360 Euro

Berechnung des Liquiditätszuflusses für das Nicht-Immobilienunternehmen

	Verkaufspreis	224.879.155 Euro
-	Transaktionsausgaben	3.373.187 Euro
-	Grunderwerbsteuer	7.870.770 Euro
-	Körperschaftsteuer	16.171.457 Euro
-	Solidaritätszuschlag	889.430 Euro
-	Gewerbesteuer	15.093.360 Euro
=	**Liquiditätszufluss**	**181.480.951 Euro**

Abbildung A-5: Liquiditätszufluss durch Immobilienverkauf an Immobilien-SPV bei geringerem Kaufpreis

Ermittlung des maximalen jährlichen Kapitaldienstes:

	t=1	t=2 bis t=33	t=34	ab t=35
Konforme Jahresmieteinnahme in Euro	23.977.800			
- Bewirtschaftungsausgaben (14 % der Mieteinnahmen) in Euro	3.356.892			
- Zuführung Reservekonto (4 % der Mieteinnahmen vor Bewirtschaftungsausgaben) in Euro	959.112			
- einmalige Transaktionsausgaben in Euro	2.000.000	0	0	0
- laufende Transaktionsausgaben in Euro	291.020	291.020	291.020	291.020
- Steuerzahlung in Euro	1.158.351	1.358.351	1.808.110	2.032.989
= Jährlich maximaler Kapitaldienst in Euro	**16.212.425**	**18.012.425**	**17.562.666**	**17.337.787**

Nebenrechnung zur Ermittlung des steuerpflichtigen Gewinns:

	t=1	t=2 bis t=33	t=34	ab t=35
Konforme Jahresmieteinnahme in Euro	23.977.800			
- Bewirtschaftungsausgaben (14 % der Mieteinnahmen) in Euro	3.356.892			
- Abschreibung in Euro	6.746.375	6.746.375	2.248.792	0
- einmalige Transaktionsausgaben in Euro	2.000.000	0	0	0
- laufende Transaktionsausgaben in Euro	291.020	291.020	291.020	291.020
= Steuerpflichtiger Gewinn in Euro	**11.583.513**	**13.583.513**	**18.081.096**	**20.329.888**

Nebenrechnung zur Ermittlung der Steuerzahlung:

	t=1	t=2 bis t=33	t=34	ab t=35
Steuerpflichtiger Gewinn in Euro	11.583.513	13.583.513	18.081.096	20.329.888
x Steuersatz (10 % des steuerpflichtigen Gewinns)	0,1	0,1	0,1	0,1
= Steuerzahlung in Euro	**1.158.351**	**1.358.351**	**1.808.110**	**2.032.989**

Tabelle A-25: Berechnung des maximalen jährlichen Kapitaldienstes bei 15 % Kaufpreisreduktion und Steuersatz 10 %

Aufteilung des Kapitaldienstes auf die Tranchen	**Anteil**	**t=1**	**t=2 bis t=33**	**t=34**	**ab t=35**
Kapitaldienst gesamt in Euro		16.212.425	18.012.425	17.562.666	17.337.787
Kapitaldienst Tranche 1 in Euro	60 %	9.727.455	10.807.455	10.537.600	10.402.672
Kapitaldienst Tranche 2 in Euro	30 %	4.863.728	5.403.728	5.268.800	5.201.336
Kapitaldienst Tranche 3 in Euro	10 %	1.621.243	1.801.243	1.756.267	1.733.779

Tabelle A-26: Aufteilung des Kapitaldienstes auf die Tranchen bei 15 % Kaufpreisreduktion und Steuersatz 10 %

Tranche 1	t=1	t=2	t=3	t=4	t=5
Restschuld vor Tilgung in Euro	134.927.493	131.204.312	126.235.449	121.045.471	115.624.540
Kapitaldienst in Euro	9.727.455	10.807.455	10.807.455	10.807.455	10.807.455
Zinsaufwand in Euro	6.004.273	5.838.592	5.617.477	5.386.523	5.145.292
Tilgung in Euro	3.723.181	4.968.863	5.189.977	5.420.931	5.662.163
Restschuld nach Tilgung in Euro	131.204.312	126.235.449	121.045.471	115.624.540	109.962.377
Gesamte erfolgte Tilgung in Euro	3.723.181	8.692.044	13.882.022	19.302.953	24.965.116

Tranche 1	t=6	t=7	t=8	t=9	t=10
Restschuld vor Tilgung in Euro	109.962.377	104.048.248	97.870.940	91.418.742	84.679.422
Kapitaldienst in Euro	10.807.455	10.807.455	10.807.455	10.807.455	10.807.455
Zinsaufwand in Euro	4.893.326	4.630.147	4.355.257	4.068.134	3.768.234
Tilgung in Euro	5.914.129	6.177.308	6.452.198	6.739.321	7.039.221
Restschuld nach Tilgung in Euro	104.048.248	97.870.940	91.418.742	84.679.422	77.640.201
Gesamte erfolgte Tilgung in Euro	30.879.245	37.056.553	43.508.751	50.248.071	57.287.292

Tranche 1	t=11	t=12	t=13	t=14	t=15
Restschuld vor Tilgung in Euro	77.640.201	70.287.735	62.608.085	54.586.690	46.208.342
Kapitaldienst in Euro	10.807.455	10.807.455	10.807.455	10.807.455	10.807.455
Zinsaufwand in Euro	3.454.989	3.127.804	2.786.060	2.429.108	2.056.271
Tilgung in Euro	7.352.466	7.679.651	8.021.395	8.378.347	8.751.184
Restschuld nach Tilgung in Euro	70.287.735	62.608.085	54.586.690	46.208.342	37.457.159
Gesamte erfolgte Tilgung in Euro	64.639.758	72.319.408	80.340.803	88.719.151	97.470.334

Tranche 1	t=16	t=17	t=18	t=19
Restschuld vor Tilgung in Euro	37.457.159	28.316.548	18.769.179	8.796.953
Kapitaldienst in Euro	10.807.455	10.807.455	10.807.455	10.807.455
Zinsaufwand in Euro	1.666.844	1.260.086	835.228	391.464
Tilgung in Euro	9.140.611	9.547.368	9.972.226	8.796.953
Restschuld nach Tilgung in Euro (bzw. Überschuss nach Tilgung bei negativem Vorzeichen)	28.316.548	18.769.179	8.796.953	-1.619.038
Gesamte erfolgte Tilgung in Euro	106.610.945	116.158.314	126.130.540	134.927.493

Tabelle A-27: Tilgungsplan Tranche 1 bei 15 % Kaufpreisreduktion und Steuersatz 10 %

Tranche 2	t=1	t=2	t=3	t=4	t=5
Restschuld vor Tilgung in Euro	67.463.747	65.703.350	63.321.976	60.831.059	58.225.559
Kapitaldienst in Euro	4.863.728	5.403.728	5.403.728	5.403.728	5.403.728
Zinsaufwand in Euro	3.103.332	3.022.354	2.912.811	2.798.229	2.678.376
Tilgung in Euro	1.760.396	2.381.374	2.490.918	2.605.500	2.725.353
Restschuld nach Tilgung in Euro	65.703.350	63.321.976	60.831.059	58.225.559	55.500.206
Gesamte erfolgte Tilgung in Euro	1.760.396	4.141.770	6.632.688	9.238.188	11.963.540

Tranche 2	t=6	t=7	t=8	t=9	t=10
Restschuld vor Tilgung in Euro	55.500.206	52.649.487	49.667.635	46.548.618	43.286.126
Kapitaldienst in Euro	5.403.728	5.403.728	5.403.728	5.403.728	5.403.728
Zinsaufwand in Euro	2.553.009	2.421.876	2.284.711	2.141.236	1.991.162
Tilgung in Euro	2.850.719	2.981.852	3.119.017	3.262.492	3.412.567
Restschuld nach Tilgung in Euro	52.649.487	49.667.635	46.548.618	43.286.126	39.873.560
Gesamte erfolgte Tilgung in Euro	14.814.259	17.796.111	20.915.128	24.177.620	27.590.187

Tranche 2	t=11	t=12	t=13	t=14	t=15
Restschuld vor Tilgung in Euro	39.873.560	36.304.015	32.570.271	28.664.775	24.579.626
Kapitaldienst in Euro	5.403.728	5.403.728	5.403.728	5.403.728	5.403.728
Zinsaufwand in Euro	1.834.184	1.669.985	1.498.232	1.318.580	1.130.663
Tilgung in Euro	3.569.545	3.733.744	3.905.496	4.085.149	4.273.066
Restschuld nach Tilgung in Euro	36.304.015	32.570.271	28.664.775	24.579.626	20.306.561
Gesamte erfolgte Tilgung in Euro	31.159.732	34.893.475	38.798.971	42.884.120	47.157.186

Tranche 2	t=16	t=17	t=18	t=19	t=20
Restschuld vor Tilgung in Euro	20.306.561	15.836.934	11.161.705	6.271.415	1.156.171
Kapitaldienst in Euro	5.403.728	5.403.728	5.403.728	5.403.728	5.403.728
Zinsaufwand in Euro	934.102	728.499	513.438	288.485	53.184
Tilgung in Euro	4.469.627	4.675.229	4.890.290	5.115.243	1.156.171
Restschuld nach Tilgung in Euro (bzw. Überschuss nach Tilgung bei negativem Vorzeichen)	15.836.934	11.161.705	6.271.415	1.156.171	-4.194.373
Gesamte erfolgte Tilgung in Euro	51.626.812	56.302.042	61.192.332	66.307.575	67.463.747

Tabelle A-28: Tilgungsplan Tranche 2 bei 15 % Kaufpreisreduktion und Steuersatz 10 %

Tranche 3	t=1	t=2	t=3	t=4	t=5
Restschuld vor Tilgung in Euro	22.487.916	21.968.580	21.243.797	20.483.499	19.685.947
Kapitaldienst in Euro	1.621.243	1.801.243	1.801.243	1.801.243	1.801.243
Zinsaufwand in Euro	1.101.908	1.076.460	1.040.946	1.003.691	964.611
Tilgung in Euro	519.336	724.783	760.297	797.552	836.632
Restschuld nach Tilgung in Euro	21.968.580	21.243.797	20.483.499	19.685.947	18.849.315
Gesamte erfolgte Tilgung in Euro	519.336	1.244.119	2.004.416	2.801.968	3.638.600

Tranche 3	t=6	t=7	t=8	t=9	t=10
Restschuld vor Tilgung in Euro	18.849.315	17.971.688	17.051.058	16.085.316	15.072.253
Kapitaldienst in Euro	1.801.243	1.801.243	1.801.243	1.801.243	1.801.243
Zinsaufwand in Euro	923.616	880.613	835.502	788.180	738.540
Tilgung in Euro	877.627	920.631	965.742	1.013.063	1.062.703
Restschuld nach Tilgung in Euro	17.971.688	17.051.058	16.085.316	15.072.253	14.009.550
Gesamte erfolgte Tilgung in Euro	4.516.227	5.436.858	6.402.600	7.415.663	8.478.366

Tranche 3	t=11	t=12	t=13	t=14	t=15
Restschuld vor Tilgung in Euro	14.009.550	12.894.774	11.725.375	10.498.675	9.211.866
Kapitaldienst in Euro	1.801.243	1.801.243	1.801.243	1.801.243	1.801.243
Zinsaufwand in Euro	686.468	631.844	574.543	514.435	451.381
Tilgung in Euro	1.114.776	1.169.400	1.226.700	1.286.808	1.349.862
Restschuld nach Tilgung in Euro	12.894.774	11.725.375	10.498.675	9.211.866	7.862.004
Gesamte erfolgte Tilgung in Euro	9.593.141	10.762.541	11.989.241	13.276.049	14.625.911

Tranche 3	t=16	t=17	t=18	t=19	t=20
Restschuld vor Tilgung in Euro	7.862.004	6.445.999	4.960.610	3.402.436	1.767.912
Kapitaldienst in Euro	1.801.243	1.801.243	1.801.243	1.801.243	1.801.243
Zinsaufwand in Euro	385.238	315.854	243.070	166.719	86.628
Tilgung in Euro	1.416.005	1.485.390	1.558.174	1.634.524	1.714.616
Restschuld nach Tilgung in Euro	6.445.999	4.960.610	3.402.436	1.767.912	53.296
Gesamte erfolgte Tilgung in Euro	16.041.916	17.527.306	19.085.480	20.720.004	22.434.619

Tranche 3	t=21
Restschuld vor Tilgung in Euro	53.296
Kapitaldienst in Euro	1.801.243
Zinsaufwand in Euro	2.612
Tilgung in Euro	53.296
Restschuld nach Tilgung in Euro (bzw. Überschuss nach Tilgung bei negativem Vorzeichen)	-1.745.335
Gesamte erfolgte Tilgung in Euro	22.487.916

Tabelle A-29: Tilgungsplan Tranche 3 bei 15 % Kaufpreisreduktion und Steuersatz 10 %

	Überschuss nach planmäßiger Tilgung der Tranche 1 in t=19 in Euro	1.619.038
-	Restschuld der Tranche 2 nach planmäßiger Tilgung t=19 in Euro	1.156.171
=	**Überschuss nach Tilgung der Tranchen 1 und 2 in t=19 in Euro**	**462.867**
	Restschuld der Tranche 3 nach regulärer Tilgung in t=19 in Euro	1.767.912
-	Überschuss nach Tilgung der Tranchen 1 und 2 in t=19 in Euro	462.867
=	Restschuld der Tranche 3 nach gesamter Tilgung in t=19 in Euro	1.305.045
+	Zu zahlender Zinsaufwand (4,9 %) auf die Restschuld der Tranche 3 in t=20 in Euro	63.947
=	**Restschuld der Tranche 3 vor Tilgung in t=20 in Euro**	**1.368.992**
	Planmäßiger Kapitaldienst der Tranche 3 in t=20 in Euro	1.801.243
+	Zusätzlicher Kapitaldienst aus der Tranche 2 in t=20 in Euro	5.403.728
+	Zusätzlicher Kapitaldienst aus der Tranche 1 in t=20 in Euro	10.807.455
=	**Gesamter zur Verfügung stehender Kapitaldienst zur Tilgung von Tranche 3 in t=20 in Euro**	**18.012.426**
	Gesamter zur Verfügung stehender Kapitaldienst zur Tilgung von Tranche 3 in t=20 in Euro	18.012.426
-	Restschuld der Tranche 3 vor Tilgung in t=20 in Euro	1.368.992
=	**Überschuss nach Tilgung aller Tranchen in t=20 in Euro**	**16.643.434**

Abbildung A-6: Tilgung aller Tranchen in t=20 bei Steuersatz 10 % und 15 % Kaufpreisreduktion ohne Einbezug Reservekonto

Kapitalbestand Reservekonto in t=18 in Euro		**20.536.806**
Gesamt zu tilgende Restschuld nach planmäßiger Tilgung in t=18 in Euro		
	Tranche 1	8.796.953
+	Tranche 2	6.271.415
+	Tranche 3	3.402.436
=	**Gesamt zu tilgende Restschuld nach planmäßiger Tilgung in t=18 in Euro**	**18.470.804**
Überschuss in t=18 nach Tilgung aller Tranchen in t=18 in Euro		
	Kapitalbestand Reservekonto in t=18 in Euro	20.536.806
-	Gesamt zu tilgende Restschuld nach planmäßiger Tilgung in t=18 in Euro	18.470.804
=	**Überschuss in t=18 nach Tilgung aller Tranchen in Euro**	**2.066.002**

Abbildung A-7: Tilgung aller Tranchen in t=18 bei Steuersatz 10 % und 15 % Kaufpreisreduktion unter Einbezug Reservekonto

Ermittlung des maximalen jährlichen Kapitaldienstes:

	t=1	t=2 bis t=33	t=34	ab t=35
Konforme Jahresmieteinnahme in Euro	23.977.800			
- Bewirtschaftungsausgaben (14 % der Mieteinnahmen) in Euro	3.356.892			
- Zuführung Reservekonto (4 % der Mieteinnahmen vor Bewirtschaftungsausgaben) in Euro	959.112			
- einmalige Transaktionsausgaben in Euro	2.000.000	0	0	0
- laufende Transaktionsausgaben in Euro	291.020	291.020	291.020	291.020
- Steuerzahlung in Euro	3.454.783	4.051.283	5.392.687	6.063.389
= Jährlich maximaler Kapitaldienst in Euro	**13.915.993**	**15.319.493**	**13.978.089**	**13.307.387**

Nebenrechnung zur Ermittlung des steuerpflichtigen Gewinns:

	t=1	t=2 bis t=33	t=34	ab t=35
Konforme Jahresmieteinnahme in Euro	23.977.800			
- Bewirtschaftungsausgaben (14 % der Mieteinnahmen) in Euro	3.356.892			
- Abschreibung in Euro	6.746.375	6.746.375	2.248.792	0
- einmalige Transaktionsausgaben in Euro	2.000.000	0	0	0
- laufende Transaktionsausgaben in Euro	291.020	291.020	291.020	291.020
= Steuerpflichtiger Gewinn in Euro	**11.583.513**	**13.583.513**	**18.081.096**	**20.329.888**

Nebenrechnung zur Ermittlung der Steuerzahlung:

	t=1	t=2 bis t=33	t=34	ab t=35
Steuerpflichtiger Gewinn in Euro	11.583.513	13.583.513	18.081.096	20.329.888
x Steuersatz (29,825 % des steuerpflichtigen Gewinns)	0,29825	0,29825	0,29825	0,29825
= Steuerzahlung in Euro	**3.454.783**	**4.051.283**	**5.392.687**	**6.063.389**

Tabelle A-30: Berechnung des maximalen jährlichen Kapitaldienstes bei 15 % Kaufpreisreduktion und Steuersatz 29,825 %

Aufteilung des Kapitaldienstes auf die Tranchen	**Anteil**	**t=1**	**t=2 bis t=33**	**t=34**	**ab t=35**
Kapitaldienst gesamt in Euro		13.915.993	15.319.493	13.978.089	13.307.387
Kapitaldienst Tranche 1 in Euro	60 %	8.349.596	9.191.696	8.386.853	7.984.432
Kapitaldienst Tranche 2 in Euro	30 %	4.174.798	4.595.848	4.193.427	3.992.216
Kapitaldienst Tranche 3 in Euro	10 %	1.391.599	1.531.949	1.397.809	1.330.739

Tabelle A-31: Aufteilung des Kapitaldienstes auf die Tranchen bei 15 % Kaufpreisreduktion und Steuersatz 29,825 %

Tranche 1	t=1	t=2	t=3	t=4	t=5
Restschuld vor Tilgung in Euro	134.927.493	132.582.170	129.290.381	125.852.107	122.260.830
Kapitaldienst in Euro	8.349.596	9.191.696	9.191.696	9.191.696	9.191.696
Zinsaufwand in Euro	6.004.273	5.899.907	5.753.422	5.600.419	5.440.607
Tilgung in Euro	2.345.323	3.291.789	3.438.274	3.591.277	3.751.089
Restschuld nach Tilgung in Euro	132.582.170	129.290.381	125.852.107	122.260.830	118.509.741
Gesamte erfolgte Tilgung in Euro	2.345.323	5.637.112	9.075.386	12.666.663	16.417.752

Tranche 1	t=6	t=7	t=8	t=9	t=10
Restschuld vor Tilgung in Euro	118.509.741	114.591.728	110.499.364	106.224.890	101.760.202
Kapitaldienst in Euro	9.191.696	9.191.696	9.191.696	9.191.696	9.191.696
Zinsaufwand in Euro	5.273.683	5.099.332	4.917.222	4.727.008	4.528.329
Tilgung in Euro	3.918.012	4.092.364	4.274.474	4.464.688	4.663.367
Restschuld nach Tilgung in Euro	114.591.728	110.499.364	106.224.890	101.760.202	97.096.835
Gesamte erfolgte Tilgung in Euro	20.335.765	24.428.129	28.702.603	33.167.291	37.830.658

Tranche 1	t=11	t=12	t=13	t=14	t=15
Restschuld vor Tilgung in Euro	97.096.835	92.225.948	87.138.307	81.824.266	76.273.749
Kapitaldienst in Euro	9.191.696	9.191.696	9.191.696	9.191.696	9.191.696
Zinsaufwand in Euro	4.320.809	4.104.055	3.877.655	3.641.180	3.394.182
Tilgung in Euro	4.870.887	5.087.641	5.314.041	5.550.516	5.797.514
Restschuld nach Tilgung in Euro	92.225.948	87.138.307	81.824.266	76.273.749	70.476.235
Gesamte erfolgte Tilgung in Euro	42.701.545	47.789.186	53.103.227	58.653.744	64.451.258

Tranche 1	t=16	t=17	t=18	t=19	t=20
Restschuld vor Tilgung in Euro	70.476.235	64.420.732	58.095.758	51.489.324	44.588.903
Kapitaldienst in Euro	9.191.696	9.191.696	9.191.696	9.191.696	9.191.696
Zinsaufwand in Euro	3.136.192	2.866.723	2.585.261	2.291.275	1.984.206
Tilgung in Euro	6.055.503	6.324.973	6.606.435	6.900.421	7.207.490
Restschuld nach Tilgung in Euro	64.420.732	58.095.758	51.489.324	44.588.903	37.381.413
Gesamte erfolgte Tilgung in Euro	70.506.761	76.831.735	83.438.169	90.338.590	97.546.080

Tranche 1	t=21	t=22	t=23	t=24	t=25
Restschuld vor Tilgung in Euro	37.381.413	29.853.190	21.989.961	13.776.818	5.198.191
Kapitaldienst in Euro	9.191.696	9.191.696	9.191.696	9.191.696	9.191.696
Zinsaufwand in Euro	1.663.473	1.328.467	978.553	613.068	231.319
Tilgung in Euro	7.528.223	7.863.229	8.213.143	8.578.628	5.198.191
Restschuld nach Tilgung in Euro (bzw. Überschuss nach Tilgung bei negativem Vorzeichen)	29.853.190	21.989.961	13.776.818	5.198.191	-3.762.186
Gesamte erfolgte Tilgung in Euro	105.074.303	112.937.532	121.150.675	129.729.302	134.927.493

Tabelle A-32: Tilgungsplan Tranche 1 bei 15 % Kaufpreisreduktion und Steuersatz 29,825 %

Tranche 2	t=1	t=2	t=3	t=4	t=5
Restschuld vor Tilgung in Euro	67.463.747	66.392.281	64.850.478	63.237.752	61.550.840
Kapitaldienst in Euro	4.174.798	4.595.848	4.595.848	4.595.848	4.595.848
Zinsaufwand in Euro	3.103.332	3.054.045	2.983.122	2.908.937	2.831.339
Tilgung in Euro	1.071.466	1.541.803	1.612.726	1.686.911	1.764.509
Restschuld nach Tilgung in Euro	66.392.281	64.850.478	63.237.752	61.550.840	59.786.331
Gesamte erfolgte Tilgung in Euro	1.071.466	2.613.269	4.225.995	5.912.906	7.677.415

Tranche 2	t=6	t=7	t=8	t=9	t=10
Restschuld vor Tilgung in Euro	59.786.331	57.940.654	56.010.076	53.990.692	51.878.416
Kapitaldienst in Euro	4.595.848	4.595.848	4.595.848	4.595.848	4.595.848
Zinsaufwand in Euro	2.750.171	2.665.270	2.576.464	2.483.572	2.386.407
Tilgung in Euro	1.845.677	1.930.578	2.019.384	2.112.276	2.209.441
Restschuld nach Tilgung in Euro	57.940.654	56.010.076	53.990.692	51.878.416	49.668.975
Gesamte erfolgte Tilgung in Euro	9.523.092	11.453.670	13.473.054	15.585.331	17.794.771

Tranche 2	t=11	t=12	t=13	t=14	t=15
Restschuld vor Tilgung in Euro	49.668.975	47.357.900	44.940.515	42.411.931	39.767.032
Kapitaldienst in Euro	4.595.848	4.595.848	4.595.848	4.595.848	4.595.848
Zinsaufwand in Euro	2.284.773	2.178.463	2.067.264	1.950.949	1.829.283
Tilgung in Euro	2.311.075	2.417.385	2.528.584	2.644.899	2.766.565
Restschuld nach Tilgung in Euro	47.357.900	44.940.515	42.411.931	39.767.032	37.000.467
Gesamte erfolgte Tilgung in Euro	20.105.847	22.523.231	25.051.815	27.696.715	30.463.279

Tranche 2	t=16	t=17	t=18	t=19	t=20
Restschuld vor Tilgung in Euro	37.000.467	34.106.641	31.079.698	27.913.517	24.601.690
Kapitaldienst in Euro	4.595.848	4.595.848	4.595.848	4.595.848	4.595.848
Zinsaufwand in Euro	1.702.022	1.568.905	1.429.666	1.284.022	1.131.678
Tilgung in Euro	2.893.826	3.026.942	3.166.182	3.311.826	3.464.170
Restschuld nach Tilgung in Euro	34.106.641	31.079.698	27.913.517	24.601.690	21.137.520
Gesamte erfolgte Tilgung in Euro	33.357.106	36.384.048	39.550.230	42.862.056	46.326.226

Tranche 2	t=21	t=22	t=23	t=24	t=25
Restschuld vor Tilgung in Euro	21.137.520	17.513.998	13.723.794	9.759.241	5.612.318
Kapitaldienst in Euro	4.595.848	4.595.848	4.595.848	4.595.848	4.595.848
Zinsaufwand in Euro	972.326	805.644	631.295	448.925	258.167
Tilgung in Euro	3.623.522	3.790.204	3.964.553	4.146.923	4.337.681
Restschuld nach Tilgung in Euro	17.513.998	13.723.794	9.759.241	5.612.318	1.274.636
Gesamte erfolgte Tilgung in Euro	49.949.748	53.739.952	57.704.506	61.851.429	66.189.110

Tranche 2	t=26
Restschuld vor Tilgung in Euro	1.274.636
Kapitaldienst in Euro	4.595.848
Zinsaufwand in Euro	58.633
Tilgung in Euro	1.274.636
Restschuld nach Tilgung in Euro (bzw. Überschuss nach Tilgung bei negativem Vorzeichen)	-3.262.579
Gesamte erfolgte Tilgung in Euro	67.463.747

Tabelle A-33: Tilgungsplan Tranche 2 bei 15 % Kaufpreisreduktion und Steuersatz 29,825 %

Tranche 3	t=1	t=2	t=3	t=4	t=5
Restschuld vor Tilgung in Euro	22.487.916	22.198.224	21.753.988	21.287.984	20.799.146
Kapitaldienst in Euro	1.391.599	1.531.949	1.531.949	1.531.949	1.531.949
Zinsaufwand in Euro	1.101.908	1.087.713	1.065.945	1.043.111	1.019.158
Tilgung in Euro	289.691	444.236	466.004	488.838	512.791
Restschuld nach Tilgung in Euro	22.198.224	21.753.988	21.287.984	20.799.146	20.286.354
Gesamte erfolgte Tilgung in Euro	289.691	733.928	1.199.932	1.688.770	2.201.561

Tranche 3	t=6	t=7	t=8	t=9	t=10
Restschuld vor Tilgung in Euro	20.286.354	19.748.436	19.184.161	18.592.235	17.971.305
Kapitaldienst in Euro	1.531.949	1.531.949	1.531.949	1.531.949	1.531.949
Zinsaufwand in Euro	994.031	967.673	940.024	911.020	880.594
Tilgung in Euro	537.918	564.276	591.925	620.930	651.355
Restschuld nach Tilgung in Euro	19.748.436	19.184.161	18.592.235	17.971.305	17.319.950
Gesamte erfolgte Tilgung in Euro	2.739.479	3.303.755	3.895.680	4.516.610	5.167.966

Tranche 3	t=11	t=12	t=13	t=14	t=15
Restschuld vor Tilgung in Euro	17.319.950	16.636.678	15.919.926	15.168.053	14.379.338
Kapitaldienst in Euro	1.531.949	1.531.949	1.531.949	1.531.949	1.531.949
Zinsaufwand in Euro	848.678	815.197	780.076	743.235	704.588
Tilgung in Euro	683.272	716.752	751.873	788.715	827.362
Restschuld nach Tilgung in Euro	16.636.678	15.919.926	15.168.053	14.379.338	13.551.977
Gesamte erfolgte Tilgung in Euro	5.851.237	6.567.989	7.319.862	8.108.577	8.935.939

Tranche 3	t=16	t=17	t=18	t=19	t=20
Restschuld vor Tilgung in Euro	13.551.977	12.684.074	11.773.644	10.818.604	9.816.766
Kapitaldienst in Euro	1.531.949	1.531.949	1.531.949	1.531.949	1.531.949
Zinsaufwand in Euro	664.047	621.520	576.909	530.112	481.022
Tilgung in Euro	867.902	910.430	955.041	1.001.838	1.050.928
Restschuld nach Tilgung in Euro	12.684.074	11.773.644	10.818.604	9.816.766	8.765.838
Gesamte erfolgte Tilgung in Euro	9.803.841	10.714.271	11.669.312	12.671.150	13.722.077

Tranche 3	t=21	t=22	t=23	t=24	t=25
Restschuld vor Tilgung in Euro	8.765.838	7.663.415	6.506.973	5.293.865	4.021.315
Kapitaldienst in Euro	1.531.949	1.531.949	1.531.949	1.531.949	1.531.949
Zinsaufwand in Euro	429.526	375.507	318.842	259.399	197.044
Tilgung in Euro	1.102.423	1.156.442	1.213.108	1.272.550	1.334.905
Restschuld nach Tilgung in Euro	7.663.415	6.506.973	5.293.865	4.021.315	2.686.411
Gesamte erfolgte Tilgung in Euro	14.824.501	15.980.943	17.194.050	18.466.600	19.801.505

Tranche 3	t=26	t=27
Restschuld vor Tilgung in Euro	2.686.411	1.286.095
Kapitaldienst in Euro	1.531.949	1.531.949
Zinsaufwand in Euro	131.634	63.019
Tilgung in Euro	1.400.315	1.286.095
Restschuld nach Tilgung in Euro (bzw. Überschuss nach Tilgung bei negativem Vorzeichen)	1.286.095	-182.835
Gesamte erfolgte Tilgung in Euro	21.201.820	22.487.916

Tabelle A-34: Tilgungsplan Tranche 3 bei 15 % Kaufpreisreduktion und Steuersatz 29,825 %

	Überschuss nach planmäßiger Tilgung der Tranche 1 in t=25 in Euro	3.762.186
-	Restschuld der Tranche 2 nach planmäßiger Tilgung t=25 in Euro	1.274.636
=	**Überschuss nach Tilgung der Tranchen 1 und 2 in t=25 in Euro**	**2.487.550**
	Restschuld Tranche 3 nach planmäßiger Tilgung in t=25 in Euro	2.686.411
-	Überschuss nach Tilgung der Tranchen 1 und 2 in t=25 in Euro	2.487.550
=	Restschuld der Tranche 3 nach gesamter Tilgung in t=25 in Euro	198.861
+	Zu zahlender Zinsaufwand (4,9 %) auf die Restschuld der Tranche 3 in t=26 in Euro	9.744
=	**Restschuld der Tranche 3 vor Tilgung in t=26 in Euro**	**208.605**
	Planmäßiger Kapitaldienst der Tranche 3 in t=26 in Euro	1.531.949
+	Zusätzlicher Kapitaldienst aus der Tranche 2 in t=26 in Euro	4.595.848
+	Zusätzlicher Kapitaldienst aus der Tranche 1 in t=26 in Euro	9.191.696
=	**Gesamter zur Verfügung stehender Kapitaldienst zur Tilgung von Tranche 3 in t=26 in Euro**	**15.319.493**
	Gesamter zur Verfügung stehender Kapitaldienst zur Tilgung von Tranche 3 in t=26 in Euro	15.319.493
-	Restschuld der Tranche 3 vor Tilgung in t=26 in Euro	208.605
=	**Überschuss nach Tilgung aller Tranchen in Euro in t=26**	**15.110.888**

Abbildung A-8: Tilgung aller Tranchen in t=26 bei Steuersatz 29,825 % und 15 % Kaufpreisreduktion ohne Einbezug Reservekonto

Kapitalbestand Reservekonto in t=24 in Euro		**29.177.973**
Gesamt zu tilgende Restschuld nach planmäßiger Tilgung in t=24 in Euro		
	Tranche 1	9.191.696
+	Tranche 2	4.595.848
+	Tranche 3	1.531.949
=	**Gesamt zu tilgende Restschuld nach planmäßiger Tilgung in t=24 in Euro**	**15.319.493**
Überschuss in t=24 nach Tilgung aller Tranchen in Euro		
	Kapitalbestand Reservekonto in t=24 in Euro	29.177.973
-	Gesamt zu tilgende Restschuld nach planmäßiger Tilgung in t=24 in Euro	15.319.493
=	**Überschuss in t=24 nach Tilgung aller Tranchen in Euro**	**13.858.480**

Abbildung A-9: Tilgung aller Tranchen in t=24 bei Steuersatz 29,825 % und 15 % Kaufpreisreduktion unter Einbezug Reservekonto

Tranche 1	t=1	t=2	t=3	t=4	t=5
Restschuld vor Tilgung in Euro	158.738.227	156.717.513	153.517.785	150.161.269	146.640.284
Kapitaldienst in Euro	9.798.887	10.878.887	10.878.887	10.878.887	10.878.887
Zinsaufwand in Euro	7.778.173	7.679.158	7.522.371	7.357.902	7.185.374
Tilgung in Euro	2.020.714	3.199.729	3.356.516	3.520.985	3.693.513
Restschuld nach Tilgung in Euro	156.717.513	153.517.785	150.161.269	146.640.284	142.946.771
Gesamte erfolgte Tilgung in Euro	2.020.714	5.220.443	8.576.958	12.097.943	15.791.456

Tranche 1	t=6	t=7	t=8	t=9	t=10
Restschuld vor Tilgung in Euro	142.946.771	139.072.276	135.007.930	130.744.432	126.272.022
Kapitaldienst in Euro	10.878.887	10.878.887	10.878.887	10.878.887	10.878.887
Zinsaufwand in Euro	7.004.392	6.814.542	6.615.389	6.406.477	6.187.329
Tilgung in Euro	3.874.495	4.064.345	4.263.498	4.472.410	4.691.558
Restschuld nach Tilgung in Euro	139.072.276	135.007.930	130.744.432	126.272.022	121.580.464
Gesamte erfolgte Tilgung in Euro	19.665.951	23.730.297	27.993.795	32.466.205	37.157.763

Tranche 1	t=11	t=12	t=13	t=14	t=15
Restschuld vor Tilgung in Euro	121.580.464	116.659.020	111.496.425	106.080.863	100.399.938
Kapitaldienst in Euro	10.878.887	10.878.887	10.878.887	10.878.887	10.878.887
Zinsaufwand in Euro	5.957.443	5.716.292	5.463.325	5.197.962	4.919.597
Tilgung in Euro	4.921.444	5.162.595	5.415.562	5.680.925	5.959.290
Restschuld nach Tilgung in Euro	116.659.020	111.496.425	106.080.863	100.399.938	94.440.648
Gesamte erfolgte Tilgung in Euro	42.079.207	47.241.802	52.657.364	58.338.289	64.297.579

Tranche 1	t=16	t=17	t=18	t=19	t=20
Restschuld vor Tilgung in Euro	94.440.648	88.189.353	81.631.744	74.752.813	67.536.814
Kapitaldienst in Euro	10.878.887	10.878.887	10.878.887	10.878.887	10.878.887
Zinsaufwand in Euro	4.627.592	4.321.278	3.999.955	3.662.888	3.309.304
Tilgung in Euro	6.251.295	6.557.609	6.878.932	7.215.999	7.569.583
Restschuld nach Tilgung in Euro	88.189.353	81.631.744	74.752.813	67.536.814	59.967.231
Gesamte erfolgte Tilgung in Euro	70.548.874	77.106.483	83.985.414	91.201.413	98.770.996

Tranche 1	t=21	t=22	t=23	t=24	t=25
Restschuld vor Tilgung in Euro	59.967.231	52.026.738	43.697.161	34.959.435	25.793.560
Kapitaldienst in Euro	10.878.887	10.878.887	10.878.887	10.878.887	10.878.887
Zinsaufwand in Euro	2.938.394	2.549.310	2.141.161	1.713.012	1.263.884
Tilgung in Euro	7.940.493	8.329.577	8.737.726	9.165.875	9.615.003
Restschuld nach Tilgung in Euro	52.026.738	43.697.161	34.959.435	25.793.560	16.178.558
Gesamte erfolgte Tilgung in Euro	106.711.489	115.041.066	123.778.792	132.944.667	142.559.669

Tranche 1	t=26	t=27
Restschuld vor Tilgung in Euro	16.178.558	6.092.420
Kapitaldienst in Euro	10.878.887	10.878.887
Zinsaufwand in Euro	792.749	298.529
Tilgung in Euro	10.086.138	6.092.420
Restschuld nach Tilgung in Euro (bzw. Überschuss nach Tilgung bei negativem Vorzeichen)	6.092.420	-4.487.938
Gesamte erfolgte Tilgung in Euro	152.645.807	158.738.227

Tabelle A-35: Tilgungsplan Tranche 1 bei höheren Zinssätzen und Steuersatz 10 %

Tranche 2	t=1	t=2	t=3	t=4	t=5
Restschuld vor Tilgung in Euro	79.369.114	78.676.233	77.406.630	76.069.738	74.661.991
Kapitaldienst in Euro	4.899.443	5.439.443	5.439.443	5.439.443	5.439.443
Zinsaufwand in Euro	4.206.563	4.169.840	4.102.551	4.031.696	3.957.085
Tilgung in Euro	692.880	1.269.603	1.336.892	1.407.747	1.482.358
Restschuld nach Tilgung in Euro	78.676.233	77.406.630	76.069.738	74.661.991	73.179.633
Gesamte erfolgte Tilgung in Euro	692.880	1.962.484	3.299.376	4.707.123	6.189.481

Tranche 2	t=6	t=7	t=8	t=9	t=10
Restschuld vor Tilgung in Euro	73.179.633	71.618.710	69.975.058	68.244.292	66.421.796
Kapitaldienst in Euro	5.439.443	5.439.443	5.439.443	5.439.443	5.439.443
Zinsaufwand in Euro	3.878.521	3.795.792	3.708.678	3.616.947	3.520.355
Tilgung in Euro	1.560.923	1.643.652	1.730.765	1.822.496	1.919.088
Restschuld nach Tilgung in Euro	71.618.710	69.975.058	68.244.292	66.421.796	64.502.708
Gesamte erfolgte Tilgung in Euro	7.750.404	9.394.056	11.124.821	12.947.317	14.866.406

Tranche 2	t=11	t=12	t=13	t=14	t=15
Restschuld vor Tilgung in Euro	64.502.708	62.481.908	60.354.006	58.113.324	55.753.887
Kapitaldienst in Euro	5.439.443	5.439.443	5.439.443	5.439.443	5.439.443
Zinsaufwand in Euro	3.418.644	3.311.541	3.198.762	3.080.006	2.954.956
Tilgung in Euro	2.020.800	2.127.902	2.240.681	2.359.437	2.484.487
Restschuld nach Tilgung in Euro	62.481.908	60.354.006	58.113.324	55.753.887	53.269.400
Gesamte erfolgte Tilgung in Euro	16.887.206	19.015.108	21.255.789	23.615.226	26.099.714

Tranche 2	t=16	t=17	t=18	t=19	t=20
Restschuld vor Tilgung in Euro	53.269.400	50.653.234	47.898.412	44.997.585	41.943.013
Kapitaldienst in Euro	5.439.443	5.439.443	5.439.443	5.439.443	5.439.443
Zinsaufwand in Euro	2.823.278	2.684.621	2.538.616	2.384.872	2.222.980
Tilgung in Euro	2.616.165	2.754.822	2.900.828	3.054.572	3.216.464
Restschuld nach Tilgung in Euro	50.653.234	47.898.412	44.997.585	41.943.013	38.726.549
Gesamte erfolgte Tilgung in Euro	28.715.879	31.470.701	34.371.529	37.426.100	40.642.564

Tranche 2	t=21	t=22	t=23	t=24	t=25
Restschuld vor Tilgung in Euro	38.726.549	35.339.613	31.773.169	28.017.703	24.063.198
Kapitaldienst in Euro	5.439.443	5.439.443	5.439.443	5.439.443	5.439.443
Zinsaufwand in Euro	2.052.507	1.872.999	1.683.978	1.484.938	1.275.350
Tilgung in Euro	3.386.936	3.566.444	3.755.466	3.954.505	4.164.094
Restschuld nach Tilgung in Euro	35.339.613	31.773.169	28.017.703	24.063.198	19.899.104
Gesamte erfolgte Tilgung in Euro	44.029.501	47.595.945	51.351.410	55.305.915	59.470.009

Tranche 2	t=26	t=27	t=28	t=29	t=30
Restschuld vor Tilgung in Euro	19.899.104	15.514.313	10.897.128	6.035.233	915.657
Kapitaldienst in Euro	5.439.443	5.439.443	5.439.443	5.439.443	5.439.443
Zinsaufwand in Euro	1.054.653	822.259	577.548	319.867	48.530
Tilgung in Euro	4.384.791	4.617.185	4.861.896	5.119.576	915.657
Restschuld nach Tilgung in Euro (bzw. Überschuss nach Tilgung bei negativem Vorzeichen)	15.514.313	10.897.128	6.035.233	915.657	-4.475.256
Gesamte erfolgte Tilgung in Euro	63.854.800	68.471.985	73.333.881	78.453.457	79.369.114

Tabelle A-36: Tilgungsplan Tranche 2 bei höheren Zinssätzen und Steuersatz 10 %

Tranche 3	t=1	t=2	t=3	t=4	t=5
Restschuld vor Tilgung in Euro	26.456.371	26.410.606	26.182.094	25.939.872	25.683.116
Kapitaldienst in Euro	1.633.148	1.813.148	1.813.148	1.813.148	1.813.148
Zinsaufwand in Euro	1.587.382	1.584.636	1.570.926	1.556.392	1.540.987
Tilgung in Euro	45.766	228.511	242.222	256.756	272.161
Restschuld nach Tilgung in Euro	26.410.606	26.182.094	25.939.872	25.683.116	25.410.956
Gesamte erfolgte Tilgung in Euro	45.766	274.277	516.499	773.255	1.045.416

Tranche 3	t=6	t=7	t=8	t=9	t=10
Restschuld vor Tilgung in Euro	25.410.956	25.122.465	24.816.665	24.492.517	24.148.920
Kapitaldienst in Euro	1.813.148	1.813.148	1.813.148	1.813.148	1.813.148
Zinsaufwand in Euro	1.524.657	1.507.348	1.489.000	1.469.551	1.448.935
Tilgung in Euro	288.490	305.800	324.148	343.597	364.213
Restschuld nach Tilgung in Euro	25.122.465	24.816.665	24.492.517	24.148.920	23.784.708
Gesamte erfolgte Tilgung in Euro	1.333.906	1.639.706	1.963.854	2.307.451	2.671.663

Tranche 3	t=11	t=12	t=13	t=14	t=15
Restschuld vor Tilgung in Euro	23.784.708	23.398.643	22.989.413	22.555.630	22.095.820
Kapitaldienst in Euro	1.813.148	1.813.148	1.813.148	1.813.148	1.813.148
Zinsaufwand in Euro	1.427.082	1.403.919	1.379.365	1.353.338	1.325.749
Tilgung in Euro	386.065	409.229	433.783	459.810	487.399
Restschuld nach Tilgung in Euro	23.398.643	22.989.413	22.555.630	22.095.820	21.608.422
Gesamte erfolgte Tilgung in Euro	3.057.729	3.466.958	3.900.741	4.360.551	4.847.950

Tranche 3	t=16	t=17	t=18	t=19	t=20
Restschuld vor Tilgung in Euro	21.608.422	21.091.779	20.544.138	19.963.638	19.348.309
Kapitaldienst in Euro	1.813.148	1.813.148	1.813.148	1.813.148	1.813.148
Zinsaufwand in Euro	1.296.505	1.265.507	1.232.648	1.197.818	1.160.899
Tilgung in Euro	516.643	547.641	580.500	615.330	652.249
Restschuld nach Tilgung in Euro	21.091.779	20.544.138	19.963.638	19.348.309	18.696.060
Gesamte erfolgte Tilgung in Euro	5.364.592	5.912.233	6.492.733	7.108.062	7.760.312

Tranche 3	t=21	t=22	t=23	t=24	t=25
Restschuld vor Tilgung in Euro	18.696.060	18.004.675	17.271.808	16.494.969	15.671.519
Kapitaldienst in Euro	1.813.148	1.813.148	1.813.148	1.813.148	1.813.148
Zinsaufwand in Euro	1.121.764	1.080.281	1.036.308	989.698	940.291
Tilgung in Euro	691.384	732.867	776.839	823.450	872.857
Restschuld nach Tilgung in Euro	18.004.675	17.271.808	16.494.969	15.671.519	14.798.662
Gesamte erfolgte Tilgung in Euro	8.451.696	9.184.563	9.961.403	10.784.852	11.657.709

Tranche 3	t=26	t=27	t=28	t=29	t=30
Restschuld vor Tilgung in Euro	14.798.662	13.873.434	12.892.692	11.853.106	10.751.145
Kapitaldienst in Euro	1.813.148	1.813.148	1.813.148	1.813.148	1.813.148
Zinsaufwand in Euro	887.920	832.406	773.562	711.186	645.069
Tilgung in Euro	925.228	980.742	1.039.586	1.101.961	1.168.079
Restschuld nach Tilgung in Euro	13.873.434	12.892.692	11.853.106	10.751.145	9.583.065
Gesamte erfolgte Tilgung in Euro	12.582.937	13.563.679	14.603.265	15.705.227	16.873.306

Tranche 3	t=31	t=32	t=33	t=34	t=35
Restschuld vor Tilgung in Euro	9.583.065	8.344.902	7.032.448	5.641.247	4.219.487
Kapitaldienst in Euro	1.813.148	1.813.148	1.813.148	1.760.235	1.733.779
Zinsaufwand in Euro	574.984	500.694	421.947	338.475	253.169
Tilgung in Euro	1.238.164	1.312.454	1.391.201	1.421.760	1.480.610
Restschuld nach Tilgung in Euro	8.344.902	7.032.448	5.641.247	4.219.487	2.738.877
Gesamte erfolgte Tilgung in Euro	18.111.470	19.423.923	20.815.124	22.236.885	23.717.494

Tabelle A-37: Tilgungsplan Tranche 3 bei höheren Zinssätzen und Steuersatz 10 %

(Teil 1)

Tranche 3	t=36	t=37
Restschuld vor Tilgung in Euro	2.738.877	1.169.431
Kapitaldienst in Euro	1.733.779	1.733.779
Zinsaufwand in Euro	164.333	70.166
Tilgung in Euro	1.569.446	1.169.431
Restschuld nach Tilgung in Euro (bzw. Überschuss nach Tilgung bei negativem Vorzeichen)	1.169.431	-494.182
Gesamte erfolgte Tilgung in Euro	25.286.940	26.456.371

Tabelle A-38: Tilgungsplan Tranche 3 bei höheren Zinssätzen und Steuersatz 10 %

(Teil 2)

	Restschuld der Tranche 2 nach planmäßiger Tilgung t=27 in Euro	10.897.128
-	Überschuss nach planmäßiger Tilgung der Tranche 1 in t=27 in Euro	4.487.938
=	Restschuld der Tranche 2 nach gesamter Tilgung in t=27 in Euro	6.409.190
+	Zu zahlender Zinsaufwand (5,3 %) auf die Restschuld der Tranche 2 in t=28 in Euro	339.687
=	**Restschuld der Tranche 2 vor Tilgung in t=28 in Euro**	**6.748.877**
	Planmäßiger Kapitaldienst der Tranche 2 in t=28 in Euro	5.439.443
+	Zusätzlicher Kapitaldienst aus der Tranche 1 in t=28 in Euro	10.878.887
=	Gesamter zur Verfügung stehender Kapitaldienst zur Tilgung von Tranche 2 in t=28 in Euro	16.318.330
-	Restschuld der Tranche 2 vor Tilgung in t=28 in Euro	6.748.877
=	**Überschuss nach Tilgung der Tranchen 1 und 2 in t=28 in Euro**	**9.569.453**
	Restschuld der Tranche 3 nach planmäßiger Tilgung in t=28 in Euro	11.853.106
-	Überschuss nach Tilgung der Tranchen 1 und 2 in t=28 in Euro	9.569.453
=	Restschuld der Tranche 3 nach gesamter Tilgung in t=28 in Euro	2.283.653
+	Zu zahlender Zinsaufwand (6 %) auf die Restschuld der Tranche 3 in t=29 in Euro	137.019
=	**Restschuld der Tranche 3 vor Tilgung in t=29 in Euro**	**2.420.672**
	Planmäßiger Kapitaldienst der Tranche 3 in t=29 in Euro	1.813.148
+	Zusätzlicher Kapitaldienst aus der Tranche 2 in t=29 in Euro	5.439.443
+	Zusätzlicher Kapitaldienst aus der Tranche 1 in t=29 in Euro	10.878.887
=	**Gesamter zur Verfügung stehender Kapitaldienst in t=29 zur Tilgung von Tranche 3 in Euro**	**18.131.478**
	Gesamter zur Verfügung stehender Kapitaldienst in t=29 zur Tilgung von Tranche 3 in Euro	18.131.478
-	Restschuld der Tranche 3 vor Tilgung in t=29 in Euro	2.420.672
=	**Überschuss nach Tilgung aller Tranchen in Euro in t=29**	**15.710.806**

Abbildung A-10: Tilgung aller Tranchen in t=29 bei Steuersatz 10 % und höheren Zinssätzen ohne Einbezug Reservekonto

	Kapitalbestand Reservekonto in t=27 in Euro	33.899.165
+	Überschuss der Tranche 1 in t=27 in Euro	4.487.938
=	**Zur Tilgung der Tranchen 2 und 3 zur Verfügung stehendes Kapital in t=27 in Euro**	**38.387.103**
	Zu tilgende Restschuld der Tranche 2 in t=27 in Euro	10.897.128
+	Zu tilgende Restschuld der Tranche 3 in t=27 in Euro	12.892.692
=	**Gesamt zu tilgende Restschuld in t=27 in Euro**	**23.789.820**
	Zur Tilgung der Tranchen 2 und 3 zur Verfügung stehendes Kapital in t=27 in Euro	38.387.103
-	Gesamt zu tilgende Restschuld in t=27 in Euro	23.789.820
=	**Überschuss in t=27 nach Tilgung aller Tranchen in Euro**	**14.597.283**

Abbildung A-11: Tilgung aller Tranchen in t=27 bei Steuersatz 10 % und höheren Zinssätzen unter Einbezug Reservekonto

Tranche 1	t=1	t=2	t=3	t=4	t=5
Restschuld vor Tilgung in Euro	158.738.227	157.953.757	156.288.748	154.542.153	152.709.975
Kapitaldienst in Euro	8.562.643	9.404.743	9.404.743	9.404.743	9.404.743
Zinsaufwand in Euro	7.778.173	7.739.734	7.658.149	7.572.565	7.482.789
Tilgung in Euro	784.470	1.665.009	1.746.595	1.832.178	1.921.955
Restschuld nach Tilgung in Euro	157.953.757	156.288.748	154.542.153	152.709.975	150.788.021
Gesamte erfolgte Tilgung in Euro	784.470	2.449.480	4.196.074	6.028.252	7.950.207

Tranche 1	t=6	t=7	t=8	t=9	t=10
Restschuld vor Tilgung in Euro	150.788.021	148.771.890	146.656.969	144.438.418	142.111.157
Kapitaldienst in Euro	9.404.743	9.404.743	9.404.743	9.404.743	9.404.743
Zinsaufwand in Euro	7.388.613	7.289.823	7.186.192	7.077.482	6.963.447
Tilgung in Euro	2.016.130	2.114.921	2.218.552	2.327.261	2.441.297
Restschuld nach Tilgung in Euro	148.771.890	146.656.969	144.438.418	142.111.157	139.669.860
Gesamte erfolgte Tilgung in Euro	9.966.337	12.081.258	14.299.810	16.627.071	19.068.367

Tranche 1	t=11	t=12	t=13	t=14	t=15
Restschuld vor Tilgung in Euro	139.669.860	137.108.940	134.422.534	131.604.495	128.648.372
Kapitaldienst in Euro	9.404.743	9.404.743	9.404.743	9.404.743	9.404.743
Zinsaufwand in Euro	6.843.823	6.718.338	6.586.704	6.448.620	6.303.770
Tilgung in Euro	2.560.920	2.686.405	2.818.039	2.956.123	3.100.973
Restschuld nach Tilgung in Euro	137.108.940	134.422.534	131.604.495	128.648.372	125.547.399
Gesamte erfolgte Tilgung in Euro	21.629.287	24.315.693	27.133.732	30.089.855	33.190.828

Tranche 1	t=16	t=17	t=18	t=19	t=20
Restschuld vor Tilgung in Euro	125.547.399	122.294.478	118.882.164	115.302.647	111.547.733
Kapitaldienst in Euro	9.404.743	9.404.743	9.404.743	9.404.743	9.404.743
Zinsaufwand in Euro	6.151.823	5.992.429	5.825.226	5.649.830	5.465.839
Tilgung in Euro	3.252.921	3.412.314	3.579.517	3.754.914	3.938.904
Restschuld nach Tilgung in Euro	122.294.478	118.882.164	115.302.647	111.547.733	107.608.829
Gesamte erfolgte Tilgung in Euro	36.443.749	39.856.063	43.435.580	47.190.494	51.129.398

Tranche 1	t=21	t=22	t=23	t=24	t=25
Restschuld vor Tilgung in Euro	107.608.829	103.476.918	99.142.544	94.595.785	89.826.235
Kapitaldienst in Euro	9.404.743	9.404.743	9.404.743	9.404.743	9.404.743
Zinsaufwand in Euro	5.272.833	5.070.369	4.857.985	4.635.193	4.401.486
Tilgung in Euro	4.131.911	4.334.374	4.546.759	4.769.550	5.003.258
Restschuld nach Tilgung in Euro	103.476.918	99.142.544	94.595.785	89.826.235	84.822.977
Gesamte erfolgte Tilgung in Euro	55.261.309	59.595.684	64.142.442	68.911.992	73.915.250

Tranche 1	t=26	t=27	t=28	t=29	t=30
Restschuld vor Tilgung in Euro	84.822.977	79.574.560	74.068.970	68.293.606	62.235.249
Kapitaldienst in Euro	9.404.743	9.404.743	9.404.743	9.404.743	9.404.743
Zinsaufwand in Euro	4.156.326	3.899.153	3.629.380	3.346.387	3.049.527
Tilgung in Euro	5.248.417	5.505.590	5.775.364	6.058.357	6.355.216
Restschuld nach Tilgung in Euro	79.574.560	74.068.970	68.293.606	62.235.249	55.880.033
Gesamte erfolgte Tilgung in Euro	79.163.668	84.669.257	90.444.621	96.502.978	102.858.194

Tranche 1	t=31	t=32	t=33	t=34	t=35
Restschuld vor Tilgung in Euro	55.880.033	49.213.411	42.220.125	34.884.168	28.135.623
Kapitaldienst in Euro	9.404.743	9.404.743	9.404.743	8.457.869	7.984.432
Zinsaufwand in Euro	2.738.122	2.411.457	2.068.786	1.709.324	1.378.646
Tilgung in Euro	6.666.622	6.993.286	7.335.957	6.748.545	6.605.787
Restschuld nach Tilgung in Euro	49.213.411	42.220.125	34.884.168	28.135.623	21.529.837
Gesamte erfolgte Tilgung in Euro	109.524.816	116.518.102	123.854.059	130.602.604	137.208.391

Tabelle A-39: Tilgungsplan Tranche 1 bei höheren Zinssätzen und Steuersatz 29,825 %

(Teil 1)

Tranche 1	t=36	t=37	t=38
Restschuld vor Tilgung in Euro	21.529.837	14.600.366	7.331.352
Kapitaldienst in Euro	7.984.432	7.984.432	7.984.432
Zinsaufwand in Euro	1.054.962	715.418	359.236
Tilgung in Euro	6.929.470	7.269.014	7.331.352
Restschuld nach Tilgung in Euro (bzw. Überschuss nach Tilgung bei negativem Vorzeichen)	14.600.366	7.331.352	-293.844
Gesamte erfolgte Tilgung in Euro	144.137.861	151.406.875	158.738.227

Tabelle A-40: Tilgungsplan Tranche 1 bei höheren Zinssätzen und Steuersatz 29,825 % (Teil 2)

Tranche 2	t=1	t=2	t=3	t=4	t=5
Restschuld vor Tilgung in Euro	79.369.114	79.294.355	78.794.585	78.268.327	77.714.177
Kapitaldienst in Euro	4.281.321	4.702.371	4.702.371	4.702.371	4.702.371
Zinsaufwand in Euro	4.206.563	4.202.601	4.176.113	4.148.221	4.118.851
Tilgung in Euro	74.758	499.770	526.258	554.150	583.520
Restschuld nach Tilgung in Euro	79.294.355	78.794.585	78.268.327	77.714.177	77.130.657
Gesamte erfolgte Tilgung in Euro	74.758	574.529	1.100.787	1.654.937	2.238.456

Tranche 2	t=6	t=7	t=8	t=9	t=10
Restschuld vor Tilgung in Euro	77.130.657	76.516.211	75.869.199	75.187.895	74.470.483
Kapitaldienst in Euro	4.702.371	4.702.371	4.702.371	4.702.371	4.702.371
Zinsaufwand in Euro	4.087.925	4.055.359	4.021.068	3.984.958	3.946.936
Tilgung in Euro	614.446	647.012	681.304	717.413	755.436
Restschuld nach Tilgung in Euro	76.516.211	75.869.199	75.187.895	74.470.483	73.715.047
Gesamte erfolgte Tilgung in Euro	2.852.903	3.499.915	4.181.218	4.898.631	5.654.067

Tranche 2	t=11	t=12	t=13	t=14	t=15
Restschuld vor Tilgung in Euro	73.715.047	72.919.573	72.081.939	71.199.911	70.271.135
Kapitaldienst in Euro	4.702.371	4.702.371	4.702.371	4.702.371	4.702.371
Zinsaufwand in Euro	3.906.897	3.864.737	3.820.343	3.773.595	3.724.370
Tilgung in Euro	795.474	837.634	882.028	928.776	978.001
Restschuld nach Tilgung in Euro	72.919.573	72.081.939	71.199.911	70.271.135	69.293.134
Gesamte erfolgte Tilgung in Euro	6.449.540	7.287.174	8.169.203	9.097.978	10.075.979

Tranche 2	t=16	t=17	t=18	t=19	t=20
Restschuld vor Tilgung in Euro	69.293.134	68.263.299	67.178.883	66.036.992	64.834.582
Kapitaldienst in Euro	4.702.371	4.702.371	4.702.371	4.702.371	4.702.371
Zinsaufwand in Euro	3.672.536	3.617.955	3.560.481	3.499.961	3.436.233
Tilgung in Euro	1.029.835	1.084.416	1.141.890	1.202.411	1.266.138
Restschuld nach Tilgung in Euro	68.263.299	67.178.883	66.036.992	64.834.582	63.568.443
Gesamte erfolgte Tilgung in Euro	11.105.815	12.190.231	13.332.121	14.534.532	15.800.670

Tranche 2	t=21	t=22	t=23	t=24	t=25
Restschuld vor Tilgung in Euro	63.568.443	62.235.200	60.831.294	59.352.981	57.796.318
Kapitaldienst in Euro	4.702.371	4.702.371	4.702.371	4.702.371	4.702.371
Zinsaufwand in Euro	3.369.127	3.298.466	3.224.059	3.145.708	3.063.205
Tilgung in Euro	1.333.244	1.403.906	1.478.313	1.556.663	1.639.166
Restschuld nach Tilgung in Euro	62.235.200	60.831.294	59.352.981	57.796.318	56.157.152
Gesamte erfolgte Tilgung in Euro	17.133.914	18.537.820	20.016.132	21.572.795	23.211.962

Tranche 2	t=26	t=27	t=28	t=29	t=30
Restschuld vor Tilgung in Euro	56.157.152	54.431.110	52.613.588	50.699.736	48.684.451
Kapitaldienst in Euro	4.702.371	4.702.371	4.702.371	4.702.371	4.702.371
Zinsaufwand in Euro	2.976.329	2.884.849	2.788.520	2.687.086	2.580.276
Tilgung in Euro	1.726.042	1.817.522	1.913.851	2.015.285	2.122.095
Restschuld nach Tilgung in Euro	54.431.110	52.613.588	50.699.736	48.684.451	46.562.356
Gesamte erfolgte Tilgung in Euro	24.938.004	26.755.526	28.669.377	30.684.662	32.806.758

Tranche 2	t=31	t=32	t=33	t=34	t=35
Restschuld vor Tilgung in Euro	46.562.356	44.327.790	41.974.791	39.497.084	37.361.495
Kapitaldienst in Euro	4.702.371	4.702.371	4.702.371	4.228.934	3.992.216
Zinsaufwand in Euro	2.467.805	2.349.373	2.224.664	2.093.345	1.980.159
Tilgung in Euro	2.234.566	2.352.998	2.477.707	2.135.589	2.012.057
Restschuld nach Tilgung in Euro	44.327.790	41.974.791	39.497.084	37.361.495	35.349.438
Gesamte erfolgte Tilgung in Euro	35.041.324	37.394.322	39.872.029	42.007.618	44.019.675

Tabelle A-41: Tilgungsplan Tranche 2 bei höheren Zinssätzen und Steuersatz 29,825 %

(Teil 1)

Tranche 2	t=36	t=37	t=38	t=39	t=40
Restschuld vor Tilgung in Euro	35.349.438	33.230.743	30.999.756	28.650.527	26.176.789
Kapitaldienst in Euro	3.992.216	3.992.216	3.992.216	3.992.216	3.992.216
Zinsaufwand in Euro	1.873.520	1.761.229	1.642.987	1.518.478	1.387.370
Tilgung in Euro	2.118.696	2.230.987	2.349.229	2.473.738	2.604.846
Restschuld nach Tilgung in Euro	33.230.743	30.999.756	28.650.527	26.176.789	23.571.942
Gesamte erfolgte Tilgung in Euro	46.138.371	48.369.358	50.718.587	53.192.325	55.797.171

Tranche 2	t=41	t=42	t=43	t=44	t=45
Restschuld vor Tilgung in Euro	23.571.942	20.829.039	17.940.762	14.899.407	11.696.859
Kapitaldienst in Euro	3.992.216	3.992.216	3.992.216	3.992.216	3.992.216
Zinsaufwand in Euro	1.249.313	1.103.939	950.860	789.669	619.934
Tilgung in Euro	2.742.903	2.888.277	3.041.356	3.202.548	3.372.283
Restschuld nach Tilgung in Euro	20.829.039	17.940.762	14.899.407	11.696.859	8.324.577
Gesamte erfolgte Tilgung in Euro	58.540.074	61.428.351	64.469.707	67.672.254	71.044.537

Tranche 2	t=46	t=47	t=48
Restschuld vor Tilgung in Euro	8.324.577	4.773.563	1.034.346
Kapitaldienst in Euro	3.992.216	3.992.216	3.992.216
Zinsaufwand in Euro	441.203	252.999	54.820
Tilgung in Euro	3.551.014	3.739.217	1.034.346
Restschuld nach Tilgung in Euro (bzw. Überschuss nach Tilgung bei negativem Vorzeichen)	4.773.563	1.034.346	-2.903.050
Gesamte erfolgte Tilgung in Euro	74.595.551	78.334.768	79.369.114

Tabelle A-42: Tilgungsplan Tranche 2 bei höheren Zinssätzen und Steuersatz 29,825 % (Teil 2)

Tranche 3	t=1	t=2	t=3	t=4	t=5
Restschuld vor Kapitalaufnahme in Euro	26.456.371	26.616.646	26.646.188	26.677.502	26.710.695
Kapitaldienst in Euro	1.427.107	1.567.457	1.567.457	1.567.457	1.567.457
Zinsaufwand in Euro	1.587.382	1.596.999	1.598.771	1.600.650	1.602.642
Kapitalaufnahme in Euro	160.275	29.542	31.314	33.193	35.185
Restschuld nach Kapitalaufnahme in Euro	26.616.646	26.646.188	26.677.502	26.710.695	26.745.880
Gesamte Kapitalaufnahme in Euro	160.275	189.817	221.131	254.324	289.509

Tranche 3	t=6	t=7	t=8	t=9	t=10
Restschuld vor Kapitalaufnahme in Euro	26.745.880	26.783.176	26.822.709	26.864.615	26.909.035
Kapitaldienst in Euro	1.567.457	1.567.457	1.567.457	1.567.457	1.567.457
Zinsaufwand in Euro	1.604.753	1.606.991	1.609.363	1.611.877	1.614.542
Kapitalaufnahme in Euro	37.296	39.533	41.905	44.420	47.085
Restschuld nach Kapitalaufnahme in Euro	26.783.176	26.822.709	26.864.615	26.909.035	26.956.120
Gesamte Kapitalaufnahme in Euro	326.805	366.338	408.244	452.663	499.748

Tranche 3	t=11	t=12	t=13	t=14	t=15
Restschuld vor Kapitalaufnahme in Euro	26.956.120	27.006.030	27.058.935	27.115.014	27.174.457
Kapitaldienst in Euro	1.567.457	1.567.457	1.567.457	1.567.457	1.567.457
Zinsaufwand in Euro	1.617.367	1.620.362	1.623.536	1.626.901	1.630.467
Kapitalaufnahme in Euro	49.910	52.905	56.079	59.444	63.010
Restschuld nach Kapitalaufnahme in Euro	27.006.030	27.058.935	27.115.014	27.174.457	27.237.468
Gesamte Kapitalaufnahme in Euro	549.659	602.563	658.642	718.086	781.096

Tranche 3	t=16	t=17	t=18	t=19	t=20
Restschuld vor Kapitalaufnahme in Euro	27.237.468	27.304.259	27.375.057	27.450.104	27.529.653
Kapitaldienst in Euro	1.567.457	1.567.457	1.567.457	1.567.457	1.567.457
Zinsaufwand in Euro	1.634.248	1.638.256	1.642.503	1.647.006	1.651.779
Kapitalaufnahme in Euro	66.791	70.798	75.046	79.549	84.322
Restschuld nach Kapitalaufnahme in Euro	27.304.259	27.375.057	27.450.104	27.529.653	27.613.975
Gesamte Kapitalaufnahme in Euro	847.887	918.686	993.732	1.073.281	1.157.604

Tranche 3	t=21	t=22	t=23	t=24	t=25
Restschuld vor Kapitalaufnahme in Euro	27.613.975	27.703.356	27.798.100	27.898.529	28.004.984
Kapitaldienst in Euro	1.567.457	1.567.457	1.567.457	1.567.457	1.567.457
Zinsaufwand in Euro	1.656.838	1.662.201	1.667.886	1.673.912	1.680.299
Kapitalaufnahme in Euro	89.381	94.744	100.429	106.455	112.842
Restschuld nach Kapitalaufnahme in Euro	27.703.356	27.798.100	27.898.529	28.004.984	28.117.826
Gesamte Kapitalaufnahme in Euro	1.246.985	1.341.729	1.442.158	1.548.613	1.661.455

Tranche 3	t=26	t=27	t=28	t=29	t=30
Restschuld vor Kapitalaufnahme in Euro	28.117.826	28.237.439	28.364.228	28.498.625	28.641.085
Kapitaldienst in Euro	1.567.457	1.567.457	1.567.457	1.567.457	1.567.457
Zinsaufwand in Euro	1.687.070	1.694.246	1.701.854	1.709.917	1.718.465
Kapitalaufnahme in Euro	119.613	126.789	134.397	142.460	151.008
Restschuld nach Kapitalaufnahme in Euro	28.237.439	28.364.228	28.498.625	28.641.085	28.792.093
Gesamte Kapitalaufnahme in Euro	1.781.067	1.907.857	2.042.253	2.184.714	2.335.722

Tranche 3	t=31	t=32	t=33	t=34	t=35
Restschuld vor Kapitalaufnahme in Euro	28.792.093	28.952.162	29.121.834	29.301.687	29.650.144
Kapitaldienst in Euro	1.567.457	1.567.457	1.567.457	1.409.645	1.330.739
Zinsaufwand in Euro	1.727.526	1.737.130	1.747.310	1.758.101	1.779.009
Kapitalaufnahme in Euro	160.069	169.673	179.853	348.456	448.270
Restschuld nach Kapitalaufnahme in Euro	28.952.162	29.121.834	29.301.687	29.650.144	30.098.413
Gesamte Kapitalaufnahme in Euro	2.495.790	2.665.463	2.845.316	3.193.772	3.642.042

Tabelle A-43: Tilgungsplan Tranche 3 bei höheren Zinssätzen und Steuersatz 29,825 %

(Teil 1)

Tranche 3	t=36	t=37	t=38	t=39	t=40
Restschuld vor Kapitalaufnahme in Euro	30.098.413	30.573.580	31.077.256	31.611.152	32.177.083
Kapitaldienst in Euro	1.330.739	1.330.739	1.330.739	1.330.739	1.330.739
Zinsaufwand in Euro	1.805.905	1.834.415	1.864.635	1.896.669	1.930.625
Kapitalaufnahme in Euro	475.166	503.676	533.897	565.930	599.886
Restschuld nach Kapitalaufnahme in Euro	30.573.580	31.077.256	31.611.152	32.177.083	32.776.969
Gesamte Kapitalaufnahme in Euro	4.117.208	4.620.884	5.154.781	5.720.712	6.320.598

Tranche 3	t=41	t=42	t=43	t=44	t=45
Restschuld vor Kapitalaufnahme in Euro	32.776.969	33.412.848	34.086.881	34.801.355	35.558.697
Kapitaldienst in Euro	1.330.739	1.330.739	1.330.739	1.330.739	1.330.739
Zinsaufwand in Euro	1.966.618	2.004.771	2.045.213	2.088.081	2.133.522
Kapitalaufnahme in Euro	635.879	674.032	714.474	757.343	802.783
Restschuld nach Kapitalaufnahme in Euro	33.412.848	34.086.881	34.801.355	35.558.697	36.361.481
Gesamte Kapitalaufnahme in Euro	6.956.477	7.630.509	8.344.984	9.102.326	9.905.109

Tranche 3	t=46	t=47	t=48	t=49	t=50
Restschuld vor Kapitalaufnahme in Euro	36.361.481	37.212.431	38.114.438	39.070.565	40.084.061
Kapitaldienst in Euro	1.330.739	1.330.739	1.330.739	1.330.739	1.330.739
Zinsaufwand in Euro	2.181.689	2.232.746	2.286.866	2.344.234	2.405.044
Kapitalaufnahme in Euro	850.950	902.007	956.128	1.013.495	1.074.305
Restschuld nach Kapitalaufnahme in Euro	37.212.431	38.114.438	39.070.565	40.084.061	41.158.366
Gesamte Kapitalaufnahme in Euro	10.756.060	11.658.067	12.614.194	13.627.690	14.701.994

Tranche 3	t=51	t=52	t=53	t=54	t=55
Restschuld vor Kapitalaufnahme in Euro	41.158.366	42.297.129	43.504.218	44.783.732	46.140.018
Kapitaldienst in Euro	1.330.739	1.330.739	1.330.739	1.330.739	1.330.739
Zinsaufwand in Euro	2.469.502	2.537.828	2.610.253	2.687.024	2.768.401
Kapitalaufnahme in Euro	1.138.763	1.207.089	1.279.514	1.356.285	1.437.662
Restschuld nach Kapitalaufnahme in Euro	42.297.129	43.504.218	44.783.732	46.140.018	47.577.680
Gesamte Kapitalaufnahme in Euro	15.840.758	17.047.847	18.327.361	19.683.646	21.121.309

Tranche 3	t=56	t=57	t=58	t=59	t=60
Restschuld vor Kapitalaufnahme in Euro	47.577.680	49.101.602	50.716.960	52.429.238	54.244.254
Kapitaldienst in Euro	1.330.739	1.330.739	1.330.739	1.330.739	1.330.739
Zinsaufwand in Euro	2.854.661	2.946.096	3.043.018	3.145.754	3.254.655
Kapitalaufnahme in Euro	1.523.922	1.615.357	1.712.279	1.815.016	1.923.917
Restschuld nach Kapitalaufnahme in Euro	49.101.602	50.716.960	52.429.238	54.244.254	56.168.171
Gesamte Kapitalaufnahme in Euro	22.645.231	24.260.588	25.972.867	27.787.883	29.711.799

Tranche 3	t=61	t=62	t=63	t=64	t=65
Restschuld vor Kapitalaufnahme in Euro	56.168.171	58.207.522	60.369.235	62.660.650	65.089.550
Kapitaldienst in Euro	1.330.739	1.330.739	1.330.739	1.330.739	1.330.739
Zinsaufwand in Euro	3.370.090	3.492.451	3.622.154	3.759.639	3.905.373
Kapitalaufnahme in Euro	2.039.352	2.161.713	2.291.415	2.428.900	2.574.634
Restschuld nach Kapitalaufnahme in Euro	58.207.522	60.369.235	62.660.650	65.089.550	67.664.185
Gesamte Kapitalaufnahme in Euro	31.751.151	33.912.864	36.204.279	38.633.179	41.207.814

Tranche 3	t=66	t=67	t=68	t=69	t=70
Restschuld vor Kapitalaufnahme in Euro	67.664.185	70.393.297	73.286.156	76.352.587	79.603.004
Kapitaldienst in Euro	1.330.739	1.330.739	1.330.739	1.330.739	1.330.739
Zinsaufwand in Euro	4.059.851	4.223.598	4.397.169	4.581.155	4.776.180
Kapitalaufnahme in Euro	2.729.112	2.892.859	3.066.431	3.250.417	3.445.442
Restschuld nach Kapitalaufnahme in Euro	70.393.297	73.286.156	76.352.587	79.603.004	83.048.445
Gesamte Kapitalaufnahme in Euro	43.936.926	46.829.785	49.896.216	53.146.632	56.592.074

Tabelle A-44: Tilgungsplan Tranche 3 bei höheren Zinssätzen und Steuersatz 29,825 %

(Teil 2)

Tranche 1	t=1	t=2	t=3	t=4	t=5
Restschuld vor Tilgung in Euro	134.927.493	133.189.344	130.523.926	127.727.903	124.794.874
Kapitaldienst in Euro	8.349.596	9.191.696	9.191.696	9.191.696	9.191.696
Zinsaufwand in Euro	6.611.447	6.526.278	6.395.672	6.258.667	6.114.949
Tilgung in Euro	1.738.149	2.665.418	2.796.024	2.933.029	3.076.747
Restschuld nach Tilgung in Euro	133.189.344	130.523.926	127.727.903	124.794.874	121.718.127
Gesamte erfolgte Tilgung in Euro	1.738.149	4.403.567	7.199.590	10.132.619	13.209.366

Tranche 1	t=6	t=7	t=8	t=9	t=10
Restschuld vor Tilgung in Euro	121.718.127	118.490.619	115.104.963	111.553.411	107.827.832
Kapitaldienst in Euro	9.191.696	9.191.696	9.191.696	9.191.696	9.191.696
Zinsaufwand in Euro	5.964.188	5.806.040	5.640.143	5.466.117	5.283.564
Tilgung in Euro	3.227.508	3.385.656	3.551.553	3.725.579	3.908.132
Restschuld nach Tilgung in Euro	118.490.619	115.104.963	111.553.411	107.827.832	103.919.700
Gesamte erfolgte Tilgung in Euro	16.436.874	19.822.530	23.374.082	27.099.661	31.007.793

Tranche 1	t=11	t=12	t=13	t=14	t=15
Restschuld vor Tilgung in Euro	103.919.700	99.820.069	95.519.556	91.008.319	86.276.030
Kapitaldienst in Euro	9.191.696	9.191.696	9.191.696	9.191.696	9.191.696
Zinsaufwand in Euro	5.092.065	4.891.183	4.680.458	4.459.408	4.227.525
Tilgung in Euro	4.099.631	4.300.513	4.511.238	4.732.288	4.964.170
Restschuld nach Tilgung in Euro	99.820.069	95.519.556	91.008.319	86.276.030	81.311.860
Gesamte erfolgte Tilgung in Euro	35.107.424	39.407.937	43.919.174	48.651.463	53.615.633

Tranche 1	t=16	t=17	t=18	t=19	t=20
Restschuld vor Tilgung in Euro	81.311.860	76.104.445	70.641.867	64.911.622	58.900.596
Kapitaldienst in Euro	9.191.696	9.191.696	9.191.696	9.191.696	9.191.696
Zinsaufwand in Euro	3.984.281	3.729.118	3.461.451	3.180.669	2.886.129
Tilgung in Euro	5.207.415	5.462.578	5.730.244	6.011.026	6.305.567
Restschuld nach Tilgung in Euro	76.104.445	70.641.867	64.911.622	58.900.596	52.595.029
Gesamte erfolgte Tilgung in Euro	58.823.048	64.285.626	70.015.871	76.026.897	82.332.464

Tranche 1	t=21	t=22	t=23	t=24	t=25
Restschuld vor Tilgung in Euro	52.595.029	45.980.490	39.041.838	31.763.192	24.127.892
Kapitaldienst in Euro	9.191.696	9.191.696	9.191.696	9.191.696	9.191.696
Zinsaufwand in Euro	2.577.156	2.253.044	1.913.050	1.556.396	1.182.267
Tilgung in Euro	6.614.540	6.938.652	7.278.646	7.635.300	8.009.429
Restschuld nach Tilgung in Euro	45.980.490	39.041.838	31.763.192	24.127.892	16.118.463
Gesamte erfolgte Tilgung in Euro	88.947.003	95.885.655	103.164.301	110.799.601	118.809.030

Tranche 1	t=26	t=27
Restschuld vor Tilgung in Euro	16.118.463	7.716.572
Kapitaldienst in Euro	9.191.696	9.191.696
Zinsaufwand in Euro	789.805	378.112
Tilgung in Euro	8.401.891	7.716.572
Restschuld nach Tilgung in Euro (bzw. Überschuss nach Tilgung bei negativem Vorzeichen)	7.716.572	-1.097.012
Gesamte erfolgte Tilgung in Euro	127.210.921	134.927.493

Tabelle A-45: Tilgungsplan Tranche 1 bei höheren Zinssätzen sowie 15 % Kaufpreisreduktion und Steuersatz 29,825 %

Tranche 2	t=1	t=2	t=3	t=4	t=5
Restschuld vor Tilgung in Euro	67.463.747	66.864.527	65.812.499	64.704.714	63.538.215
Kapitaldienst in Euro	4.174.798	4.595.848	4.595.848	4.595.848	4.595.848
Zinsaufwand in Euro	3.575.579	3.543.820	3.488.062	3.429.350	3.367.525
Tilgung in Euro	599.219	1.052.028	1.107.786	1.166.498	1.228.323
Restschuld nach Tilgung in Euro	66.864.527	65.812.499	64.704.714	63.538.215	62.309.893
Gesamte erfolgte Tilgung in Euro	599.219	1.651.247	2.759.033	3.925.531	5.153.854

Tranche 2	t=6	t=7	t=8	t=9	t=10
Restschuld vor Tilgung in Euro	62.309.893	61.016.469	59.654.494	58.220.334	56.710.164
Kapitaldienst in Euro	4.595.848	4.595.848	4.595.848	4.595.848	4.595.848
Zinsaufwand in Euro	3.302.424	3.233.873	3.161.688	3.085.678	3.005.639
Tilgung in Euro	1.293.424	1.361.975	1.434.160	1.510.170	1.590.209
Restschuld nach Tilgung in Euro	61.016.469	59.654.494	58.220.334	56.710.164	55.119.955
Gesamte erfolgte Tilgung in Euro	6.447.277	7.809.252	9.243.412	10.753.583	12.343.792

Tranche 2	t=11	t=12	t=13	t=14	t=15
Restschuld vor Tilgung in Euro	55.119.955	53.445.464	51.682.226	49.825.536	47.870.441
Kapitaldienst in Euro	4.595.848	4.595.848	4.595.848	4.595.848	4.595.848
Zinsaufwand in Euro	2.921.358	2.832.610	2.739.158	2.640.753	2.537.133
Tilgung in Euro	1.674.490	1.763.238	1.856.690	1.955.095	2.058.715
Restschuld nach Tilgung in Euro	53.445.464	51.682.226	49.825.536	47.870.441	45.811.727
Gesamte erfolgte Tilgung in Euro	14.018.282	15.781.521	17.638.211	19.593.305	21.652.020

Tranche 2	t=16	t=17	t=18	t=19	t=20
Restschuld vor Tilgung in Euro	45.811.727	43.643.900	41.361.179	38.957.474	36.426.372
Kapitaldienst in Euro	4.595.848	4.595.848	4.595.848	4.595.848	4.595.848
Zinsaufwand in Euro	2.428.022	2.313.127	2.192.142	2.064.746	1.930.598
Tilgung in Euro	2.167.826	2.282.721	2.403.705	2.531.102	2.665.250
Restschuld nach Tilgung in Euro	43.643.900	41.361.179	38.957.474	36.426.372	33.761.122
Gesamte erfolgte Tilgung in Euro	23.819.846	26.102.567	28.506.273	31.037.375	33.702.625

Tranche 2	t=21	t=22	t=23	t=24	t=25
Restschuld vor Tilgung in Euro	33.761.122	30.954.613	27.999.359	24.887.478	21.610.666
Kapitaldienst in Euro	4.595.848	4.595.848	4.595.848	4.595.848	4.595.848
Zinsaufwand in Euro	1.789.339	1.640.594	1.483.966	1.319.036	1.145.365
Tilgung in Euro	2.806.509	2.955.253	3.111.882	3.276.812	3.450.483
Restschuld nach Tilgung in Euro	30.954.613	27.999.359	24.887.478	21.610.666	18.160.183
Gesamte erfolgte Tilgung in Euro	36.509.134	39.464.387	42.576.269	45.853.081	49.303.563

Tranche 2	t=26	t=27	t=28	t=29	t=30
Restschuld vor Tilgung in Euro	18.160.183	14.526.825	10.700.899	6.672.198	2.429.977
Kapitaldienst in Euro	4.595.848	4.595.848	4.595.848	4.595.848	4.595.848
Zinsaufwand in Euro	962.490	769.922	567.148	353.627	128.789
Tilgung in Euro	3.633.358	3.825.926	4.028.700	4.242.221	2.429.977
Restschuld nach Tilgung in Euro (bzw. Überschuss nach Tilgung bei negativem Vorzeichen)	14.526.825	10.700.899	6.672.198	2.429.977	-2.037.082
Gesamte erfolgte Tilgung in Euro	52.936.922	56.762.848	60.791.548	65.033.770	67.463.747

Tabelle A-46: Tilgungsplan Tranche 2 bei höheren Zinssätzen sowie 15 % Kaufpreisreduktion und Steuersatz 29,825 %

Tranche 3	t=1	t=2	t=3	t=4	t=5
Restschuld vor Tilgung in Euro	22.487.916	22.445.591	22.260.377	22.064.051	21.855.944
Kapitaldienst in Euro	1.391.599	1.531.949	1.531.949	1.531.949	1.531.949
Zinsaufwand in Euro	1.349.275	1.346.735	1.335.623	1.323.843	1.311.357
Tilgung in Euro	42.324	185.214	196.327	208.106	220.593
Restschuld nach Tilgung in Euro	22.445.591	22.260.377	22.064.051	21.855.944	21.635.352
Gesamte erfolgte Tilgung in Euro	42.324	227.538	423.865	631.971	852.564

Tranche 3	t=6	t=7	t=8	t=9	t=10
Restschuld vor Tilgung in Euro	21.635.352	21.401.523	21.153.665	20.890.936	20.612.443
Kapitaldienst in Euro	1.531.949	1.531.949	1.531.949	1.531.949	1.531.949
Zinsaufwand in Euro	1.298.121	1.284.091	1.269.220	1.253.456	1.236.747
Tilgung in Euro	233.828	247.858	262.729	278.493	295.203
Restschuld nach Tilgung in Euro	21.401.523	21.153.665	20.890.936	20.612.443	20.317.240
Gesamte erfolgte Tilgung in Euro	1.086.392	1.334.250	1.596.979	1.875.473	2.170.675

Tranche 3	t=11	t=12	t=13	t=14	t=15
Restschuld vor Tilgung in Euro	20.317.240	20.004.325	19.672.635	19.321.044	18.948.358
Kapitaldienst in Euro	1.531.949	1.531.949	1.531.949	1.531.949	1.531.949
Zinsaufwand in Euro	1.219.034	1.200.260	1.180.358	1.159.263	1.136.901
Tilgung in Euro	312.915	331.690	351.591	372.687	395.048
Restschuld nach Tilgung in Euro	20.004.325	19.672.635	19.321.044	18.948.358	18.553.310
Gesamte erfolgte Tilgung in Euro	2.483.590	2.815.280	3.166.871	3.539.558	3.934.606

Tranche 3	t=16	t=17	t=18	t=19	t=20
Restschuld vor Tilgung in Euro	18.553.310	18.134.559	17.690.683	17.220.175	16.721.436
Kapitaldienst in Euro	1.531.949	1.531.949	1.531.949	1.531.949	1.531.949
Zinsaufwand in Euro	1.113.199	1.088.074	1.061.441	1.033.210	1.003.286
Tilgung in Euro	418.751	443.876	470.508	498.739	528.663
Restschuld nach Tilgung in Euro	18.134.559	17.690.683	17.220.175	16.721.436	16.192.773
Gesamte erfolgte Tilgung in Euro	4.353.357	4.797.232	5.267.741	5.766.480	6.295.143

Tranche 3	t=21	t=22	t=23	t=24	t=25
Restschuld vor Tilgung in Euro	16.192.773	15.632.390	15.038.384	14.408.738	13.741.313
Kapitaldienst in Euro	1.531.949	1.531.949	1.531.949	1.531.949	1.531.949
Zinsaufwand in Euro	971.566	937.943	902.303	864.524	824.479
Tilgung in Euro	560.383	594.006	629.646	667.425	707.471
Restschuld nach Tilgung in Euro	15.632.390	15.038.384	14.408.738	13.741.313	13.033.842
Gesamte erfolgte Tilgung in Euro	6.855.526	7.449.532	8.079.178	8.746.603	9.454.074

Tranche 3	t=26	t=27	t=28	t=29	t=30
Restschuld vor Tilgung in Euro	13.033.842	12.283.923	11.489.009	10.646.400	9.753.235
Kapitaldienst in Euro	1.531.949	1.531.949	1.531.949	1.531.949	1.531.949
Zinsaufwand in Euro	782.031	737.035	689.341	638.784	585.194
Tilgung in Euro	749.919	794.914	842.609	893.165	946.755
Restschuld nach Tilgung in Euro	12.283.923	11.489.009	10.646.400	9.753.235	8.806.480
Gesamte erfolgte Tilgung in Euro	10.203.992	10.998.906	11.841.515	12.734.680	13.681.436

Tabelle A-47: Tilgungsplan Tranche 3 bei höheren Zinssätzen sowie 15 % Kaufpreisreduktion und Steuersatz 29,825 % (1)

Tranche 3	t=31	t=32	t=33	t=34	t=35
Restschuld vor Tilgung in Euro	8.806.480	7.802.919	6.739.145	5.611.545	4.550.428
Kapitaldienst in Euro	1.531.949	1.531.949	1.531.949	1.397.809	1.330.739
Zinsaufwand in Euro	528.389	468.175	404.349	336.693	273.026
Tilgung in Euro	1.003.561	1.063.774	1.127.601	1.061.116	1.057.713
Restschuld nach Tilgung in Euro	7.802.919	6.739.145	5.611.545	4.550.428	3.492.715
Gesamte erfolgte Tilgung in Euro	14.684.996	15.748.770	16.876.371	17.937.487	18.995.200

Tranche 3	t=31	t=32	t=33
Restschuld vor Tilgung in Euro	3.492.715	2.371.540	1.183.093
Kapitaldienst in Euro	1.330.739	1.330.739	1.330.739
Zinsaufwand in Euro	209.563	142.292	70.986
Tilgung in Euro	1.121.176	1.188.446	1.183.093
Restschuld nach Tilgung in Euro (bzw. Überschuss nach Tilgung bei negativem Vorzeichen)	2.371.540	1.183.093	-76.660
Gesamte erfolgte Tilgung in Euro	20.116.376	21.304.822	22.487.916

Tabelle A-48: Tilgungsplan Tranche 3 bei höheren Zinssätzen sowie 15 % Kaufpreisreduktion und Steuersatz 29,825 % (2)

	Restschuld der Tranche 2 nach planmäßiger Tilgung in t=27 in Euro	10.700.899
-	Überschuss nach planmäßiger Tilgung der Tranche 1 in t=27 in Euro	1.097.012
=	Restschuld der Tranche 2 nach gesamter Tilgung in t=27 in Euro	9.603.887
+	Zu zahlender Zinsaufwand (5,3 %) auf die Restschuld der Tranche 2 in t=28 in Euro	509.006
=	**Restschuld der Tranche 2 vor Tilgung in t=28 in Euro**	**10.112.893**
	Planmäßiger Kapitaldienst der Tranche 2 in t=28 in Euro	4.595.848
+	Zusätzlicher Kapitaldienst aus der Tranche 1 in t=28 in Euro	9.191.696
=	Gesamter zur Verfügung stehender Kapitaldienst zur Tilgung der Tranche 2 in t=28 in Euro	13.787.544
-	Restschuld der Tranche 2 vor Tilgung in t=28 in Euro	10.112.893
=	**Gesamter zu Verfügung stehender Kapitaldienst zur Tilgung von Tranche 3 in t=28 in Euro**	**3.674.651**
	Restschuld der Tranche 3 nach planmäßiger Tilgung in t=28 in Euro	10.646.400
-	Gesamter zu Verfügung stehender Kapitaldienst zur Tilgung von Tranche 3 in t=28 in Euro	3.674.651
=	**Restschuld der Trache 3 nach gesamter Tilgung in t=28 in Euro**	**6.971.749**
+	Zu zahlender Zinsaufwand (6 %) auf die Restschuld der Tranche 3 in t=29 in Euro	418.305
=	**Restschuld der Tranche 3 vor Tilgung in t=29 in Euro**	**7.390.054**
	Planmäßiger Kapitaldienst der Tranche 3 in t=29 in Euro	1.531.949
+	Zusätzlicher Kapitaldienst aus der Tranche 2 in t=29 in Euro	4.595.848
+	Zusätzlicher Kapitaldienst aus der Tranche 1 in t=29 in Euro	9.191.696
=	**Gesamter zur Verfügung stehdender Kapitaldienst in t=29 zur Tilgung von Tranche 3 in Euro**	**15.319.493**
-	Restschuld der Tranche 3 vor Tilgung in t=29 in Euro	7.390.054
=	**Überschuss in t=29 nach Tilgung aller Tranchen in Euro**	**7.929.439**

Abbildung A-12: Tilgung aller Tranchen in t=29 bei Steuersatz 29,825 % und höheren Zinssätzen sowie geringerem Kaufpreis ohne Einbezug Reservekonto

	Kapitalbestand Reservekonto in t=27 in Euro	33.899.165
+	Überschuss aus Tranche 1 in t=27 in Euro	1.097.012
=	**Zur Tilgung der Tranchen 2 und 3 zur Verfügung stehendes Kapital in t=27 in Euro**	**34.996.177**
	Zu tilgende Restschuld der Tranche 2 in t=27 in Euro	10.700.899
+	Zu tilgende Restschuld der Tranche 3 in t=27 in Euro	11.489.009
=	**Gesamt zu tilgende Restschuld in t=27 in Euro**	**22.189.908**
	Zur Tilgung der Tranchen 2 und 3 zur Verfügung stehendes Kapital in t=27 in Euro	34.996.177
+	Gesamt zu tilgende Restschuld in t=27 in Euro	22.189.908
=	**Überschuss in t=27 nach Tilgung aller Tranchen in Euro**	**12.806.269**

Abbildung A-13: Tilgung aller Tranchen bei Steuersatz 29,825 % und höheren Zinssätzen sowie geringerem Kaufpreis in t=26 unter Einbezug Reservekonto

Ermittlung des maximalen jährlichen Kapitaldienstes:

	t=1	t=2 bis t=33	t=34	ab t=35
Konforme Jahresmieteinnahme in Euro	23.977.800			
- Bewirtschaftungsausgaben (14 % der Mieteinnahmen) in Euro	3.356.892			
- Zuführung Reservekonto (4 % der Mieteinnahmen vor Bewirtschaftungsausgaben) in Euro	959.112			
- einmalige Transaktionsausgaben in Euro	2.000.000	0	0	0
- laufende Transaktionsausgaben in Euro	291.020	291.020	291.020	291.020
- Steuerzahlung in Euro	1.412.989	1.612.989	1.892.989	2.032.989
= Jährlich maximaler Kapitaldienst in Euro	**15.957.787**	**17.757.787**	**17.477.787**	**17.337.787**

Nebenrechnung zur Ermittlung des steuerpflichtigen Gewinns:

	t=1	t=2 bis t=33	t=34	ab t=35
Konforme Jahresmieteinnahme in Euro	23.977.800			
- Bewirtschaftungsausgaben (14 % der Mieteinnahmen) in Euro	3.356.892			
- Abschreibung in Euro	4.200.000	4.200.000	1.400.000	0
- einmalige Transaktionsausgaben in Euro	2.000.000	0	0	0
- laufende Transaktionsausgaben in Euro	291.020	291.020	291.020	291.020
= Steuerpflichtiger Gewinn in Euro	**14.129.888**	**16.129.888**	**18.929.888**	**20.329.888**

Nebenrechnung zur Ermittlung der Steuerzahlung:

	t=1	t=2 bis t=33	t=34	ab t=35
Steuerpflichtiger Gewinn in Euro	14.129.888	16.129.888	18.929.888	20.329.888
x Steuersatz (10 % des steuerpflichtigen Gewinns)	0,1	0,1	0,1	0,1
= Steuerzahlung in Euro	**1.412.989**	**1.612.989**	**1.892.989**	**2.032.989**

Tabelle A-49: Berechnung des maximalen jährlichen Kapitaldienstes bei 140.000.000 Euro Kaufpreis und Steuersatz 10 %

Aufteilung des Kapitaldienstes auf die Tranchen	Anteil	t=1	t=2 bis t=23	t=24	ab t=26
Kapitaldienst gesamt in Euro		15.957.787	17.757.787	17.477.787	17.337.787
Kapitaldienst Tranche 1 in Euro	60 %	9.574.672	10.654.672	10.486.672	10.402.672
Kapitaldienst Tranche 2 in Euro	30 %	4.787.336	5.327.336	5.243.336	5.201.336
Kapitaldienst Tranche 3 in Euro	10 %	1.595.779	1.775.779	1.747.779	1.733.779

Tabelle A-50: Aufteilung des Kapitaldienstes auf die Tranchen bei 140.000.000 Euro Kaufpreis und Steuersatz 10 %

Tranche 1	t=1	t=2	t=3	t=4	t=5
Restschuld vor Tilgung in Euro	84.000.000	78.163.328	70.986.923	63.491.169	55.661.854
Kapitaldienst in Euro	9.574.672	10.654.672	10.654.672	10.654.672	10.654.672
Zinsaufwand in Euro	3.738.000	3.478.268	3.158.918	2.825.357	2.476.952
Tilgung in Euro	5.836.672	7.176.404	7.495.754	7.829.315	8.177.720
Restschuld nach Tilgung in Euro	78.163.328	70.986.923	63.491.169	55.661.854	47.484.134
Gesamte erfolgte Tilgung in Euro	5.836.672	13.013.077	20.508.831	28.338.146	36.515.866

Tranche 1	t=6	t=7	t=8	t=9	t=10
Restschuld vor Tilgung in Euro	47.484.134	38.942.506	30.020.775	20.702.027	10.968.595
Kapitaldienst in Euro	10.654.672	10.654.672	10.654.672	10.654.672	10.654.672
Zinsaufwand in Euro	2.113.044	1.732.942	1.335.924	921.240	488.102
Tilgung in Euro	8.541.628	8.921.731	9.318.748	9.733.432	10.166.570
Restschuld nach Tilgung in Euro	38.942.506	30.020.775	20.702.027	10.968.595	802.025
Gesamte erfolgte Tilgung in Euro	45.057.494	53.979.225	63.297.973	73.031.405	83.197.975

Tranche 1	t=11
Restschuld vor Tilgung in Euro	802.025
Kapitaldienst in Euro	10.654.672
Zinsaufwand in Euro	35.690
Tilgung in Euro	802.025
Restschuld nach Tilgung in Euro (bzw. Überschuss nach Tilgung bei negativem Vorzeichen)	-9.816.957
Gesamte erfolgte Tilgung in Euro	84.000.000

Tabelle A-51: Tilgungsplan Tranche 1 bei 140.000.000 Euro Kaufpreis und Steuersatz 10 %

Tranche 2	t=1	t=2	t=3	t=4	t=5
Restschuld vor Tilgung in Euro	42.000.000	39.144.664	35.617.982	31.929.073	28.070.474
Kapitaldienst in Euro	4.787.336	5.327.336	5.327.336	5.327.336	5.327.336
Zinsaufwand in Euro	1.932.000	1.800.655	1.638.427	1.468.737	1.291.242
Tilgung in Euro	2.855.336	3.526.682	3.688.909	3.858.599	4.036.094
Restschuld nach Tilgung in Euro	39.144.664	35.617.982	31.929.073	28.070.474	24.034.380
Gesamte erfolgte Tilgung in Euro	2.855.336	6.382.018	10.070.927	13.929.526	17.965.620

Tranche 2	t=6	t=7	t=8	t=9	t=10
Restschuld vor Tilgung in Euro	24.034.380	19.812.625	15.396.670	10.777.581	5.946.013
Kapitaldienst in Euro	5.327.336	5.327.336	5.327.336	5.327.336	5.327.336
Zinsaufwand in Euro	1.105.581	911.381	708.247	495.769	273.517
Tilgung in Euro	4.221.755	4.415.955	4.619.089	4.831.567	5.053.820
Restschuld nach Tilgung in Euro	19.812.625	15.396.670	10.777.581	5.946.013	892.194
Gesamte erfolgte Tilgung in Euro	22.187.375	26.603.330	31.222.419	36.053.987	41.107.806

Tranche 2	t=11
Restschuld vor Tilgung in Euro	892.194
Kapitaldienst in Euro	5.327.336
Zinsaufwand in Euro	41.041
Tilgung in Euro	892.194
Restschuld nach Tilgung in Euro (bzw. Überschuss nach Tilgung bei negativem Vorzeichen)	-4.394.101
Gesamte erfolgte Tilgung in Euro	42.000.000

Tabelle A-52: Tilgungsplan Tranche 2 bei 140.000.000 Euro Kaufpreis und Steuersatz 10 %

Tranche 3	t=1	t=2	t=3	t=4	t=5
Restschuld vor Tilgung in Euro	14.000.000	13.090.221	11.955.863	10.765.922	9.517.673
Kapitaldienst in Euro	1.595.779	1.775.779	1.775.779	1.775.779	1.775.779
Zinsaufwand in Euro	686.000	641.421	585.837	527.530	466.366
Tilgung in Euro	909.779	1.134.358	1.189.941	1.248.249	1.309.413
Restschuld nach Tilgung in Euro	13.090.221	11.955.863	10.765.922	9.517.673	8.208.261
Gesamte erfolgte Tilgung in Euro	909.779	2.044.137	3.234.078	4.482.327	5.791.739

Tranche 3	t=6	t=7	t=8	t=9	t=10
Restschuld vor Tilgung in Euro	8.208.261	6.834.687	5.393.808	3.882.326	2.296.781
Kapitaldienst in Euro	1.775.779	1.775.779	1.775.779	1.775.779	1.775.779
Zinsaufwand in Euro	402.205	334.900	264.297	190.234	112.542
Tilgung in Euro	1.373.574	1.440.879	1.511.482	1.585.545	1.663.236
Restschuld nach Tilgung in Euro	6.834.687	5.393.808	3.882.326	2.296.781	633.544
Gesamte erfolgte Tilgung in Euro	7.165.313	8.606.192	10.117.674	11.703.219	13.366.456

Tranche 3	t=11
Restschuld vor Tilgung in Euro	633.544
Kapitaldienst in Euro	1.775.779
Zinsaufwand in Euro	31.044
Tilgung in Euro	633.544
Restschuld nach Tilgung in Euro (bzw. Überschuss nach Tilgung bei negativem Vorzeichen)	-1.111.191
Gesamte erfolgte Tilgung in Euro	14.000.000

Tabelle A-53: Tilgungsplan Tranche 3 bei 140.000.000 Euro Kaufpreis und Steuersatz 10 %

	Kapitalbestand Reservekonto in t=10 in Euro	10.502.009
-	Gesamt zu tilgende Restschuld der Tranche 1 in t=10 in Euro	802.025
-	Gesamt zu tilgende Restschuld der Tranche 2in t=10 in Euro	892.194
-	Gesamt zu tilgende Restschuld der Tranche 3 in t=10 in Euro	633.544
=	**Überschuss in t=10 nach Tilgung aller Tranchen in Euro**	**8.174.246**

Abbildung A-14: Tilgung aller Tranchen bei Steuersatz 10 % und 140.000.000 Euro Kaufpreis in t=10 unter Einbezug Reservekonto

Berechnung des zu versteuernden Veräußerungsgewinns

Verkaufspreis	140.000.000 Euro
- Transaktionsausgaben 1,5 % des Verkaufspreises	2.100.000 Euro
- Grunderwerbsteuer 3,5 % des Verkaufspreises	4.900.000 Euro
- Buchwert	105.825.486 Euro
= Veräußerungsgewinn	**27.174.514 Euro**

Berechnung der Steuerzahlung

Körperschaftsteuer:	0,15 · 27.174.514 Euro	4.076.177 Euro
Solidaritätszuschlag:	0,055 · 4.076.177 Euro	224.190 Euro
Gewerbesteuer:	0,14 · 27.174.514 Euro	3.804.432 Euro

Berechnung des Liquiditätszuflusses für das Nicht-Immobilienunternehmen

Verkaufspreis	140.000.000 Euro
- Transaktionsausgaben	2.100.000 Euro
- Grunderwerbsteuer	4.900.000 Euro
- Körperschaftsteuer	4.076.177 Euro
- Solidaritätszuschlag	224.190 Euro
- Gewerbesteuer	3.804.432 Euro
= Liquditätszufluss	**124.895.201 Euro**

Abbildung A-15: Liquiditätszufluss durch Immobilienverkauf an Immobilien-SPV zu 140.000.000 Euro

	t=25-33	t=34	ab t=35
Konforme Jahresmieteinnahme in Euro	23.977.800		
- Bewirtschaftungsausgaben (14 % der Mieteinnahmen) in Euro	3.356.892		
- Abschreibung in Euro	7.936.911	2.645.637	0
= Steuerbemessungsgrundlage in Euro	**12.683.997**	**17.975.271**	**20.620.908**
Steuern (29,825 %) in Euro	3.783.002	5.361.125	6.150.186
Konforme Jahresmieteinnahme in Euro	23.977.800		
- Bewirtschaftungsausgaben (14 % der Mieteinnahmen) in Euro	3.356.892		
- Steuern (29,825 %) in Euro	3.783.002	5.361.125	6.150.186
= Konforme Netto-Jahresmieteinnahme nach Steuern in Euro	**16.837.906**	**15.259.783**	**14.470.722**

Tabelle A-54: Konforme Netto-Jahresmieteinnahmen des Immobilien-SPVs nach Steuern nach RES

	t=25	t=26	t=27	t=28	t=29
Konforme Netto-Jahresmieteinnahme nach Steuern in Euro	16.837.906	16.837.906	16.837.906	16.837.906	16.837.906
Barwert der konformen Netto-Jahresmieteinnahme nach Steuern in Euro	2.458.636	2.276.515	2.107.884	1.951.744	1.807.171

	t=30	t=31	t=32	t=33	t=34
Konforme Netto-Jahresmieteinnahme nach Steuern in Euro	16.837.906	16.837.906	16.837.906	16.837.906	15.259.783
Barwert der konformen Netto-Jahresmieteinnahme nach Steuern in Euro	1.673.306	1.549.358	1.434.590	1.328.324	1.114.656

	t=35
Konforme Netto-Jahresmieteinnahme nach Steuern in Euro	14.470.722
Barwert der konformen Netto-Jahresmieteinnahme nach Steuern in Euro	978.721

Tabelle A-55: Barwerte der konformen Netto-Jahresmieteinnahmen des Immobilien-SPVs nach Steuern nach RES

Summe der Barwerte der konformen Netto-Jahresmieteinnahmen von t=25 bis t=34: 17.702.184 Euro

Berechnung der ewigen Rente ab t=35:

14.470.722 Euro : 0,08 = 180.884.025 Euro

Barwert der ewigen Rente ab t=35:

180.884.025 Euro : $1{,}08^{34}$ = 13.212.729 Euro

Summe aus Barwert der ewigen Rente und den Barwerten der konformen Netto-Jahresmieteinnahmen nach Steuern von t=25 bis t=24:

17.702.184 Euro + 13.212.729 Euro = 30.914.913 Euro

Literaturverzeichnis

Abgabenordnung (2009):
Stand: 30.07.2009. Veröffentlicht im Internet: http://www.gesetze-im-internet.de /ao_1977/BJNR006130976.html 03.09.2009.

Achleitner, Ann-Kristin (2002):
Handbuch Investmentbanking, 3. Aufl., Wiesbaden 2002.

Achleitner, Ann-Kristin; Wagner, Niklas (2006):
Real Estate Private Equity und seine Bedeutung aus der Kapitalmarktperspektive. In: Rottke, Nico B.; Rebitzer, Dieter W. (Hrsg.), Handbuch Real Estate Private Equity, Köln 2006, S. 65 – 76.

Acoba, J. Francisco; Foster, Scott P. (2003):
Aligning corporate real estate with evolving corporate missions: Process-based management models. In: Journal of Corporate Real Estate, 5. Jg., 2003, Heft 2, S. 143 – 164.

adidas AG (2007):
Geschäftsbericht 2007. Veröffentlicht im Internet: http://adidas-group.corporat e-publications.com/2007/gb/files/pdf/de/geschaeftsbericht_2007.pdf 15.06.2008.

Aengevelt Immobilien GmbH & Co. KG (2008):
Anziehender Büromarkt in der Region Düsseldorf (Pressemitteilung). Veröffentlicht im Internet: http://www.aengevelt.com/presse/detail/2008/region+duesseld orf+anziehender+bueromarkt.html 21.05.2009.

Aktiengesetz (AktG) (2009):
Stand: 31.07.2009. Veröffentlicht im Internet: http://www.gesetze-im-internet.de /bundesrecht/aktg/gesamt.pdf 16.10.2009.

Albach, Horst (1988):
Kosten, Transaktionen und externe Effekte im betrieblichen Rechnungswesen. In: Zeitschrift für Betriebswirtschaft, 58. Jg., 1988, Heft 11, S. 1143 – 1170.

Albach, Horst (1993):
Betriebswirtschaftslehre als Wissenschaft – Entwicklungstendenzen in der modernen Betriebswirtschaftslehre. In: Zeitschrift für Betriebswirtschaft, 69. Jg., 1999, Heft 3, S. 7 – 25.

Albrecht, Peter; Maurer, Raimond (2008):
Investment- und Risikomanagement – Modelle, Methoden, Anwendungen, 3. Aufl., Stuttgart 2008.

Allianz SE (2007):
Geschäftsbericht Allianz-Gruppe 2007. Veröffentlicht im Internet: http://annualr eport.allianz.com/ar07/de/pdf/az_group_d_2007.pdf 15.06.2008.

Alte, Timo (2006):
Forderungsabtretung bei der Securitisation, Würzburg 2006.

Althaus, Torsten (2002):
Criteria for Rating German Residential Mortgage-Backed-Securities. In: Immobilien & Finanzierung, 53. Jg., 2002, Heft 17, S. 24 – 30.

Altrock, Frank; Rieso, Sven (1997):
Asset Backed Securities zur Refinanzierung von Kreditinstituten: eine finanzierungstheoretische Analyse. Diskussionsbeitrag 97-06, Institut für Kreditwesen, Westfälische Wilhelms-Universität Münster 1997.

Ambrose, Brent William (1990):
Corporate Real Estate´s Impact on the Takeover Market. In: Journal of Real Estate Finance and Economics, 3. Jg., 1990, Heft 4, S. 307 – 322.

Ambrose, Brent William; Highfield, Michael J.; Linneman, Peter D. (2005):
Real Estate and Economies of Scale: The Case of REITs. In: Real Estate Economics, 33. Jg., 2005, Heft 2, S. 323 – 350.

Andersen, Sven (2006):
Portfoliokauf am Beispiel von Blackstone/Deutsche Bank. In: Rottke, Nico B.; Rebitzer, Dieter W. (Hrsg.), Handbuch Real Estate Private Equity, Köln 2006, S. 647 – 656.

Arbeitskreis „Finanzierung" der Schmalenbach-Gesellschaft für Betriebswirtschaft e.V. (1992):
Asset Backed Securities – ein neues Finanzierungsinstrument für deutsche Unternehmen. In: Zeitschrift für betriebswirtschaftliche Forschung, 44. Jg., 1992, Heft 6, S. 495 – 530.

Arend, Mark (2001):
Forum Broadens Notions of Portfolio Structuring, ´Real´ Value. In: Site Selection, 46. Jg., 2001, Heft 3, S. 260 – 262.

Armonat, Stefan; Brockhusen, von Hans-Hubertus; Pfnür, Andreas (2003):
Real Estate Corporate Finance – Möglichkeiten und Grenzen für „non-property-companies". In: Gondring, Hanspeter; Zoller, Edgar; Dinauer, Josef (Hrsg.), Real Estate Investment Banking, Wiesbaden 2003, S. 275 – 285.

Armonat, Stefan; Eversmann, Moritz; Pfnür, Andreas (2003):
Performancemessung von Immobilienbeteiligungen als Grundlage des Real Estate Investment Banking. In: Gondring, Hanspeter; Zoller, Edgar; Dinauer, Josef (Hrsg.), Real Estate Investment Banking, Wiesbaden 2003, S. 363 – 373.

Asson, Tim (2002):
Real estate partnerships: A new approach to corporate real estate outsourcing. In: Journal of Corporate Real Estate, 4. Jg., 2002, Heft 4, S. 327 – 333.

Autenrieth, Angela; Köster-Böckenförde, Andreas (2007):
Gesetzliche Anforderung an Unternehmen mit dem REIT-Status. In: Immobilien & Finanzierung, 58. Jg., 2007, Heft 10, S. 343 – 345.

AXA Investment Managers Deutschland GmbH (2007):
AXA Immoselect, Jahresbericht zum 30. April 2007. Veröffentlicht im Internet: http://documents.axa-im.com/Product_Regulation/Germany/Report/axa_annrepo ort_2997_de.pdf. 26.07.2008.

Bär, Hans Peter (2000):
Asset Securitisation, 3. Aufl., Bern/Stuttgart/Wien 2000.

Baetge, Jörg et al. (2009):
Darstellung der Discounted Cashflow-Verfahren (DCF-Verfahren) mit Beispiel. In: Peemöller, Volker (Hrsg.), Praxishandbuch der Unternehmensbewertung, 4. Aufl., Herne/Berlin 2009, S. 339 – 477.

Baker & McKenzie (2005):
Refinanzierungsregister bald in Kraft. In: Banking & Finance – Mandanteninformation, o. Jg., 2005, S. 1 – 4. Veröffentlicht im Internet: http://www.bakerinf o.com/NR/rdonlyres/F6D821E0-52AA-443A-975A-51CF7DF50BE/0/Banking_ Finance_Newsletter_Juli_2005.pdf 26.05.2006.

Ball, Jay N.; Rutherford, Ronald C.; Shaw, Ron J. (1993):
The Wealth Effects of Real Estate Spin-Offs. In: The Journal of Real Estate Research, 9. Jg., 1993, Heft 4, S. 597 – 606.

Ballwieser, Wolfgang (2009):
Verbindungen von Ertragswert- und Discounted-Cashflow-Verfahren. In: Peemöller, Volker (Hrsg.), Praxishandbuch der Unternehmensbewertung, 3. Aufl., Herne/Berlin 2009, S. 479 – 490.

Bank, Matthias (2001):
Finanzintermediation. In: Gerke, Wolfgang; Steiner, Manfred (Hrsg.), Handwörterbuch des Bank- und Finanzwesens, 3. Aufl., Stuttgart 2001, Sp. 836 – 847.

Barris, Roger (2002):
Sale-leasebacks move to the forefront: What is motivating buyers and sellers and what are their preferred methods? In: Briefings in Real Estate Finance, 2. Jg., 2002, Heft 2, S. 103 – 112.

Bartsch, Daniel (2005):
Unternehmenswertsteigerung durch strategische Desinvestitionen: Eine Ereignisstudie am deutschen Kapitalmarkt, Wiesbaden 2005.

BASF SE (2008):
Geschäftsbericht BASF-Gruppe 2007. Veröffentlicht im Internet: http://www.bericht.basf.com/2007/de/serviceseiten/downloads/files/BASF_Bericht_2007.pdf 15.06.2008.

Baugesetzbuch (2009):
Stand: 29.7.2009. Veröffentlicht im Internet: http://www.gesetze-im-internet.de/bbaug/BJNR003410960.html 03.09.2009.

Baums, Theodor (1993):
Asset-Backed Finanzierungen im deutschen Wirtschaftsrecht. In: Wertpapier-Mitteilungen: Zeitschrift für Wirtschafts- und Bankrecht, 47. Jg., 1993, Heft 1, S. 1 – 12.

Bayer AG (2007):
Bayer-Geschäftsbericht 2007. Veröffentlicht im Internet: http://www.geschaeftsbericht2007.bayer.de/de/bayer_geschaeftsbericht_2007.pdfx 15.06.2008.

Bea, Xaver (1988):
Diversifikation durch Kooperation. In: Der Betrieb, 41. Jg., 1988, Heft 50, S. 2521 – 2526.

Beck, Heiko; Droste, Klaus; Zoller, Edgar (2004):
Ausbau des deutschen Immobilien-Investmentmarktes zur europäischen Marktführerschaft. In: Zeitschrift für das gesamte Kreditwesen, 57. Jg., 2004, Heft 4, S. 192 – 195.

Beck, Ralf (2006):
Kauf eines Wohnimmobilienportofolios am Beispiel Morgan Stanley/Corpus und ThyssenKrupp. In: Rottke, Nico B.; Rebitzer, Dieter W. (Hrsg.), Handbuch Real Estate Private Equity, Köln 2006, S. 657 – 674.

Becker, Franklin (1999):
Beyond alternative officing: Infrastructure on-demand. In: Journal of Corporate Real Estate, 1. Jg., 1999, Heft 2, S. 154 – 168.

Behrens, Gerold (1993):
Wissenschaftstheorie und Betriebswirtschaftslehre. In: Wittmann, Waldemar et al. (Hrsg.), Handwörterbuch der Betriebswirtschaftslehre, Band 3, 5. Aufl., Stuttgart 1993, Sp. 4763 – 4772.

Benjamin, John D.; de la Torre, Chris; Musumeci, Jim (1998):
Rationales for Real Estate Leasing versus Owning. In: Journal of Real Estate Research, 15. Jg., 1998, Heft 3, S. 223 – 237.

Benner, Wolfgang (1988):
Asset Backed Securities – eine Finanzinnovation mit Wachstumschancen? In: Betriebswirtschaftliche Forschung und Praxis, 40. Jg., 1988, Heft 5, S. 403 – 417.

Bergmann, Jörg (1996):
Shareholder Value-orientierte Beurteilung von Teileinheiten im internationalen Konzern, Aachen 1996.

Berndsen, Jürgen (1991):
Asset Backed Securities – Ein interessantes Refinanzierungsinstrument für deutsche Finanzgesellschaften? In: Finanzierung, Leasing, Factoring, 38. Jg., 1991, Heft 5, S. 190 – 193.

Bertl, Andreas (2004):
Verbriefung von Forderungen: Entstehungsgeschichte und heutige Struktur von Asset Backed Securities, Wiesbaden 2004.

Betsch, Oskar; Bender, Matthias (2006):
Neue offene Immobilienfonds und Real Estate Investment Trusts (REITs) in Deutschland: Diskussionsbeitrag zum aktuellen Stand, Berlin 2006.

BGH (1969):
Urteil des Bundesgerichtshofs vom 09.07.1969 – V ZR 190/67. In: Neue juristische Wochenschrift, 22. Jg., 1969, Heft 42, S. 1850 – 1852.

Bitz, Michael (1989):
Erscheinungsformen und Funktionen von Finanzintermediären. In: Wirtschaftswissenschaftliches Studium, 18. Jg., 1989, Heft 10, S. 430 – 436.

Bitz, Michael (1994):
Finanzintermediäre. In: Schierenbeck, Henner (Hrsg.), Bank- und Versicherungslexikon, 2. Aufl., München/Wien 1994, S. 262 – 267.

Bitz, Michael; Stark, Gunnar (2008):
Finanzdienstleistungen: Darstellung – Analyse – Kritik, 8. Aufl., München/Wien 2008.

Bloch, Bruce M. (1999):
Merger preparation: A key to proactive CRE management. In: Journal of Corporate Real Estate, 2. Jg., 1999, Heft 1, S. 11 – 18.

BMW AG (2008):
Geschäftsbericht BMW Group 2007. Veröffentlicht im Internet: http://www.bmwgroup.com/geschaeftsbericht2007/_downloads/BMW_Group_2007.pdf 15.06.2008.

Börner, Christoph J.; Schlösser, Tanja (2009a):
Arten und Funktionen von Kreditsicherheiten. In: Erben, Roland F.; Hirschmann, Stefan (Hrsg.), Handbuch Credit Management, Köln 2009, S. 247 – 268.

Börner, Christoph J.; Schlösser, Tanja (2009b):
Liquiditätssteuerung und Factoring. In: Erben, Roland F.; Hirschmann, Stefan (Hrsg.), Handbuch Credit Management, Köln 2009, S. 225 – 245.

Bon, Ranko (1992):
Corporate Real Estate Management. In: Facilities, 10. Jg., 1992, Heft 12, S. 13 – 17.

Bon, Ranko; McMahan, Jay F.; Carder, Paul (1994):
Property Performance Measurement: From Theory to Management Practice. In: Facilities, 12. Jg., 1994, Heft 12, S. 18 – 24.

Bone-Winkel, Stephan (1994):
Das strategische Management von offenen Immobilienfonds unter besonderer Berücksichtigung der Projektentwicklung von Gewerbeimmobilien, Köln 1994.

Bone-Winkel, Stephan (2005):
Strategisches Immobilien-Portfoliomanagement. In: Schulte, Karl-Werner; Bone-Winkel, Stephan; Thomas, Matthias (Hrsg.), Handbuch Immobilien-Investition, 2. Aufl., Köln 2005, S. 491 – 530.

Bone-Winkel, Stephan; Isenhöfer, Björn; Hofmann, Philip (2008):
Projektentwicklung. In: Schulte, Karl-Werner (Hrsg.), Immobilienökonomie, Band 1, Betriebswirtschaftliche Grundlagen, 4. Aufl., München/Wien 2008, S. 231 – 299.

Bone-Winkel, Stephan; Müller, Tobias (2008):
Bedeutung der Immobilienwirtschaft. In: Schulte, Karl-Werner (Hrsg.), Immobilienökonomie, Band 1, Betriebswirtschaftliche Grundlagen, 4. Aufl., München/Wien 2008, S. 27 – 46.

Bone-Winkel, Stephan; Schulte, Karl-Werner; Focke, Christian (2008):
Begriff und Besonderheiten der Immobilie als Wirtschaftsgut. In: Schulte, Karl-Werner (Hrsg.), Immobilienökonomie, Band 1, Betriebswirtschaftliche Grundlagen, 4. Aufl., München/Wien 2008, S. 3 – 25.

Booth, Geoffrey G.; Glascock, John L.; Sarkar, Salil K. (1996):
A ReExamination of corporate Sell-Offs of Real Estate Assets. In: Journal of Real Estate Finance and Economics, 12. Jg., 1996, Heft 2, 1996, S. 195 – 202.

Bosak, Jan Michael (2005):
Die steuerlichen Konsequenzen einer Asset Backed Securitisation mittels einer deutschen Zweckgesellschaft. In: Finanz-Betrieb, 7. Jg., 2005, Heft 9, S. 545 – 549.

Bosak, Jan Michael; Weller, Michael (2006):
Aktuelle Rechtsfragen der Verbriefung. In: Zeitschrift für das gesamte Kreditwesen, 59. Jg., 2006, Heft 19, S. 1026 – 1028.

Brauer, Kerry-U. (1999):
Einführung in die Immobilienwirtschaft. In: Brauer, Kerry-U. (Hrsg.), Grundlagen der Immobilienwirtschaft, Wiesbaden 1999, S. 5 – 43.

Braun, Hendryk; Schmidt, Daniel (2005):
Qualitative und quantitative Faktoren bei der Analyse von Asset-Backed-Securities. In: Gruber, Josef; Gruber, Walter; Braun, Hendryk (Hrsg.), Praktiker-Handbuch Asset-Backed Securities und Kreditderivate: Strukturen, Preisbildung, Anwendungsmöglichkeiten, aufsichtsrechtliche Behandlung, Stuttgart 2005, S. 191 – 208.

Breidenbach, Marc (2003):
Real Estate Securitisation as an Alternative Source of Financing for the Property Industry. Paper presented at the 9th annual conference of the Pacific RIM Real Estate Society, 19.-22. January 2003, Brisbane, Australia.

Breidenbach, Marc (2005):
Real Estate Securitisation – Asset-Backed Security Financing for the Property Industry, 2005 Köln.

Breidenbach, Marc (2008):
Securitisation: Finanzierung durch Immobilien-Verbriefung. In: Schulte, Karl-Werner (Hrsg.), Immobilienökonomie, Band 1, Betriebswirtschaftliche Grundlagen, 4. Aufl., München/Wien 2008, S. 610 – 625.

Breidenbach, Marc; Breidenbach, Manuel (2006):
Immobilienverbriefung. In: Wernecke, Martin; Rottke, Nico; Holzmann, Christoph (Hrsg.), Praxishandbuch Immobilienzyklen, Köln 2006, S. 379 – 396.

Brennan, Michael J. (1990):
Latent Assets. In: The Journal of Finance, 45. Jg., 1990, Heft 3, S. 709 – 713.

Breuer, Wolfgang (1993):
Finanzintermediation im Kapitalmarktgleichgewicht, Wiesbaden 1993.

Bronder, Christoph; Pritzl, Rudolf (1991):
Leitfaden für strategische Allianzen. In: Harvard-Manager, 13. Jg., 1991, Heft 1, S. 44 – 52.

Brown, Gordon (2001):
Choosing a Company´s Building Design: Models for Strategic Design Decisions. In: Journal of Real Estate Research, 22. Jg., 2001, Heft 1/2, S. 81 – 105.

Brueggeman, William B.; Fisher, Jeffrey D.; Porter, David M. (1990):
Rethinking Corporate Real Estate. In: Journal of Applied Corporate Finance, 3. Jg., 1990, Heft 1, S. 39 – 50.

Bryan, A. Brand (2003):
The state of sale-leasebacks: What corporations can and should expect today. In: Journal of Corporate Real Estate, 6. Jg., 2003, Heft 1, S. 15 – 23.

Buchner, Robert (1994):
Zum Shareholder Value-Ansatz. In: Wirtschaftswissenschaftliches Studium, 23. Jg., 1994, Heft 10, S. 513 – 516.

Buckley, Michael P. (1998):
Eight Steps to a strategic plan for corporate real estate and possible portfolio exit strategies. In: Journal of Corporate Real Estate, 1. Jg., 1998, Heft 1, S. 361 – 367.

Bühner, Rolf (1990):
Das Management-Wert-Konzept: Strategien zur Schaffung von mehr Wert im Unternehmen, Stuttgart 1990.

Bühner, Rolf; Weinberger, Hans-Joachim (1991):
Cash-Flow und Shareholder Value. In: Betriebswirtschaftliche Forschung und Praxis, 43. Jg., 1991, Heft 3, S. 187 – 208.

Bünning, Martin (2005):
Steuerliche Ausgestaltung von Zweckgesellschaften im Rahmen von ABS-Transaktionen. In: Gruber, Josef; Gruber, Walter; Braun, Hendryk (Hrsg.), Praktiker-Handbuch Asset-Backed Securities und Kreditderivate: Strukturen, Preisbildung, Anwendungsmöglichkeiten, aufsichtsrechtliche Behandlung, Stuttgart 2005, S. 475 – 493.

Bürgerliches Gesetzbuch (2009):
Stand: 28.9.2009. Veröffentlicht im Internet: http://www.gesetze-im-internet.de/bgb/BJNR001950896.html 14.10.2009.

Bulwien, Hartmut (1998):
Überblick über den Immobilienanlagemarkt in Deutschland. In: Schulte, Karl-Werner; Bone-Winkel, Stephan; Thomas, Matthias (Hrsg.), Handbuch Immobilien-Investition, Köln 1998, S. 37 – 73.

Bulwien, Hartmut (2005):
Überblick über Immobilieninvestoren und -anlageprodukte in Deutschland. In: Schulte, Karl-Werner; Bone-Winkel, Stephan; Thomas, Matthias (Hrsg.), Handbuch Immobilien-Investition, 2. Aufl., Köln 2005, S. 45 – 65.

Bund, Stefan (2000):
Asset Securitisation: Anwendbarkeit und Einsatzmöglichkeiten in deutschen Universalkreditinstituten, Frankfurt am Main 2000.

Bund, Stefan; Morlok Markus (2005):
True-Sale-Verbriefungen aus Sicht einer Rating-Agentur. In: Zeitschrift für das gesamte Kreditwesen, 58. Jg., 2005, Heft 18, S. 969 – 972.

Bundesgesetzblatt Teil I (2003):
Gesetz zur Förderung von Kleinunternehmern und zur Verbesserung der Unternehmensfinanzierung (Kleinunternehmerfördergesetz) vom 31.07.2003. Bundesgesetzblatt Teil I, Nr. 29 vom 08.08.2003, S. 1550 – 1552.

Bundesregierung (2007):
Entwurf eines Gesetzes zur Schaffung deutscher Immobilien-Aktiengesellschaften mit börsennotierten Anteilen. Veröffentlicht im Internet: http://www.ml-ra.com/images/pdf/6f743617a9b581e7c51364ea4ce0a72f_Reits-Gesetzentwurf1106.pdf 25.05.2007.

Bundesrepublik Deutschland Finanzagentur GmbH (2009):
Laufzeiten und tägliche Rendite börsennotierter Emissionen. Veröffentlicht im Internet: http://www.deutschefinanzagentur.de/cln_153/nn_417628/DE/Finanzagentur/Aktuelles/laufzeiten_und_taegliche_rendite.html. 29.05.2009.

Bundesverband Deutscher Banken (2009):
US-Dollar/Euro-Wechselkurs seit Anfang 2007. Veröffentlicht im Internet: http://www.Bankenverband.de/pic/articelpic/012008/2-1-2-1-IV-07-wechselkurse.pdf 18.08.2009.

Buse, Christoph (1999):
Strategisches Management von industrieverbundenen Wohnungsunternehmen, Köln 1999.

Chirgwin, Benjamin (2000):
Creating an effective organisational model. In: Journal of Corporate Real Estate, 2. Jg., 2000, Heft 2, S. 138 – 143.

Chmielewicz, Klaus (1994):
Forschungskonzeptionen der Wirtschaftswissenschaft, 3. Aufl., Stuttgart 1994.

Christensen, Donald G.; Levi, Donald R. (1993):
Corporate Restructuring Involving Real Estate Assets: Some Earnings and Risk Signal Implications. In: The Journal of Real Estate Research, 8. Jg., 1993, Heft 4, S. 579 – 595.

Coase, Ronald H. (1937):
The Nature of the Firm. In: Economica, 4. Jg., 1937, Heft 16, S. 286 – 405.

Coase, Ronald H. (1960):
The problem of social cost. In: Journal of Law and Economics, 3. Jg., 1960, Heft Oktober, S. 1 – 44.

Coenenberg, Adolf G.; Haller, Axel; Schultze, Wolfgang (2009):
Jahresabschluss und Jahresabschlussanalyse: Betriebswirtschaftliche, handels- und steuerrechtliche Grundlagen, 21. Aufl., Stuttgart 2009.

Commerzbank AG (2008):
Geschäftsbericht Commerzbank 2007. Veröffentlicht im Internet: http://reports2.equitystory.com/commerzbank/annual/2007/gb/German/pdf/02_aktionaere.pdf 15.06.2008.

Continental AG (2008):
Geschäftsbericht Continental 2007. Veröffentlicht im Internet: http://www.conti-online.com/generator/www/com/de/continental/portal/themen/ir/finanzberichte/archiv/berichte/download/gb_2007_de.pdf 15.06.2008.

Cooke, Howard (2003):
Mitigating corporate real estate liabilities by managing both sides of the landlord and tenant equation: The Reluctant Landlord scenario. In: Journal of Corporate Real Estate, 5. Jg., 2003, Heft 2, S. 165 – 172.

Copeland, Tom; Koller, Tim; Murrin, Jack (1990):
Valuation: Measuring and Managing the Value of Companies. New York et al. 1990.

Cornell, Joseph W. (1998):
Spin-Off to Play-Off: An Analytical Guide to Investing in Corporate Divestitures, New York et al. 1998.

Corsten, Hans (2007):
Produktionswirtschaft: Einführung in das industrielle Produktionsmanagement, 11. Aufl., München 2007.

Corsten, Hans; Gössinger, Ralf (2008):
Desinvestition. In: Corsten, Hans; Gössinger, Ralf (Hrsg.), Lexikon der Betriebswirtschaftslehre, 5. Aufl., München/Wien 2008, S. 160.

Crommen, Marcel (2001):
Finanzierung von Unternehmensimmobilien: eine Shareholder Value orientierte Analyse, Köln 2001.

Daimler AG (2008):
Geschäftsbericht Daimler 2007. Veröffentlicht im Internet: http://www.daimler.com/projects/c2c/channel/documents/1488193_DAI_2007_Geschaeftsbericht.pdf 15.06.2008.

Damaske, Martin; Trampe, Hans-Peter (2005):
MBS für die Wohnungswirtschaft – Assetklasse mit Zukunft? In: Immobilien & Finanzierung, 56. Jg., 2005, Heft 9, S. 330 – 333.

Deeble, Kevin E. (2000):
Financing corporate real estate: A raw materials procurement approach. In: Journal of Corporate Real Estate, 2. Jg., 2000, Heft 2, S. 144 – 153.

Deikon GmbH (2010):
Hypothekenanleihen. Veröffentlich im Internet: http://www.deikon.de/hypothekenanleihen/erklaerung.html 13.02.2010.

Deimel, Klaus (2002):
Shareholder Value-Konzept, Capital Asset Pricing Model und Kapitalwertmethode. In: Das Wirtschaftsstudium, 31. Jg., 2002, Heft 1, S. 77 – 82.

Deka Immobilien Investment GmbH (2007):
Deka-ImmobilienGlobal – Immobilien-Sondervermögen im Deutschen Recht, Jahresbericht zum 30. September 2007, Frankfurt 2007. Veröffentlicht im Internet: http://www.deka.de/globaldownload/de/fonds/jahresbericht/Deka-ImmobilienGlobal_jb.pdf 26.07.2008.

Deutsche Bank AG (2008):
Geschäftsbericht Deutsche Bank 2007. Veröffentlicht im Internet: http://geschaeftsbericht.deutsche-bank.de/2007/gb/serviceseiten/downloads/files/dbfy2007_gesamt.pdf 15.06.2008.

Deutsche Börse AG (2008):
Geschäftsbericht Deutsche Börse Group 2007. Veröffentlicht im Internet: http://deutsche-boerse.com/dbag/dispatch/de/binary/gdb_navigation/investor_relations/30_Reports_and_Figures/30_Annual_Reports/20_Archive/Content_Files/archive/GB_GDB_2007.pdf 15.06.2008.

Deutsche Börse AG (2009):
MDAX Gewichtung. Veröffentlicht im Internet: http://deutsche-boerse.com/dbag/dispatch/de/notescontent/gdb_navigation/info_center/20_statistics/30_Weighting_Related_Values/Integrate/statistic?notesDOC=Kennzahlen+MDAX&expand=1.1. 30.12.2009.

Deutsche Bundesbank (1997):
Asset-Backed Securities in Deutschland: Die Veräußerung und Verbriefung von Kreditforderungen durch deutsche Kreditinstitute. In: Monatsbericht Juli 1997, S. 57 – 67.

Deutsche Bundesbank (2004):
Neue Entwicklung am Markt für Unternehmensanleihen. In: Monatsbericht April 2004, S. 15 – 26.

Deutsche Bundesbank (2007):
Verhältniszahlen aus Jahresabschlüssen deutscher Unternehmen von 2003 bis 2004. Frankfurt am Main 2007. Veröffentlicht im Internet: http://www.bundesbank.de/download/statistik/Stat_sonder/statso6_2003_2004.pdf 22.07.2008.

Deutsche Bundesbank (2009a):
Hochgerechnete Angaben aus Jahresabschlüssen deutscher Unternehmen 1994 bis 2007, Frankfurt am Main 2009. Veröffentlicht im Internet: http://www.bundesbank.de/statistik/statistik_wirschaftsdaten_tabellen.php 11.08.2009.

Deutsche Bundesbank (2009b):
Verhältniszahlen aus Jahresabschlüssen deutscher Unternehmen von 2005 bis 2006, Frankfurt am Main 2009. Veröffentlicht im Internet: http://www.bundesbank.de/download/statistik/Stat_sonder/statso6_2005_2006.pdf 11.08.2009.

Deutsche EuroShop AG (2010):
Fact Sheet. Veröffentlicht im Internet: http://www.equitystory.com/download/Companies/deutsche-euroshop/factsheet_469_german.pdf 12.02.2010.

Deutsche Immobilien Partner (2009):
Markt und Fakten – Entwicklungen und Trends am Immobilienmarkt 2009. Veröffentlicht im Internet: http://www.dip-immoiblien.de/fles/Markt_und_fakten_2009_e-mail_.pdf 26.05.2009.

Deutsche Lufthansa AG (2008):
Geschäftsbericht 2007. Veröffentlicht im Internet: http://konzern.lufthansa.com/de/downloads/presse/downloads/publikationen/DLH_D_GB2007.pdf 15.06.2008.

Deutsche Post AG (2008):
Geschäftsbericht 2007. Veröffentlicht im Internet: http://investors.dp-dhl.de/de/investoren/pulikationen/archiv/2007/finanzpublikationen/dpwn_annual-report_2007.de.pdf 15.06.2008.

Deutsche Postbank AG (2008):
Geschäftsbericht Konzern 2007. Veröffentlicht im Internet: http://finanzberichte.postbank.de/2007/gb/serviceseiten/downloads/files/gesamt_pd_gb07.pdf 15.06.2008.

Deutscher Bundestag (2005):
Drucksache 15/5852, Beschlussempfehlung und Bericht des Finanzausschusses (7. Ausschuss) zum Gesetzentwurf der Bundesregierung – Drucksache 15/5567 – Entwurf eines Gesetztes zur Neuorganisation der Finanzverwaltung.

Deutsche Telekom AG (2008):
Geschäftsbericht 2007. Veröffentlicht im Internet: http://www.download-telekom.de/dt/StaticPage/50/77/04/080304_gtag_gb_2007.pdf_507704.pdf 15.06.2008.

Deutsche Vereinigung für Finanzanalyse und Asset Management (2008):
DVFA-Grundsätze für effektive Finanzkommunikation, DVFA-Finanzschriften 02/06. Veröffentlicht im Internet: http://www.dvfa.de/flex/die_dvfa.de/files/die_dvfa/Standards/effektive_finanzkomunikation/application/pdf.grundsaetze_effektive_finanzkommunikation.pdf 10.09.2009.

Devaney, Steven; Lizieri, Colin (2004):
Sale and leaseback, asset outsourcing and capital market impacts. In: Journal of Corporate Real Estate, 6. Jg., 2004, Heft 2, S. 118 – 132.

Dewulf, Geert; Schaaf, Pity van der (1998):
Portfolio management in the midst of uncertainties: how scenario planning can be useful. In: Journal of Corporate Real Estate, 1. Jg., 1998, Heft 1, S. 19 – 28.

Dickler, Robert A. (1991):
Asset-Backed Securities: Chancen und Risiken. In: Krümmel, Hans J.; Rudolph, Bernd (Hrsg.), Corporate Finance: Vorträge und Berichte der Tagung "Corporate Finance" am 20. September 1990, Frankfurt am Main 1991, S. 107 – 123.

Dinauer, Josef (2002):
Real Estate Investment Banking – eine fremde Begriffswelt. In: Die Bank, o. Jg., 2002, Heft 4, S. 232 – 237.

Dittrich, Kurt; Uhl, Laurenz (2005):
Rechtliche Aspekte der Einführung von Refinanzierungsregistern. In: Zeitschrift für das gesamte Kreditwesen, 58. Jg., 2005, Heft 18, S. 994 – 996.

Dohner, Roy F. (1999):
The Nortel Brampton Centre: The real estate vision and strategy. In: Journal of Corporate Real Estate, 1. Jg., 1999, Heft 2, S. 132 – 140.

Drukarczyk, Jochen; Schüler, Andreas (2003):
Kapitalkosten deutscher Aktiengesellschaften – eine empirische Untersuchung. In: Finanz-Betrieb, 5. Jg., 2003, Heft 6, S. 337 – 347.

Ebers, Mark; Gotsch, Wilfried (2006):
Institutionenökonomische Theorien der Organisation. In: Kieser, Alfred (Hrsg.), Organisationstheorien, 6. Aufl., Stuttgart 2006, S. 247 – 308.

Eichholz, Rainer; Nelgen, Marcus (1992):
Asset Backed Securities – ein Finanzierungsinstrument auch für den Deutschen Markt? In: Der Betrieb, 45. Jg., 1992, Heft 26, S. 793 – 797.

Eichhorn, Wolfgang (1979):
Modelle und Theorien in den Wirtschaftswissenschaften. In: Raffée, Hans; Abel, Bodo (Hrsg.), Wissenschaftstheoretische Grundfragen der Wirtschaftswissenschaften, München 1979, S. 60 – 104.

Einkommensteuergesetz (2009):
Stand: 08.10.2009. Veröffentlicht im Internet: http://www.gesetze-im-internet.de /estg/BJNR010050934.html 16.10.2009.

Eisenächer, Bettina (1994):
Asset Backed Securities: Struktur und Bewertung einer Finanzinnovation, Giessen 1994.

Ellrott, Raimund (2005):
Immobilien-Rating aus Sicht eines Marktforschungsinstitutes. In: Immobilien & Finanzierung, 54. Jg., 2003, Heft 4, S. 122 – 125.

Elsner, Wolfram (1987):
Institutionen und ökonomische Institutionentheorie. In: Wirtschaftswissenschaftliches Studium, 16. Jg., 1987, Heft 1, S. 5 – 14.

E.ON AG (2008):
Geschäftsbericht 2007. Veröffentlicht im Internet: http://www.eon.com/de/downloads/EON_Geschaeftsbericht_2007.pdf 15.06.2008.

Ergenzinger, Till (2003):
Asset Securitization als Refinanzierungsinstrument mittelständischer Leasinggesellschaften – Ein Beispiel aus der Praxis. In: Kienbaum, Jochen; Börner, Christoph J. (Hrsg.), Neue Finanzierungswege für den Mittelstand, Wiesbaden 2003, S. 305 – 328.

Eul, Frank (1994):
Corporate Change: Its Effect on Property and the Economy. In: Facilities, 12. Jg., 1994, Heft 2, S. 16 – 19.

Eurohypo AG (2006):
Marktbericht Düsseldorf 2006, Eschborn 2006. Veröffentlicht im Internet: www.eurohypo.com/Media/pdf/newsletter___marktberichte__in_ornder_ehlisten_umziehen_7marktbericht_duesseldorf_06.pdf 20.05.2009.

Europäisches Parlament (2002):
Verordnung (EG) Nr. 1606/2002 des europäischen Parlaments und des Rates vom 19. Juli 2002 betreffend die Anwendung internationaler Rechnungslegungsstandards. In: Amtsblatt der Europäischen Gemeinschaften, L 243/1, 45. Jg., 11. September 2002. Veröffentlicht im Internet: http://eur-lex.europa.eu/LexUriServ/LexUriServ.do?uri=OJ:L:2002:243:0001:0004:DE.PDF 02.08.2008.

Evans, Michael; French, Nick; O´Roarty, Brenna (2000):
Accountancy and corporate property management: A briefing on current and proposed provisions relation to UK corporate real estate. In: Journal of Property Investment & Finance, 19. Jg., 2000, Heft 2, S. 211 – 223.

Everling, Oliver (1993):
Asset Securitisation in Europa. In: Die Bank, o. Jg., 1993, Heft 2, S. 82 – 86.

Falk, Bernd (2004):
Fachlexikon Immobilienwirtschaft, 3. Aufl., Köln 2004.

Feinberg, Phyllis (1989):
Asset-backed securities offer expanding financing choice. In: Corporate cashflow: the magazine of treasury management, Jg. 10., 1989, Heft Mai, S. 60 – 62.

Fernández Reumann, Diego (2003):
Immobilien-Pakete und Fonds – die neuen Produkte der Sireo. In: Immobilien & Finanzierung, 54. Jg., 2003, Heft 10, S. 346 – 348.

Fernández Reumann, Diego; Krieger, Reinhard; Friedrichs, Claudia (2004):
Fallstudie Deutsche Telekom AG – Sireo Real Estate Asset Management. In: Schulte; Karl-Werner; Schäfers, Wolfgang (Hrsg.), Handbuch Corporate Real Estate Management, 2. Aufl., Köln 2004, S. 411 – 438.

Fisher, Jeffrey D.; Webb, R. Brian (1992):
Current Issues in the Analysis of Commercial Real Estate. In: Journal of the American Real Estate and Urban Economics Association, 20. Jg., 1992, Heft 2, S. 211 – 227.

Fleckner, Andreas M. (2005):
Die Refinanzierungstreuhand – Erleichterungen für die Begebung von Asset Backed Securities und Pfandbriefen durch das Gesetz zur Schaffung eines Refinanzierungsregisters. In: Der Betrieb, 58. Jg., 2005, Heft 50, S. 2733 – 2737.

Flegel, Douglas D. (1992):
Disposing of Surplus Corporate Real Estate. In: Real Estate Review, 21. Jg., 1992, Heft 4, S. 53 – 56.

Fleischmann, Gerd (1966):
Nationalökonomie und Sozialwissenschaftliche Integration, Tübingen 1966.

Franke, Günther; Hax, Herbert (2004):
Finanzwirtschaft des Unternehmens und Kapitalmarkt, 5. Aufl., Berlin/Heidelberg 2004.

Franz, Klaus-Peter; Kajüter, Peter (2000):
Controlling. In: Busse von Colbe, Walther et al. (Hrsg.), Betriebswirtschaft für Führungskräfte, Stuttgart 2000, S. 207 – 240.

Frese, Michael (2005):
Rechtliche Rahmenbedingungen der True-Sale-Verbriefung – Was ist geschafft? Was bleibt zu tun? In: Zeitschrift für das gesamte Kreditwesen, 58. Jg., 2005, Heft 18, S. 965 – 968.

Fresenius Medical Care AG und Co. KGaA (2008):
Geschäftsbericht 2007. Veröffentlicht im Internet: http://reports.fmc-ag.com/fmc /annual/2007/gb/German/pdf/FMC_GB2007_D_Gesamt.pdf# 15.06.2008.

Friedrich, Hans-Jürgen (2008):
Hypothekenanleihen als Alternative im Wertpapierdepot. In: Immobilien & Finanzierung, 59. Jg., 2008, Heft 15, S. 536 – 538.

Fritz, Josef (2007):
Große Fallhöhe sicherer Schutz. In: Euro spezial, Sonderveröffentlichung, November 2007, S. 4 – 5. Veröffentlicht im Internet: http://www.corus-partner.de/d ownload/0712Euro_spezial.pdf 12.02.2010.

Fröhling, Adrian; Ragotzky, Serge (2006):
Real Estate Investment Trusts (REITs) – Alternative Form der Immobilienanlage. In: Busack, Michael; Kaiser, Dieter G. (Hrsg.), Handbuch Alternative Investments, Band 2, Wiesbaden 2006, S. 473 – 492.

Früh, Andreas (1995):
Asset Backed Securities / Securitization am Finanzplatz Deutschland. In: Betriebs-Berater, 50. Jg., 1995, Heft 3, S. 105 – 109.

Führich, Ernst R. (2008):
Wirtschaftsprivatrecht: Basiswissen des Bürgerlichen Rechts und des Handels- und Gesellschaftsrechts für Wirtschaftswissenschaftler und Unternehmenspraxis, 9. Aufl., München 2008.

Furubotn, Eirik G.; Pejovich, Svetozar (1974):
Property Rights and Economic Theory: Some basic issue. In: Furubotn, Eirik G.; Pejovich, Svetozar (Hrsg.), The Economics of Property Rights, Cambridge (Massachusetts/USA) 1974, S. 1 – 9.

GAGFAH S.A. (2009):
Geschäftsbericht 2008. Veröffentlicht im Internet: http://media.corporate-ir.net/ Media_files/irol/20/203159/ConsolidatedReport2008.pdf 30.12.2009.

Gale, Jeffrey; Case, Fred (1989):
A Study of Corporate Real Estate Resource Management. In: Journal of Real Estate Research, 4. Jg., 1989, Heft 3, S. 23 – 34.

Gebhard Real Estate AG (2010):
Unsere Hypothekenanleihe. Veröffentlicht im Internet: http://www.gebhardrealestate.de/de/wertpapiere-der-gebhard-real-estate-ag/unsere-hypothekenanleihe.html 28.02.2010.

Gehring, Babett (1999):
Asset-Backed Securities im amerikanischen und deutschen Recht, Köln 1999.

Gerbich, Marcus; Levis, Mario; Venmore-Rowland, Piers (1995):
Property intial public offerings: regulations, costs and price reactions. In: Journal of Property Finance, 6. Jg., 1995, Heft 1, S. 38 – 55.

Gerke, Wolfgang; Pfeufer, Gabriele (1995):
Finanzintermediation. In: Gerke, Wolfgang; Steiner, Manfred (Hrsg.), Handwörterbuch des Bank- und Finanzwesens, 2. Aufl., Stuttgart 1995, Sp. 727 – 735.

Gesetz über das Kreditwesen (KWG) (2009):
Stand: 30.07.2009. Veröffentlicht im Internet: http://www.gesetze-im-internet.de/bundesrecht/kredwg/gesamt.pdf 16.10.2009.

Gesetz über das Wohneigentum und das Dauerwohnrecht (WEG) (2009):
Stand: 07.07.2009. Veröffentlicht im Internet: http://www.gesetze-im-internet.de/bundesrecht/woeigg/gesamt.pdf 16.10.2009.

Gesetz über deutsche Immobilien-Aktiengesellschaften mit börsennotierten Anteilen (REITG) (2009):
Stand: 27.07.2009. Veröffentlicht im Internet: http://www.gesetze-im-internet.de/bundesrecht/zvg/gesamt.pdf 16.10.2009.

Gesetz über die Zwangsversteigerung und die Zwangsverwaltung (ZVG) (2009):
Stand: 27.07.2009. Veröffentlicht im Internet: http://www.gesetze-im-internet.de/bundesrecht/zvg/gesamt.pdf 16.10.2009.

Gewerbesteuergesetz (2009):
Stand: 17.03.2009. Veröffentlicht im Internet: http://www.gesetze-im-internet.de/gewstg/BJNR00979ß936.html 03.10.2009.

Geyer, Helmut (2008):
Immobilien und ihre Finanzierung: Vom Bausparvertrag bis zu Real Estate Investment Trust, 2. Aufl., Büren 2008.

Gibson, Virginia A. (2000):
Property portfolio dynamics: the flexible management of inflexible assets. In: Facilities, 18. Jg., 2000, Heft, 3/4, S. 150 – 154.

Gibson, Virginia A. (2003):
Flexible working needs flexible space? Towards an alternative workplace strategy. In: Journal of Property Investment & Finance, 21. Jg., 2003, Heft 1, S. 12 – 22.

Gibson, Virginia A.; Lizieri, Collin M. (1999):
New business practices and the corporate property portfolio – how responsive is the UK property market? In: Journal of Property Research, 16. Jg., 1999, Heft 3, S. 201 – 218.

Gier, Sonja (2006):
Bereitstellung und Desinvestition von Unternehmensimmobilien: Strategiefindung auf Basis eines mehrstufigen Corporate Real Estate Management-Konzeptes, Köln 2006.

Glagola, John R. (1999):
Outsourcing: opportunities and challenges for corporate competitiveness. In: Journal of Corporate Real Estate, 2. Jg., 1999, Heft 1, S. 41 – 49.

Glascock, John L.; Davidson, Wallace, N.; Sirmans, C. F. (1991):
The Gains from Corporate Selloffs: The Case of Real Estate Assets. In: Journal of the American Real Estate Urban Economics Association, 19. Jg., 1991, Heft 4, S. 567 – 582.

Gleske, Leonhard (1986):
Finanzinnovationen aus Sicht der Notenbanken und der Bankenaufsichtsbehörden. In: Die Bank, o. Jg., 1986, Heft 6, S. 280 – 285.

Gögler, Christoph (1996):
Asset-Backed-Securities: Darstellung der US-amerikanischen Praxis, rechtliche Rahmenbedingungen für die Übertragung des Konzeptes auf die Bundesrepublik Deutschland sowie Beurteilung aus Sicht der Beteiligten, Frankfurt am Main et al. 1995.

Goepfert, Alexander; Raddatz, Anselm (2006):
Rechtliche Aspekte von Real Estate Private Equity. In: Rottke, Nico B.; Rebitzer, Dieter W. (Hrsg.), Handbuch Real Estate Private Equity, Köln 2006, S. 211 – 230.

Götze, Uwe (2008):
Investitionsrechnung: Modelle und Analysen zur Beurteilung von Investitionsvorhaben, 6. Aufl., Berlin/Heidelberg 2008.

Gondring, Hanspeter (Hrsg.) (2004):
Immobilienwirtschaft – Handbuch für Studium und Praxis, München 2004.

Gondring, Hanspeter (Hrsg.) (2009):
Immobilienwirtschaft – Handbuch für Studium und Praxis, 2. Aufl., München 2009.

Gondring, Hanspeter; Feldhoff, Paul J. (2003):
Real Estate Investment Banking – Einführung, theoretische Grundlagen und Instrumente. In: Gondring, Hanspeter; Zoller, Edgar; Dinauer, Josef (Hrsg.), Real Estate Investment Banking: neue Finanzierungsformen bei Immobilieninvestments, Wiesbaden 2003, S. 3 – 79.

Gordon, Jeffrey M. (1992):
Spin-offs: A Way to Increase Shareholder Value. In: Journal of Business Strategy, 13. Jg., 1992, Heft 1, S. 61 – 64.

Graf, Herbert (2007):
Innovative Formen der Immobilienfinanzierung im Überblick. In: Maier, Kurt M. (Hrsg.), Risikomanagement im Immobilien- und Finanzmanagement: ein Leitfaden für Theorie und Praxis, 3. Aufl., Frankfurt am Main 2007, S. 163 – 168.

Grübler, Olaf (2002):
Immobilienleasing – Bilanzneutral Finanzierung als Chance. In: Immobilien & Finanzierung, 53. Jg., 2002, Heft 21/22, S. 698 – 699.

Grunderwerbsteuergesetz (2009):
Stand: 19.12.2008. Veröffentlicht im Internet: http://www.gesetze-im-internet.de /grestg_1983/BJNR017770982.html 03.09.2009.

Guatri, Luigi (1994):
Theorie der Unternehmungswertsteigerung: ein europäischer Ansatz, Wiesbaden 1994.

Gütle, Thomas; Rehkugler, Heinz (2009):
Transparenz von Immobilienfonds und Immobilien(aktien)gesellschaften – Der Informationsbedarf von Investoren und Analysten. In: Rehkugler, Heinz (Hrsg.), Die Immobilie als Kapitalmarktprodukt, München 2009, S. 315 – 330.

Gutacherausschuss für Grundstückswerte in der Landeshauptstadt Düsseldorf (2008):
Grundstücksmarktbericht der Landeshauptstadt Düsseldorf zum Stichtag 01.01.2008, Düsseldorf 2008.

Hachmeister, Dirk (1995):
Der Discounted Cash Flow als Maß der Unternehmenswertsteigerung, Frankfurt am Main et. al 1995.

Häuser, Karl (1995):
Kapitalmarkt. In: Gerke, Wolfgang; Steiner, Manfred: Handwörterbuch des Bank- und Finanzwesens, 2. Aufl., Stuttgart 1995, Sp. 1123 – 1135.

Hagedorn, D. (2007):
Die Subprime-Krise und ihre Folgen: Turbulenzen an den Finanzmärkten. In: Die Bank, o. Jg., 2007, Heft 12, S. 20 – 26.

Hamborner AG (2010):
Ankaufsprofil. Veröffentlicht im Internet: http://www.hamborner.de/Ankaufspro fil.25.0.html 12.02.2010.

Handrick, Michael (1991):
Corporate Finance – Disintermediation oder ein neues strategisches Geschäftsfeld der Kreditinstitute? In: Krümmel, Hans J.; Rudoph, Bernd (Hrsg.), Corporate Finance: Vorträge und Berichte der Tagung "Corporate Finance" am 20. September 1990, Frankfurt am Main 1991.

Hanson, Richard A. (1998):
Shareholder Value´s Black Hole … Corporate Real Estate. In: Real Estate Issues, 23. Jg., 1998, Heft 4, S. 30 – 36.

Hartmann, Steffen; Lohse, Moritz; Pfnür, Andreas (2007):
15 Jahre Corporate Real Estate Management in Deutschland: Entwicklungsstand und Perspektiven der Bündelung immobilienwirtschaftlicher Aufgaben bei ausgewählten Unternehmen. In: Pfnür, Andreas (Hrsg.), Arbeitspapiere zur immobilienwirtschaftlichen Forschung und Praxis, Band Nr. 10, März 2007. Veröffentlicht im Internet: http://www1.bwl.tu-darmstadt.de/bwl9/neu/fileadmin/RES SEARCH/04_Arbeitspapiere/Arbeitspapier_10_15_Jahre_CREM.pdf 22.01.2009.

Haub, Christoph (1998):
Erfolgschancen einer Ausgliederung des Immobilienbereichs in eine börsennotierte Aktiengesellschaft und deren Steuerung mit dem Shareholder Value-Konzept. In: Hens, Markus; Haub, Christoph; Meyer, Thomas J. (Hrsg.), Shareholder Value und Immobilien: Konzepte wertsteigernder Strategien, Köln 1998, S. 123 – 202.

Heinen, Edmund (1969):
Zum Wissenschaftsprogramm der entscheidungsorientierten Betriebswirtschaftslehre. In: Zeitschrift für Betriebswirtschaft, 39. Jg., 1969, Heft 4, S. 207 – 220.

Heinen, Edmund (1971):
Der entscheidungsorientierte Ansatz der Betriebswirtschaftslehre. In: Zeitschrift für Betriebswirtschaft, 41. Jg., 1971, Heft 7, S. 429 – 444.

Heinen, Edmund (1983):
Betriebswirtschaftliche Kostenlehre, 6. Aufl., Wiesbaden 1983.

Heinen, Edmund (1991):
Industriebetriebslehre als entscheidungsorientierte Unternehmensführung. In: Heinen, Edmund (Hrsg.), Industriebetriebslehre – Entscheidungen im Industriebetrieb, 9. Aufl., Wiesbaden 1991, S. 1 – 71.

Helmer, Sven (2002):
Immobilienindex-Genusscheine als innovatives Finanzprodukt. In: Schulte, Karl-Werner et al. (Hrsg.), Handbuch Immobilien-Banking: von der traditionellen Immobilienfinanzierung zum Immobilien-Investmentbanking, Köln 2002, S. 735 – 755.

Henkel AG & Co. KGaA (2008):
Geschäftsbericht 2007. Veröffentlicht im Internet: http://www.henkel.de/de/cont ent_data/2008.02.27_FY_2007_annual report_de.pdf 15.06.2008.

Hens, Markus (1998):
Der immobilienspezifische Einsatz des Shareholder Value-Konzeptes. In: Hens, Markus; Haub, Christoph; Meyer, Thomas J. (Hrsg.), Shareholder Value und Immobilien: Konzepte wertsteigernder Strategien, Köln 1998, S. 13 – 121.

Hens, Markus (1999):
Marktorientiertes Management von Unternehmensimmobilien, Köln 1999.

Henzelmann, Torsten (2004):
Stand und Perspektiven des Corporate Real Estate Managements in Deutschland und Europa – Ergebnisse einer empirischen Untersuchung. In: Schulte, Karl-Werner; Schäfers, Wolfgang (Hrsg.), Handbuch Corporate Real Estate Management, 2. Aufl., Köln 2004, S. 57 – 74.

Hermes, Michael; Feigl Patricia (2005):
Wohnungsunternehmen in Deutschland. In: Schulte, Karl-Werner; Bone-Winkel, Stephan; Thomas, Matthias (Hrsg.), Handbuch Immobilien-Investition, 2. Aufl., Köln 2005, S. 203 – 227.

Herrmann, Markus (1997):
Asset backed securities als innovatives Finanzierungsinstrument. In: Das Wirtschaftsstudium, 26. Jg., 1997, Heft 3, 223 – 227.

Herrmann, Markus (2002):
Refinanzierung von Hypothekarkrediten durch Mortgage-Backed Securities (MBS). In: Schulte, Karl-Werner et al. (Hrsg.), Handbuch Immobilien-Banking: von der traditionellen Immobilienfinanzierung zum Immobilien-Investmentbanking, Köln 2002, S. 175 – 198.

Heuer, Jürgen H. B.; Nordalm, Volker (2001):
Die Wohnungsmärkte im gesamtwirtschaftlichen Gefüge. In: Jenkis, Helmut W. (Hrsg.), Kompendium der Wohnungswirtschaft, 4. Aufl., München/Wien 2001, S. 23 – 41.

Hey, Felix (2003):
Mortgage Backed Securitisation – Fremdkapitalbeschaffung über Kapitalmarkt als Bestandteil des Real Estate Investment Banking. In: Gondring, Hanspeter; Zoller, Edgar; Dinauer, Josef (Hrsg.), Real Estate Investment Banking: neue Finanzierungsformen bei Immobilieninvestments, Wiesbaden 2003, S. 431 – 447.

Hielscher, Udo; Ohl, Hanns-Peter (1994):
Asset-Backed Securities. In: Siegwart, Hans; Mahari, Julian; Abresch, Michael (Hrsg.), Finanzielle Führung, Finanzinnovationen & Financial Engineering, Band 2: Finanzinnovationen und Financial Engineering, Wien 1994, S. 685 – 708.

Hildwein, Frank (2001):
Corporate Desinvestments: Das Immobilienproblem bleibt. In: Immobilien-Zeitung, o. Jg., 2001, Heft 22, S. 4.

Hill, Matthew (2001):
Corporate real estate: Its role in maximising shareholder value. In: Journal of Corporate Real Estate, 3. Jg., 2001, Heft 4, S. 335 – 345.

Hill, Matthew (2003):
Financing corporate real estate: The impact of corporate real estate in shareholder value equation. In: Briefings in Real Estate Finance, 2. Jg., Heft 4, 2003, S. 313 –325.

Hite, Gailen L.; Owers, James E. (1983):
Security price reactions around spin-off announcements. In: Journal of Financial Economics, 12. Jg., 1983, Heft 4, S. 409 – 436.

Hite, Gailen L.; Owers, James E.; Rogers, Ronald C. (1984):
The Separation of Real Estate Operations by Spin-Off. In: Journal of the American Real Estate and Urban Economics Association, 12. Jg., 1984, Heft 3, S. 318 – 332.

Hörster, Ralf (2003):
BB-Gesetzgebungsreport: Gesetz zur Förderung von Kleinunternehmern und Verbesserung der Unternehmensfinanzierung. In: Betriebs-Berater, 58. Jg., 2003, Heft 45, S. 2380 – 2381.

Homann, Klaus; Schäfers, Wolfgang (1998):
Immobiliencontrolling. In: Schulte, Karl-Werner; Schäfers, Wolfgang (Hrsg.), Handbuch Corporate Real Estate Management, Köln 1998, S. 187 – 211.

Hommel, Ulrich (2005):
Verbriefung von Unternehmens-, Factoring- und Leasingforderungen in Deutschland. Veröffentlicht im Internet: http://www.tsi_gmbh.de/fileadmin/tsi_downloads/ABS_Research/Gutachten/Gutachten_Verbriefung_von_Unternehmensforderungen_in_D.pdf 10.10.2005.

Horn, Jonathan, S. (2000):
Elusive Sources of Capital Forcing Corporations to Re-Focus on Benefits of Sale-Leaseback Financing. In: Real Estate Issues, 25. Jg., 2000, Heft 2, S. 35 – 41.

Hourican, Thomas (1990):
Overview of Rating Agency Criteria for Asset-Backed Transactions. In: Lederman, Jess (Hrsg.), The Handbook of Asset-Backed Securities, New York 1990, S. 23 – 40.

Huffman, Forrest E. (2002):
Corporate real estate risk management and assessment. In: Journal of Corporate Real Estate, 5. Jg., 2002, Heft 1, S. 31 – 41.

Hypo Real Estate Holding AG (2008):
Geschäftsbericht 2007. Veröffentlicht im Internet: http://www.hyporealestate.co m/pdf/Group_GB07_deutsch_080326_19_25_final_GL.pdf 15.06.2008.

Iblher, Felix et al. (2008):
Immobilienfinanzierung. In: Schulte, Karl-Werner (Hrsg.), Immobilienökonomie, Band 1, Betriebswirtschaftliche Grundlagen, 4. Aufl., München/Wien 2008, S. 529 – 625.

Infineon Technologies AG (2008):
Geschäftsbericht 2007. Veröffentlicht im Internet: http://annualreport2007.infine on.com/de/content/pdf/2007_jahresbericht_komplett.pdf 15.06.2008.

Insolvenzordnung (InsO) (2009):
Stand: 27.07.2009. Veröffentlicht im Internet: http://www.gesetze-im-internet.de /bundesrecht/inso/gesamt.pdf 16.10.2009.

International Financial Reporting Standard (IFRS) (2008):
Stand: 03.11.2008. Veröffentlicht im Internet: http://www.ifrs-portal.com/Texte _deutsch/Standards/Standards.html 11.05.2009.

Isenhöfer, Björn; Väth, Arno (2008):
Projektentwicklung. In: Schulte, Karl-Werner (Hrsg.), Immobilienökonomie, Band 1, Betriebswirtschaftliche Grundlagen, 4. Aufl., München/Wien 2008, S. 151 – 229.

IVG Immobilien AG (2009):
Geschäftsbericht 2008. Veröffentlicht im Internet: http://ivg.de/download/IVG_ GB08_de.pdf 30.12.2009.

Jenkis, Helmut W. (2008):
Hypothekenanleihen für risikobereite Anleger. In: Immobilien & Finanzierung, 59. Jg., 2008, Heft 4, S. 133 – 134.

Johnson, Linda L.; Keasler, Terry (1993):
An Industry Profile of Corporate Real Estate. In: Journal of Real Estate Research, 8. Jg., 1993, Heft 4, S. 455 – 473.

Jürgensonn, von Insa; Schäfers, Wolfgang (1998):
Ansätze zur Shareholder Value-Analyse im Corporate Real Estate Management. In: Schulte, Karl-Werner; Schäfers, Wolfgang (Hrsg.), Handbuch Corporate Real Estate Management, Köln 1998, S. 815 – 856.

Kahn, Kenneth E. (1999):
Controlling occupancy costs through lease management. In: Journal of Corporate Real Estate, 1. Jg., 1999, Heft 4, S. 369 – 375.

Kammerer, Steffen Florian (2007):
Real Estate Securitisation: Die Verbriefung von zukünftigen Mietforderungen als innovative Finanzierungsmöglichkeit, Saarbrücken 2007.

Kater, Ulrich (2007):
REITs am deutschen Kapitalmarkt: Positive volkswirtschaftliche Effekte wahrscheinlich. In: GoingPublic, o. Jg., Sonderausgabe „G-REITs 2007“, S. 6 – 8. Veröffentlicht im Internet: http://www.wiso-net.de/r_zwiw/webcgi.pdf?START=0A1&ANR=259625&DBN=ZECO&NR=1&ZHW=-4&WID=19662-9700729-22324_5 20.01.2008.

Katte, Hermann et al. (2001):
Bewertungssysteme für große Immobilienbestände. In: Grundstücksmarkt und Grundstückswert, 12. Jg., 2001, Heft 1, S. 1 – 11.

Kieser, Alfred (2006):
Der situative Ansatz. In: Kieser, Alfred (Hrsg.), Organisationstheorien, 6. Aufl., Stuttgart 2006, S. 215 – 245.

Kieser, Alfred; Segler, Tilman (1981):
Quasi-mechanistische Situative Ansätze. In: Kieser, Alfred (Hrsg.), Organisationstheoretische Ansätze, München 1981, S. 173 – 184.

Kieser, Alfred; Walgenbach, Peter (2007):
Organisation, 5. Aufl., Stuttgart 2007.

Kiesl, Benedikt (2003):
Real Estate Acquisition & Leverage Finance: Finanzierung von Immobilienportfolios und Immobilienunternehmen. In: Gondring, Hanspeter; Zoller, Edgar; Dinauer, Josef (Hrsg.), Real Estate Investment Banking: neue Finanzierungsformen bei Immobilieninvestments, Wiesbaden 2003, S. 327 – 345.

Kiethe, Kurt (2005):
Der G-REIT – sinnvolle Konkurrenz zu Immobilienfonds und Immobilienaktiengesellschaften? In: Zeitschrift für Immobilienrecht, 9. Jg., 2005, Heft 21, S. 745 – 751.

Klein, Dietmar K. R. (2008):
Turbulenzen an den internationalen Finanzmärkten – Ursachen, Auswirkungen und Lehren. In: Zeitschrift für das gesamte Kreditwesen, 61. Jg., 2008, Heft 2, S. 81 – 85.

Kleine, Andreas (1996):
Entscheidungstheoretische Aspekte der Principal-Agent-Theorie, Heidelberg 1996.

Klender, M.; Muldavin, S. R. (1992):
Reducing occupancy costs: Capitalizing on today´s down market. In: Real Estate Accounting & Taxation, 7. Jg., 1992, Heft 2, S. 75 – 79.

Kloess, Stephan G. C. (1999):
Konzeption eines Aktiven Immobilien-Managements als Dienstleistung für institutionelle Investoren: kritische Erfolgsfaktoren einer zukunftsorientierten Dienstleistung, Bern/Stuttgart/Wien 1999.

Klüwer, Arne (2001):
Asset-Backed Securitisation – Grundlagen und ausgewählte Rechtsfragen eines Finanzierungsmodells aus der Perspektive des deutschen und des US-amerikanischen Rechts, München 2001.

Knab, Gerhard (2004):
Innovative Immobilienfinanzierung mittels Real Estate Securitisation. In: Immobilien & Finanzierung, 55. Jg., 2004, Heft 23, S. 810 – 813.

Knaier, Hubertus (2004):
Mezzanine-Kapital als Finanzierungsbaustein. In: Zeitschrift für das gesamte Kreditwesen, 57. Jg., 2004, Heft 1, S. 31 – 34.

Knips, Werner (2000):
Corporate Real Estate Management: CREM für die Imagepflege. In: Immobilien-Manager, o. Jg., 2000, Heft 4, S. 18 – 21.

Knoch, Andreas (2007):
REIT-Gesetz bringt neue Impulse für die Ausgliederung von Immobilienvermögen. In: Finance: das Fachmagazin für Unternehmer, o. Jg., 2007, Heft Mai, S. 22 – 26.

Koenig, Olav (2005):
Securitisation of Private Equity. In: Vries Robbé, Jan Job de; Ali, Paul U. (Hrsg.), Securitisation of Derivatives and Alternative Asset Classes: Yearbook 2005, The Hague et al., S. 301 – 315.

Körperschaftsteuergesetz (2009):
Stand: 29.07.2009. Veröffentlicht im Internet: http://www.gesetze-im-internet.de /kstg_1977/BJNR025990976.html 03.09.2009.

Kosiol, Erich (1962):
Organisation der Unternehmung, Wiesbaden 1962.

Krahnen, Jan Pieter (2005):
Der Handel von Kreditrisiken: Eine neue Dimension des Kapitalmarktes. In: Working Paper Series: Finance & Accounting, Nr. 152, Johann Wolfgang Goethe-Universität, Veröffentlicht im Internet: http://www.finance.uni-frankfurt.de/ wp/913.pdf 22.08.2008.

Kreditwesengesetz (2009):
Stand: 30.07.2009. Veröffentlicht im Internet: http://www.gesetze-im-internet.de /kredwg/BJNR00881096.html 03.09.2009.

Kretschmar, Thomas (2004):
Verbriefung als Finanzierungsalternative zum Realkredit. In: Kessler, Jürgen (Hrsg.), Wohnungsgenossenschaften richtig finanzieren, Hamburg 2004, S. 83 – 89.

Krieger, Gerd (1998):
Die rechtlichen Haftungsrisiken im Konzern. In: Lutter, Marcus; Scheffler, Eberhard; Schneider, Uwe H. (Hrsg.), Handbuch der Konzernfinanzierung, Köln 1998, S. 80 – 115.

Krumm, Peter J. M. M. (2001):
History of real estate management from a corporate perspective. In: Facilities, 19. Jg., 2001, Heft 7/8, S. 276 – 286.

Krumm, Peter J. M. M.; Dewulf, Geert; de Jonge, Hans (1998):
Managing key resources and capabilities: pinpointing the added value of corporate real estate management. In: Facilities, 16. Jg., 1998, Heft 12/13, S. 372 – 379.

Krumm, Peter J. M. M.; Dewulf, Geert; de Jonge, Hans (1999):
The impact of evolving structures on managing corporate real estate. In: Journal of Corporate Real Estate, 2. Jg., 1999, Heft 1, S. 58 – 67.

Kruschwitz, Lutz (2009):
Investitionsrechnung, 12. Aufl., München 2009.

Kühni, Christian; Christmann, Björn (2004):
Corporate real estate management at Aventis. In: Journal of Corporate Real Estate, 6. Jg., 2004, Heft 3, S. 265 – 277.

Kullmann, Andreas (2004):
Forderungsverbriefung als attraktives Finanzierungsprodukt. In: Kredit- & Rating-Praxis, 30. Jg., 2004, Heft 1, S. 2 – 5.

Lammerskitten, Peter (2007):
Private-Equity-Fonds (PEF) in der Wohnungswirtschaft und ihr unternehmerisches Handeln. In: Steinert, Jürgen (Hrsg.), Kommunale Wohnungsunternehmen – Tafelsilber oder Saatkartoffeln?: Positionen des Arbeitsreises Stadtentwicklung, Bau und Wohnen der Friedrich-Ebert Stiftung, Berlin 2007, S. 77 – 104.

Lampe, Peter; Lechtenböhmer, Arthur (1998):
Fallstudie Thyssen. In: Schulte, Karl-Werner; Schäfers, Wolfgang (Hrsg.), Handbuch Corporate Real Estate Management, Köln 1998, S. 575 – 605.

Langner, Sabine (2002):
Asset Backed Securities. In: Zeitschrift für betriebswirtschaftliche Forschung, 54. Jg., 2002, Heft 11, S. 656 – 673.

Laposa, Steven; Charlton, Mark (2001):
European versus US corporations: A comparison of property holdings. In: Journal of Corporate Real Estate, 4. Jg., 2001, Heft 1, S. 34 – 47.

Lehmann, Andreas; Danielewsky, Mike (2003):
Neue Wege der Immobilienfinanzierung – Real Property Securitisation. In: Haarman Hemmelrath (Hrsg.), Immobilien, Schriftenreihe Analyse und Gestaltung in der Rechts-, Wirtschafts- und Steuerberatung von Unternehmen, Band 2, Frankfurt 2003.

Leipold, Helmut (1983):
Einfluss von Property Rights auf hierarchische und marktliche Transaktionen in sozialistischen Wirtschaftssystemen. In: Schüller, Alfred (Hrsg.), Property Rights und ökonomische Theorie, München 1983, S. 185 – 217.

Leopoldsberger, Gerrit (2006):
Immobilienbewertung. In: Wernecke, Martin; Rottke, Nico; Holzmann, Christoph (Hrsg.), Praxishandbuch Immobilienzyklen, Köln 2006, S. 177 – 198.

Leopoldsberger, Gerrit; Thomas, Matthias (2004):
Bewertung von Unternehmensimmobilien. In: Schulte, Karl-Werner; Schäfers, Wolfgang (Hrsg.), Handbuch Corporate Real Estate Management, 2. Aufl., Köln 2004, 137 – 167.

Lerbinger, Paul (1987):
Asset Backed Securities am US-Kapitalmarkt. In: Die Bank, o. Jg., 1987, Heft 6, S. 310 – 314.

Lewis, Thomas G. (1995):
Steigerung des Unternehmenswertes: Total-Value-Management. 2. Aufl., Landberg/Lech 1995.

Leykam, Monika (2000):
Verband der Immobilien-AGs wird aktiv: „Spin-offs für 40 Mrd. Euro möglich“. In: Immobilien-Zeitung, o. Jg., 2000, Heft 7, S. 4.

Leykam, Monika (2004):
Outsourcing: Gigantisches Potenzial. In: Immobilien-Zeitung, o. Jg., 2004, Heft 18, S. 1.

Linde AG (2008):
Der Linde Finanzbericht 2007. Veröffentlicht im Internet: http://finanzberichte.linde.com/2007/gb/serviceseiten/downloads/files/linde_finanzbericht_linde_gb07.pdf 15.06.2008.

Linn, Scott C.; Rozeff, Michael S. (1984):
The Corporate Sell-off. In: Midland Corporate Finance Journal, 2. Jg., 1984, Heft 2, S. 12 – 21.

Lintner, John (1965):
The Valuation of risk assets and the selection of risky investments in stock portfolios and capital budgets. In: Review of Economics and Statistics, 47. Jg., 1965, Heft 1, S. 13 – 37.

Liow, Kim Hiang (1995):
Acquisition and disposal of corporate real estate: some UK evidence. In: Journal of Property Finance, 6. Jg., 1995, Heft 4, S. 19 – 32.

Liow, Kim Hiang (2004):
Corporate Real Estate and Stock Market Performance. In: Journal of Real Estate Finance and Economics, 29. Jg., 2004, Heft 1, S. 119 – 140.

Liow, Kim Hiang; Ooi, Joseph T. L. (2000):
Current issues in strategic corporate real estate asset analysis and management. In: Journal of Corporate Real Estate, 2. Jg., 2000, Heft 3, S. 240 – 249.

Liow, Kim Hiang; Ooi, Joseph T. L. (2004):
Does corporate real estate create wealth for shareholders? In: Journal of Property Investment & Finance, 22. Jg., 2004, Heft 5, S. 386 – 400.

Löffler, Yvonne (2001):
Desinvestitionen durch Verkäufe und Börseneinführungen von Tochterunternehmen: eine empirische Untersuchung der Bewertung am deutschen Kapitalmarkt, Lohmar/Köln 2001.

Lubieniecki, Edward C.; Desrocher, Nina J. (2003):
The case for simple comparison: A simple performance scorecard for effectiveness and efficiency. In: Journal of Corporate Real Estate, 6. Jg., 2003, Heft 1, S. 39 – 52.

Lüpken, Silke (2003):
Alternative Finanzierungsinstrumente für mittelständische Unternehmen: vor dem Hintergrund von Basel II, Bremen 2003.

Macharzina, Klaus; Wolf, Joachim (2008):
Unternehmensführung. Das internationale Managementwissen: Konzepte – Methoden – Praxis, 6. Aufl., Wiesbaden 2008.

Mackay, Darcy Frank; Kessler-Park, Rachel (2005):
The sience behind real estate: The disposal of special-purpose assets. In: Journal of Corporate Real Estate, 7. Jg., 2005, Heft 1, S. 8 – 22.

Maier, Kurt M. (2007):
Immobilienaktien. In: Maier, Kurt M. (Hrsg.), Risikomanagement im Immobilien und Finanzwesen: ein Leitfaden für Theorie und Praxis, 3. Aufl., Frankfurt am Main 2007.

MAN AG (2008):
Geschäftsbericht 2007. Veröffentlicht im Internet: http://www.man.eu/MAN-Downloadgalleries/DE/Invesotren/Geschaeftsberichte/2007_GB/MAN_GB_gesamt_ds.pdf 15.06.2008.

Mandl, Gerwald; Rabel, Klaus (2005);
Methoden der Unternehmensbewertung: In: Peemöller, Volker H. (Hrsg.), Praxishandbuch der Unternehmensbewertung, 3. Aufl, Herne/Berlin 2009, S. 49 – 90.

Manning, Christopher A. (1986):
The economic of real estate decision. In: Harvard Business Review, 64. Jg., 1986, Heft 6, S. 12 – 22.

Manning, Chris; Rodriguez, Mauricio; Ghosh, Chinmoy (1999):
Devising a Corporate Facility Location Strategy to maximize Shareholder Wealth. In: Journal of Real Estate Research, 17. Jg., 1999, Heft 3, S. 321 – 340.

Markowitz, Harry (1952):
Portfolio Selection. In: The Journal of Finance, 7. Jg., 1952, Heft 1, S. 77 – 91.

Markowitz, Harry (1959):
Portfolio Selection: efficient diversification of investment, New Haven et al. 1959.

Matten, Dirk; Wagner, Gerd Rainer (1999):
Zur institutionenökonomischen Fundierung der Betriebswirtschaftlichen Umweltökonomie. In: Zeitschrift für Umweltpolitik & Umweltrecht, 22. Jg., 1999, Heft 4, S. 471 – 506.

McNamera, Mike (2002):
The future role of the property director. In: Journal of Corporate Real Estate, 4. Jg., 2002, Heft 2, S. 122 – 128.

Mensching, Helmut (1986):
Desinvestition von Unternehmungsteilen: Grundlagen der Gestaltung des Entscheidungsprozesses, Frankfurt 1986.

Merck KGaA (2008):
Geschäftsbericht 2007. Veröffentlicht im Internet: http://reports.merk.de/2007/gb/serviceseiten/downloads/files/gesamt_merck_gb07.pdf 15.06.2008.

Merkel, Helmut (1998):
Die konzerntypischen Kreditsicherheiten und Kreditvereinbarungen. In: Lutter, Marcus; Scheffler, Eberhard; Schneider, Uwe H. (Hrsg.), Handbuch der Konzernfinanzierung, Köln 1998, S. 529 – 574.

Metro AG (2008):
Geschäftsbericht Metro Group 2007. Veröffentlicht im Internet: http://metrogroup.de/multimedia/microsite/Geschaeftsbericht-2007/pdf/GB2007-de.pdf 15.06.2008.

Meyer, Thomas Joachim (1998):
Immobilien als strategisches Geschäftsfeld von Non Property Unternehmen? Darstellung der Kriterien für eine Diversifikationsentscheidung. In: Hens, Markus; Haub, Christoph; Meyer, Thomas J. (Hrsg.), Shareholder Value und Immobilien: Konzepte wertsteigernder Strategien, Köln 1998, S. 203 – 290.

Miehle, Christian (2007):
Ratingprozesse für Collateralised Loan Obligations. In: Zeitschrift für das gesamte Kreditwesen, 60. Jg., 2007, Heft 5, S. 222 – 225.

Miles, Mike; Pringle, John; Webb, Brian (1989):
Modeling the Corporate Real Estate Decision. In: The Journal of Real Estate Research, 4. Jg., 1989, Heft 3, S. 47 – 66.

M. M. Warburg & CO KGaA (2006):
Reits in Deutschland: Uptdate, Hamburg, September 2006. Veröffentlicht im Internet: http://reits-in-deutschland.de/fileadmin/templates/Pdf/M.M.Warburg_Reits-studie.pdf 02.05.2008.

Möller, Klaus (1997):
Asset-Backed-Securities – ein neues Verbundprodukt? In: Sparkasse, 114. Jg., 1997, Heft 2, S. 86 – 88.

Morawski, Jaroslaw; Rehkugler, Heinz (2009):
Risikoverstärkende Effekte bei AGs: Repräsentieren verbriefte Immobilien den Aktien- Immobilienmarkt? In: Rehkugler, Heinz (Hrsg.), Die Immobilie als Kapitalmarktprodukt, München 2009, S. 251 – 284.

Mossin, Jan (1966):
Equilibrium in a Capital Asset Market. In: Econometrica, 34. Jg., 1966, Heft 4, S. 768 – 783.

Müller, Mathias (2003):
Die strategische Reduktion des Immobilienbestandes als Maßnahme zur Kapitalfreisetzung. In: Gondring, Hanspeter; Zoller, Edgar; Dinauer, Josef (Hrsg.), Real Estate Investment Banking: neue Finanzierungsformen bei Immobilieninvestments, Wiesbaden 2003, S. 501 – 534.

Müller-Trimbusch, Jobst (1999):
High-Yield-Anleihen: Perspektiven für die Risikofinanzierung deutscher Unternehmen, Wiesbaden 1999.

Münchener Rück AG (2008):
Geschäftsbericht der Münchner-Rück-Gruppe 2007. Veröffentlicht im Internet: http://www.munichre.com/publications/302-05611_de.pdf 15.06.2008.

Nehls, Jörg; Schneider, Wolfgang; Tschammler, Timo (2003):
Der Markt für Immobilieninvestitionen. In: Gondring, Hanspeter; Zoller, Edgar; Dinauer, Josef (Hrsg.), Real Estate Investment Banking: neue Finanzierungsformen bei Immobilieninvestments, Wiesbaden 2003, S. 535 – 547.

Nell, Job von; Emenlauer, Rainer (2002):
Entwicklung einer Nutzungskonzeption als Grundstein der Projektentwicklung. In: Schulte, Karl-Werner (Hrsg.): Handbuch Immobilien-Projektentwicklung, Köln 2002, S. 113 – 128.

Nelson, Theron R.; Potter, Thomas; Wilde, Harold H. (1999):
Real estate assets on corporate balance sheets. In: Journal of Corporate Real Estate, 2. Jg., 1999, Heft 1, S. 29 – 40.

Nestel, Wolfram R. (2001):
Einführung in die Gewerbe-Immobilie – Akteure, Typen, Anlageformen. In: Gondring, Hanspeter; Lammel, Eckhard (Hrsg.), Handbuch Immobilienwirtschaft, Wiesbaden 2001, S. 247 – 267.

Nourse, Hugh O. (1992):
Real Estate Flexiblity must complement Business Strategy. In: Real Estate Review, 21. Jg., 1992, Heft 4, S. 25 – 27.

Nourse, Hugh O. (1994):
Measuring Business Real Property Performance. In: Journal of Real Estate Research, 9. Jg., 1994, Heft 4, S. 431 – 444.

Nourse, Hugh; Kingery, Dorothy (1987a):
Marketing Idle Corporate Real Estate. In: Real Estate Issues, 12. Jg., 1987, Heft 1, S. 21 – 25.

Nourse, Hugh; Kingery, Dorothy (1987b):
Survey of Approaches to Disposing of Surplus Corporate Real Estate. In: The Journal of Real Estate Research. 2. Jg., 1987, Heft 1, S. 51 – 59.

Nourse, Hugh; Roulac, Stephen (1993):
Linking Real Estate Decisions to Corporate Strategy. In: Journal of Real Estate Research, 8. Jg., 1993, Heft 4, S. 475 – 494.

Odenbach, Mark (2006):
Refinanzierungsregister und Verbriefung: erfüllte Hoffnungen oder enttäuschte Erwartungen? In: Zeitschrift für das gesamte Kreditwesen, 59. Jg., 2006, Heft 19, S. 1055 – 1057.

Ohl, Hanns-Peter (1994):
Asset-Backed Securities: ein innovatives Instrument zur Finanzierung deutscher Unternehmen, Wiesbaden 1994.

OLG Frankfurt am Main (1989):
Urteil vom 21.1.1988 – 3 U 140/86. In: Wohnungswirtschaft und Mietrecht, 42. Jg., 1989, Heft 3, S. 147 – 148.

Ouye, Joe Akinori; Kramer, Klaus; Douglas, Glen (1990):
Planning the Unplannable: Strategic Facility Planning Models for Turbulent Environments. In: Site Selection & Industrial Development, 35. Jg., 1990, Heft 4, S. 9 – 14.

Owers, James E.; Rogers, Ronald C. (1986):
The Divestiture of Real Estate Assets by Sell-off. In: Real Estate Issues, 11. Jg., 1986, Heft 1, S. 29 – 35.

Paul, Stephan (1993):
Asset Backed Securities (ABS). In: Die Betriebswirtschaft, 53. Jg., 1993, Heft 6, S. 848 – 850.

Paul, Stephan (1994a):
Bankenintermediation Verbriefung: neue Chancen und Risiken für Kreditinstitute durch Asset Backed Securities? Wiesbaden 1994.

Paul, Stephan (1994b):
Leasing, Factoring und Asset Backed Securities (ABS) – Neue Wege der privaten Finanzierung öffentlicher Investitionen? In: Factoring, Leasing, Forfaitierung, 41. Jg., 1994, Heft 4, S. 136 – 142.

Pederson, Rick A. (2000):
Future perfect corporate real estate - Part 2: The need for flexible product. In: Journal of Corporate Real Estate, 2. Jg., 2000, Heft 4, S. 387 – 394.

Pederson, Rick; Wootten, Tom (2003):
Regular feature – Market focus. In: Journal of Corporate Real Estate, 5. Jg., 2003, Heft 4, S. 366 – 369.

Pelzl, Wolfgang (1999):
Portfolio-Management als innovative Dienstleistung der Immobilienverwalter. In: Der Immobilienverwalter, 5. Jg., 1999, Heft 7, 346 – 352.

Perridon, Louis; Steiner, Manfred (2007):
Finanzwirtschaft der Unternehmung, 14. Aufl., München 2007.

Pfnür, Andreas (1998a):
Kosten und Leistungswirkungen betrieblich genutzter Immobilien – Ergebnisse einer schriftlichen Befragung bei Großunternehmen in der Bundesrepublik Deutschland. In: Arbeitsbereich öffentliche Wirtschaft am Fachbereich Wirtschaftswissenschaften der Universität Hamburg, Arbeitspapier Nr. 24, Hamburg 1998. Veröffentlicht im Internet: http://www1.bwl.tu-darmstadt.de/bwl9/neu/file admin/RESEARCH/04_Arbeitspapiere/WP_23_Immobilienkosten_und_-leistun gen.pdf 05.02.2008.

Pfnür, Andreas (1998b):
Stand und Entwicklung der Organisation des Immobilienmanagements bei Großunternehmen in Deutschland. In: Arbeitsbereich öffentliche Wirtschaft am Fachbereich Wirtschaftswissenschaften der Universität Hamburg, Arbeitspapier Nr. 23, Hamburg 1999. Veröffentlicht im Internet: http://www1.bwl.tu-darmstadt.de/bwl9/neu/fileadmin/RESEARCH/04_Arbeitspapiere/WP_24_Organisation_der _Immobilienwirtschaft.pdf 05.02.2008.

Pfnür, Andreas (2001):
Organisation des Immobilien-Managements in Großunternehmen. In: Gondring, Hanspeter; Lammel, Eckhard (Hrsg.), Handbuch Immobilienwirtschaft, Wiesbaden 2001, S. 409 – 441.

Pfnür, Andreas (2002):
Betriebliche Immobilienökonomie, Heidelberg 2002.

Pfnür, Andreas (2004a):
Die deutsche Immobilienwirtschaft im Umbruch. In: Zeitschrift für das gesamte Kreditwesen, 57. Jg., 2004, Heft 2, S. 24 – 28.

Pfnür, Andreas (2004b):
Modernes Immobilienmanagement: Facility Management, Corporate Real Estate Management und Real Estate Investment Management, 2. Aufl., Berlin 2004.

Pfnür, Andreas; Armonat, Stefan (2001):
Ergebnisbericht „Immobilienkapitalanlage institutioneller Investoren – Risikomanagement und Portfolioplanung“. In: Arbeitsbereich öffentliche Wirtschaft am Fachbereich Wirtschaftswissenschaften der Universität Hamburg, Arbeitspapier Nr. 26, Hamburg 2001. Veröffentlicht im Internet: http://www1.tu-darmstadt.de/bwl9/neu/fileadmin/RESEARCH/04_Arbeitspapiere/WP_26_immobilien kapitalanlage.pdf. 05.02.2008.

Pfnür, Andreas; Armonat, Stefan (2003):
German corporate property and the conflict between real estate investment and operating resources. In: Journal of Corporate Real Estate, 5. Jg., 2003, Heft 4, S. 312 – 330.

Pfnür, Andreas; Armonat, Stefan (2004):
Desinvestment von Unternehmensimmobilien unter besonderer Berücksichtigung der Vermarktungsmöglichkeiten. In: Arbeitsbereich öffentliche Wirtschaft am Fachbereich Wirtschaftswissenschaften der Universität Hamburg, Arbeitspapier Nr. 32, Hamburg 2004. Veröffentlicht im Internet: http://www1.bwl.tu-darmstadt.de/bwl9/neu/fileadmin/RESEARCH/04_Arbeitspapiere/WP_32_Desinvestment_von_unternehmensimmobilien.pdf 05.02.2008.

Pfnür, Andreas; Hedden, Nele (2002):
Ergebnisbericht zur empirischen Untersuchung Corporate Real Estate 2002 – Institutionalisierung des betrieblichen Immobilienmanagements. In: Arbeitsbereich öffentliche Wirtschaft am Fachbereich Wirtschaftswissenschaften der Universität Hamburg, Arbeitspapier Nr. 28, Hamburg 2002. Veröffentlicht im Internet: http://www1.bwl.tu-darmstadt.de/bwl9/neu/fileadmin/RESEARCH/04_Arbeitspapiere/WP_28_finanzwirtschaftlich_bedeutung.pdf 05.02.2008.

Picot, Gerhard (1982):
Transaktionskostenansatz in der Organisationstheorie: Stand der Diskussion und Aussagewert. In: Die Betriebswirtschaft, 42. Jg., 1982, Heft 2, S. 267 – 285.

Pierschke, Barbara (2000):
Facilities Management. In: Schulte, Karl-Werner (Hrsg.), Immobilienökonomie, Band 1, Betriebswirtschaftliche Grundlagen, 2. Aufl., München/Wien 2000, S. 275 – 315.

Pierschke, Barbara; Müller, Tobias (2008):
Organisation von Immobilienunternehmen. In: Schulte, Karl-Werner (Hrsg.), Immobilienökonomie, Band 1, Betriebswirtschaftliche Grundlagen, 4. Aufl., München/Wien 2008, S. 983 – 1013.

Pilz, Gerald (2007):
Immobilienaktien und REITs: Investmentchancen für Anleger, München 2007.

Pollina, Ronald R. (1991):
Getting the Most from your Subleasing Rights. In: Site Selection & Industrial Development, 36. Jg., 1991, Heft 6, S. 27 – 30.

Popper, Karl R. (2005):
Logik der Forschung, 11. Aufl., Tübingen 2005.

Porten, Thomas (2001):
Corporate Real Estate Management: „Mit Buy-and-hold ist kein Blumentopf mehr zu gewinnen", In: Immobilien-Zeitung, o. Jg., 2000, Heft 11, S. 2.

Prahalad, Coimbatore Krishnarao; Hamel, Gary (1990):
The Core Competence of the corporation. In: Harvard Business Review, 68. Jg., 1990, Heft 3, S. 79 – 91.

Preugschat, Fritz (2001):
Corporate Real Estate Management. In: Gondring, Hanspeter, Lammel, Eckhard (Hrsg.), Handbuch Immobilienwirtschaft, Wiesbaden 2001, S. 355 – 371.

Puleo, Grant (2003):
Biotechnology leasing: Special issues in leasing laboratory space. In: Journal of Corporate Real Estate, 5. Jg., 2003, Heft 4, S. 331 – 343.

Raffée, Hans (1993):
Gegenstand, Methoden und Konzepte der Betriebswirtschaftslehre. In: Bitz, Michael et al. (Hrsg.), Vahlens Kompendium der BWL, Band. 1, 2. Aufl., München 1993, S. 1 – 46.

Rappaport, Alfred (1986):
Creating Shareholder Value: The New Standard for Business Performance, New York 1986.

Rebnitz, von Ute (1989):
Szenario-Planung. In: Szyperski, Norbert (Hrsg.), Handwörterbuch Planung, Stuttgart 1989, Sp. 1980 – 1996.

Rehkugler, Heinz (2000):
Die Immobilien-AG als attraktive Kapitalanlage. In: Finanz-Betrieb, 2. Jg., 2000, Heft 4, S. 230 – 239.

Rehkugler, Heinz (2003):
Die Immobilien-AG: Bewertung und Marktattraktivität, München/Wien 2003.

Rehkugler, Heinz; Sotelo, Ramon (2009):
Verbriefte Immobilienanlagen als Kapitalmarktprodukte – eine Einführung. In: Rehkugler, Heinz (Hrsg.), Die Immobilie als Kapitalmarktprodukt, München 2009, S. 3 – 35.

Reichl, Alexander; Schachtner, Michael (1987):
Das Gesetz zur Schaffung deutscher Immobilien-Aktiengesellschaften mit börsennotierten Anteilen. In: Die Steuerberatung, 50. Jg., 2007, Heft 2, S. 58 – 65.

Reiners, Marc (2004):
Finanzierungskosten im Lebenszyklus der Unternehmung: Ein optionspreistheoretischer Ansatz, Hamburg 2004.

Richter, Rudolf (1990):
Sichtweise und Fragestellungen der Neuen Institutionenökonomik. In: Zeitschrift für Wirtschafts- und Sozialwissenschaften, 110. Jg., 1990, Heft 4, S. 571 – 591.

Richter, Rudolf (1994):
Institutionen ökonomisch analysiert: zur jüngeren Entwicklung auf dem Gebiet der Wirtschaftstheorie, Tübingen 1994.

Richter, Rudolf (1996):
Neue Institutionenökonomik, Ideen und Möglichkeiten. In: Krause-Junk, Gerold (Hrsg.), Steuersysteme der Zukunft, Schriften des Vereins für Socialpolitik, Gesellschaft für Wirtschafts- und Sozialwissenschaften, Band 256, Berlin 1996, S. 323 – 355.

Richter, Rudolf; Furobotn, Eirik (2003):
Neue Institutionenökonomik: eine Einführung und kritische Würdigung, 3. Aufl., Tübingen 2003.

Rodriguez, Maurico; Sirmans, C. F. (1996):
Managing Corporate Real Estate: Evidence from the Capital Markets. In: Journal of Real Estate Literature, 2. Jg., 1996, Heft 1, S. 13 – 33.

Röder, Klaus; Sonnemann, Ullrich (2005):
Asset Backed Securities – Chancen ohne Risiko? In: Wirtschaftswissenschaftliches Studium, 34. Jg., 2005, Heft 6, S. 328 – 333.

Rosar, Maximilian (2000):
Asset-Backed Securities: Chancen und Risiken einer derivativen Finanzinnovation, Aachen 2000.

Rosenthal, James A.; Ocampo, Juan M. (1988):
Securitisation of Credit: Inside the New Technology of Finance, New York et. al 1988.

Rottke, Nico (2005):
Investitionen mit Real Estate Private Equity. In: Schulte, Karl-Werner; Bone-Winkel, Stephan; Thomas, Matthias (Hrsg.), Handbuch Immobilien-Investition, 2. Aufl., Köln 2005, S. 273 – 317.

Rottke, Nico; Wernecke, Martin (2008):
Lebenszyklus von Immobilien. In: Schulte, Karl-Werner (Hrsg.), Immobilienökonomie, Band 1, Betriebswirtschaftliche Grundlagen, 4. Aufl., München/ Wien 2008, S. 209 – 229.

Roulac, Stephen E. (2003):
Corporate-Owned Real Estate Represents a Substantial Investment Universe. In: Journal of Real Estate Portfolio Management, 9. Jg., 2003, Heft 2, S. 167 – 178.

Rudolph, Bernd (2008):
Lehren aus den Ursachen und dem Verlauf der internationalen Finanzkrise. In: Zeitschrift für betriebswirtschaftliche Forschung, 60. Jg., 2008, Heft 7, S. 713 – 741.

Rügemer, Robert; Siemes, Marc (2002):
Property Securitisation – eine Kapitalmarktfinanzierung für Immobilien. In: Schulte, Karl-Werner et al. (Hrsg.), Handbuch Immobilien-Banking: von der traditionellen Immobilienfinanzierung zum Immobilien-Investmentbanking, Köln 2002, S. 757 – 788.

Rutherford, Ronald C.; Nourse, Hugh O. (1988):
The Impact of Corporate Real Estate Unit Formation of Parent Firms`s Value. In: Journal of Real Estate Research, 3. Jg., 1988, Heft 3, S. 73 - 84.

RWE AG (2008):
Geschäftsbericht 2007: http://rewcom.online-report.eu/2007/gb/serviceseiten/downloads/files/gesamt_rwecom_gb07.pdf 15.06.2008.

Sailer, Erwin (2006):
Der Boden in der Volkswirtschaft. In: Murfeld, Egon (Hrsg.), Spezielle Betriebswirtschaftslehre der Immobilienwirtschaft, 5. Aufl., 2006, Hamburg, S. 94 – 119.

SAP AG (2008):
Geschäftsbericht 2007. Veröffentlicht im Internet: http://www.sap.com/germany/about/investor/pdf/GB2007_DE.pdf 15.06.2008.

Schäfer, Henry (2005):
Unternehmensinvestitionen: Grundzüge in Theorie und Management, 2. Aufl., Heidelberg 2005.

Schäfers, Wolfgang (1997):
Strategisches Management von Unternehmensimmobilien – Bausteine einer theoretischen Konzeption und Ergebnisse einer empirischen Untersuchung, Köln 1997.

Schäfers, Wolfgang (1998):
Corporate Real Estate Management in deutschen Unternehmen: Ergebnisse einer empirischen Untersuchung. In: Schulte, Karl-Werner; Schäfers, Wolfgang (Hrsg.), Handbuch Corporate Real Estate Management, Köln 1998, S. 53 – 80.

Schäfers, Wolfgang (1999):
Corporate Real Estate Management: Evidence from German Companies. In: Journal of Real Estate Research, 17. Jg., 1999, Heft 3, S. 301 – 320.

Schäfers, Wolfgang (2004):
Strategische Ausrichtung im Immobilienmanagement. In: Schulte; Karl-Werner; Schäfers, Wolfgang (Hrsg.), Handbuch Corporate Real Estate Management, 2. Aufl., Köln 2004, S. 221 – 248.

Schäfers, Wolfgang; Gier, Sonja (2005):
Non-Property-Companies. In: Schulte, Karl-Werner; Bone-Winkel, Stephan; Thomas, Matthias (Hrsg.), Handbuch Immobilien-Investition, 2. Aufl., Köln 2005, S. 229 – 254.

Schäfers, Wolfgang; Gier, Sonja (2008):
Corporate Real Estate Management. In: Schulte, Karl-Werner (Hrsg.), Immobilienökonomie, Band 1, Betriebswirtschaftliche Grundlagen, 4. Aufl., München/ Wien 2008, S. 845 – 898.

Schäfers, Wolfgang; Gier, Sonja; Wiffler, Matthias (2004):
Montearisierung von Unternehmensimmobilien. In: Schulte; Karl-Werner; Schäfers, Wolfgang (Hrsg.), Handbuch Corporate Real Estate Management, 2. Aufl., Köln 2004, S. 529 – 551.

Schäfers, Wolfgang; Pierschke, Barbara (2004):
Organisatorische Ausrichtung im Immobilienmanagement. In: Schulte; Karl-Werner; Schäfers, Wolfgang (Hrsg.), Handbuch Corporate Real Estate Management, 2. Aufl., Köln 2004, S. 249 – 268.

Schanz, Günther (1973):
Pluralismus in der Betriebswirtschafslehre: Bemerkungen zu gegenwärtigen Forschungsprogrammen. In: Zeitschrift für betriebswirtschaftliche Forschung, 25. Jg., 1973, Heft 2, S. 131 – 154.

Schanz, Günther (2004):
Wissenschaftsprogramme in der Betriebswirtschaftslehre. In: Bea, Franz Xaver; Dichtl, Erwin; Schweitzer, Marcell (Hrsg.), Allgemeine Betriebswirtschaftslehre, Band 1, Grundfragen, 9. Aufl., Stuttgart 2004, S. 83 – 161.

Scharpe, Jochen; Dobler, Richard (2004):
Fallstudie Siemens – Siemens Real Estate. In: Schulte, Karl-Werner; Schäfers, Wolfgang (Hrsg.), Handbuch Corporate Real Estate Management, 2. Aufl., Köln 2004, S. 377 – 392.

Schipper, Katherine; Smith, Abbie (1983):
Effects of Recontracting on Shareholder Wealth: The Case of Voluntary Spin-offs. In: Journal of Financial Economics, 12. Jg., 1983, S. 437 – 467.

Schirmeister, Raimund (1990):
Theorie finanzmathematischer Investitionsrechnungen bei unvollkommenem Kapitalmarkt, München 1990.

Schirmeister, Raimund (2005):
Investitionsrechnung. Unveröffentlichtes Modulmanuskript, Educatis Graduate School of Management, Düsseldorf 2005.

Schirmeister, Raimund (2006a):
Betriebswirtschaftlehre. In: May, Hermann (Hrsg.), Lexikon der ökonomischen Bildung, 6. Aufl., München/Wien 2006, S. 127 – 129.

Schirmeister, Raimund (2006b):
Investitionsplanung. In: Wirtschaftslexikon: das Wissen der Betriebswirtschaftslehre, Band 5, Stuttgart 2006, S. 2691 – 2699.

Schirmeister, Raimund (2007):
Capital Asset Pricing Model. In: Freidank, Carl-Christian et al. (Hrsg.), Vahlens Großes Auditing Lexikon, München 2007, S. 256 – 257.

Schirmeister, Raimund (2009):
Institutionelle Grundlegung des Investitions- und Finanzmanagements. Unveröffentlichtes Manuskript, Düsseldorf 2009.

Schirmeister, Raimund; Siebold, Katrin (2010):
Insolvenz im Konzern. In: Kajüter, Peter (Hrsg.), Risikomanagement im Konzern (Veröffentlichung in Vorbereitung).

Schleef, Michael; Richter, Tim (1999):
Grundlagen und Arten von Investmentfonds. In: Jansen, Dieter E. (Hrsg.), Finanzen, Geld und Vermögen: das Handbuch der Kapitalanlage und Finanzdienstleistungen, 2. Aufl., Neuwied 1999, S. 171 – 192.

Schmidt, Detlef (1987):
Securitisation. In: Wirtschaftswissenschaftliches Studium, 16. Jg., 1987, Heft 2, S. 83 – 86.

Schmidt, Reinhard H.; Terberger, Eva (1997):
Gründzüge der Investitions- und Finanzierungstheorie, 4. Aufl., Wiesbaden 1997.

Schneider, Dieter (1995):
Betriebswirtschaftslehre, Band 1: Grundlagen, 2. Aufl., München/Wien 1995.

Schneider, Thomas; Droste, Marcus (2002):
Asset-Backed-Securities (ABS). In: Krimphove, Dieter; Tytko, Dagmar (Hrsg.), Praktiker-Handbuch Unternehmensfinanzierung – Kapitalbeschaffung und Rating für mittelständische Unternehmen, Stuttgart 2002, S. 383 – 408.

Schreier; Matthias (2002):
Immobilienaktiengesellschaften als alternatives Investment, Norderstedt 2002.

Schriefer, Audrey; Ganesh, Jyoti (2002):
Putting corporate real estate executives in the driver´s seat: Information technology tools enable new possibilities. In: Journal of Corporate Real Estate, 4. Jg., 2002, Heft 3, S. 227 – 236.

Schulte, Karl-Werner (2001):
Betriebswirtschaftliche Grundlagen der Immobilienökonomie. In: Jenkis, Helmut W. (Hrsg.), Kompendium der Wohnungswirtschaft, 4. Aufl., München/ Wien 2001, S. 889 – 931.

Schulte, Karl-Werner (2008):
Vorwort des Herausgebers. In: Schulte, Karl-Werner (Hrsg.), Immobilienökonomie, Band 1, Betriebswirtschaftliche Grundlagen, 4. Aufl., München/Wien 2008, S. VII – X.

Schulte, Karl-Werner et al. (2000):
Betrachtungsgegenstand der Immobilienökonomie. In: Schulte, Karl-Werner (Hrsg.), Immobilienökonomie, Band 1, Betriebswirtschaftliche Grundlagen, 2. Aufl., München/Wien 2000, S. 15 – 80.

Schulte, Karl-Werner; Gier, Sonja (2005):
Das Immobilienvermögen der Corporates – Eine Analyse des Immobilienvermögens deutscher börsennotierter Unternehmen, Stiftungslehrstuhl Immobilienökonomie des Department of Real Estate an der European Business School, Arbeitspapier 6, Schloss Reichartshausen, Oestrich-Winkel 2005.

Schulte, Karl-Werner; Holzmann, Christoph (2008):
Institutionelle Aspekte der Immobilienökonomie. In: Schulte, Karl-Werner (Hrsg.), Immobilienökonomie, Band 1, Betriebswirtschaftliche Grundlagen, 4. Aufl., München/Wien 2008, S. 167 – 205.

Schulte, Karl-Werner; Schäfers, Wolfgang (1998):
Einführung in das Corporate Real Estate Management. In: Schulte, Karl-Werner; Schäfers, Wolfgang (Hrsg.), Handbuch Corporate Real Estate Management, Köln 1998, S. 25 – 52.

Schulte, Karl-Werner; Schäfers, Wolfgang (2004):
Modernes Immobilien-Management bei Corporates und Publics. In: Schulte, Karl-Werner; Schäfers, Wolfgang (Hrsg.), Handbuch Corporate Real Estate Management, 2. Aufl., Köln 2004, S. 29 – 53.

Schulte, Karl-Werner; Schäfers, Wolfgang (2008):
Immobilienökonomie als wissenschaftliche Disziplin. In: Schulte, Karl-Werner (Hrsg.), Immobilienökonomie, Band 1, Betriebswirtschaftliche Grundlagen, 4. Aufl., München/Wien 2008, S. 47 – 69.

Schulte, Karl-Werner; Schulz, Thomas; Nack, Ulrich (2000):
Immobilienrechnungslegung. In: Schulte, Karl-Werner (Hrsg.), Immobilienökonomie, Band 1, Betriebswirtschaftliche Grundlagen, 2. Aufl., München/Wien 2000, S. 739 – 761.

Schulte, Karl-Werner; Walbröhl, Victoria (2002):
Immobilien Asset Management: Grundlagen – Rahmenbedingungen – Produkte – Prozess. In: Schulte, Karl-Werner et al. (Hrsg.), Handbuch Immobilien-Banking: von der traditionellen Immobilienfinanzierung zum Immobilien-Investmentbanking, Köln 2002, S. 657 – 672.

Schulte, Reinhard (1995):
Asset Backed Securities. In: Wirtschaftswissenschaftliches Studium, 24. Jg., 1995, Heft 3, S. 152 – 154.

Schwarcz, Steven L. (1997):
Die Alchemie der Asset Securitization. In: Der Betrieb, 50. Jg., 1997, Heft 26, S. 1289 – 1297.

Schweizer, Marcell (2004):
Gegenstand und Methoden der Betriebswirtschaftslehre. In: Bea, Franz Xaver; Dichtl, Erwin; Schweitzer, Marcell (Hrsg.), Allgemeine Betriebswirtschaftslehre, Band 1, Grundfragen, 9. Aufl., Stuttgart 2004, S. 23 – 82.

Sebastian, Steffen P. (2003):
Liquidationstransformation durch Immobilien-Investmentgesellschaften – Theoretische Fundierung und Implikationen für Gestaltung von Immobilienfonds in der Praxis. Arbeitspapier, Lehrstuhl für Investment, Portfolio Management und Alterssicherung, Johann-Wolfgang-Goethe-Universität Frankfurt/Main, November 2003. Veröffentlicht im Internet: http://www.finance.uni-frankfurt.de//wp/72 27.pdf 03.02.2008.

Segler, Tilman (1981):
Situative Organisationstheorie – Zur Fortentwicklung von Konzept und Methode. In: Kieser, Alfred (Hrsg.), Organisationstheoretische Ansätze, München 1981, S. 222 – 272.

Sharpe, William F. (1964):
Capital Asset Prices: A Theory of Market Equilibrium under conditions of Risk. In: Journal of Finance, 19. Jg., 1964, Heft 3, S. 425 – 442.

Siegert, Theo et al. (1997):
Marktwertorientierte Unternehmensführung im Lebenszyklus. In: Zeitschrift für betriebswirtschaftliche Forschung, 49. Jg., 1997, Heft 5, S. 471 – 488.

Siemens AG (2008):
Geschäftsbericht 2007. Veröffentlicht im Internet: http://w1.siemens.com/annual /07/pool/download/pdf/d07_00_gb2007.pdf. 15.06.2008.

Simon, Stefan (2006):
Die Einführung eines German-REIT (G-REIT). In: Neue juristische Wochenschrift – Spezial, 3. Jg., 2006, Heft 10, S. 459 – 460.

Sireo Real Estate Asset Management GmbH (2004):
Annual Report 2003. Frankfurt am Main 2004. Veröffentlicht im Internet: http://www.corpssireo.com/german/konzern/geschaeftsberichte/index.html?getd ownloadefile=73 02.05.2008.

Slovin, Myron B.; Sushka, Marie E.; Ferraro, Steven R. (1995):
A comparison of information conveyed by equity carve-outs, spin-offs, and asset sell-offs. In: Journal of Financial Economics, 37. Jg., 1995, Heft 1, S. 89 – 104.

Solidaritätszuschlagsgesetz (2009):
Stand: 22.12.2008. Veröffentlicht im Internet: http://bundesrecht.juris.de/bundes recht/solzg_1995/gesamt.pdf 03.09.2009.

Solms, Otto (2007):
Neue Perspektiven für den Finanzplatz: REITs – endlich auch in Deutschland?. In: GoingPublic, o. Jg., Sonderausgabe „G-REITs 2007", S. 14 – 15. Veröffentlicht im Internet: http://www.wiso-net.de/r_zwiw/webcgi.pdf?START=0A1&A NR=530627&DBN=ZECO&ZNR=1&ZHW=4&WID=03262-779039-62727_5 20.01.2008.

Sotelo, Ramon (2006a):
Real Estate Investment Trusts: Immobilien-Anlageprodukte als Herrschaftsform. In: Rottke, Nico B.; Rebitzer, Dieter W. (Hrsg.), Handbuch Real Estate Private Equity, Köln 2006, S. 543 – 560.

Sotelo, Ramon (2006b):
Regeln schaffen Werte – Rekonstruktion von Finanzierungstheorie als ein Ergebnis der Gegenstandsorientierung der Immobilienökonomie. In: Bone-Winkel, Stephan (Hrsg.), Stand und Entwicklungstendenzen der Immobilienökonomie, Festschrift zum 60. Geburtstag von Karl-Werner Schulte, Köln 2006, S. 41 – 54.

Spars, Guido (2001):
Die Wohnung- und Immobilienwirtschaft im Licht der Neuen Institutionenökonomik. In: Gondring, Hanspeter; Lammel, Eckhard (Hrsg.), Handbuch Immobilienwirtschaft, Wiesbaden 2001, S. 23 – 53.

Spicher, Thomas (1997):
Kapitalmarkt, unvollständige Verträge und Finanzintermediäre, Lohmar 1997.

Staehle, Wolfgang Hans (1976):
Der situative Ansatz in der BWL. In: Ulrich, Hans (Hrsg.), Zum Praxisbezug der BWL, Bern/Stuttgart 1976, S. 33 – 50.

Statistisches Bundesamt (2007):
Statistisches Jahrbuch 2007 für die Bundesrepublik Deutschland, Wiesbaden 2007.

Steinmann, Horst; Schreyögg, Georg (2005):
Management: Grundlagen der Unternehmensführung: Konzepte – Funktionen – Fallstudien, 6. Aufl., Wiesbaden 2005.

Stengel, Rüdiger von (2003):
Portfoliomanagement institutioneller Anleger. In: Gondring, Hanspeter; Zoller, Edgar; Dinauer, Josef (Hrsg.), Real Estate Investment Banking: neue Finanzierungsformen bei Immobilieninvestments, Wiesbaden 2003, S. 313 – 326.

Stewart, G. Benett III (1991):
The Quest for Value: A Guide for Senior Managers, New York 1991.

Stöcker, Otmar M. (2005):
Das Refinanzierungsregister – zur Deckungsfähigkeit der insolvenzfesten Treuhand-Grundschuld. In: Zeitschrift für das gesamte Kreditwesen, 58. Jg. 2005, Heft 18, S. 997 – 1001.

Storck, Christian A. (2006):
Private Equity in Mittelstand und Real Estate unter dem Blickwinkel von Behavioral Finance. In: Finanz-Betrieb, 8. Jg., 2006, Heft 4, S. 205 – 212.

Straßheimer, Petra (1998):
Public Real Estate Management. In: Schulte, Karl-Werner; Schäfers, Wolfgang (Hrsg.), Handbuch Corporate Real Estate Management, Köln 1998, S. 857 – 887.

Stünkel, Kerstin; Winkler, Bodo (1999):
Structured Covered Bonds sind keine Pfandbriefe. In: Zeitschrift für das gesamte Kreditwesen, 60. Jg., 2007, Heft 18, S. 981-984.

Süchting, Joachim (1988):
Entwicklungen auf den internationalen Finanzmärkten. In: Christians, F. Wilhelm (Hrsg.), Finanzierungshandbuch, 2. Aufl., Wiesbaden 1988, S. 145 – 158.

Sullivan, Michael B. (2001):
Euro Firms Offloading Property to Focus Funds on Core Business. In: Site Selection, 46 Jg., 2001, Heft 3, S. 248.

Theisen, Manuel René (2000):
Der Konzern: Betriebswirtschaftliche und rechtliche Grundlagen der Konzernunternehmung, 2. Aufl., Stuttgart 2000.

Thoms, Matthias (2007):
Mobilisierungseffekt steht im Vordergrund. In: GoingPublic, o. Jg., Sonderausgabe „G-REITs 2007", S. 66 – 67. Veröffentlicht im Internet: http://www.wiso-net.de/r_zwiw/webcgi.pdf?START=0A1&ANR=530646&DBN=ZECO&ZNR=1&ZHW=$&WID=25062-4850119-12529_5 20.01.2008.

Thomson Reuters (2009):
Fixed Income Credit Spreads – Corporate Bonds Euro. Abfragemaske: GE980 CREDITSPREADS02.

ThyssenKrupp AG (2008):
Geschäftsbericht 2006/2007. Veröffentlicht im Internet: http://www.thyssenkrupp.com/documents/financial_reports/2006_2007/pdf_gb_2007_de/Geschaeftsbericht_06107.pdf 15.06.2008.

Tödter, Karl-Heinz (2009):
Zur Alchemie strukturierter Finanzprodukte. In: Wirtschaftswissenschaftliches Studium, 38. Jg., 2009, Heft 10, S. 519 – 525.

Tollmann, Claus (2005a):
Die Bedeutung des neuen Refinanzierungsregisters für Asset Backed Securities. In: Zeitschrift für das gesamte Handels- und Wirtschaftsrecht, 169. Jg., 2005, Heft 6, S. 594 – 624.

Tollmann, Claus (2005b):
Die Sicherstellung der Insolvenzfestigkeit bei der Asset Backed Securitization nach dem neuen Refinanzierungsregister gemäß §§ 22a ff. KWG. In: Wertpapier-Mitteilungen: Zeitschrift für Wirtschafts- und Bankrecht, 59. Jg., 2005, S. 2017 – 2025.

Trotz, Raymond (2002):
Chancen- und Risikoprofile für Immobilien durch ein Markt- und Objekt-Rating. In: Immobilien & Finanzierung, 53. Jg., 2002, Heft 4, S. 118 – 121.

Trundle, Martin B. (2005):
Capturing hidden value for your shareholders. In: Journal of Corporate Real Estate, 7. Jg., 2005, Heft 1, S. 55 – 71.

TSI GmbH (2009a):
TSI im Überblick. Veröffentlicht im Internet: http://www.tsi-gmbh.de/unternehmen/tsi-im-ueberblick.html 30.01.2010.

TSI GmbH (2009b):
Die drei Stiftungen der TSI-Verbriefungsplattform. Veröffentlicht im Internet: http://www.tsi-gmbh.de/unternehmen/wissenschaftsfoerderung/stiftungen.html?L=sognugjvzmoub%3FL%3D0%3FL%3D0 30.01.2010.

TUI AG (2008):
Geschäftsbericht 2007. Veröffentlicht im Internet: http://www.tui-group.com/uuid/3642a2bb9cd241a78c0ba972ab8608cf 15.06.2008.

Umwandlungsgesetz (UmwG) (2009):
Stand: 24.09.2009. Veröffentlicht im Internet: http://www.gesetze-im-internet.de/bundesrecht/umwg_1995/gesamt.pdf 16.10.2009.

Vaaßen, Nicole (1999):
Gewerbliches Immobilienleasing: eine quantitative und qualitative Analyse aus Sicht des Leasingnehmers, Köln 1999.

Väth, Arno (2002):
Die Grundstücks-Investment-AG als Pendant zum REIT. In: Schulte, Karl-Werner et al. (Hrsg.), Handbuch Immobilien-Banking: von der traditionellen Immobilienfinanzierung zum Immobilien-Investmentbanking, Köln 2002, S. 815 – 848.

Väth, Arno; Hoberg, Wenzel (2005):
Immobilienanalyse – die Beurteilung von Standort, Markt, Gebäude und Vermietung, In: Schulte, Karl-Werner; Bone-Winkel, Stephan; Thomas, Matthias (Hrsg.), Handbuch Immobilien-Investition, 2. Aufl., Köln 2005, S. 359 – 390.

Veale, Peter R.:
Managing Corporate Real Estate Assets: Current Executive Attitudes and Prospects of an Emergent Management Discipline. In: Journal of Real Estate Research, 4. Jg., 1989, Heft 3, S. 1 – 22.

Verordnung über Grundsätze für die Ermittlung der Verkehrswerte von Grundstücken (WertV) (2009):
Stand: 18.08.1997. Veröffentlicht im Internet: http://www.gesetze-im-internet.de/bundesrecht/wertv_1988/gesamt.pdf 16.10.2009.

Volkswagen AG (2008):
Geschäftsbericht. Veröffentlicht im Internet: http://www.volkswagenag.com/vwag/gb2007/content/de/annual_report_2007.-bin.acq/qual-DownloadFileList.Single.DownloadFile.0001.File/Volkswagen_AG_Geschaeftsbericht%202007_final.pdf 15.06.2007.

Vormstein, Frank (2005):
Zuständigkeit bei Konzerninsolvenzen, München 2005.

Wainwright, Simon (2000):
Off balance sheet property ownership structures – Releasing capital from operational portfolios through divestment. In: Journal of Corporate Real Estate, 2. Jg., 2004, Heft 4, S. 330 – 342.

Waschbusch, Gerd (1998):
Asset Backed Securities – eine moderne Form der Unternehmensfinanzierung. In: Zeitschrift für Bankrecht und Bankwirtschaft, 10. Jg., 1998, Heft 6, S. 408 – 419.

Weiher, Gabriele C. (1996):
Das situative Desinvestitionsmodell: Entwicklung eines Instrumentariums zur Entflechtung diversifizierter Unternehmen, St. Gallen 1996.

Welge, Martin K.; Al-Laham, Andreas (2008):
Strategisches Management: Grundlagen – Prozess – Implementierung, 5. Aufl., Wiesbaden 2008.

Wellner, Christin (2003):
Entwicklung eines Immobilien-Portfolio-Managementsystems: Zur Optimierung von Rendite-Risiko-Profilen diversifizierter Immobilien-Portfolios, Norderstedt 2003.

Weller, Michael; Klüwer, Arne (2004):
Securitisation. In: Usinger, Wolfgang; Minuth, Klaus (Hrsg.), Immobilien – Recht und Steuern, Handbuch für Immobilienwirtschaft, 3. Aufl., Köln 2004, S. 831 – 854.

Wernecke, Martin (2004):
Büroimmobilienzyklen: Eine Analyse der Ursachen, der Ausprägungen in Deutschland und der Bedeutung für Investitionsentscheidungen, Köln 2004.

Werres, Thomas (2001):
Beton im Kopf. In: Manager-Magazin, 31. Jg., 2001, Heft 1, S. 126 – 135.

Wertpapierhandelsgesetz (WpHG) (2009):
Stand: 31.7.2009. Veröffentlicht im Internet: http://www.gesetze-im-internet.de/bundesrecht/wphg/gesamt.pdf 16.10.2009.

Wessel, Karl-Heinz (1997):
Banken im Strukturwandel. In: Bierbaum, Detlef; Feinen, Klaus (Hrsg.), Bank- und Finanzwirtschaft: Strategien im Wandel, Festschrift für Hans E. Büschgen zum 65. Geburtstag, Wiesbaden 1997, S. 465 – 494.

WFG Westfälische Grundbesitz und Finanzverwaltung AG (2010):
Hypothekenanleihen. Veröffentlicht im Internet: http://www.wgfag.de/hypothe kenanleihen/ 14.02.2010.

White, Alan D. (1998):
Corporate real estate strategies: Managing the delivery of optimum solutions. In: Journal of Corporate Real Estate, 1. Jg., 1998, Heft 1, S. 64 – 74.

Williamson, Oliver E. (1985):
The Economic Institutions of Capitalism, New York/London 1985.

Wöhe, Günter (2008):
Einführung in die Allgemeine Betriebswirtschaftslehre, 23. Aufl., München 2008.

Wonner, Stefanie (2003):
Wertsteigerung des Immobilienportfolios am Beispiel der ABB AG. In: Financial Gates GmbH (Hrsg.), Corporate-Real-Estate Jahrbuch 2004, Frankfurt am Main 2003, S. 16 – 18.

Woollam, Charles (2003):
Flexibility at any price? Challenging a costly convention on leases. In: Journal of Corporate Real Estate, 6. Jg., 2003, Heft 1, S. 73 – 82.

Wulfken, Jörg; Lang, Jörg Michael (2003):
Innovative Formen der Immobilienfinanzierung – Real Estate Securitisation. In: Der Syndikus, o. Jg., 2003, Heft März/April, S. 6 – 10. Veröffentlicht im Internet: http://www.mayerbrownroe.com/publications/article.asp?id=724&nid=6 01.12.2005.

Yontz, William L. (2001):
Transformation of the real estate function into a corporate strategic business partner. In: Journal of Corporate Real Estate, 4. Jg., 2001, Heft 1, S. 25 – 33.

Zaima, Janis K.; Hearth, Douglas (1985):
The Wealth Effects of voluntary Selloffs: Implications of Divesting and Acquiring firms. In: Journal of Financial Research, 8. Jg., 1985, Heft 3, S. 227 – 236.

Zappile, Ronald P. (2004):
A quality process approach to corporate real estate management. In: Journal of Corporate Real Estate, 6. Jg., 2004, Heft 3, S. 215 – 226.

Zentraler Kreditausschuss (2007):
Stellungsnahme des Zentralen Kreditausschusses zum Regierungsentwurf eines Gesetzes zur Schaffung deutscher Immobilien-Aktiengesellschaften mit börsennotierten Anteilen, Drucksachen 16/4026, 16/4036, 23.02.2007. Veröffentlicht im Internet: http://www.jura.uni-ausgsburg.de/fakultaet/lehrstuehle/moellers/materialien/Materialdateien/040_deutsche_gesetzgebungsgeschichte/REIT/reit_pdf/35-ZKA.pdf 25.05.2007.